JN417697

改訂版

Supplement

1st revised edition

THECONCENTRATED CHROMATOGRAPHY

Questions and Problems

理學博士 吳道錫 著

2012
학술편수관

머리말

THE CONCENTRATED CHROMATOGRAPHY의 Questions and Problems는 크로마토그래피의 중요한 이론 및 식에 대한 이해력을 증진시키고 실질적인 분리 기술에 대한 응용력을 향상시키기 위하여 함축적으로 요점을 재정리하였다. 제Ⅰ편에서는 크로마토그래피의 각 이론에 대한 주요 사항을 THE CONCENTRATED CHROMATOGRAPHY의 내용 순서에 따라 이론을 문제로 제시하고 답을 주는 방식으로 저술하여 독자들이 크로마토그래피 이론에 친숙하도록 하였다. 제Ⅱ편은 크로마토그래피에 관련된 주요한 식에 대한 계산 문제로 식을 쉽게 이해할 수 있도록 하였으며, 주요한 식을 반복하여 학습할 수 있도록 문제 풀이 처음에 제시하였고, 문제를 해결하는데 필요한 내용을 참고 사항으로 상세히 제시함으로서 내용을 이해하는데 도움이 되도록 하였다. 제Ⅲ편에는 본문에서 미비하다고 생각되는 사항을 문제로 추가하였으며, 제Ⅳ편에는 크로마토그래피에서 일반적으로 중요하다고 생각되는 내용에 대해 전반적인 문제를 제시하여 다시 학습의 기회를 주고자 하였다.

부족하지만 이 문제집이 모든 크로마토그래퍼에게 이론과 식을 바르게 이해하는데 도움이 되었으면 하며, 미비한 점은 차후 더욱 보완하여 독자들과 만날 것을 기약하고자 한다.

바다 내음이 흠씬 풍기는 마산에서
2002. 2 저자 오 도 석

1차 개정판 머리말

1차 개정판에서는 제 1판(2002년)의 오류를 수정하고 부분적 보완 설명을 추가하여 더욱 내실 있도록 하였다. 또한 제 1판에서 더 설명을 필요로 하거나 부족한 내용들에 대해 GC, LC, 계산, validation에 관련된 문제 약 100개를 추가하였다.

주로 보완 및 추가된 문제는 최근까지 chromatography에 관련된 새로운 경향과 지식 및 기술에 대해 가능한 집약적으로 내용, 그림 및 표로 요약하여 제시하였다. 예를 들면, 현재 열린관 컬럼(OTC column)으로 가장 널리 사용되는 용융 실리카 열린관 컬럼(FSOT)의 구조, 액체 크로마토그래피에서 가장 중요한 이동상의 섞임성(miscibility) 도표, THE CONCENTRATED CHROMATOGRAPHY의 8.3.5 실내 공기질관리(Management for Indoor Air Quality)로 추가된 내용 중 휘발성유기화학물질(volatile organic compounds, VOCs)을 분석하는 방법인 열탈착 가스 크로마토그래피(TD-GC/MSD) 방법과 포름알데히드(HCHO)를 분석하는 HPLC 방법을 소개하였다. 한편, Mass spectrometer 및 validation에 관련된 내용 및 1980년대 이후 발전된 입체 이성체의 분리기술에 대해서도 전체적으로 서술하여 추가하였다. 최근에는 여러 가지 환경 중의 초미량 분석을 하거나 정도관리를 하는데 있어 검출한계 및 정량한계의 개념 및 계산이 매우 중요시 되고 있어 IUPAC 및 ACS에서 사용하는 방법을 사용한 계산과 저자가 제의한 검량선의 감도(선형화)의 변이계수를 이용한 계산실례를 추가하였다.

약 10년 만에 개정판을 내게 되어 늦은 감이 있으나 매우 뿌듯하며, 앞으로도 GC, HPLC, Validation 및 환경적 측면에서 활용되는 크로마토그래피 관련 지식들을 지속적으로 보완할 것을 약속하며, 이 작은 지식들이 크로마토그래퍼에게 많은 도움이 되길 바란다. 끝으로 어려운 여건임에도 선뜻 본 개정판의 출판을 맡아준 학술편수관 측에 심심한 사의를 표한다.

신묘(辛卯)년 끝자락에 水原에서

2011. 12 저자 오 도 석

목　　차

제 I 편 이론 문제

그래피 계에서 분리능의 손실이 각각 5, 20 % 이하로 되는 최대 허용 시료 부피를 구하여라.

P 13. RPC에서 일련의 Family compounds를 분리 시 이 물질들에 대한 열역학적 머무름 메카니즘을 평가하기 위해 다음 결과를 얻었다. 다음에 답하라.

P 14. SEC에서 차례로 분리된 A, B, C 및 D중 배제 한계와 투과 한계에서 용출된 A와 D의 두 화합물에 대한 머무름 부피가 각각 V_{RA}=5.1 ml, V_{RD}=14.2 ml이었다. B와 C의 분배계수 K_{DB}와 K_{DC}를 계산하라.

P 15. TLC를 이용하여 미지 물질을 전개하여 얻은 데이터는 다음과 같다. 다음을 계산하라.

P 16. 모세관 전기이동의 작동 조건은 아래와 같다. 전기이동 이동도(Electrophoretic mobility)를 구하여라.

P 17. 크로마토그래피를 위한 시료를 채취하여 분석한 결과 시료 분석 표준 편차가 1.5 % 일 때 전 과정의 표준 편차를 구하여라.

P 18. 동일한 시료를 크로마토그래피에서 분석한 결과는 다음과 같다. 평균의 정밀도를 계산하라.

P 19. HPLC로 Hexachlorobenzene을 분석한 결과 t_R=13.36 분, W=2.18 분이었으며, 표준 편차는 t_R에 대해 0.061, W_b에 대해 0.043이었다. 이 컬럼의 단 수와 계산된 결과에 대한 표준 편차를 계산하라.

P 20. 표준물 첨가법을 사용하여 환경 오염물 중의 Trihalomethane(THM)을 GC로 분리 정량하기 위하여 다음과 같은 세 개의 검정 곡선을 얻었다. 다음을 계산하라.

P 21. GC로 분석한 크로마토그램에서 얻은 데이터는 다음과 같다. J.E.Knoll의 방법에 의한 LOD와 LOQ를 계산하라.

P 22. GC의 분석 조건 및 결과는 다음과 같다. 이 컬럼에서의 용량인자(k) 및 상비(β)를 구하여라.

P 23. OTC 컬럼을 사용한 GC의 분석 조건과 결과는 다음과 같다. 선형 흐름 속도(Fc), 선형 속도(u) 및 불감 시간(t_m)을 계산하라.

P 24. 10 % PEG 20M 10 g이 충전된 컬럼의 정지상 부피(V_L 또는 V_S)를 계산하라. 단, 액체상의 밀도(D_L)는 1.02 g/ml이다.

P 25. GC를 사용하여 동족의 n-alkanes를 분리한 결과는 다음과 같다. C_5~C_6, C_6~C_7간의 분리수(separation number, SN)와 봉우리 용량(peak capacity, PC)를 계산하라.

P 26. 다차원 GC를 활용하기 위하여 봉우리 용량이 15인 같은 컬럼 두 개를 연결하였다. 컬럼 전체의 최종 봉우리 용량을 계산하라.

P 27. HPLC의 분석 조건과 결과는 다음과 같다. 용량인자(k), 상비(Φ) 및 평형 상수를 구하여라.

P 28. LC에서의 분석 조건 및 결과는 다음과 같다. 주입과 연결관에 의한 가변도(variance)를 구하여라.

제 I 편 이론 문제

제 1장 크로마토그래피(Chromatography) 개론

Q 1. Michael Tswett와 Dr. A.J.P. Martin, C.B.E.,F.R.S.에 대해 기술하라.

1. Michael Tswett(1872-1919) ;

러시아 생물학자인 Michael Tswett는 컬럼 크로마토그래피의 기본적인 원리를 발견하였다. Tswett는 $CaCO_3$를 충전한 컬럼에서 색소 혼합물을 용리하는 것에 의해서 식물의 색소를 분리하였다. 여러 가지 색소가 색상 띠로 분리되었으며, 이를 크로마토그래피라고 명명하였다.(Russian botanist, discovered the basic principles of column chromatography. He separated plant pigments by eluting a mixture of the pigments on a column of calcium carbonate. The various pigments separated into colored bands ; hence the name chromatography.)

- Russian Scientist Mikhail Semenovich Tswett is credited for the discovery of chromatography(1903).
- German student Fritz Prior is credited for developing gas chromatography(1947).

2. Dr. A.J.P. Martin, C.B.E.,F.R.S. ;

기체 크로마토그래피의 창시자, Dr. Martin(영국)은 1941년에 이미 분석법으로서의 기체 크로마토그래피가 여러 가지의 훌륭한 점을 가졌다는 것을 예언하였지만, 1952년에 처음 그것을 실험적으로 증명하였고, 그 경이적 분리능을 밝혔다. 그는 1952년에 노벨 의학상(paper-chromatography의 생물학에서의 공헌)을 수상하였다.
The father of modern gas chromatography is Nobel Prize winner John Porter Martin, who also developed the first liquid-gas chromatograph. (1950)

Q 2. 크로마토그래피의 주요 발달사를 연도별로 서술하라.

표. 크로마토그래피의 주요한 발달 년표

	분리 시간, min	구경(d_p), ㎛	길이(L), cm	흐름 속도(F), ml/min	압력(P), psi
Pre-HPLC	200	100	100	0.5	5
1965	20	30	100	4.0	450
1975	2	10	25	8.0	2000
1985	0.4	3	3	6.0	2000

Q 3. 액체 그로마토그래피의 발전 속도를 개략적으로 설명하라.

표준물질 ; 벤젠 치환체

컬럼 ; C_{18}, 0.46 cm i.d.

이동상 ; 40/60 acetonitrile/water, 30 ℃

Ref. ; ANALYTICAL CHEMISTRY / JUNE 1, 2000 415 A

Year	Chromatography	Name or company	Year	Chromatography	Name or company
1906	Beginning of chromatography	M.S. Tswett	1967	High performance liquid chromatography	Huber & Helsmann
1930	Thin layer chromatography	Izmailov & Schreiber	1975	Ion chromatography	Hamish Samall
1944	Paper chromatography	Martin & Synge	1980	Supercritical fluid chromatography	Milton & Lee
1950	Gas chromatography	Martin & James	1981	Capillary electrophoresis	James Jorgenson
1959	Size exclusion chromatography	Porth & Flodin	1983	Bio liquid chromatography	Dionex
1960	Countercurrent chromatography	Ito	1990	Perfusion chromatography	Frederic Regnier
1966	Field flow fractionation	J Calvin Gidding			

Q 4. 크로마토그래피의 목적과 일반적 원칙을 설명하라.

1. 크로마토그래피 목적
   1) 기본적 목적 ; 혼합물의 분리(分離)
   2) 부가적 목적 ; 분리된 물질의 정량(定量) 및 확인(確認)
2. 크로마토그래피를 위한 일반적 원칙
   1) Solubility(溶解性) ; 용질이 용매에 녹아야 한다.
   2) Volatility(揮發性) 및 thermal stability(熱的 安定性) ; 용질이 휘발성이어야 하고 열적으로 안정하여야 한다(GC).
   3) Chemical reactivity(化學的 反應性) ; 용질이 이동상 성분과 화학적으로 반응을 하지 말아야 한다(LC).

Q 5. 크로마토그래피의 3가지 전개법에 대해 설명하라.

표. 크로마토그래피의 3가지 종류

명 칭	분 리 방 법	장 단 점
용리법	1. 이동상이 연속 흐르는 상태에서 2. 일정량의 시료를 이동상에 순간적으로 놓아 정지상에 들어가게 하고, 이동상과 정지상 및 시료간의 물리적인 상호작용의 차에 의해 각 시료가 분리된다.	1. 흡착력이 큰 시료는 늦게 용리된다. 이런 경우에 분별 용리법이나 그레디언트 용리법을 사용한다. 2. 가장 널리 사용된다.
치환법	1. 시료를 우선 정지상 입구에 넣은 후 2. 시료 성분보다 강한 흡착력을 갖는 용리제를 보내어 치환한다.	1. 분리 분석에는 문제가 있으나 혼합물로부터 한 성분을 농축하는 데 유효하다. 2. 재분석을 위해 컬럼 재생이 필요
전 단 분석법	1. 시료 자체를 이동상의 일부로 하여 계속해서 흐르게 하면, 늦게 용출되는 성분이 컬럼 하단에 올 때까지 먼저 용출되는 성분이 순수하게 되어 용출된다.	1. 최초 나온 성분 외는 순수하게 얻어지지 않으며, 최초 분리된 시료 외는 밴드의 중첩과 많은 량의 시료가 필요하다. 2. 흡착력이 강한 미량 성분을 대량 성분에서 분리하는 경우에 유효하다.

Q 6. 크로마토그래피를 1) 분리 방식(Modes), 2) 이동상(mobile phase) 및 정지상 (stationary phase), 3) 분리되는 용질의 성질, 4) 이동상과 정지상이 접촉하는 방법에 따라 분류하라.

1. 크로마토그래의 분리 방식(modes)에 따른 분류

1) 흡착 방식(Adsorption mode)

충전된 흡착제의 표면에 존재하는 활성 자리(active site ; 실란올)에 선택적으로 흡착된다. 흡착은 시료 분자와 실란올 사이의 수소결합 같은 상호작용으로 가능하게 된다. 시료 분자의 극성과 분자의 입체적 구조는 흡착성에 중요한 역할을 하며, GSC와 LSC가 이에 속한다.

2) 분배 방식(Partition mode)

시료 분자들의 두상(이동상과 정지상)에 대한 용해도의 차이에 따라 분배 정도가 달라져 시료 분자들이 상호 분리된다. 여기에서의 용해도는 시료 분자와 정지상의 상호작용을 의미하며, GLC와 LLC가 이에 속한다. 현대의 분리 기술 중 가장 다양하게 응용되는 분야이다.

3) 이온 교환 방식(Ion exchange mode)

폴리스티렌-디비닐벤젠(PS-DVB)의 공중합체를 매트릭스로 하고, 여기에 고정 이온인 $-SO_3^-$, $-CH_2N^+(CH_3)_3$이 붙어 있고, 상대 이온(예 ; Na^+, Cl^-)이 각각 친화력으로 붙어 있는 이온 교환 수지이다. 양이온이나 음이온인 시료 이온이 상대 이온과의 경쟁으

로 교환이 일어나 정지상에 분포된다. 이동상은 주로 완충성을 가지는 수용액이 사용되며, IEC와 IC가 이에 속한다. 또한 IPC는 원리적으로는 이온 교환이며 분리는 분배에 의한다. 시료는 금속 이온, 음이온, 해리가 되는 유기산, 유기 염기, 아미노산 및 핵산 등이 대표적인 시료이다.

4) 크기 배제 방식(Size exclusion mode)

정지상 겔의 다공성의 크기에 대한 시료 분자의 크기에 따라 투과성에 차이가 생겨 용리되는 원리에 의한다. 시료는 분자 크기가 작을수록 겔의 구멍 깊이 들어가 오래 머물고, 크기가 클수록 오래 머무르지 못하고 빨리 용출되기 때문에 크기 배제 크로마토그래피(SEC)라 한다.

5) 친화 크로마토그래피(Affinity chromatography)

거대분자의 분리와 정제를 위해 많은 매우 특이한 흡착제들이 고안되었다. 이 흡착 크로마토그래피의 특이한 형태를 친화 크로마토그래피라 한다. 이것은 상징적으로 높은 생물학적 특이성이 부여되어 있는 가역적인 흡수 과정을 묘사한다. 이것이 종종 효소의 정제에 응용되지만, 이 기술은 단백질, 펩티드, 항원 및 항체, 핵산, ribosomes과 같은 복잡한 생물학적 구조 물질의 분리에 더욱 적합한 기술이다.

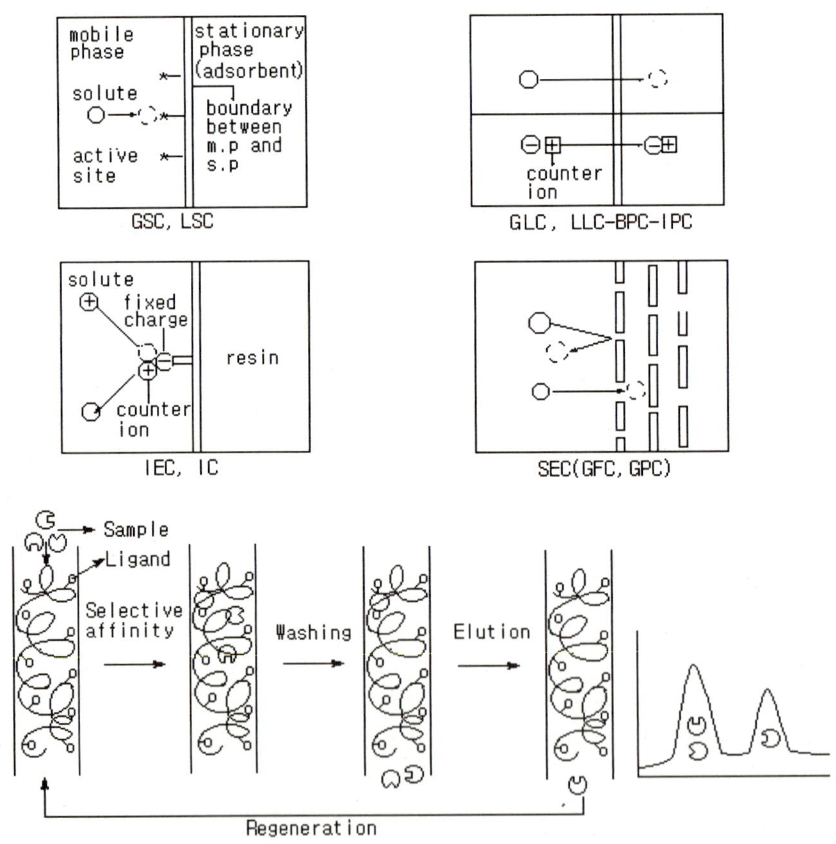

그림. 크로마토그래피 분리 방식(흡착, 분배, 이온 교환, 크기 배제 및 친화 크로마토그래피)

2. 이동상 및 정지상에 따른 분류

이 분류 방법은 이동상과 정지상의 형태와 두 상 사이에서 용질의 이동에 관련된 평형의 종류에 기초해서 분류하는 것이다. 여기에는 일반적으로 기체 크로마토그래피, 액체 크로마토그래피 및 초임계 유체 크로마토그래피의 3가지로 구분된다.

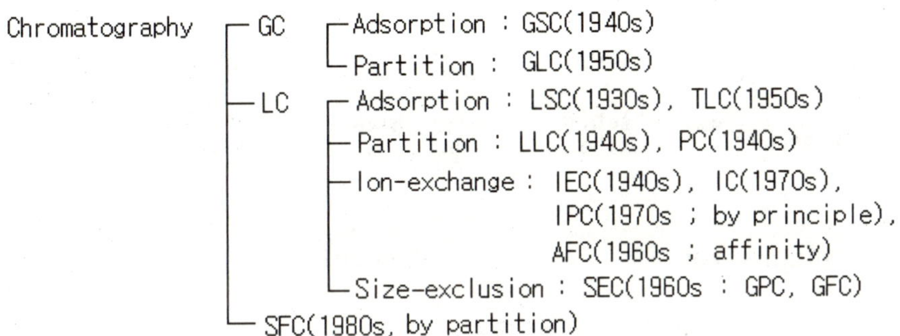

3. 분리되는 용질의 성질에 따른 분류

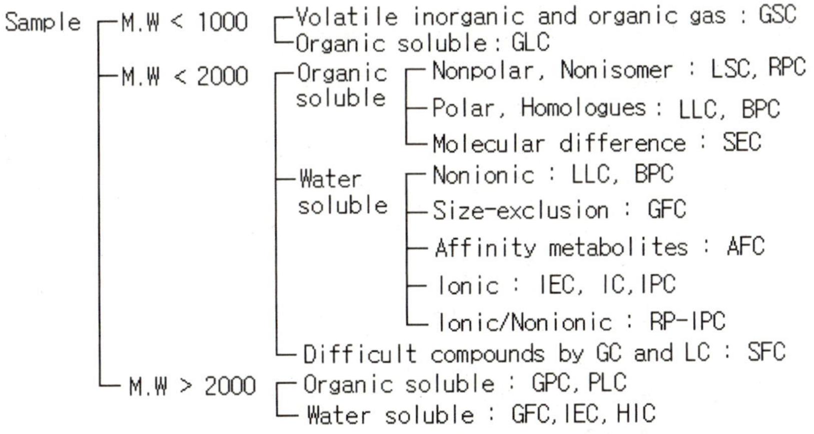

4. 이동상과 정지상이 접촉하는 물리적 수단에 따른 분류

1) 컬럼 크로마토그래피

정지상은 좁은 관에 충전되어 유지되고 이동상이 압력에 의해 이 관을 통과한다. 현재 사용되고 있는 것은 대부분 컬럼 크로마토그래피이다. 예 ; GC, LC, SFC

2) 평면(planar) 크로마토그래피

정지상은 평평한 판이나 종이의 틈새(interstice, 間隙) 위에 지지되고, 이동상은 모세관 현상이나 중력에 의해 정지상을 통과한다. 전개 후에 얻어진 띠나 지역(bands or zones)은 적합한 방법에 의해 관측되거나 검출된다. 이 방법의 편리성, 단순성, 분리의 예리함, 높은 감도, 분리 속도, 시료 성분의 회수 용이성 때문에 많은 응용을 보인다.
예 ; PC, TLC, 전기이동(electrophoresis)

Q 7. 흡착과 흡수의 차이를 설명하라.

흡착(Adsorption, 吸着) ; 용질과 고체상의 활성화 자리(active site ; 예를 들면, -OH)와의 상호작용에 의해 일어나는 현상

흡수(Absorption, 吸收) ; 용질이 액체상과 이동상 사이에서 용질과 액체상의 성질에 따라 액체상으로 분배되는 현상

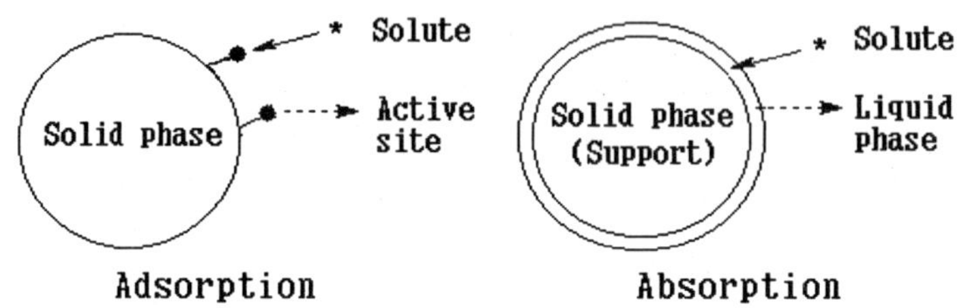

그림. 흡착과 흡수의 모형

Q 8. 크로마토그래피에서 과정의 종류(Process types)에 대해 설명하라.

크로마토그래피 분리의 과정은 두 조건으로 정의될 수 있다.

1) 분포 등온선(distribution isotherms ; 분배/분포계수 K의 표현)은 선형 또는 비선형일(linear or nonlinear) 수 있다.
2) 크로마토그래피의 계는 이상적이거나 비이상적이다. 이상적 크로마토그래피는 두 상사이의 교환이 열역학적으로 가역적이라는 것을 의미한다. 부가하여 고체 과립의 입자나 액체가 코팅된 입자와 기체상사이의 평형이 즉각적이다. 즉, 질량 이동이 매우 크고, 세로나 다른 확산 과정이 무시될 정도로 매우 작다는 것이다. 비이상적 크로마토그래피에서는 이런 가정이 만들어지지 않는다.

이 두 조건의 조합을 사용하여 다음 네 개의 크로마토그래피 계를 설명할 수 있다.

(1) 선형-이상적 크로마토그래피(linear-ideal chromatography)
(2) 선형-비이상적 크로마토그래피(linear-nonideal chromatography)
(3) 비선형-이상적 크로마토그래피(nonlinear-ideal chromatography)
(4) 비선형-비이상적 크로마토그래피(nonlinear-nonideal chromatography)

Q 9. 크로마토그래피의 기본적 관계식(K_D, t_R, k, α, n 및 R_s)에 대해 설명하라.

1. 분배계수, K_D

용질의 이동상과 정지상에 대한 친화성의 상대적 비를 나타낸다.

$$K_D = C_S/C_M = kV_m/V_s$$

C_S : 시료 성분의 정지상에서의 농도　C_M : 시료 성분의 이동상에서의 농도

k : 용량인자　V_s : 정지상의 부피　V_m : 불감 부피

1) K_D는 친화성(affinity)의 상대적 크기(반응 물질의 양, 농도)를 표시하고, 분배, 흡착 및 이온 교환과는 관계가 없다. 물질간 K_D가 커야 잘 분리된다.

2) GC에서 K_D는 정지상 형태와 컬럼 온도에 의존하며, 컬럼 형태나 기기 인자(instrumental parameters)에는 의존하지 않는다.

$K_D = (V_G/V_L)k = \beta k$

β : 상비(phase ratio, V_G/V_L)

V_G : 컬럼에서 기체의 부피 V_L : 액체상의 부피 k : 용량인자

3) LC에서

$K_{eq} = k/\Phi$

k : 용량인자 K_{eq} : 평형상수 Φ : 상비로 Jandara가 제의

$\Phi = (V_g-V_m)/V_m$ V_g : 컬럼의 부피 V_m : 불감 부피

2. 머무름 시간, t_R

시료가 컬럼에 주입된 순간부터 검출기가 머무름 봉우리의 최대점을 감지하는 사이의 시간을 나타내며, 보통 시료 성분이 컬럼을 통과하는데 소요되는 시간을 말한다.

$t_R = t_R' + t_m$

t_R' : 조정(adjusted) 머무름 시간 t_m : 불감(dead) 시간

1) t_m은 t_R을 계산 시 기준 값을 제시하며, t_R은 k, α, n 및 R_s를 계산하는데 반드시 필요하므로 t_m을 정확하게 측정하는 것이 중요하다.

2) 크기별 배제 크로마토그래피(SEC)에서 모든 용질은 불감 시간 전에 용리되므로 용량인자가 모든 봉우리에 대해 "-"값을 보인다.

3) k, L, u 및 K_D와의 관계

$V_R = V_m + K_D V_s$

$t_R = t_R' + t_m = (t_R'/t_m + 1)t_m = t_m(1+k) = L(1+k)/u = L\{1+(K_D V_s/V_m)\}/u$

V_R : 머무름 부피 L : 컬럼 길이 u : 이동상에서의 평균 흐름 속도

3. 용량인자, k

시료 성분이 이동상과 정지상에서 보내는 시간의 비를 나타낸다.

$k = (t_R-t_m)/t_m = t_R'/t_m = q_S/q_m = C_S V_s/C_M V_m = K_D V_s/V_m = t_S/t_M$

q_S : s.p에서의 시료의 양 q_m : m.p에서의 시료의 양

t_S : 시료가 s.p에 머무르는 시간 t_M : 시료가 m.p에 머무르는 시간

1) 일명 분배비, 용량비, 질량 분배비라하며 용질의 이동 속도와 관계가 있다.

2) k의 조정 ; GC는 온도 변화, LC는 용매의 조성 변화에 의한다.

3) $k=1$, $t_R'=t_m$ 분리 안됨

$k>10$ 분석 시간 낭비

$2<k<10$ 적당한 범위

$k<1$ 바람직하지 못함

4) 관계식

(1) 머무름 비(retention ratio, R) ; $R = t_M/(t_M+t_S) = 1/(1+k)$

(2) 시료의 용리 속도(u_x) ; $u_x = u\,R = u/(1+k) = L/t_R = nH/t_R$

(3) $t_R = L/u_x = L(1+k)/u = nH(1+k)/u$

4. 분리인자, α

이웃한 두 크로마토그램간의 상대적 머무름 비를 나타낸다.

$\alpha = t_{R2}'/t_{R1}' = (t_{R2}-t_m)/(t_{R1}-t_m) = k_2/k_1$

1) 분석 조건이 달라져도 두 성분비는 일정하며, n이 작고 α가 크면 잘 분리된다.

2) $\alpha=1,\ t_{R1}'=t_{R2}',\ k_1=k_2$ 분리 안됨

$1.05<\alpha<2.0$ 적당한 범위

$\alpha>2$ 분석 시간 낭비

3) α의 변화

(1) 1차 k를 최적화(1~8)시키고, n을 증가시킨다.

(2) 2차 유용성과 편리성을 감안하여 α값의 증가 방법을 모색한다.

이동상 조성(유기 물질 분리)과 pH(이온성 산이나 염기 분리), 관의 온도 및 정지상의 조성 바꾸거나 특별한 화학적 효과(착물 형성)를 사용한다.

5. 이론단 수, n(또는 이론단 높이, H)

컬럼이 수많은 정지상의 단으로 충전되었다는 정량적 개념으로 그 단의 수를 n, 1개의 단의 높이를 H라 한다.

$n = 16(t_R/W_b)^2$ 대칭 봉우리에 적용(4σ method)

$= 25(t_R/W_{4.4})^2$ 비대칭 봉우리에 적용(5σmethod)

$= 5.54(t_R/W_h)^2$

$= 4(t_R/W_i)^2$

$= 36[\alpha/(\alpha-1)]^2$ 용매를 혼합하여 사용 시 적용

$= L/H$

W_b : $n = a(t_R/W)^2$에서 a = 16 일 때 기준선(baseline)에서의 봉우리 폭

$W_{4.4}$, W_h, W_i : 봉우리 높이의 4.4 %, 1/2 및 봉우리 굴곡점에서의 봉우리 폭

1) 일정 분석 조건(이동상과 정지상의 흐름 속도, 온도, 시료 주입 방법)에서 거의 일정하다.

2) n에 영향을 주는 인자 : 컬럼 길이(L), 압력(P), 시간(t) 및 속도(u)와의 관계

$u \propto P/L$ $t \propto 1/P$ $t \propto L^2$

4) 관계식

이론단 수는 크로마토그램의 머무름 시간(t_R)과 폭 변동(σ_t)으로 표시될 수 있으며, Gaussian 봉우리에서 봉우리의 높이와 면적의 비로도 표시될 수 있다.

$n = (t_R/\sigma_t)^2$ $n = 2\pi(t_R h/A)^2$

σ_t : 폭 변동(band variance) h : 봉우리 높이 A : 봉우리 면적

6. 분리능, R_s

두 개의 인접한 크로마토그램간의 분리된 정도를 정량적으로 표시한 값이다.

$R_s = 2(t_{R2}-t_{R1})/(W_{b1}+W_{b2}) = 2\Delta t/(W_{b1}+W_{b2})$

W_{b1}, W_{b2} : 첫 번째 및 두 번째 봉우리의 기준선에서의 봉우리 폭

1) $R_s=0$, $t_{R1}=t_{R2}$ 분리 안됨(완전 겹침)

$R_s=1.0$ 94 % 분리(각 3 %씩 중첩, 적합한 분리를 위한 일반적 목표)

R_s=1.5　　　　　99.6 %(각 0.2 %씩 중첩)

분리능은 여러 가지 조정 변수(n, k, α)에 관계된다.

2) R_s는 분리와 봉우리 띠 넓어짐에 관계되며, R_s를 증가시키기 위해 불감 부피(V_m)가 작은 좋은 컬럼을 사용하여 봉우리 폭을 줄여야 한다.

3) 관계식

$$R_s = 1/4\, n^{1/2} \{(\alpha-1)/\alpha\} \{k_2/(1+k_2)\}$$

또한 이때의 이론단 수는 양변을 제곱하고 n에 대해 정리하면

$$n = 16\, R_s^2 \{(\alpha/(\alpha-1)\}^2 \{(1+k_2)/k_2)\}^2$$

R_s와 n은 분리가 어려워 유사한 분배계수를 갖는 한 쌍의 용질에 대해 단순화할 수 있다. $k_1 = k_2 \fallingdotseq k$이면, $\alpha \rightarrow 1$이므로

$$R_s = 1/4\, n^{1/2} (\alpha-1) \{k_2/(1+k_2)\}$$

$$n = 16\, R_s^2 \{(1/(\alpha-1)\}^2 \{(1+k_2)/k_2)\}^2$$

Q 10. 액체 분배 크로마토그래피에서 분리능을 개선하기 위한 일반적인 세 가지 방법에 대해 설명하라.

1) 다중 성분 이동상을 사용하여 k_1과 k_2 값을 조절하고, 사용된 용매의 성분비를 변화하여 최적의 혼합 용매를 찾는다. 이 성분 또는 그 이상 성분의 용리액을 사용하고, 사용된 용매의 성분비를 변화하여 용량인자를 쉽게 변화시킬 수 있다.
2) 이동상의 화학 성분을 변화하여 분리인자(α)를 증가시킨다.
3) 분리인자가 크도록 적합한 충전제를 선택한다.

Q 11. 머무름을 부피의 항으로 표시하라.

표. 부피로 표현된 머무름

항 목	표 시	정 의	계산 방법
컬럼 틈새 부피	V_m	holdup 시간에 일치하는 머무름 부피	$V_m = t_mF$
머무름 부피	V_R	머무름 시간에 일치하는 머무름 부피	$V_R = t_RF$
조정(adjusted) 머무름 부피	V_R'	t_R'에 일치하는 머무름 부피	$V_R' = t_R'F$
보정(corrected) 틈새 부피	V_m^o	이동상 압축율에 대해 보정한 V_m	$V_m^o = jV_m$
보정 머무름 부피	V_R^o	이동상 압축율에 대해 보정한 V_R	$V_R^o = jV_R$
알짜(net) 머무름 부피	V_N	이동상 압축율에 대해 보정한 V_R'	$V_N = jV_R' = V_R^o - V_m^o$
비(specific) 머무름 부피	V_g	정지상의 단위 무게에 대해 0 ℃에서의 V_N	$V_g = V_N\, 273/W_LT_c$

1. W_L ; 컬럼에서의 정지상의 무게(g), Tc : 컬럼의 온도(K), F : 이동상의 평균 흐름 속도(ml/min),
2. j : 기체 압축 인자, $j = 3/2\{(P^2-1)/(P^3-1)\}$,　$P = P_i/P_o$, P_i는 컬럼 입구 압력, P_o는 컬럼 출구 압력
3. 1 기압 = 760 mmHg = 760 torr = 14.7 psi = 101.325 kilopascals

Q 12. 크로마토그래피의 분리능, 시료 용량 및 분석 시간간의 관계를 설명하라.

크로마토그래피에서 분석물질들의 성공적인 분리를 위해서는 분리능, 분석 시간(속도 ; speed) 및 시료 용량(capacity/sensitivity)사이의 관계가 서로 잘 절충되어야한다.

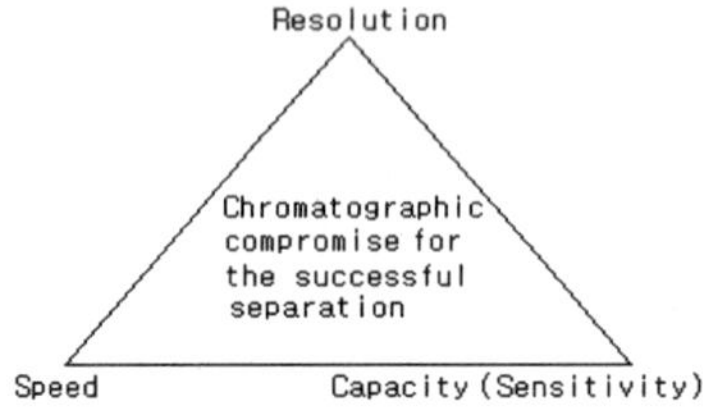

그림. 분리능, 속도 및 시료 용량과의 상호 관계

Q 13. 컬럼 불감 시간(t_m)/틈새 부피(V_m)의 정의, 의미 및 측정 방법에 대해 설명하라.

1. 정의 및 의미

불감 시간(dead time) 또는 틈새 부피(void volume/hold-up volume)는 컬럼에 머무르지 않는 용질이 주입기로부터 검출기에 도달하는데 요구되는 시간이다. 이는 용질이 용출될 때까지 이동상에 머무른 시간을 의미한다. 또한, V_m 없이 이에 관련된 k, α, R_s는 계산될 수 없다. 따라서 참값에 근접할 수 있는 V_m 결정 방법이 필요하다.

$V_m = t_m F_c$ F_c ; 컬럼 부피 흐름 속도, ml/min

2. 측정 방법

V_m의 참값은 어떤 조건하에서도 측정하기 어려우며, 측정을 위한 원칙이 없고 크게 실험에 의존하고, V_m 결정을 위한 물질의 선택은 사용되는 특별한 실험 조건에 따른다. GC의 경우 불감 부피/시간은 분석되는 시료와 동일한 조건으로 크로마토그래피계를 통과하는 비흡착 기체의 미세한 량의 시간으로 고려된다. 그러나 LC에서는 상황이 간단하지 않다. 그 이유로는 이 이론의 응용에 있어 기본적 3가지 차이 때문이다.

* 액체의 내부 확산계수가 기체의 $1/10^4$ 이하이다.
* 용출액의 점도가 기체보다 약 수100배 이상이다.
* 정지상의 분자와 용출액과의 상호작용이 GC에서는 무시되나 LC에서는 중요하다.

GC 및 LC에서 V_m을 결정하기 위하여 자주 사용되는 물질은 표와 같으며, LC에서의 V_m 결정은 크게 7가지로 분류되며[주)], 주로 실험에 의존한다. 실질적으로 LC에서 주로 쓰이는 4가지 방법은 다음과 같다.

1) 무기염의 주입 : 간단하나 여러 가지 어려운 점이 많다. 그러나 가장 공개적으로 많이 사용된다.
2) 변형된 이동상의 주입 : 편리성이 있음.
3) 적당히 머무르지 않는 유기 화합물을 주입한다.
4) 유기 화합물의 동족 계열에 대한 t_R의 직선화를 이용한 수학적 계산 방법이 매우 고무적이며, GC도 이런 방법으로 불감 부피를 구한다.

표. 컬럼 틈새 부피(V_m)의 측정을 위한 시험 물질

컬 럼	이 동 상	시 험 물 질	비 고
GC(충전 및 OTC)	–	CH_4, H_2, air, inert gas	FID에는 CH_4를 보통 사용한다.
LC : NPC RPC	Methanol Un-buffered liquid	Benzene - Sdium nitrate 또는 nitrite, 3×10^{-6}mole 이상 - 0.01% potassium bromide	 Well, Clark, Jinno 검출 파장 200 nm

주) R.J.Smith, C.S.Nieass and M.S. Wainwright, A Review of Method for The Determination of Hold-up Volume in Modern Chromatography, J. Liquid Chromatography, 9(7), 1387~1430, 1986

3. SEC에서의 불감 시간

SEC에서의 불감 시간은 모든 용질이 t_m전에 용출된다. SEC에서 분리는 안쪽의 이동상과 컬럼 충전물의 공극(pore)의 바깥 쪽 사이의 분포로부터 이루어진다. 즉, 정지상과의 직접적인 상호작용이 없다는 면에서 시료의 머무름이 없다는 의미이다. 다른 액체 크로마토그래피와 달리 SEC에서의 불감 부피는 오직 틈새(interstitial) 부피를 의미한다. SEC에서 분배계수(K_D)는 정지상 지지체의 공극과 지지체 바깥쪽의 용질의 평균 농도의 비를 나타낸다. 따라서 SEC에서 이상적으로 시료와 정지상의 지지체와의 상호작용이 없으므로 K_D 값은 모든 용질에 대해 공극 부피의 완전한 배제와 투과성의 극단을 나타내는 $0<K_D<1$ 범위의 값을 보인다.

Q 14. LC에서 이동상 부피의 의미에 대해 설명하라.

이동상 부피는 입자들 사이의 틈새 부피(interstitial volume)와 공극 내의 부피(pore volume)가 포함된다. 즉, 고정된 정지상에 의해 점유되지 않는 모든 부피이다. 틈새형 부피는 두 가지로 나누어진다.

1) 이동상을 포함하는 부피 부분(moving phase volume)
2) 흐르는 흐름으로부터 떨어져 근본적으로 정지 상태인 입자 사이의 접촉점에 밀접한 부피(static phase volume)

또한, 공극 내의 이동상은 정체되어있다. 공극에 빠진 혼합된 이동상의 성분은 하나의 일정한 성분이 아니다. 이 이동상의 한 성분은 선택적으로 흡착될 수 있거나 정지상의 가까운 곳에서 변경된 성분의 영역에서의 정지상과 연관된다. 컬럼 내의 여러 가지 부피에 대한 자세한 내용은 다음과 같다.

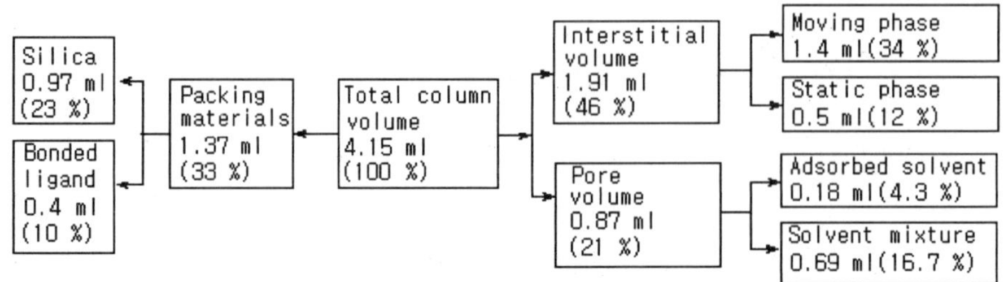

그림. 여러 가지 부피 요소의 요약. 25 cm x 4.6 mm I.D Zorbax C_8, 입자 크기 5 ㎛, 비표면적 300 m^2/g, 이동상 methanol/water (20/80). Total volume = $(0.23\ cm)^2$x 3.14 x 25 cm = 4.15 cm^3

Q 15. 띠 넓어짐에 대한 속도 이론(Kinetic theory)에 대해 설명하라.

1. 탄생 배경

단 이론(Plate theory)은 정량적으로 이동 속도에 영향을 주는 변수만을 다룸으로서 띠 넓어짐에 대한 변수를 설명하지 못하였기 때문에 이를 보완할 수 있는 속도 이론이 나왔다.

2. 띠 넓어짐의 종류

1) 소용돌이 확산(Eddy diffusion), H_E

충전된 정지상 입자의 불균일에 의한 이동상의 다중 통로에 따른 확산을 의미.

$H_E = 2\lambda d_p$

λ : 충전 인자(1~2 또는 0.5~1.5) d_p : 평균 입자 구경

(1) 작고 균일한 입자를 균질하게 충전 시 효과가 최소화된다.

(2) OTC에서 H_E = 0

(3) λ의 크기는 입자 크기가 균일하거나 균질하게 충전 시 감소하며, 채널링은 충전 인자를 증가시킨다.

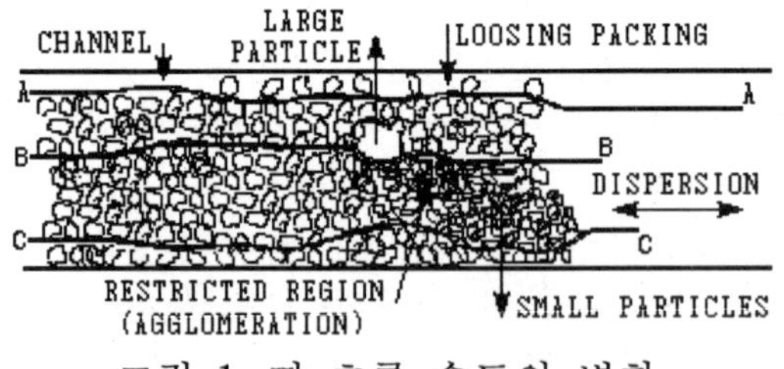

그림 1. 띠 흐름 속도의 변화

2) 세로 확산(Longitudinal diffusion), H_L

시료가 컬럼에서 용리되는 동안 m.p의 모든 방향으로 확산되는 현상을 말한다.

$H_L = 2\gamma D_m / u$

γ : 뒤틀림 인자(obstruction or tortuosity factor)

D_m : m.p에서 용질의 확산계수 u : 평균 m.p 속도

(1) H_L은 이동상과 정지상에서 일어나나 정지상에서는 무시될 수 있다.
(2) LC에서 H_L은 무시되나(액체 확산은 기체의 약 1/10만), GC에서는 중요하다.
(3) 작은 다공성 입자를 충전하고, 낮은 확산의 이동상을 사용하고, 이동상의 속도를 크게 해야 이 효과가 최소화된다.
(4) 작은 다공성 입자를 충전 시 γ값이 증가한다. 확산은 컬럼 충전에 의해 제한되며, 충전 컬럼은 0.6~0.8, OTC는 1.0의 값을 갖는다.

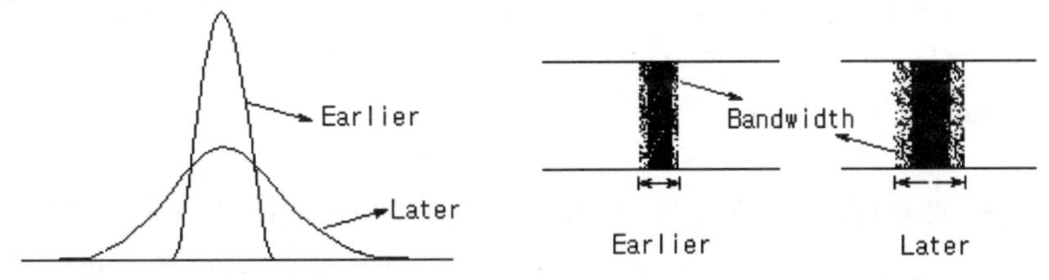

그림 2. 세로 확산에 의한 띠 넓어짐

3) 질량 이동(Mass transfer) 효과, H_S 및 H_M

시료 분자가 컬럼 속에서 용리하는 동안 순간적 평형이 완전하지 못함에 기인하는 현상으로, 시료가 정지상으로부터 탈착되어 이동상의 한 부분이 될 때(sorption desorption mechanism)의 시료의 흐름 속도는 항상 지역(zone) 속도보다 크므로 중앙 지역보다 더 빨리 이동되어 평형이 깨어지게(dynamic unequilibrium) 된다.

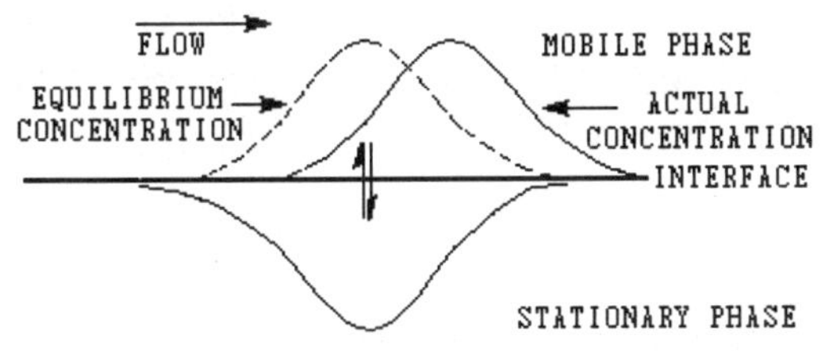

그림 3. 질량 이동 효과

Q 16. 띠 넓어짐 현상과 띠 분리에 영향을 주는 인자에 대해 서술하라.

1. 띠 넓어짐 현상에 영향을 주는 인자
1) 이동상의 흐름 속도가 너무 빠르거나 늦을 때
2) 이동상의 점도가 높을 때
3) 온도가 낮을 때
4) 충전제의 입자가 클 때
5) 액체 정지상에서 필름 두께가 얇을 때
6) 컬럼의 길이가 길 때
7) 시료 주입 속도가 늦을 때
8) 시료 주입량이 많을 때

2. 띠 분리에 영향을 주는 인자

1) 상당히 다른 분배계수를 만드는 충전
2) 충전 길이를 늘이는 것
3) 용매 조정의 변화
4) 최적 온도의 선정
5) 이동상의 pH의 변화
6) 정지상에 특정한 분석물질과 선택적으로 착물을 만드는 화학종을 가하는 것

Q 17. van Deemter equation을 설명하라.

띠 넓어짐에 관계되는 소용돌이 확산(H_E), 세로 확산(H_L), 질량 이동 효과(H_S 및 H_M)를 고려한 이동상 흐름 속도(u)에 대한 H의 관계식을 van Deemter 식이라 한다.

1. GC

1) 충전 컬럼

$$H = 2\lambda d_p + 2\gamma D_m/u + 2kd_f^2u/3D_s(1+k)^2 + wd_p^2u/D_m$$

2) OTC

$$H = [2D_{m,o}/u_o + \{(11k^2+6k+1)/96(1+k)^2 \cdot d_c^2u_o/D_{m,o}\}]f_1 + \{2kd_f^2u_o/3D_s(1+k)^2\}f_2$$

$D_{m,o}$: 컬럼 출구 압력에서 m.p의 확산계수

u_o : 컬럼 출구에서 m.p의 속도　　　d_f : s.p의 필름 두께

$f_1 = 9(P^4-1)(P^2-1) / 8(P^3-1)^2$　　　$f_2 = 3(P^2-1) / 2(P^3-1)$

· Golay 식에 Gidding의 압력 저하 식을 확장하여 적용한다.

2. LC

$$H = H_E + H_L + H_S + H_M$$
$$= 2\lambda d_p + 2rD_m/u + qrd_f^2u/D_s + wd_p^2u/D_m = A + B/u + (C_S + C_M)u$$
$$= A + B/u + Cu$$

A : 소용돌이 확산　B : 세로 확산　C : 질량 이동 효과

1) LC에서 Cu항이 우월하여 GC보다 기울기가 크다.
2) LC와 GC의 van Deemter 식의 모양이 다른 것은 세로 확산 때문이다.
3) OTC(Golay 식), 충전 GC(낮은 이동상 속도에서), LC, LSC에서 HETP 식이 조금씩 다르다.
4) 실제 GC에서는 분석 시간을 단축하기 위하여 흐름 속도는 $2u_{opt}$를 사용한다.
5) u에 대한 H_E, H_L, H_S 및 H_M의 조합된 커브의 가장 낮은 점이 해당 크로마토그래피에서의 최소 이론단 높이(H_m)와 최적의 이동상 흐름 속도(u_{opt})가 된다.

(1) 최적 속도(Optimum velocity, u_{opt}) ; $\{B/(C_M + C_S)\}^{1/2}$

$$H = A + B/u + (C_S + C_M)u$$
$$dH/du = -Bu^{-2} + (C_S + C_M) = 0$$
$$u_{opt} = \{B/(C_M + C_S)\}^{1/2}$$

(2) 최소 이론단 높이, H_{min} ; $A + 2\{B(C_M + C_S)\}^{1/2}$

$H = A + B/u + (C_S + C_M)u$의 u에 $u_{opt} = \{ B/(C_M + C_S)\}^{1/2}$를 대입하면

$$H_{min} = A + B/\{B/(C_S + C_M)\}^{1/2} + (C_S + C_M)\{B/(C_M + C_S)\}^{1/2}$$
$$= A + 2\{B(C_M + C_S)\}^{1/2}$$

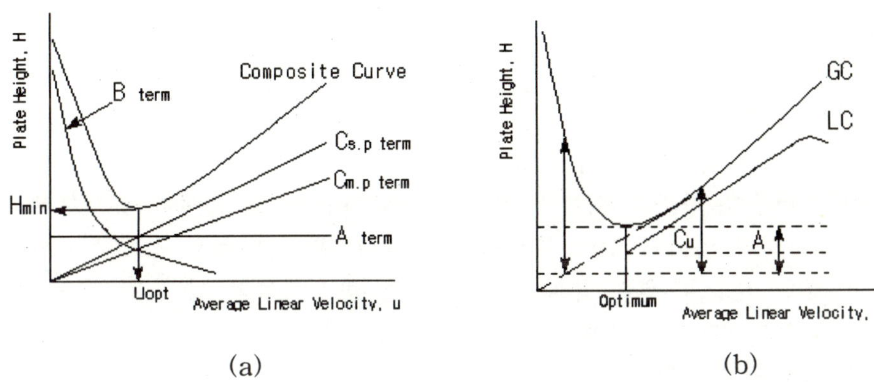

그림. 띠 넓어짐과 이동상 흐름 속도와의 관계. (a) A, B, C항의 크기와 조합 곡선의 모양 (b) GC와 LC에서의 곡선의 모양

Q 18. 봉우리 비대칭 인자(Peak asymmetry factor, AF)에 대해 설명하라.

봉우리의 비대칭성의 크기를 나타내며, 꼬리 끌기 인자(tailing factor)라고도 한다.

1) Kirkland가 주장한 것으로 일상적 컬럼 시험 방법의 하나이나, 현재는 컬럼 공급자들은 널리 사용하지는 않는다.

2) 비대칭 인자의 크기

1	대칭
1.2이하	적당 (0.95 < AF < 1.15)
1.2이상	낮은 품질(poor quality)
1.6이상	부적당(버림)

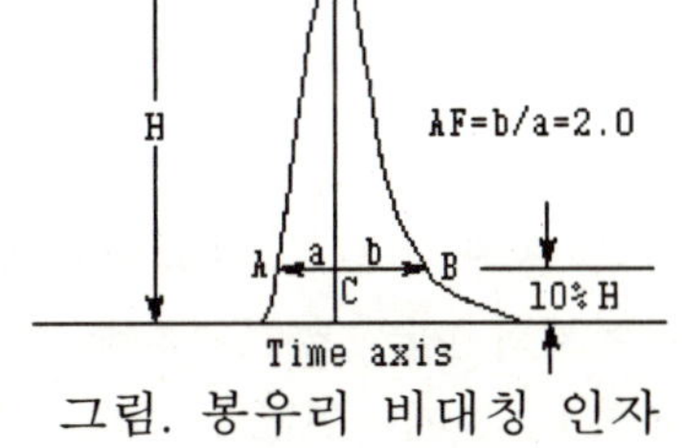

그림. 봉우리 비대칭 인자

Q 19. 크로마토그래피의 그레디언트 시스템(Gradient system)에 대해 설명하라.

1. GC, LC 및 SFC에서의 방법 비교

분리하고자 하는 물질들을 주어진 조건하에서 분리 목적을 달성할 수 없는 경우에 분리 조건(온도, 흐름 속도, 압력 및 밀도 등)을 변화시켜 분리를 할 수 있다. 이러한 조건의 변경은 사용되는 크로마토그래피에 따라 다르며, 전형적인 방법은 표와 같다.

표. 크로마토그래피별 그레디언트 방법의 비교

Chromatography	Routine analysis	Gradient method	Remarks
GC	Isothermal	Temperature	
LC	Isocratic	Mobile phase	UV 검출기에서 온도도 가끔 사용
SFC	Isothermal	Pressure(밀도 변화) 또는 eluent(성분 변화)	

2. 그레디언트 방법

1) GC에서의 그레디언트 용리(온도 및 흐름)

등온에서 머무름 시간과 끓는점 사이에 대략적인 지수 관계가 있으므로 약 100 ℃를 넘는 끓는점의 범위에 있는 혼합물들의 분석 온도 범위를 정하는 것이 불가 능하다. 이런 경우 일반적 용출 문제인 최초 용출 봉우리들의 낮은 분리나 나중에 용출되는 봉우리들의 띠 넓어짐에 기인한 낮은 검출력을 해결하기 위해 온도나 흐름 프로그래밍 방법을 사용한다.

(1) 온도 프로그래밍

가. GC에서 널리 사용되며, 온도 범위는 용질과 정지상의 성질에 의존한다.

나. 온도 상승 속도 폭(0.1~30 ℃/min)이 넓다.

다. 열린관 컬럼(OTC)나 좁은 구경(narrow-bore) 컬럼에 대한 가열 속도는 5 ℃/min 이하를 보통 사용한다.

(2) 흐름 프로그래밍

가. GC에서 널리 사용되지 않는다.

나. 짧은 OTC에서 동적 작동 범위는 대략 0.1~10 ml/min이다.

2) LC에서의 그레디엔트 방법

LC의 그레디언트 용리 방법에는 선형, 볼록 및 오목형의 3가지 방법이 사용된다.

(1) 선형 용매 강도 그레디언트(Linear-solvent strength gradient) : 각 성분의 용량인자의 log 값은 시간에 따라 직선적으로 감소한다.

(2) 볼록형 그레디언트 : 최초 용출 띠는 날카롭고 분리가 안된 묶음으로 나타나며, 나중에 용출되는 띠는 띠가 더 넓고 더 잘 분리된다.

(3) 오목형 그레디언트 : 볼록형의 반대 효과를 나타낸다.

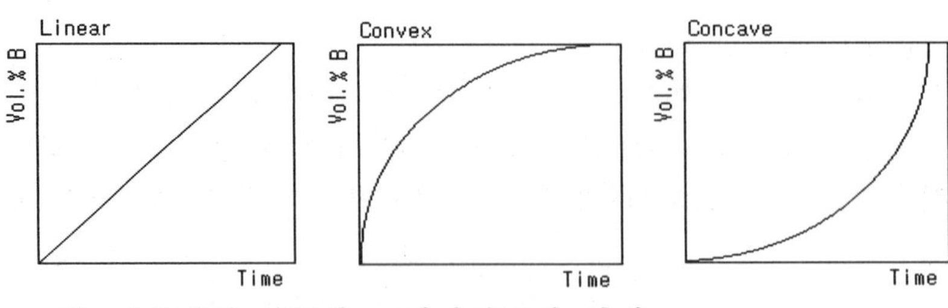

그림. 이상적인 이동상 그레디언트의 형태

3) SFC에서의 그레디언트 방법

SFC에서는 압력과 용리액을 활용하는 두 가지의 그레디언트 방법이 응용되며, 온도 프로그래밍은 일반적으로 사용하지 않고, 대부분의 분리는 등온에서 수행된다.

(1) 압력 그레디언트

가. 분석 시간의 단축과 분리 증가를 위하여 이동상의 밀도가 변한다.

나. 작동 중 점차적인 압력의 증가에 의해 넓은 분자량 범위의 화합물을 분리하는 것이 가능하다. 여기에서, 압력의 프로그래밍이 중요한 것이 아니고 흐름속도에 대한 이동상 밀도의 증가가 중요하다.

(2) 용리액 프로그래밍

용리 프로그래밍에서는 용리액 성분이 변화된다. 이 방법은 압력 프로그래밍 방법보다 자주 사용되지 않는다.

Q 20. 열린관 컬럼(OTC)의 효능 평가 방법에 대해 설명하라.

1. 유효 이론단 수(The number of effective theoretical plate), N

OTC에서는 불감 부피가 커서 n대신 N을 사용한다.

$N = n(k / k+1)^2$

1) k=1이면 N는 n의 25%, $k>10$이면 $N \fallingdotseq n$

2. 최소 이론단 높이, H_{min}

$H_{min} = r\{1+6k+11k^2 / 3(1+k)^2\}^{1/2}$ r : 컬럼 구경

1) H_{min} : HETP by Golay for WCOT

2) OTC에서는 액상의 질량 이동 및 컬럼 압력 저하는 무시한다. 즉,

$H = A + B/u + (C_S+C_M)u$에서 $A=0$, $(C_S+C_M) \fallingdotseq 0$

3) 관계식 : N/t_R

Desty 제안으로 N 자체보다 컬럼 성능 측정에 더 유용하며, 분배비나 흐름속도에 의존한다.

3. 이론 효율의 유용성(Utilization of theoretical efficiency), UTE

코팅 효율(CE, coating efficiency)이라고도 하며, H의 이론값(H_{Theo})과 H의 실험값(H_{Exp})의 비를 말한다. WCOT 컬럼의 UTE는 다음과 같다.

$UTE = (H_{Theor} / H_{Exp}) \times 100\%$

1) H_{Theor}는 Golay식에 의해 계산된다.

$H_{Thero} = r_c[32f_g(k)]^{1/2}$

$f_g(k) = [(1 + 6k + 11k^2) / 96(1 + k)^2]$

2) UTE는 실제 100 %를 넘을 수도 있으며, 보통은 80~100 %이다.

4. 분리수(Separation number), SN 또는 TZ(trennzahl)

z와 z+1의 C 원자들을 가진 두 개의 연속 동족체 물질(homologous standard)의 봉우리 사이에 놓이고, R_s=1.177로 분리될 수 있는 성분 봉우리들의 수를 표시한다.

$$SN = \{(t_{R(Z+1)}-t_{R(Z)}) / (W_{h(Z)}+W_{h(Z+1)})\} - 1$$

W_h : peak width at half height

1) SN은 정지상 성질, 컬럼의 길이, 컬럼 온도, 이동상의 흐름 속도에 의존한다.
2) 자주 사용되는 표준품 : n-alkanes, fatty acid methyl esters
3) SN 과 효능과의 관계식 :

$$SN = 0.425\{(\alpha-1) / (\alpha+1)\}\sqrt{N} - 1$$

4) SN은 온도에 따라 변하며, 온도가 증가하면 α와 SN은 증가한다.
5) 관계식 ; 적어도 잘 머무르는 용질들에 대해 다음 관계가 성립한다.

$$PC = 1.18(SN + 1)$$

PC : 봉우리 용량

Q 21. 크로마토그래피 검출기의 성능적 특성에 대해 설명하라.

검출기 성능의 특성은 감도, 최소 검출력, 동적 범위, 응답 직선성, 잡음 특성에 의해 결정된다. 또한 특별한 문제에 대해 그것의 적합성을 지시하는 검출기의 다른 성질은 흐름 감도와 응답 시간이다. 크로마토그래피 검출기는 두 가지[주)]로 구분하는 것이 편리하다. 하나는 단위 부피 당 질량의 변화에 응답하는 농도 민감형 장치(concentration sensitive devices, g/ml)이고, 다른 하나는 단위 시간당 질량의 변화에 응답하는 질량 민감형 장치(mass sensitive devices, g/s)이다.

주) 검출기의 두 가지 구분

1) 농도 감도 검출기

$S = AF/w = (mV \cdot sec)(cm^3/sec)/mg = mVcm^3/mg = (A \cdot C_1 \cdot C_2 \cdot C_3)/w$

A ; 봉우리 넓이(cm^2), C_1 ; 기록계의 감도(mV/cm), C_2 ; 기록지 속도의 역수(min/cm), C_3 ; 이동상 흐름 속도(cm^3/min), w ; 시료 무게(mg)

2) 질량 감도 검출기

$S = A/w = mV \cdot sec/mg = (A \cdot C_1 \cdot C_2)/mg$

A ; 봉우리 넓이(cm^2), C_1 ; 기록계의 감도(mV/cm), C_2 ; 기록지 속도의 역수(sec/cm)

표. 크로마토그래피 검출기에 대한 성능 기준

용어/정의	농도 검출기	질량 검출기	비고
감도(sensitivity) : 이동상에 있는 시험 물질의 단위 질량이나 농도 당 신호 출력	S=AF/w	S=A/w	잡음 수준이 역시 명기되지 않으면 가치가 적다. S/N은 가장 흥미 있는 인자이다.
최소 검출력(minimum detectability) : 잡음의 두 배에 해당하는 검출기 신호를 주는 시험 물질의 양	D=2N/S	D=2N/S	S와 N값은 같은 작동 상태에서 결정 되어야 한다.
직선성(linearity) : 직선 범위는 검출기의 감도가 직선성 도시로부터 결정될 때 ±5% 이내인 일정한 시험 물질의 질량 흐름 속도나 농도의 범위이다.	L.R.= C_{max}/D	L.R.= M_{max}/D	가끔 최소 검출력에 대한 직선성 도시로부터 얻어진 직선성의 상한(upper limit)의 비로 표시된다. 같은 시료에 대해 두 번 측정된다.
동적 범위(dynamic range) : 시료 량의 변화가 검출기 신호의 변화를 주는 시험 물질의 농도나 질량 흐름 속도의 범위를 말한다.			동적 범위의 직선적 부분이 가장 관심 있는 범위이다.
잡음(noise) : 1 cycle/min의 순으로 한 진동수의 검출기 신호의 모든 무작위 변화를 포함하는 바탕선 포락선(base-line envelope)의 크기를 말한다.			오직 관측된 잡음에 대해서만 언급한다. 실제적 잡음은 대부분의 기기와 기록 장치가 약간의 여과를 거치므로 더 크거나 작을 수 있다.
표류(drift) : 이것은 0.5시간의 주기에 걸쳐 측정된 잡음 포락선의 평균 기울기이다.			보통 시간당 신호 단위들로 표시된다.

A ; 봉우리 면적(mV · sec), F ; 검출기를 통한 흐름 속도(cm^3/sec), w ; 시료 무게(mg), Cmax ; 직선 범위의 상한에 일치하는 시험 물질의 농도, Mmax ; 직선 범위의 상한에 일치하는 질량 흐름 속도

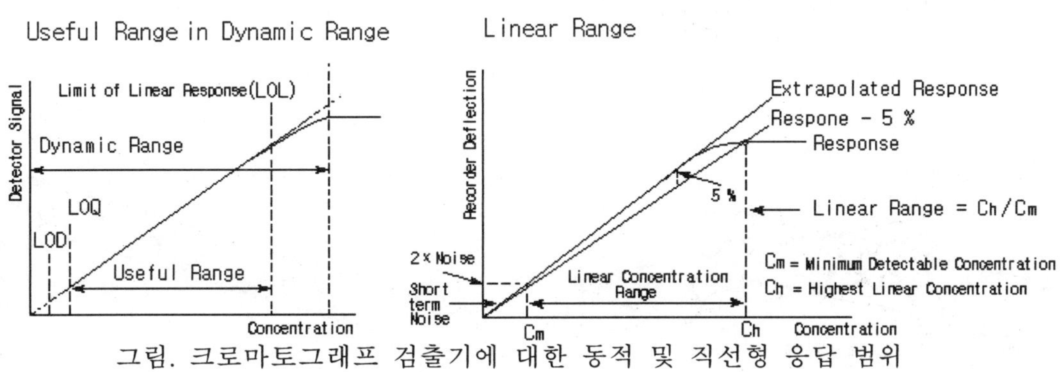

그림. 크로마토그래프 검출기에 대한 동적 및 직선형 응답 범위

Q 22. 크로마토그래피 검출기의 성능적 특성 중 잡음에 대해 설명하라.

검출기 잡음은 감도에 대한 극한으로, 잡음이 정적이나 동적 조건하에서 측정되는 데에 따라 다른 특성을 갖는 단기간(short term), 장기간(long term), 표류(drift)의 세 가지가 있다. 정적 잡음은 크로마토그래프로부터 분리된 검출기의 안정성을 나타내고,

동적 잡음은 이동상의 흐름과 검출기의 정상적인 작동 조건하에서의 잡음을 나타낸다. 이상적으로 정적과 동적 잡음은 매우 유사하여야 한다. 그렇지 않으면 검출기의 성능은 크로마토그래프의 용매 이동계의 미약한 성능에 의해서 나쁘게 된다. 잡음 신호는 최대 이용 감도 검출기 증폭기와 함께 기록계 시간의 한 주기에 걸쳐 측정된다.

1. 단기간 잡음

한 cycle/min보다 큰 진동수의 검출기 신호의 모든 무작위 변화에 대한 최대의 크기이다. 이것은 검출기의 출력을 계속되는 일련의 1분보다 작은 시간 분절로 나누고 고정된 시간 간격(보통 10~15분)에 대해 각 분절의 수직적 치환을 합하는 것에 의해 기록계의 흔적으로부터 계산된다.

2. 장기간 잡음

시간당 6~60회 사이의 진동수를 보이는 검출기신호의 모든 무작위 변화에 대한 최대의 검출기 응답이다. 장기간 잡음은 그림에서와 같이 Z_1과 Z_2보다 더 큰 것에 의해 표시된다. 수직 거리인 Z_1과 Z_2는 잡음 신호를 10분 분절로 나누고, 펜 편향의(pen deflections) 중심을 가르는 평행선을 구성하는 것에 의해서 얻어진다.

3. 표류

표류는 한 시간에 걸쳐 펜의 수직 치환으로 측정된 잡음 포락선(noise envelope)의 평균 기울기이다(실제로 30분에 걸쳐 측정하고 1시간으로 정규화 한다).

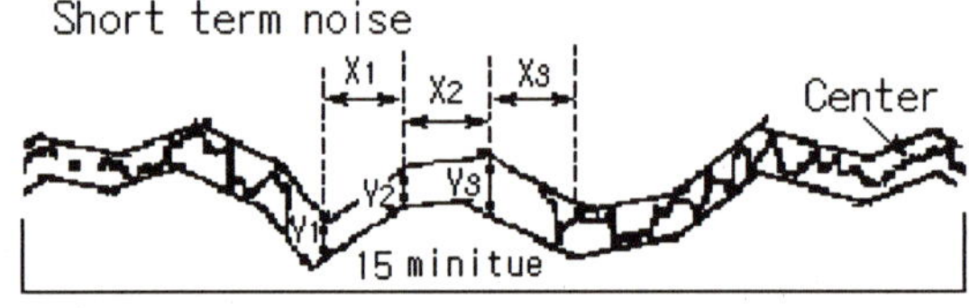

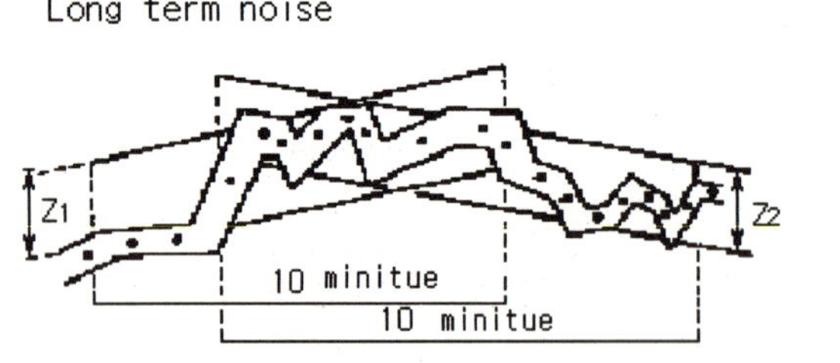

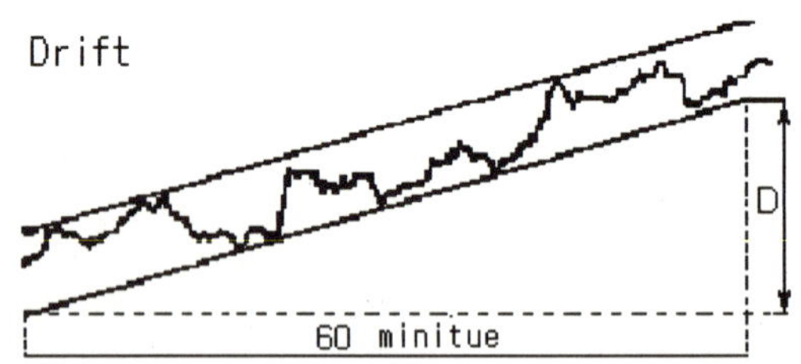

그림. 크로마토그래프 검출기에 대한 단기간, 장기간 및 표류

Q 23. 검출 한계(Limit of detection, LOD)의 정의와 계산 방법에 대해 서술하라.

1. IUPAC과 ACS(American Chemical Society)의 정의

화학적 및 생물학적인 기질에서 분석 방법을 사용하여 흔적량 성분을 정량 하기 위한 검출 한계의 개념은 중요하다. IUPAC에서는 1975년 LOD를 "적용된 분석 방법에서 합리적인 정확성을 가지고 검출할 수 있는 최소량으로부터 유도되는 농도나 량"으로 정의했으며, ACS에서는 1980년에 IUPAC이 정의한 개념을 "한 분석 과정이 신뢰성 있게 검출할 수 있는 분석 물질의 최소 농도"라고 더욱 개념을 명확히 하였다.

2. 계산 방법

1) ACS의 정의를 인용한 방법

ACS에서 시료의 측정값을 S_t라하고 바탕에 대한 측정값을 S_b, 이들 측정에 대한 표준 편차를 σ라 하면, 분석 신호는 S_t-S_b이다. 정규 분포에서$(S_t-S_b)>3\sigma$일 때 99 % 신뢰 수준에서 $(S_t-S_b)>0$임을 보여준다. 따라서 검출 한계의 권고치는 3σ로, 정량 한계(limit of quantitation, LOQ)의 권고치는 10σ로 하였다. 3σ이하의 신호는 불검출(not detected, ND)이라 하며, 3σ~10σ 사이의 신호는 덜 정확한 량의 범위라 하고 실제 분석에서 흔적량(trace, T 또는 tr)으로 표시한다.

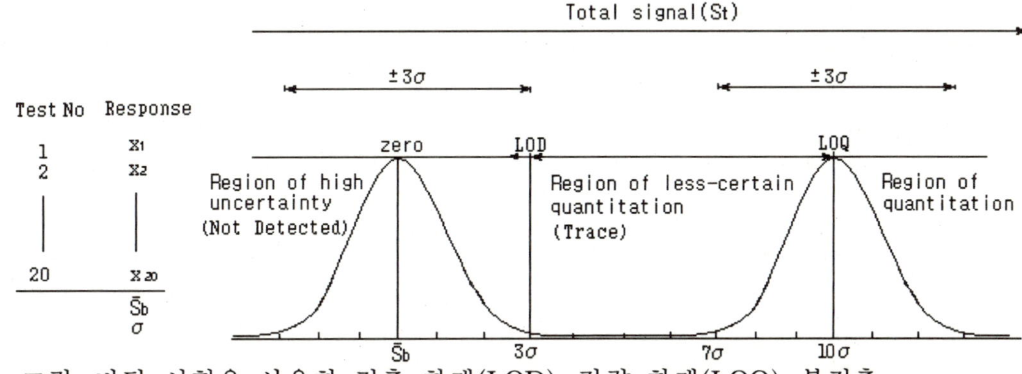

그림. 바탕 시험을 사용한 검출 한계(LOD), 정량 한계(LOQ), 불검출 (ND) 및 흔적량(Trace)의 범위.

2) 크로마토그래피에 대한 J.E.Knoll의 방법

J.E.Knoll은 잡음 측정 간격이 계의 최대 정보 능력으로부터 결정된다는 점을 고려하여 결론적으로 검출 한계(C_{LOD})와 정량 한계(C_{LOQ}) 식을 유도하였다. 여기에서 k_{LOD}와 k_{LOQ}는 상수 측정 간격에 따라 결정되며, h_n값은 잡음 출력 도표 기록에서 측정된다. 검출 한계를 계산하기 위한 절차는 다음과 같다.

$C_{LOD} = k_{LOD}\ h_n\ C_s/h_s$ $\qquad$ $C_{LOQ} = k_{LOQ}\ h_n\ C_s/h_s$

가. 검정 시료를 분석하여 검정 곡선을 작성하고 기울기로부터 C_s/h_s를 구한다.

나. 검정 곡선 범위 내 크로마토그램으로부터 1/2h의 봉우리 나비(W_h)를 구한다.

다. 도표에 W_h의 간격으로 선을 분할하고, 바탕 시험을 실시하고 가장 큰 잡음 요

동의 높이(h_n)를 측정한다. 이때 k_{LOD}는 W_h의 곱에 따라 결정된다.

라. 위 계산식에 k_{LOD}, h_n 및 C_s/h_s를 대입하여 C_{LOD}를 계산한다.

표 1. LOD와 LOQ 계산을 위한 다중 상수

봉우리 나비 배수	k_{LOD}	k_{LOQ}
10	1.9718	5.755
20	1.4309	4.150
50	0.9194	2.656
100	0.6536	1.885

* 봉우리 나비 배수(n) : peak width multiple

3) 분광학에서 주로 사용되는 방법

분광학에서는 LOD를 (1) 신호 대 잡음의 2배에 해당하는 농도, (2) 바탕값 근처의 표준 용액을 최소 10회 측정 후 표준 편차를 구해 LOD를 결정하는 방법을 사용한다. 이때의 LOD는 95 % 신뢰도로 검출할 수 있는 최소 농도 또는 절대량을 나타낸다.

LOD = 2N x C/X (2) LOD = 2s x C/X

N ; 바탕선의 잡음 s ; 표준 편차 X ; 측정한 흡광도(또는 면적)

C ; 표준 용액의 농도(절대량)

4) 작업환경중의 유해 물질 분석 시 검출 한계

작업환경중의 유해 물질의 분석에 대한 LOD의 개념을 미국산업안전보건연구원에서는 "바탕으로부터 구별되는 분석물질의 가장 작은 량" 이라고 정의하고, 검정 곡선의 표준 오차(S)의 3배로 하고 정량 한계는 10배로 하였다. 또한, Burkart는 LOD에 대한 표현과 함께 회귀 분석의 계수를 조합한 검정 곡선으로부터 LOD를 평가하는 다른 방법을 제안하였다. 산업안전보건청에서는 분석 과정의 검출 한계를 "바탕선 높이의 약 5배의 높이를 줄 수 있는 분석물질의 량" 이라고 정의하였으며, 계산 방법은 첫째, 바탕선 잡음을 측정할 수 있는 수준으로 증폭하여 계산한다. 둘째, 만약 바탕선 잡음이 얻어지지 않으면 바탕선으로부터 구별될 수 있는 가능한 한 낮은 농도의 용액을 사용하여 계산한다.

LOD = 3 S/a LOQ = 10 S/a $S = \sigma/(n)^{1/2}$

a ; 낮은 농도에 대한 검정 곡선의 기울기(y = ax + b)

S ; 검정 곡선의 표준 오차 σ; 검정 곡선의 표준 편차 n ; 실험 횟수

표 2. Burkart 방법에 의한 검출 한계와 정량 한계의 계산

검정 곡선의 차수	검정 곡선 방정식	검출 한계, LOD	정량 한계, LOQ
일차(linear)	y=a+bx	3 S/b	10 S/b
이차(quadratic)	$y=a+bx+cx^2$	$\{-b+(b^2+12Sc)^{1/2}\}/2c$	$\{-b+(b^2+40Sc)^{1/2}\}/2c$
지수(exponential)	$y=a+b(1-e^{cx})$	{ln(1-3S/a)}/b	{ln(1-10S/a)}/b

a ; 검정 곡선의 Y 절편, b ; 검정 곡선 회귀 방정식의 계수, c ; 검정 곡선 회귀 방정식의 계수, S ; 검정 곡선의 표준 오차

Q 24. 크로마토그램의 정량 방법에 대해 설명하라.

1. 봉우리 면적 계산 방법

정량을 위한 봉우리 면적의 계산에 있어 봉우리 영역의 정확한 정의에 따른 어려움, 작동자의 정확도, 봉우리 측정을 위한 한정된 시간 등의 문제점이 있다. 다중 성분 시료의 각 성분을 정량하기 위해 마이크로프로세서나 컴퓨터 장치들이 최근 널리 사용되며, 이들은 복잡한 크로마토그램에 대해서도 높이와 면적을 빠르게 측정 및 기록할 수 있다. 최근 기기들은 기기 묶음의 적분 형태의 부분으로 데이터 스테이션으로 제공되거나 여러 개의 기기들이 주전산기(host computer)에 연결된 실험실의 컴퓨터망의 한 부분으로 작동하도록 설계되어 있다.

컴퓨터는 간략화 된 원래 데이터로부터 원하는 정보를 계산하기 위하여 계산 순서의 범위 내에서 여러 가지 수학적인 과정을 수행할 수 있다. 보통 이런 루틴(routines ; 완성된 프로그램)은 머무름 시간, 봉우리 높이, 봉우리 면적, 봉우리 정규화, 농도를 계산하기 위한 검정 데이터와의 비교 외에 단수, 비대칭 인자 등과 같은 컬럼 파라미터의 계산을 포함한다. 제한 사항은 컴퓨터 메모리에 저장된 프로그램의 수에 의해서 간단하게 설정된다. 예를 들면, 봉우리 문턱 감지(thresholds sensing), 바탕선 보정, 신호 평균화, 기울기 감도 등이 모든 컴퓨터 방법에서 일반적이다.

표. 봉우리 면적 계산 방법에 대한 비교

방법	계산식*	정확성	상대 정밀도 1σ(%)	계산 시간 (분)	특징
반높이선 나비법	$A = HW_{1/2H}$	93.9	2	10	- 오직 대칭 봉우리에만 적용
삼각형 분할법 (triangulation)	$A = W_bH/2$	96.9	3	12	- 정확도는 접선(tangents)을 그리는 방법에 의존 - 작동자의 오차에 따름
사다리꼴 근사법 (trapezoidal approximation)	$(W_{0.15}+W_{0.85})H/2$	100	-	12	- 대칭, 비대칭 봉우리에 적용
면적계법 (planimetry)	-	100	3	15	- 비틀린(skewed) 봉우리에 정확한 면적 제공 - 작동자의 오차에 따름
절단 및 무게 측정법 (cut and weigh)	-	100	2	20	- 정확성은 절단 작업에 의존 - 균질성, 수분 량과 종이 무게가 정밀도에 영향을 줌 - 비틀린 봉우리 취급에 적용
적분기 계산법** (computing integrator)	-	100	0.5	약 0	- 속도와 정밀도에서 가장 우수 - 혼합 봉우리, 기준선이 올라오는 것에 대해서는 미약함 - 음성 봉우리(negative peaks) 취급에는 부적합(굴절률 검출기)

* A ; peak area, H ; peak height, $W_{1/2H}$; width at half height, W_b ; width in baseline that tangents are drawn

** 1σ(%) ; ball and disc integrator(1), electronic digital integrator(0.5), computer(0.25)

2. 검정 곡선 작성법 4가지

1) 정규화 방법(Normalization)

(1) 크로마토그램의 모든 봉우리들의 면적이 합해지고, 각 용질의 면적이 합 해진 면적의 백분율로 표시된다.

(2) 시료의 순도가 높은 경우에 정확성이 높으며, LC보다 GC에서 많이 사용된다.

(3) 모든 시료가 컬럼으로부터 용출되든 안되든 전체는 100 %로 나타난다.

(4) 검출기 응답이 모든 성분에 대해 같지 않다면 정규화를 위하여 응답 인자(R_f)가 요구된다. R_f는 단일 측정이나 검정 곡선(보통 3가지 농도 이상)에 의해 계산된다. 검정 곡선이 더 좋은 방법으로 기울기가 R_f가 된다.

2) 바깥 표준법(External method)

(1) 이상적으로 주입된 표준의 농도(무게)는 시료에서 기대되는 농도(무게)와 비슷하게 한다. 표준 물질과 미지 물질이 같으므로 R_f가 필요하지 않다.

(2) 정밀도는 분석과 검정시 작동 조건과 주입 시료 부피의 높은 정밀도에 의한다.

(3) 주요 단점은 시료 유출량을 감소하는 시료에 대해 비슷한 수의 표준을 사용해야 한다는 것이다.

(4) 계산 % = (SA의 면적/ST의 면적) × ST의 순도(%)

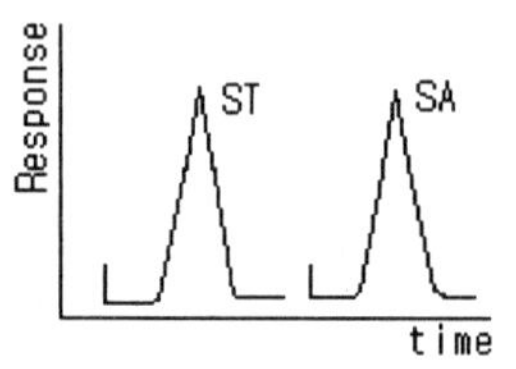

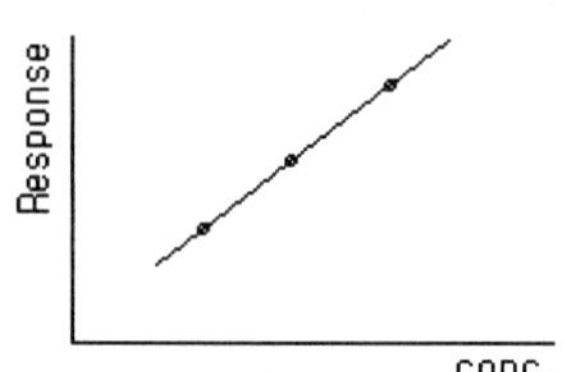

그림 1. 바깥 표준법의 검정 곡선

3) 내부 표준법(Internal method)

(1) 내부 표준은 시료 제조와 최종 분석동안에 일어나는 시료의 손실을 보상하기 위해 사용되며, 주입 부피의 변화에 의한 부정확성을 크게 줄일 수 있다.

(2) 내부 표준법의 성공적인 사용은 분석물질과 내부 표준의 봉우리 면적(높이)간의 높은 상관관계와 분석물질에 대한 내부 표준의 낮은 변화성에 의존한다.

(3) 검정 곡선의 작성은 내부 표준의 일정 량을 각 분석물질에 첨가하고 분석하고, 분석물질/내부 표준 검출 응답의 비가 분석물질의 농도(량)에 대해 도시된다.

(4) 계산 % = $(H_{SA}/H_{INT.SA})/(H_{ST}/H_{INT.ST})$ × ST의 순도(%)
= $(H_{SA}/H_{ST})(H_{INT.ST}/H_{INT.SA})$ × ST의 순도(%)

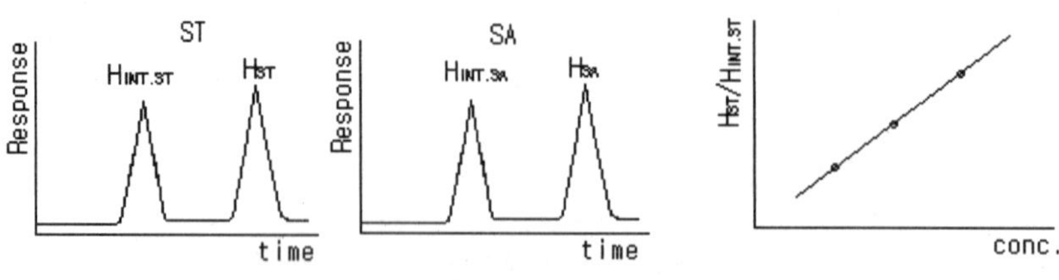

그림 2. 내부 표준법의 검정 곡선

4) 표준물 첨가법(Standard addition method, MOSA)

(1) 용도 및 특성

가. 조성 성분의 영향을 제거하지 않고 복잡한 시료중의 한 성분을 분석한다.

나. 量을 添加하여 最適濃度 범위로 검정 곡선을 移動하여 微量成分을 분석한다.

다. 공존 물질이 미치는 영향의 크기 측정에 유용하다.

라. 계통적 오차 결정을 위한 중요한 방법 중의 하나로 사용된다.

(2) 분석 순서

가. 미지 시료 한 부분이 분석물질들의 농도(량)를 평가하기 위하여 분석된다.

나. 3~5개의 동일 시료를 준비하고, 각 성분의 점진적인 증가분을 준비된 각 시료에 첨가한 후 각 시료를 재분석한다.

다. 각 성분에 대해 점진적인 증가량을 x축, 결과로 나타난 각 성분의 봉우리 면적(높이)을 y축으로 유사 검정 곡선(pseudocalibration curve)을 작성한다. 검정 곡선을 외삽하여 x축과 만나는 점이 시료 중 함유된 성분의 량이 된다.

(3) 분석물질의 량, mg = ｜b｜/a

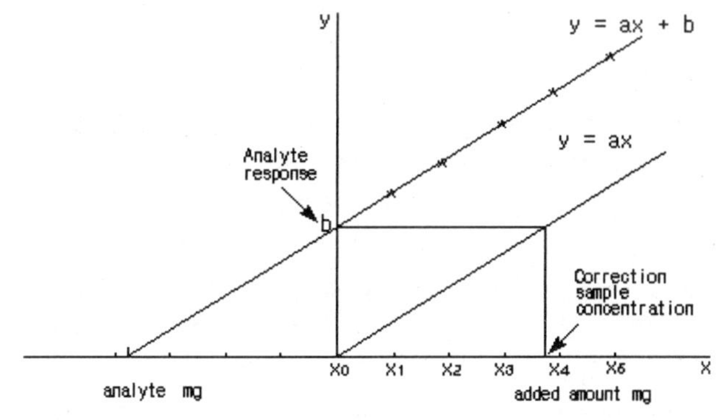

그림 3. 표준물 첨가법의 검정 곡선

(4) 計算例

standard response curve ; y = 556x + 543 (y = ax + b)

Youden regression curve ; y = 552x + 874 (y = a′x + b′)

standard addition curve ; y = 570x + 4210 (y = a″x + b″)

가. YB(Youden blank) : TYB = YB + SB

SB(system blank) ; 543(시약에 의한 영향)

TYB(total Youden blank) ; 874(시약 + 묽힌 시료 용액의 영향)

나. 일정 오차(Constant error, %) : (YB/a′) x 100 = (341/552) x 100 = 61.8 %

다. 비례 오차(Proportional error, %) :

slope of MOSA curve / slope of ST curve = (570/556) x 100 =102.5 %

라. MOSA에서 분석 물질의 량(A ; 20 mg) :

{(b″ - b′)/a″}(1/A) x 100 = {(4210 - 874)/570}(1/20) x 100 = 29.3 mg

마. 기울기 비 : (a′/ a″) x 100 = (552/570) x 100 = 96.8

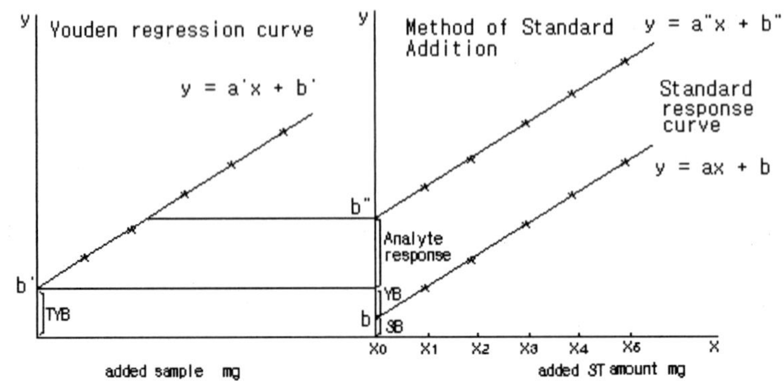

그림 4. 표준물 첨가법에서 분석 물질의 응답에 미치는 TYB의 영향

♣ 참고 사항

1. 내부 표준물질의 요구 사항
   1) 순도가 높고, 고온에서 안정성이 있고, 시료 성분과 화학 반응을 일으키지 않고, 물리 화학적 성질이 가능한 한 분석물질과 유사하여야한다
   2) 시료의 정상 성분(normal constituent)이 아니어야한다.
   3) 분석물질과 같은 방법으로 정확하게 매트릭스에 혼합되어야한다.
   4) 내부 표준과 분석물질이 바탕 선에서 분리되고(질량 판별이나 방사능 계수가 검출을 위해 사용될 때 동위원소로 표식 된 시료들은 제 외), 서로 근접하여 용출되며, 검출 시스템에 유사하게 응답하고, 거의 동일한 농도로 존재하여야한다.
   5) 분석물질의 유사체(analogues), 동족체(homologues), 이성체, 거울상체(enantiomers), 동위원소 표식 유사체가 주로 내부 표준으로 사용된다.

2. 표준물 첨가법(MOSA) 실시 시 고려사항
   1) 검정 곡선 작성을 위한 모든 용액(unspiked/spiked)의 부피를 같게 한다.
      (1) 원래 존재하거나 부가하는 분석물질에 같은 영향을 주기 위함.
      (2) 두 가지 문제점
         가. 적합한 solution chemistry 유지 여부
         나. 분석물질 부가 량에 따른 방해 효과의 변화 여부
   2) 높은 결과를 피하기 위하여 바탕(system blank)에 대한 보정이 필요하다.
   3) 검정 시 가하는 분석물질의 량은 대상 농도 범위의 0.5~2배로 한다.
      (1) 주어진 농도 범위에서 검정 곡선의 직선성이 유지되어야 한다.
      (2) 미지 용액에 측정 성분이 없으면 검정 곡선은 원점을 통과한다.
   4) 외삽(extrapolation)시 어느 정도의 오차는 피할 수 없다.
      (1) 공존물의 영향이 없다는 것을 실험에 의해 확인할 필요가 있다.
   5) MOSA는 바탕선 변동(variation)이나 다른 성분의 방해를 보정하지 못한다.
      (1) 표준물 첨가법이 응용되기 전 일상적인 방법으로 취급하여야 한다.

Q 25. 기체 크로마토그래피 및 액체 크로마토그래피를 비교 설명하라.

표. GC 및 LC의 개요적 비교

구 분	G C	L C
공통적 특징	1. 높은 효율성 및 선택성 3. 적은 시료 량 사용 5. 정량 분석에 용이하게 적용	2. 다양한 응용성 4. 시료를 파괴하지 않을 수 있음 6. 타 기기와의 조합 사용
특이한 장점	1. 열적 안정성 물질에 유리 2. 최고의 분리능(OTC 사용) 3. 검출기의 고감도 및 특별한 검출기 사용 가능(질량 스펙트럼 검출기, MSD) 4. 신속성 5. 정지상의 조합에 의한 분리의 최적화 6. 온도를 이용한 그레디언트 시스템 7. 간편하고 저렴한 장치	1. GC보다 더 선택적(용질-이동상-정지상 작용) 2. 실온 부근에서 작동 3. 특별한 검출기의 사용 가능(전기화학적, RI 등) 4. 이동상의 조합에 의한 분리 최적화 5. 제조용(preparative scale) 분리 가능 6. 이동상을 이용한 그레디언트 시스템
정지상 선택시 고려사항	1. 분석물질과의 일치성 ; 지지체, 액상의 종류, 실음(loading) %, 입자크기, 적용 온도, 비활성 및 용매 역활, 컬럼의 종류 2. 용매에 대한 용해도 및 선택적 작용능력 3. 낮은 증기압과 낮은 점도 4. 지지체를 적시는 성질 5. 분리 목적 ; 일상 분석, 연구용	1. 분석물질과의 일치성 ; 지지체, 결합상의 형태, 입자 크기, 컬럼의 종류 2. 분리 목적 ; 일상 분석, 연구용, 제조용
이동상 선택시 고려사항	1. 비활성 ; 용질, 정지상과의 반응 고려 2. 확산을 줄이는 M.W.가 큰 기체 3. 검출기와의 일치성 ; 감도, 불순물의 제거(유령 봉우리 생성) 4. 경제성 ; 가격, 순도 5. 안전성 ; 폭발성, 독성	1. 낮은 점도 2. 용질의 용해성 3. 용매의 혼합성 4. 검출기와의 일치성 5. 경제성 ; 가격, 순도 6. 안전성 ; 유해성, 독성
분석물질 선택시 고려사항	1. 휘발성 2. 물질의 분해성 ; 열적 안정성 3. 분자량 범위 ; 1000이하	1. 비휘발성 2. 분자량 범위 ; 보통 약 2000, 크기배제형은 수억까지 가능
분리 형태	흡착, 분배, 혼합형	흡착, 분배, 이온 교환, 크기 배제, 혼합형, 친화형(생화학 물질 등)
주작용 물질	시료-정지상	시료-이동상-정지상
분석 비율	약 20 %	약 80 %
정지상	흡착형, 분배형	흡착형, 분배형, 이온 교환 수지, 크기배제형, 친화형

표. GC 및 LC의 개요적 비교(계속)

구 분	G C	L C
입자의 종류 및 크기	· 크기 : 60~120 mesh(100~25 ㎛)	· 표면 다공성(약 30 ㎛), 매우 작은 전체 다공성(3~10 ㎛), 전체 다공성(약 30 ㎛)
이동상	비활성 기체(H_2, N_2, He, etc.)	· NPC : hexane, pentane 등 · RPC : 다양한 active liquids(MeOH, THF, ACN, D.W. 등)
컬럼 종류	1. 종류 : packed, micropacked, OTC (FSOT, PLOT/SCOT, WCOT) ; 2. 길이, 내경(i.d) 및 외경(o.d) : 1) Packed ; 길이 1~6 m, i.d 1/8″, o.d 3~4 mm, 2) Micropacked ; (1)Fine:길이 수 m, i.d 0.5~1.0 mm (2)coarser 길이 20 m 이상, i.d 0.25~0.5 mm 3) OTC ; 길이 10~100 m, 전형적 i.d 0.05~1.0 mm, o.d 0.3~1.5 mm, 벽도포 두께 0.05~1 ㎛ 3. 재질 : 스테인레스 강, 유리, 용융 실리카(fused silica)	1. 종류 : packed, microcolumn (microbore, packed microcapillary , open microtublar) 및 제조용 2. 길이 1) Packed ; 길이 15~30 cm, i.d 4.0~4.6 mm 2) Microcolumn ; ~1 m 제조용; 단순 목적 1~3 m, 고효율용 10~30 m 3. 재질 : 스테인레스 강, 테프론, 플라스틱 4. 미세 구경(microbore) 컬럼은 충전 컬럼과 유사하며, 열린 미세관(open microtubular) 컬럼은 GC의 열린관 컬럼(OTC)과 유사하다.
온도	100~300 ℃(-60~400 ℃가능)	주로 실온에서 분석
압력	~70 psi	~2000 psi(max. 10000 psi)
그레디언트 시스템	온도 사용	이동상 사용
불감 부피 결정 물질	CH_4, H_2, air, inert gas	· NPC : benzene · RPC : $NaNO_3$(Sodium Nitrate) 또는 $NaNO_2$(Sodium Nitrite) 3×10^{-6}mole 이상 농도 사용
봉우리 띠 넓어 짐	세로 확산(H_L)이 중요	질량 이동 효과(H_M)가 우월, H_L은 무시(액체 확산계수는 기체의 약 1/10만)
조합 방법	Mass, FTIR, Optical emission spectroscopy	Mass, FTIR, NMR
검출기	FID, TCD, ECD, FPD, MSD, etc.	UV, RI, Conductivity, FD, etc.
주요 응용 분야	환경, 임상, 석유, 약물 등	환경, 임상, 생화학, 천연물 등

♣ 크로마토그래피를 위한 일반적 원칙

1) 용질이 용매에 녹아야 한다.
2) 용질이 열적으로 안정하고 휘발성이어야 한다(GC).
3) 용질이 이동상 성분과 화학적 반응을 하지 말아야 한다(LC).

Q 26. GC 및 LC 컬럼의 구조 및 성질을 기술하라.

1. GC 컬럼

1) 충전 컬럼 : 1950년대 초에 발달하였으며, 일반적 제원은 그림과 같다.

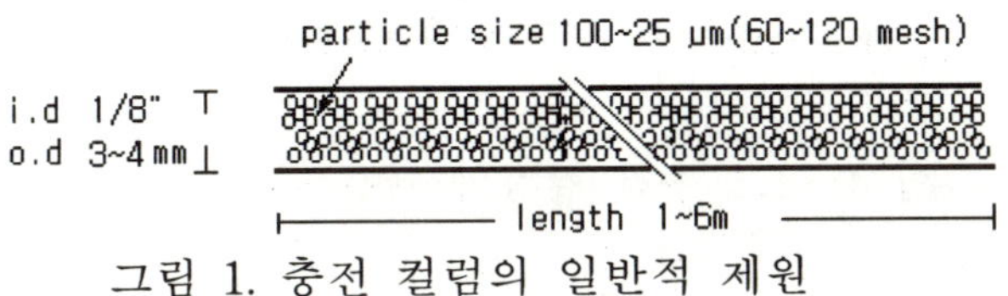

그림 1. 충전 컬럼의 일반적 제원

2) OTC 및 micropacked 컬럼 : 1950년대 말에 제조되었으나 실제로는 1970년대 말에 발달되었다.

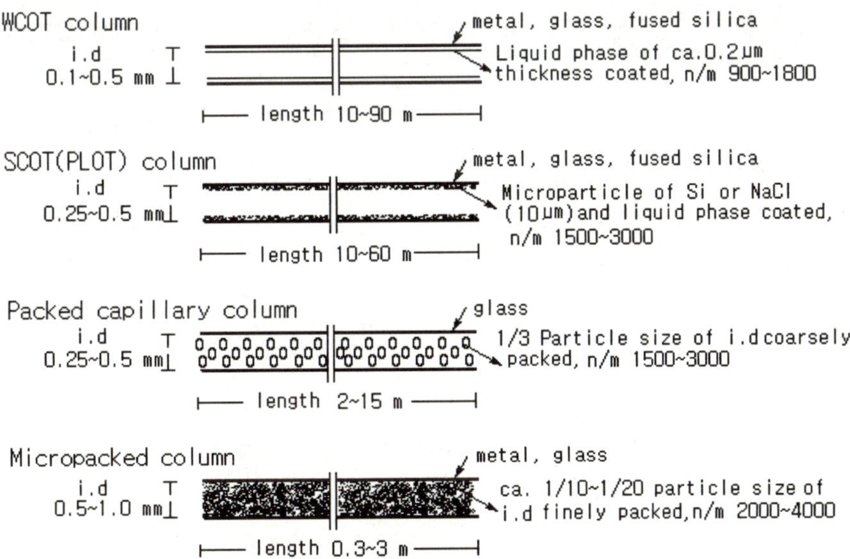

그림 2. GC의 열린관 컬럼과 미세 충전 컬럼의 일반적 제원 및 효율

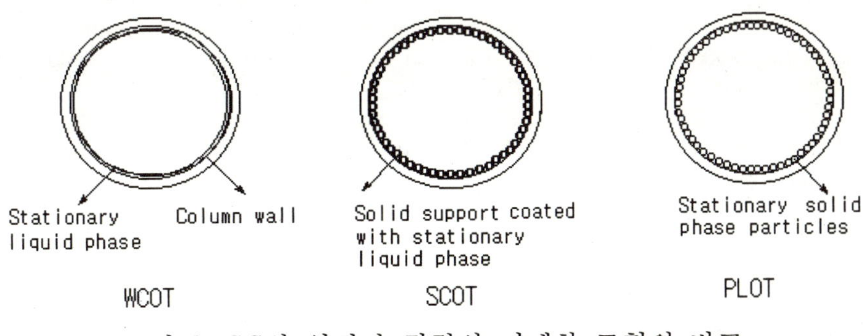

그림 3. GC의 열린관 컬럼의 미세한 모형의 비교

2. LC 컬럼

1) 충전 컬럼

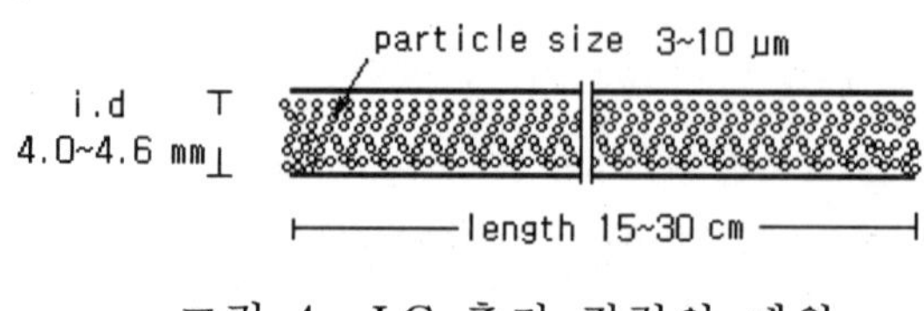

그림 4. LC 충전 컬럼의 제원

2) 미세 컬럼(microcolumn)의 단면도

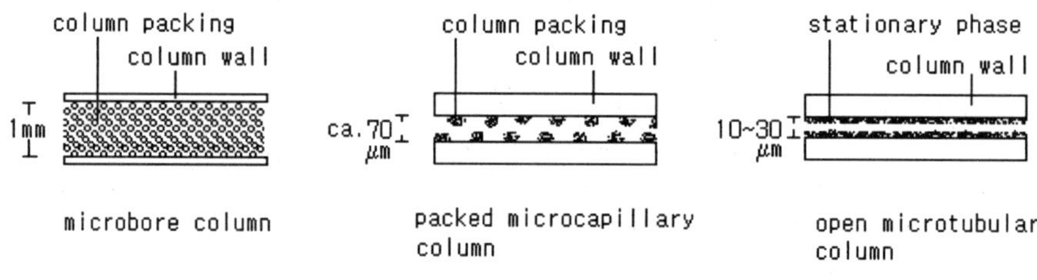

그림 5. LC에 사용되는 미세 컬럼의 제원

표 1. GC 컬럼 형태에 따른 대표적 성질

컬럼 형태	상비	H_{min}, mm	u_{opt}, cm/s	투과성, $10^7 \cdot cm^2$
Classical packed	4~200	0.5~2	5~15	1~50
Micropacked	50~200	0.02~1	5~10	1~100
Packed capillary	10~300	0.05~2	5~25	5~50
SCOT	20~300	0.5~1	10~100	200~1000
WCOT	15~500	0.03~0.8	10~100	300~20000

표 2. LC 컬럼 형태와 성질

컬럼 형태(다른 명칭)	길이(단일 컬럼)	내경, mm	흐름 속도, µℓ/min
Conventional packed	5~30 cm	4~5	1000~3000
Small bore packed (microbore)	10~100 cm	1~2	5~200
Packed capillary (slurry packed capillary)	20~200 cm	0.1~0.5	0.1~20
Semi-packed capillary (packed capillary, semipermeable capillary)	1~100 m	0.02~0.1	0.1~2
Open tubular (microtubular capillary)	1~100 m	0.01~0.075	0.05~2

Q 27. GC 및 LC에 사용되는 이동상에 대해 서술하라.

1. GC의 이동상

1) H_2, He, N_2, Ar이 주요한 이동상으로 사용된다.

(1) 운반 기체의 점도는 주어진 속도에서 압력 저하를 결정한다. GC의 사용 온도에서 점도는 아래 식으로 구할 수 있다.

H_2 : η_t = 0.1827t + 83.9899

He : η_t = 0.3993t + 186.6169

N_2 : η_t = 0.3838t + 167.3534

η_t ; 운반 기체의 점도(micropoise) t ; 설정 온도

(2) 온도와 점도의 변화 속도는 3개의 기체에 대해 대략 같다.

(3) 충전 컬럼에서 압력 저하를 고려할 때 수소의 점도가 질소와 헬륨 점도보다 약 1/2로 더 좋다. 유일한 단점은 폭발의 위험이 있다는 것이다.

(4) 질소는 수소보다 낮은 온도와 흐름 속도에서 약간 우월하며, 저렴하여 일반적으로 널리 사용된다.

(5) 헬륨은 가격이 수소나 질소보다 비싸지만 특별한 분석을 하기 위해서 종종 사용된다. 수소의 순도는 99.95 %, 헬륨은 99.995 %이어야 한다.

2) 가끔 유기 증기나 다른 기체들(스팀, 암모니아, 개미산 등)이 컬럼 분리의 특성을 변형하기 위하여 부가된다. 그러나 이런 기체 혼합물들은 이상적으로 행동하지 않기 때문에 시료의 상 대적 머무름 변화, 분리의 변형을 초래할 수 있다. 또한, 검출기와의 불일치성, 응용에 원하는 효과를 얻기 위해 이용되는 제한된 온도 범위, 안전과 기기에 관련된 불편성이 있다.

3) 상업용 고압 기체는 공업 등급으로 기체 중에 기름 증기, 산소 및 물 등의 불순물이 포함될 수 있다. 이들은 검출기의 적절한 기능을 방해하거나 컬럼의 활성과 수명을 감소한다.

(1) 산소(5 ppm)는 100~105 ℃에서 이동상을 구리나 니켈 같은 촉매를 통과시키면 제거된다. 팔라듐은 수소로부터 산소를 제거하는데 효과적이다.

(2) CO와 탄화수소(1~100 ppm)는 600 ℃에서 산소 제거에 사용되는 촉매에 의해 제거된다.

(3) CO_2는 고체의 soda-lime이나 soda-asbestos에 기체가 통과하면 제거된다.

(4) 기름 증기나 다른 더 무거운 오염물질은 활성탄에 의해 가장 잘 제거된다.

(5) 물은 분자 체나 실리카 겔에 의해 잘 제거된다. 실리카겔의 흡수 여부를 쉽게 알기 위하여 $CoCl_2$의 하늘색을 이용한다.

(6) FID를 위한 공기의 정제는 800 ℃에서 석영에서의 연소에 의해 달성된다.

2. LC의 이동상

LC에서 이동상을 선정하는 일반적인 접근 방법은 1차로 LC에서 사용하기 위해 물리적 성질(끓는점, 점도, UV 흡수 등)이 부적절한 용매들을 제외한다. 두 번째로 적합한 크로마토그래픽 강도의 용매나 혼합 용매를 선택한다. 그 결과 용량인자(k)가 이

성분 시료의 경우에 2≤k≤5, 다중 시료에서 0.5≤k≤20정도로 된다. 마지막으로 크로마토그램에서의 중복되는 띠를 발견할 수 있다. 여기서 어떤 띠 쌍에 대한 증진된 용매의 선택성이나 증가된 분리인자에 대한 필요성이 제시된다. 이런 경우에 적합한 강도를 갖는 남은 용매들로부터 적합한 α값을 갖는 용매를 선택할 수 있다. LC의 5가지 분리 모드에 따라 적합한 용매들이 사용된다. RPC에 가장 흔히 사용되는 용매는 탈염수(D.W), 메틸 알코올(MeOH), acetonitrile(ACN), tetrahydrofuran(THF) 등이다. 용매들에 대한 섞임성과 용해도는 LC 사용자들에게 많은 혼동을 줄 수 있다. 섞이는(miscible) 것 과 녹는(soluble) 것에 대한 명백한 정의는 다음과 같다.

(1) Miscible :

Two components that can be mixed together in all proportions without forming to separate phases are miscible. Conversely, two components that form separate layers when mixed are immiscible.

(2) Soluble :

A component that is present at any level in a solvent is soluble in that solvent. The maximum amount of substance A that will dissolve in a given amount of substance B determines the solubility limit of A in B.

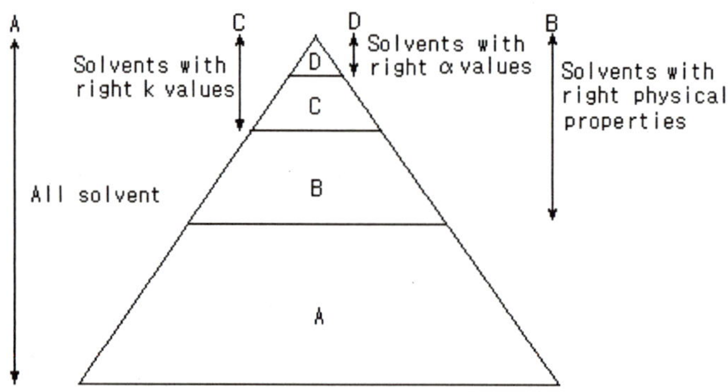

그림 1. LC 분리 및 응용에 대한 이동상의 선택

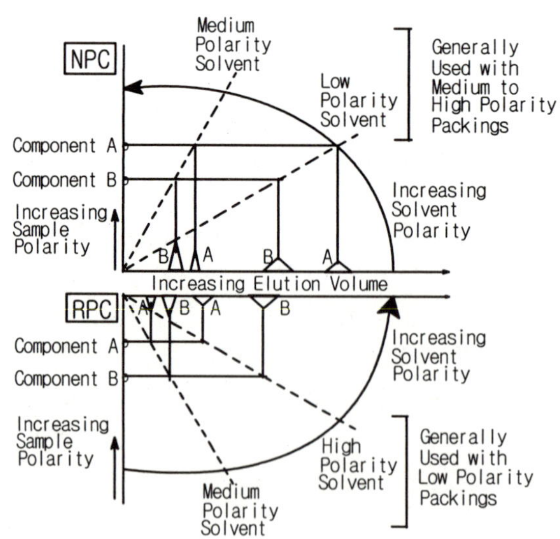

그림 2. 정상 및 역상LC에서 시료와 이동상의 상관관계

Q 28. 크로마토그래피에서 정지상, 이동상 및 용질간의 상호작용을 설명하라.

1. GC에서 용질과 정지상간의 상호작용

GC에서 상대적인 휘발성이나 분리인자는 용질과 액상의 상호작용, 즉, van der Waals 부착력에 의존한다. 이 부착력은 다음과 같은 세 가지로 나누어진다.

1) 런던 분산력(London dispersion forces)

이 힘은 원소 전하의 정돈으로부터 일어나는 이중극자의 인력에 의해 생긴다. 분산력은 모든 분자 형태 사이와 특별히 비극성 물질의 분리(예를 들면, 포화 탄화수소)에서 작용한다.

2) 데바이 유도력(Debye induction forces)

이 힘은 영구 및 유도 이중극자 사이의 상호작용으로부터 생긴다.

3) 케솜 지향력(Keesom orientation forces)

이 힘은 두 개의 영구 이중극자의 상호작용으로부터 생기며, 이중 수소결합이 가장 중요하다. 수소결합은 분산이나 유도력보다 더 강하다.

2. LC에서 이동상과 용질간의 상호작용

1) 분산 상호작용 또는 인력(Dispersive interaction or attraction)

이웃한 분자들의 모든 쌍 사이에 존재하며, 시료 분자(X)와 용매 분자(S)를 둘러싸고있는 전자들이 무작정 운동(random motion)을 하고 있으며, 어떤 주어진 순간에 분자에 존재하는 전자의 비대칭적 배치에 기인하여 일어난다. 결과적으로 X는 순간적인 임시 쌍극자 모멘트를 갖게되고, 이웃한 분자 S의 전자들을 밀어 편극화 한다. X에 있는 쌍극자에 의해 생긴 S의 쌍극자가 X와 S의 정전기적 인력이다. 분산 상호작용은 시료와 용매 분자에서 더 쉽게 편극하는 분자에 대해 더 강하다. 대략 전자 편극화는 굴절률과 함께 증가하므로, 분산 상호작용은 굴절률이 큰 시료와 용매 분자에 대해 더 강하다. 이것은 오직 탄화수소 용매에 존재하는 분자간 힘이다. 분산력은 약하고, 비선택적이며, 크로마토그래피에서 큰 의미가 없다. 그러나 시료와 용매 분자에서 쉽게 편극되는 전자들에 대해서는 강하다.

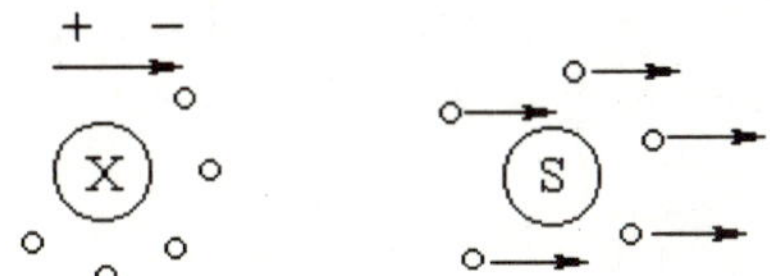

X ; Sample molecule S ; Solvent Molecule

그림. 시료 분자와 용매 분자간의 분산 상호작용

2) 쌍극자 모멘트(Dipole moment)

용매와 시료 분자가 영구 쌍극자 모멘트를 가질 때 강한 상호작용(보통 분자들의 작용기 사이에서)이 직선적 구조에 있는 두 쌍극의 정렬에 의해 생기는데 이를 쌍극자 모멘트라 한다. 큰 쌍극자 모멘트를 가지는 그룹이 더 강한 상호작용이 있다. 아래와 같이 아세토니트닐(CH_3CN) 두 분자의 쌍극 방향에 의한 상호작용은 두 분자의 개별적 작용기 사이에서 보통 일어나며, 그 결과 극성 작용기를 갖는 용매와 시료 분자들이 선택적으로 상호작용 한다.

$$CH_3-\overset{+}{C}\equiv\overset{-}{N} \longleftrightarrow CH_3-\overset{+}{C}\equiv\overset{-}{N}$$

3) 수소결합 상호작용

(1) 양성자 주개 및 받개로서 행동하는 분자들 사이에서 일어난다.

(2) 강한 주개 용매들이 우월하게 상호 작용하고, 강한 받개 시료 화합물을 용해하며, 또한 반대도 같다.

$$Cl_3C-H \leftrightarrow N-(CH_3)$$

4) 유전(誘電) 상호작용(Dielectric interaction)

일차로 큰 유전 상수의 액체(물, 저급 알코올 등)와 시료 이온의 상호작용을 말한다. 물 메탄올 등과 같은 극성 상에서 이온 및 이온성 시료 분자들이 우월하게 용해된다. 유전 상수(단위, DK)는 H_2O(82), alcohol(25), CS_2(2.62), benzene(2.62)이다.

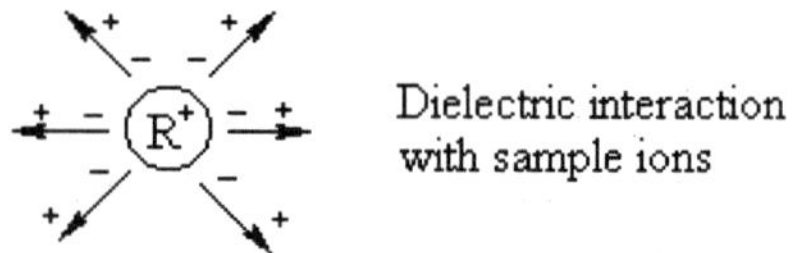

Q 29. 전체 봉우리의 폭 넓힘에 대한 가변도(variance), σ^2_T에 대해 설명하라.

$\sigma^2_T = \sigma^2_{col} + \sigma^2_{inj} + \sigma^2_{con} + \sigma^2_{det} + \sigma^2_{tc}$

$\sigma^2_T = \sigma^2_{col} + \sigma^2_{ext}$

$= t_R^2/n = V_R^2/n = V_m^2(1 + k)^2/n$

σ^2_{col} ; 컬럼 봉우리 가변도

σ^2_{inj} ; 주입에 의한 가변도

$\sigma^2_{inj} = V^2_{inj}/Q$

V_{inj} ; 주입 부피

Q ; 주입기에 의존한 상수(1~12)로 마개 주입(plug injection) 시 Q=12, 밸브 주입 시 Q=2~8이 전형적인 값이다.

σ^2_{con} ; 연결 관에 의한 가변도

$\sigma^2_{con} = \pi r_c^4 L/24 D_m F$

r_c ; 관의 반지름 L ; 관의 길이

D_m ; 이동상에서의 확산계수, cm^2/s

F ; 컬럼 부피 흐름 속도, ml/min

σ^2_{det} ; 검출기의 부피와 구조에 기인한 가변도

σ^2_{tc} ; 검출기와 데이터 시스템의 전자 회로의 한정된 응답 시간에 기인한 가변도

σ^2_{ext} ; 컬럼 외 봉우리 가변도($= \sigma^2_{inj} + \sigma^2_{con} + \sigma^2_{det} + \sigma^2_{tc}$)

제 2장 기체 크로마토그래피(Gas chromatography)

Q 1. 머무름 지수(Retention index, I)에 대해 설명하라.

1. 머무름 지수의 사용 목적, 정의 및 계산

실험실간 물질을 확인하기 위해 이 물질들의 상대적인 머무름만을 사용하는 것은 많은 계통적 오차를 주어 부정확하므로, 1958년 Kovats가 고안한 일련의 내부 표준 물질을 사용한 표준화된 실험서에 의해서 얻어진 머무름 데이터인 머무름 지수(I)를 사용함으로서 해결될 수 있다. 이것은 머무름 행동이 근접한 표준 물질의 한 계열에서 결정되면 일정한 모양으로 표현되며, 주어진 온도와 컬럼에서 얻어진 조정된 머무름 시간의 로그값이 탄소 수에 직선적으로 비례한다는 것을 이용한 것이다. 정의에 의해 표준 물질로 사용되는 n-alkanes에 대한 I는 각 탄소 수에 100배한 값으로 하며, 컬럼 충전, 온도 및 다른 크로마토그래픽 조건에 관계없다. 어떤 물질에 대한 등온 조건하에서 계산된 I값은 다음과 같다.

$I = 100Z + 100 \{(\log t'_{R(X)} - \log t'_{R(Z)}) / (\log t'_{R(Z+1)} - \log t'_{R(Z)})\}$

I : 머무름 지수(등온 조건에서 계산된 값) X : 대상 물질

Z : X전에 나오는 Z개의 탄소를 가진 n-alkane

Z+1 : X후에 나오는 Z+1개의 탄소를 가진 n-alkane

2. 주요 사항

1) 협약에 의거 아래와 같이 표시한다.

I^a_b(℃) a : 정지상 b : 시료 (℃) : 측정 온도

$I^{squalane}_{benzene}(75℃) = 644.1$

- 75℃에서 benzene은 탄소 수 6.44로 n-hexane(z = 6)과 n-heptane(z+1 = 7) 사이에서 분리된다.

2) 머무름 지수를 결정하는데 오차의 근원이 되는 일차 요인

(1) 온도와 운반 기체의 통제가 미비 시

(2) 이동상의 비이상적 행동

(3) 머무름 시간의 측정과 컬럼 불감 시간의 불확정성

(4) 시료 크기 효과

(5) 면간 흡착과 정지상에서의 불순물에 의한 변동

3) 어떤 경우 n-alkanes대신 다른 표준 물질을 사용하여야 할 두 가지 이유가 있다.

(1) 극성 상에서 n-alkanes의 면간 흡착은 믿을 수 없는 머무름 지수 값을 준다.

(2) n-alkanes에 응답하지 않는 선택적 검출기(전자 포획, 열이온 이온화, 광측정)에 적합성을 준다.

4) 머무름 지수와 용질의 성질과 연관시키려는 이유

(1) 머무름 데이터의 일관성을 시험하기 위하여

(2) 연구에 이용되지 않는 용질의 머무름 지수를 예견하기 위하여

(3) I를 통해 관련될 수 있는 용질의 어떤 물리적 성질을 예견하기 위하여

Q 2. GC의 정지상에 사용되는 액상의 특성 인자들을 나열하라.

일반적으로 GC의 정지상에 사용되는 액상의 특성 인자는 다음과 같다. 특히 정지상의 용매 성질은 정지상의 강도 및 선택성에 의해 특징 지워진다.

1) 액상의 작동 온도 범위
2) 필름 형성 성질
3) 질량 이동 특성
4) 용매 강도(strength 또는 polarity) ;
   모든 분자간 상호작용[dispersion, induction, orientation, donor-acceptor complexation(including hydrogen bonding)]으로 들어가기 위한 정지상 용량의 측정이다.
5) 용매 선택성(selectivity) ;
   각각의 개별적 상호작용에 대한 정지상의 상대적 용량을 결정한다.

Q 3. GC의 정지상 액상의 특성 인자들 중 용매 강도 및 선택성을 서술하라.

1. 액상의 용매 강도(또는 극성)

액상의 용매 강도는 모든 분자간 상호작용[dispersion, induction, orientation, donor-acceptor complexation(including hydrogen bonding)]으로 들어가기 위한 정지상 용량의 측정이다. 액상의 용매 강도의 기준은 엄격하게 정의하기 어렵기 때문에, 액상의 최소한의 만족스런 한도이다. 극성은 분자의 독특한 성질이 아니고 몇 가지 다른 상호작용의 복합적 표현이므로, 극성으로 정의할 수 있는 간단한 물질은 없다. 개별적 물질의 측정된 성질에 의존하는 어떤 극성의 크기나 수준(scale 또는 ranking)은 크게 우화적이지만 아직 액상의 정성적인 분류에 대해 유용하다. 극성의 일반적인 두 가지 측정 방법은 탄화수소를 용해하는 정지상의 저항과 McReynolds의 P_M 값에 기초한다.

1) 탄화수소를 용해하는 정지상의 저항(reluctance)
   (1) 적어도 정성적으로 극성의 일반적인 언급에 일치하고, 극성 용매에 약하게 용해하는 탄화수소에 널리 수용된다.
   (2) 정지상의 저항은 몇 가지 방법으로 표현된다. 가장 유용한 것은
      가. methylene 원자단에 대한 용액의 분몰 Gibbs free energy($\Delta G^o(CH_2)$; cal/mol)나 과량의 자유 에너지.
      나. 용매 단위 부피 당 methylene 원자단에 대한 용액의 분몰 Gibbs free energy로 정의되는 용매 강도 인자(solvent strength parameter, SSP ; $cal \cdot cm^3/g \cdot mol$)이다.
2) McReynolds의 P_M 값

극성인 액상과 squalane에서 benzene, butanol, 2-pentanone, nitropropane, pyridine 용질에 대해 측정한 머무름 지수 차의 합을 McReynolds의 P_M 값이라 하며, P_M 값은 카탈로그에 널리 인용되나 이론적 근거는 거의 없다.

2. 용매 선택성

용매 선택성은 특수한 용질-용매 상호작용(dispersion, induction, orientation and complexation interaction)으로 들어가기 위한 용매의 상대적 용량의 척도이다. 기본적으로 접근할 수 있는 정확한 모델이 발전되지 않았기 때문에 정지상의 용매 선택성을 평가하기 위하여 실험적인 모델에 의존한다. 가장 널리 사용되는 접근법은 다음과 같다. 그러나 이 방법들은 이상적도 아니며, 어떤 면에서는 잘못되었다고 할 수도 없다.

1) 상 상수(phase constants)의 Rohrschneider/McReynolds 시스템
2) 용해도 인자(solubility parameters)
3) Snyder의 용매 선택성 삼각형(solvent selectivity triangle)
4) Hawkes 극성 지수(polarity indices)
5) 분산과 선택성 지수(dispersion and selectivity indices)
6) 범색 지수(universal indices)
7) 다양한 열역학적 접근(various thermodynamic approaches)

Q 4. GC의 정지상 특성 인자들 중 용매 선택성의 대표적 측정 방법에 대해 서술하라.

1. 상 상수의 McReynolds 시스템

용매 선택성의 특징에 계통적인 접근 방법으로 가장 널리 사용되며 실제로 모든 통용되는 정지상들이 이 방법에 의해 특징지어진다. 이렇게 널리 사용됨에도 불구하고 이 방법은 근본적으로 결점이 있어 상 성질의 믿을 수 없는 지시이다. McReynolds 접근의 명확한 서술은 머무름 지수 차(ΔI)에 근거한 방법의 일반적인 제한을 지시하기 위하여 가치가 있다. ΔI는 GC에서 액상의 일반적 극성과 선택성의 결정에 사용하는 지수로, 주어진 액상과 비극성 표준 물질인 squalane과 시험 물질간의 ΔI로 표시한다.

$\Delta I = ax' + by' + cz' + du' + es'$

a, b, c, d, e : 각 시험 물질의 특성치　　x', y', z', u', s' : 액상의 특성치

1) 액상의 특성치(x', y', z', u', s')의 측정

$x' = \Delta I = I^{phase}_{(bebzene)} - I^{squalane}_{(benzene)}$

$I^{phase}_{(bebzene)}$: 사용된 액상에서 benzene을 시험 시 머무름 지수

$I^{squalane}_{(benzene)}$: squalane 액상에서 benzene을 시험 시 머무름 지수

2) 시험 물질

(1) Rohrschneider 제의(5 개 표지물) :
benzene, ethanol, methyl ethyl ketone, nitromethane, pyridine

(2) McReynolds 제의(10 개 표지물) :
benzene(X'), butanol(Y'), 2-pentanone(Z'), nitropropane(U'), pyridine(S'), 2-methyl-2-pentanol(H'), iodobutane(J'), 2-Octyne(K'), 1,4-dioxane(L'), cis-hydrindane(M')

3) McReynolds 상수 이용 시 이점 및 고려 사항

(1) 많은 액체상 중에서 비슷한 극성을 가진 액체상을 구분할 수 있 다.
(2) 물질 분리를 위한 적절한 액체상의 선택이 가능하다.
(3) 다른 정지상에서 같은 용질에 대해 ΔI값이 클수록 그 정지상의 극성은 크다.

2. 열역학적인 접근 방법

정지상 특성에 대해 이론적으로 잘 설명하지 못하는 머무름 지수 차(ΔI)에 근거한 접근 방법은 기체상에서 정지상으로의 용질의 전이를 설명하는 확고한 모델에 관계될 수 있는 열역학적 모델을 제안하였다. 이 모델에서 용매화 과정은 세 단계로 진행된다고 고려된다. 공동 형성에 포함된 자유 에너지의 계산은 어렵고, 요구되는 실험적 인자

1st : 용매에 용질을 수용할 적합한 크기의 공동의 생성

2nd : 공동 주위에 용매 분자들의 재조직(이 과정에서 자유 에너지의 변화는 아마도 작거나 영이다)

3rd : 주위의 용매 분자들과 용질 분자의 상호작용

들의 대부분이 보통의 정지상에 대해 이용되지 못한다. 이는 실험적인 방법이 공동 형성 항을 평가하기 위하여 사용되어져야 한다는 것을 요구한다. 이러한 접근 방법으로 다음과 같은 방법이 있다.

1) 다중 직선 회귀(multiple linear regression)와 직선형 용매화 에너지 관계의 원리(the principle of linear solvation energy relationships)에 근거한 접근 방법

$SP = SP_o + 1\log K^{16}_L + s\pi_2^* + d\delta_2 + a\alpha_2 + b\beta_2$

SP : 용매화 에너지에 직선적으로 관련된 어떤 용매의 성질

SP_o : 상수

π_2^*, α_2, β_2 : 용매화 발색 인자(solvatochromic parameters)

1, s, a, b : 특별한 상호작용에 대한 정지상의 감수성(susceptibility)을 서술하는 다중 직선 회귀에 의해 얻어지는 계수

δ_2 : polyhalogenated aliphatic compound(0.5)와 방향족 화합물(1.0)외에 zero로서 취해진 실험상 편극성 보정 인자

2) 기체 상으로부터 정지상으로 용질(X)의 이동에 대한 총 자유 에너지는 이동 과정에 대한 개별적 자유 에너지 공헌의 직선적 합이다. 용액 과정에 대한 일반적 표현 방법은 다음과 같다.

$\Delta G_S^{SOLN}(X) = \Delta G_S^{CAV}(X) + \Delta G_S^{NP}(X) + \Delta G_S^{P}(X)$

$\Delta G_S^{SOLN}(X)$: 기체 상으로부터 정지상(S)으로 용질(X)의 이동에 대한 부분 Gibbs 자유 에너지

$\Delta G_S^{CAV}(X)$: 용질에 대한 공동 형성의 부분 Gibbs 자유 에너지

$\Delta G_S^{NP}(X)$: 주위 용매와 용질의 비극성 공헌의 상호작용에 대한 부분 Gibbs 자유 에너지

$\Delta G_S^{P}(X)$: 주위 용매와 용질의 극성 공헌의 상호작용에 대한 부분 Gibbs 자유 에너지

위의 식에서 오른 편의 자유 에너지 항의 어느 것도 직접적으로 계산될 수 없다. 실제적인 해결은 약간의 단순화 가정이 만들어지면 될 수 있다. 근사법을 사용할 때 극성 상호작용에 대한 용매 상호작용 항, $\Delta G_S^{INT}(X)$은 다음과 같다.

$\Delta G_S^{INT}(X) = \Delta G_S^{P}(X) - \Delta G_{SQ}^{P}(X)$

$_S$: 극성 상 $_{SQ}$: squalane

Q 5. 머무름 지수 결정에 n-파라핀을 표준으로 삼는 이유를 설명하라.

n-파라핀의 머무름 지수는 컬럼 충전제, 온도 및 다른 크로마토그래피 조건과 무관하게 그 화합물에 들어 있는 탄소 수의 100배와 같은 값을 갖기 때문이다. n-파라핀 이외의 화합물의 머무름 지수는 컬럼 조작 변수에 따라 어떤 경우는 수백 배의 차이가 발생한다. 그러나 정의에 의해 헵탄의 머무름 지수는 항상 700이다.

Q 6. Rohrschneider/McReynolds 상수의 공통점, 차이점 및 용도를 설명하라.

1. 공통점
   1) GC의 정지상의 특성을 나타내는 데이터로 사용된다.
   2) 머무름 지수로부터 유도된다.
      $x' = \Delta I = I^{phase}_{(bebzene)} - I^{squalane}_{(benzene)}$

2. 차이점
   1) 기준물질을 Rohrschneider는 5개, McReynolds는 10개를 사용하였으나 기준물질의 선정은 유사한 물질로 편의상 만들어진 것임.
   2) Rohrschneider는 ΔI 값을 100으로 나누었고, McReynolds는 그렇지 않음.
   3) Rohrschneider보다 McReynolds 상수가 자주 인용됨.

3. McReynolds 상수 이용 시 이점 및 고려 사항
   1) 많은 액체상 중에서 비슷한 극성을 가진 액체상을 구분할 수 있 다.
      (1) 다른 극성의 정지상을 선택하여 구입할 수 있다.
      (2) 같은 극성의 정지상이면 사용 온도가 높은 것이 더 열에 안정하다.
   2) 물질 분리를 위한 적절한 액체상의 선택이 가능하다.
      (1) 작용기(케톤, 알코올, 지방족, 방향족 및 불포화 등)가 다른 화합물의 분석 시 정지상을 선택하는 데 유용하다.
      (2) 그러나 이성질체나 동족체의 분리에는 도움이 안 된다.
   3) 다른 정지상에서 같은 용질에 대해 ΔI값이 클수록 그 정지상의 극성은 크다. 벤젠에 대한 실리콘 폴리머에서 ΔI값의 크기는 OV-1(16), OV-17(119), OV-22(160), OV-25(178)이다. 즉, 페닐 작용기의 함유량이 증가 하면 ΔI값도 증가하고, 정지상의 극성도 증가한다.

Q 7. 다음 물질들을 분리하기 위한 가장 적당한 정지상을 선정하라.
   1) 불포화지방산에스테르에서 포화지방산에스테르를 가장 잘 분리할 수 있는 정지상은 어느 것인가(DC-710, DEGS 및 Diglycerol중 선택)?
   2) 두 가지 농약 디엘드린과 알드린의 구조는 다음과 같다. 두 물질을 분리하기 위해 SE-30과 QF-1중 어느 것이 적합한가?

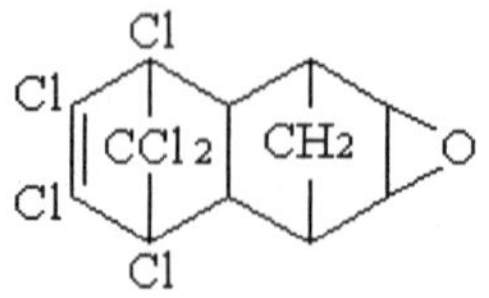

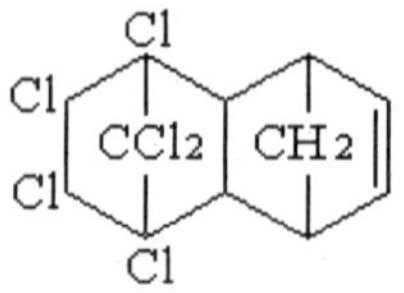

디엘드린　　　　알드린

표 1. 정지상에 따른 McReynolds 상수

정지상	성분	McReynolds 상수, ΔI				
		X′	Y′	Z′	U′	S′
DC-710	Phenylmethylsilicone(50 % phenyl)	107	149	153	228	190
DEGS	Diethyleneglycolsuccinate	492	733	581	833	791
Diglycerol	Diglycerol	371	826	560	676	854
QF-1	Trifluoropropylmethylsilicone	144	233	355	463	305
SE-30	Dimethylsilicone	15	53	44	64	41

표 2. Rohrschneider와 McReynolds 상수에 대한 시험 물질과 화합물 군

Rohrschneider 상수, ΔI		Mcreynolds 상수, ΔI		시험 물질로 사용되는 물질의 군
시험 물질	ΔI	시험 물질	ΔI	
벤젠	X_p	벤젠	X′	방향족, 올레핀류
에탄올	Y_p	1-부탄올	Y′	알코올, 페놀, 산
메틸에틸케톤	Z_p	메틸-n-프로필케톤	Z′	케톤, 에테르, 알데히드, 에스테르, 에폭시드, 디메틸아미노 유도체
니트로메탄	U_p	니트로프로판	U′	니트로와 니트릴 유도체
피리딘	S_p	피리딘	S′	염기, 방향족 N-헤테로 고리 디옥산

1. 불포화지방산에스테르에서 포화지방산에스테르를 가장 잘 분리할 수 있는 정지상.

표 2.에서 에스테르에 대해 높은 Z′ 상수를 갖는 충전제가 요구됨을 알 수 있다. 이런 근거로 Z′ 상수가 가장 낮은 값을 가지는 DC-710은 제외된다. 또한 불포화 작용기에서 포화 작용기를 분리하려면 X′ 값이 커야한다. 따라서 Diglycerol보다 DEGS를 선정하는 것이 좋다.

2. 디엘드린과 알드린을 분리하기 위한 적합한 정지상.

디엘드린은 에폭시기를 가지고 있으므로 표 2.에서 Z′ 값이 큰 정지상에 선택적으로 오래 머물 것이다. 따라서 Z′ 값이 큰 QF-1이 분리에 더 적합하다.

Q 8. 무한 희석 분배계수(K_R)에 대해 설명하라.

완전히 합창된 용액 이론(diachoric solution theory)에 근거하여 Purnell과 Laub이 개발한 방법으로, 한 시료가 두 개의 각각 다른 정지상(A 및 S)에서 불완전하게 분리되고, 각 상에서 분리 안된 성분이 같지 않을 때, 각 상을 적합하게 혼합하여 분리 안된 성분들을 분리하기 위한 두 상의 혼합비를 계산하기 위한 방법이다. 무한 희석 분배계수(K_R)는 각 용질에 대한 순수한 액상(A와 S)의 각각에서 얻어진 분배계수의 합으로, 두개의 액상 혼합(binary liquid phase mixture)에서의 머무름에 대한 분배계수를 나타낸다. 이런 방법을 창문 도해 방법(window diagram method)이라 한다.

$K_R = \Phi_A K^o_{R(A)} + \Phi_S K^o_{R(S)}$

K_R : 혼합 액상(A+S)사이에서의 무한 희석 분배계수

$K^o_{R(A)}$: 순수 액상(A)에서의 무한 희석 분배계수

$K^o_{R(S)}$: 순수 액상(S)에서의 무한 희석 분배계수

Φ_A : 혼합 액상에서의 A의 부피 분율　Φ_S : 혼합 액상에서의 S의 부피 분율

1) Φ_A에 대한 K_R의 도시

$$K_R = \Phi_A K^o_{R(A)} + K^o_{R(S)} - \Phi_A K^o_{R(S)} = K^o_{R(S)} + \Phi_A(K^o_{R(A)} - K^o_{R(S)})$$

$$\because (\Phi_S K^o_{R(S)} = K^o_{R(S)} - \Phi_A K^o_{R(S)})$$

· 두 상의 비가 2:1, 1:1, 1:2에서 분석하여 도시한다.

· A, S, 및 A/S에서 분석된 용질의 값이 K_R/Φ_A 직선상에 있어야 한다.

2) Φ_A에서 어떤 용질 쌍에 대한 α의 도시

$$\alpha = K_{R1}/K_{R2} = (\Phi_A K^o_{R(A)1}+\Phi_S K^o_{R(S)1})/(\Phi_A K^o_{R(A)2}+\Phi_S K^o_{R(S)2})$$

$$= (\Phi_A K^o_{R(A)1}+K^o_{R(S)1}-\Phi_A K^o_{R(S)1})/(\Phi_A K^o_{R(A)2}+K^o_{R(S)2}-\Phi_A K^o_{R(S)2})$$

$$= \{\Phi_A(K^o_{R(A)1}-K^o_{R(S)1})+K^o_{R(S)1}\}/\{\Phi_A(K^o_{R(A)2}-K^o_{R(S)2})+K^o_{R(S)2}\}$$

$$= (\Phi_A \Delta K^o_{R1}+K^o_{R(S)1})/(\Phi_A \Delta K^o_{R2}+K^o_{R(S)2}\}$$

$$\because (\Delta K^o_R = K^o_{R(A)} - K^o_{R(S)})$$

컴퓨터의 사용 목적(computational purpose)을 위해 식을 전환하면,

$$\alpha(\Phi_A \Delta K^o_{R2} + K^o_{R(S)2}\} = \Phi_A \Delta K^o_{R1} + K^o_{R(S)1}$$

$$\Phi_A(\alpha \Delta K^o_{R2} - \Delta K^o_{R1}) = K^o_{R(S)1} - \alpha K^o_{R(S)2}$$

$$\Phi_A = (K^o_{R(S)1} - \alpha K^o_{R(S)2})/(\alpha \Delta K^o_{R2} - \Delta K^o_{R1})$$

3) 완전한 분리를 위해 요구되는 이론단 수(n_{req}) :

혼합 액상에서의 컬럼 길이를 산정하는데 사용한다. 기준선에서의 완전 분리를 위한 R_S=1.5를 $R_S = 1/4\, n^{1/2}\{(\alpha-1)/\alpha\}\{k/(1+k)\}$에 대입하여 n에 대해 정리하면,

$$n_{req} = 36\ \{\alpha/(\alpha-1)\}^2 / \{(k+1)/k\}^2$$

$K \geq 10$이면, $n_{req} = 36\ \{\alpha/(\alpha-1)\}$

♣ 주요 사항

1) OTC에서는 사용되지 않는다.

2) 충전 컬럼에서는 최대 분리능을 주는α값을 최적화 하는 것이 필수적이다.

Q 9. 무한 희석 분배계수를 이용한 창문 도표 방법(Window diagram method)의 최적화 단계를 서술하라.

1. 두 개의 다른 액상(각기 다른 선택성을 가진 액상)이 충전된 컬럼을 선택한다.
2. 각 컬럼에서 수와 확인이 안된 미지 시료에 대해 어떤 온도에서 분석된 크로마토그램을 얻는다.
   1) 두 컬럼의 적합성이 평가된다. 즉 적합한 이론단 수(400이상/ft)에 일치하는 대칭 봉우리들이 얻어지는가를 평가한다.
   2) 분석 시간과 모든 범위에서의 용량인자(k)의 적합성을 평가하여 적당한 온도를 설정한다.
3. 주어진 온도에서 한 표준 용질($K^o_{R(A)}$와 $K^o_{R(S)}$가 알려진)이 포함된 미지 시료가 순수한 액상 A 및 S에서 다시 분석된다. 이 때의 머무름 시간을 K_R 값으로 전환하여 사용할 수 있다. 같은 시료를 두 액상의 부피비로 혼합(2:1, 1:1, 1:2)한 컬럼을 이용하여 분리시킨 크로마토그램을 얻는다.
4. 다시 얻어진 크로마토그램(그림 1.의 A~E)으로부터 각 성분의 K_R 대 Φ_A를 도시한다(그림 2.). 다음에 A, S 및 A/S로부터 용출된 용질에 대해 K_R/Φ_A가 직선을 나타내는 점을 연결한다.
5. $\Phi_A=0$~1의 범위의 모든 성분 쌍들에 대해 α값을 계산하여 창문 도표를 작성한다.
   1) 식을 단순화하기 위하여α>1.3은 무시한다.
   2) 데이터를 가시화하기 위해 어떤 용질에 대해 K_R 대 Φ_A를 도시할 때 계산된 α 값을 역으로 한다 : 항상$\alpha \geq 1$
   3) Φ_A에 대한 α의 도시 : 삼각형을 형성한다(window diagram).
   4) 최적화 작동 조건(α, Φ_A) : 가장 높은 창문의 값이 가장 분리하기 어려운 봉우리의 쌍에 대해 이용할 수 있는 α값으로, 이 때의 A/S의 혼합비가 해당 혼합물들이 가장 잘 분리되는 정지상 A, B의 혼합비를 표시한다.
6. 얻어진 α값으로부터 n_{req}가 계산되며 컬럼 길이가 결정된다.

   A : L_A = 1000 mm, N_A = 1250, H_A = 0.8 mm

   S : L_S = 1000 mm, N_S = 1250, H_S = 0.8 mm

   $n_{req} = 36\{1.167/(1.167-1)\}^2 = 1758$

   L_{A+S} = (1758 x 0.8 mm x 0.65) + (1758 x 0.75 mm x 0.35)

   = 914 mm + 461 mm = 1175 mm

   만약 A, S를 잘 섞어 충전하였을 때 H는

   H = L/N = 1175 mm / 1758 ≒ 0.67 mm
7. 만일 어떤 이유로든 완전한 분리가 되지 않으면 다른 액상의 쌍으로 전 과정을 다시 실시한다.
8. 분석 시간이 너무 길 때나 α값을 증대시키고자 할 때는 분석 온도를 재고려 한다.

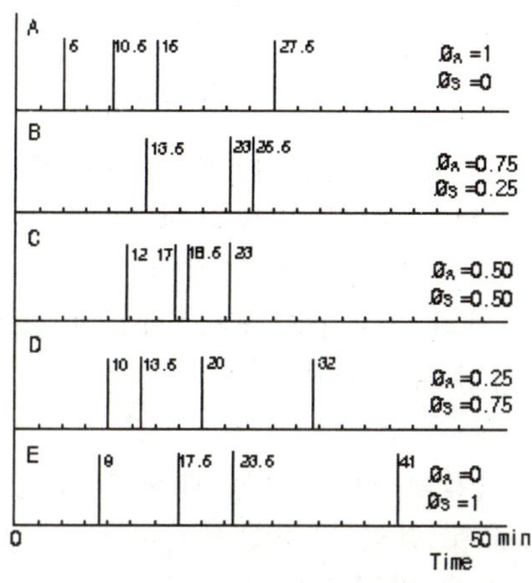

그림 1. 미확인된 4개 성분에 대한 가정상의 크로마토그램

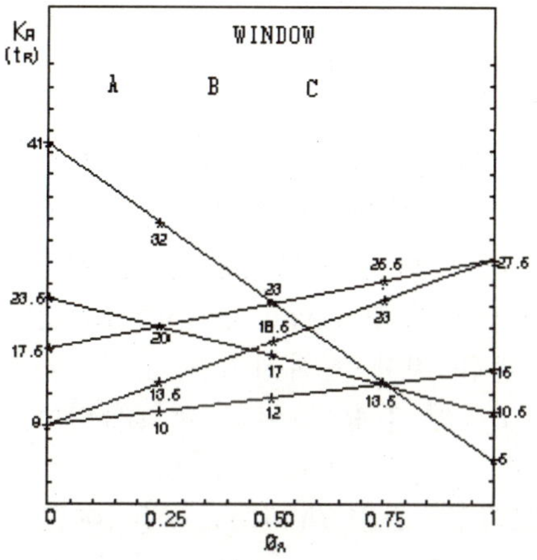

그림 2. 그림 1.의 데이터로부터 얻은 K_R/Φ_A의 도시

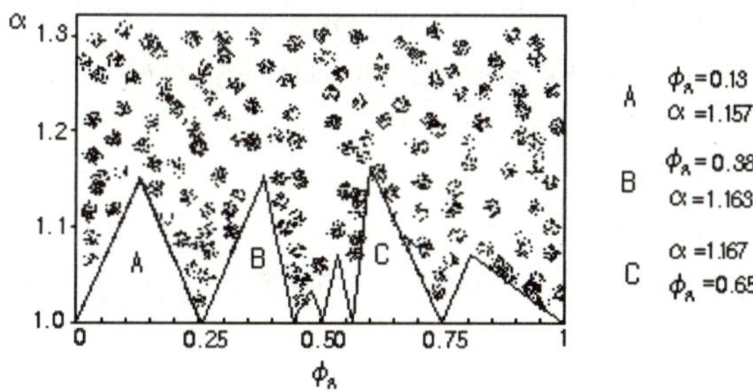

그림 3. 그림 2.에서 확인된 5개 성분에 대한 창분 도표

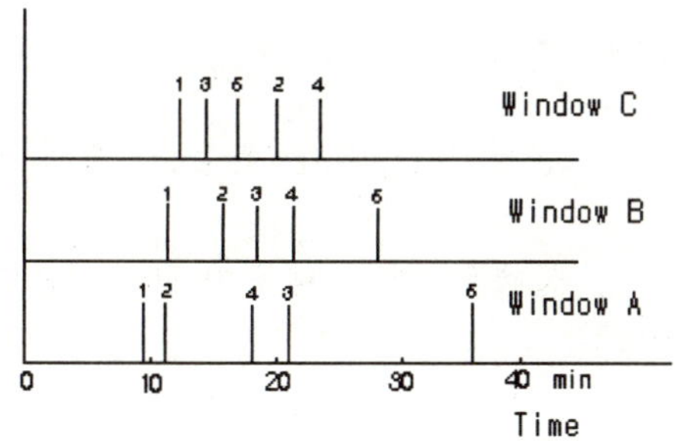

그림 4. 그림 3.의 창에서 그림 2.의 5개 성분에 대한 가정상의 크로마토그램

Q 10. GC에서 컬럼의 연결(Serially column coupling)에 대해 설명하라.

GC에서 동일한 컬럼을 연결하여 컬럼의 길이를 증가하는 것은 원하는 분리능을 얻기 위한 것 이외에는 효과적인 전략이 아니다. 분석 시간과 컬럼 압력의 떨어짐은 컬럼의 길이에 비례하여 증가하고, 분리능은 컬럼 길이의 평방근에 의해 증가하기 때문이다. 그러나 다른 선택성을 갖는 컬럼의 연결은 분리능에 극적인 변화를 줄 수 있다. 이를 선택성의 조율(selectivity tuning)이라 한다. 두 컬럼에서 시료의 머무름 시간은 다음과 같은 것을 변화시키는 것에 의해 조정될 수 있다.

1) 상대적인 컬럼 길이를 변화시킨다.
2) 미리 선정된 값으로 두 컬럼에서 운반 기체의 평균 직선 속도를 조정 한다.
3) GC의 두 오븐(dual oven)을 다른 온도에서 컬럼을 작동시킨다.

주어진 용질의 전체 머무름과 두 개의 연결된 컬럼에서 용출되는 머무르지 않는 용질의 기체의 불감 시간은 개별 컬럼에서의 머무름의 합이다.

$t_{ms} = t_{m1} + t_{m2}$

$k_s = (t_{m1}k_1 + t_{m2}k_2)/t_{ms}$

t_{ms} : 시스템 전체의 불감 시간 　　t_{m1} : 첫 번째 컬럼의 불감 시간

t_{m2} : 두 번째 컬럼의 불감 시간 　　k : 용량인자

t_m/t_{ms}를 상대적 머무름성(relative retentivity, Θ), $\Theta_1 + \Theta_2 = 1$ 이라면,

$k_s = \Theta_1 k_1 + \Theta_2 k_2$

$k_s = \Theta_1(k_1 - k_2) + k_2$

$k_s = \Theta_2(k_2 - k_1) + k_1$

- 위의 식은 전체 시스템의 용량 인자가 각 컬럼에서의 상대적 머무름성의 직선 함수라는 것을 나타낸다.
- k_s에 대한 Θ의 도시에서 기울기는 두 컬럼의 용량인자의 차와 같다.
- 두 컬럼 시스템에 대한 용질의 용량 인자는 상대적 머무름성을 조정하는 것에 의해서 각 컬럼에서 측정된 용량 인자 사이의 어떤 값으로 조정될 수 있다.

Q 11. GSC의 장점을 기술하라.

1. 흡착제는 보통 넓은 범위에서 안정하며, 화학 반응을 겪지 않는(O_2 공격) 고체 표면이 이용된다.
2. 컬럼 유출물(column bleed)이 실제로 없기 때문에 He 이온화 검출기와 같은 감도가 높은 검출기가 사용될 수 있다.
3. 선택성이 GLC보다 커서 기하학적이나 동위원소의 분리, 무기 가스, 저 분자량 탄화수소 분리에 적합하다.
4. 표면 형태학과 고체의 불균일성 연구, 등온 흡착의 형태, 영 또는 한정된 표면 덮임율(coverage)에서의 흡착 열역학 연구에 적합하다.
5. 폭 넓힘에 액상이 기여하지 않을 때 높은 컬럼 효율이 가능하다.
6. 고온이 가능하다(500 ℃).

Q 12. GSC가 GLC보다 분리가 뒤지는 이유를 설명하라.

1. 흡착 등온선이 비직선적 일 경우가 있다.
   1) 용질 머무름 부피가 시료 크기와 함께 변한다.
   2) 봉우리가 비대칭적이다.
   3) 컬럼으로부터 어떤 시료의 회수가 불완전하다.
2. 특히 크고 극성인 분자에 큰 표면적과 에너지가 큰 머무름을 준다.
3. 흡착제를 표준화하고 재현성 있게 제조하기가 GLC의 액상보다 어렵고, GLC에 비해 상품화된 것이 적다.
4. GSC가 적합한 시료의 분자량 범위가 GLC보다 제한된다.
5. GSC에서의 질량 이동의 느린 반응속도론이 컬럼의 낮은 효율을 준다.

Q 13. GSC의 머무름 함수에 관련되는 요인을 기술하라.

1. 고유 표면적(specific surface area)
2. 표면의 오염 정도(예 ; 특히 수분)
3. 열 전처리 조건
4. 표면의 실란올과 특수한 상호작용(specific interaction)을 겪는 용질의 능력(예 ;수소결합)

Q 14. GSC의 미세 충전 컬럼(Micropacked column)의 성능을 열린관 컬럼(OTC)과 비교하여 설명하라.

1. 주위 온도이하의 조절에 의지하지 않고 약하게 머무르는 기체나 저 분자량 탄화수소의 분리에 적합하다.
2. OTC(시료 량의 제한이 직접 분석을 어렵게 함)나 충전 컬럼(분리능의 결핍)의 능력에서 제한되는 복합 성분(complex mixture)의 흔적 성분의 분리에 적합하다.
3. 제한점은 시료 주입 시 높은 역 압력(back pressure)이 있음.

Q 15. GSC에 사용되는 대표적인 흡착제의 특징을 기술하라.

GSC에 사용되는 주요한 흡착제는 무기 흡착제(silica, alumina, graphitized carbon black), 다공성 고분자 구슬(porous polymer beads ; Chromosorb 101~108, Porapak N~QS, Tenax-GC), 분자 체(molecular sieves ; zeolites) 및 cyclodextrins 등과 기타 특수 목적을 위한 흡착제가 있다.

1. 무기 흡착제
   1) Silica gel 흡착제
      (1) 분리 대상 물질

저 분자량 포화/불포화 탄화수소, 할로겐화 탄화수소, 벤젠 유도체 등의 분리

(2) Silica, Alumina에서의 머무름은 표면적, 표면의 오염 정도(특히, 물), 흡착제의 사전 열조건, 표면 실란올 작용기와의 수소 결합 같은 특별한 작용을 겪는 용질의 능력의 함수이다.

2) 흑연화 탄소 검정(Graphitized carbon black)

(1) 제조 방법 및 성질

비활성 기체 하에서 약 3000 ℃로 탄소 검정을 가열하여 제조한다.

가. 표면은 불포화 결합, 고립 전자쌍, 자유 라디칼, 이온 등이 거의 없고, 높은 표면의 균일성으로 흡착제 표면의 용질-용질간의 상호작용이 중요하다.

나. 기하학적 구조(구조적 이성질체, 기하학적 입체 이성질체) 분리에 적합하다.

(2) 용질 머무름의 두 가지 설명

가. C의 흑연과 같은 배열로 인한 비극성으로 작용기를 갖는 분자와의 상호작용에 의하지 않고, 분산형 상호작용이 머무름 행동을 지배한다.

나. 극성 흡착 위치는 아주 미약하나 극성 용질과 강하게 작용한다.

3) 탄소 체(Carbon sieves)

(1) 구조적 특성

가. 탄소 원자들이 삼각형을 이루는 매우 작은 결정형으로 구성되어 있으며, 무질서한 공동 틈(cavity-aperture) 구조를 주기 위해 교차 결합되어 있다.

나. 이웃한 결정형으로부터 기본 평면의 다소 가까운 접근에 의해 생긴 틈은 갈라진 모양(slit shaped)을 하고, 유기 전구 물질과 열처리 방법에 의존하여 크기가 변화한다.

(2) 분리 대상 물질

가. 유기 화합물에 대해 매우 현저한 머무름을 보인다.

나. 일차로 무기 가스 분리에 사용되며, 특별히 작은 극성 분자(H_2O, HCHO, H_2S)의 분리에 사용된다.

2. 다공성 고분자 구슬

1) 제조 방법

다공성 고분자 구슬은 단위체와 다리 결합 시약의 혼합물이 불활성 용매의 존재 하에서 고분자화되는 현탁 고분자화의 과정에서 제조된다. 최초의 이른 단계에서의 작은 방울(droplet)에 의해 형성되는 겔의 미세 구조사이의 공간에 불활성 용매가 채워지면서 스폰지 같은 구조(sponge-like structure)로 점점 커진다. 건조와 배출에 의해 다공성 구조가 남고, 컬럼에 충분히 건식 충전할 수 있도록 굳은 일정한 구슬을 만든다. 단위체, 다리 결합 시약, 불활성 용매의 교묘한 선택에 의해 다른 성질의 다공성 고분자 구슬이 제조된다. 이 구슬의 성질은 화학적 성분, 공극의 구조, 구슬의 표면적과 함께 변한다.

2) 종류

Chromosorb 101~108, Porapak N, P, Q, R, T, S, PS, QS 및 Tenax-GC가 있다.

3. 분자 체(Molecular sieves ; zeolites)

1) 일반적인 구조

(1) $M_{2/m}O \cdot Al_2O_3 \cdot nSiO_2 \cdot xH_2O$(M은 알칼리나 알칼리 토 양이온)으로 천연이나 합성으로 얻어진다.

(2) Aluminosilicate 결정성 격자의 구조적 단위는 산소 원자를 통한 $[SiO_4]^{4-}$, $[AlO_4]^{5-}$의 정사면체 음이온 구조를 가지며, Al에 의한 Si의 치환에 따른 과다한 음전하는 알칼리나 알칼리 토금속 이온에 의해 보상된다.

(3) 空洞이나 구멍을 가진 다공성 체로 양이온의 교환에 의해 구경이 변화하는 미세 다공성(microporous) 구조를 갖는다.

2) 분리 대상 물질

미세 다공을 스며드는 영구 기체(H_2, O_2, N_2, CH_4, CO 등)와 저 분자량의 직선형 탄화수소 분리에 사용된다.

3) 용질의 머무름

(1) 제올라이트 골격의 전하 장(charge field)과 반대 전하 양이온과의 상호작용과 표면 흡착에 의한다.

(2) 공동의 hydration 정도가 극성 상호작용의 변형을 통하여 영향을 줄 수 있다.

Q 16. 고속 GSC와 분진 컬럼에 대해 설명하라.

1. 고속 GSC

구경이 7~10, 25~35 ㎛인 입자가 충전된 짧은 컬럼을 사용하면, 컬럼의 질량 이동이 매우 빠르며, 실제로 컬럼 효율(n=2400)의 감소 없이 높은 이동상의 흐름 속도를 사용한다. 이를 고속 GSC라 한다. 그러나 컬럼 앞부분의 높은 압력(head pressure)과 빠른 응답의 검출기가 요구된다.

2. 분진 컬럼(Dusted column)

머무름의 감소 및 컬럼 효율의 증진을 위하여 흡착제에 수 %의 비활성 고체 희석제(inert solid diluent ; 유리 구슬이나 규조토 지지체)를 섞어 사용하는 컬럼을 말한다. 넓은 끓는점 범위의 시료에 대한 신속한 등온 분석 및 GLC 컬럼과 유사한 컬럼 효율을 보인다.

Q 17. GSC의 흡착제인 Tenax-GC에 대해 설명하라.

1. GSC에 사용되는 흡착제인 다공성 고분자 구슬로 p-2,6-diphenylphenylene oxide의 선형 중합체 구조를 가지며, 분자량 범위는 5 x 10^5~10^6 정도이다.

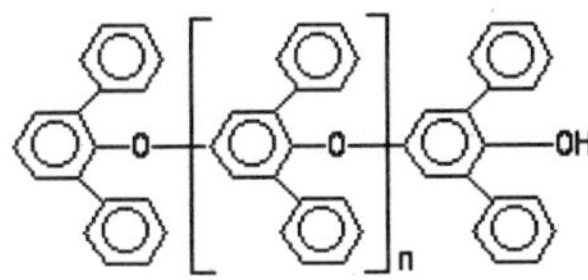

2. 주요한 이점은 열적 안정성이다. (최대 작동 온도 375℃).
3. 낮은 표면적의 과립형 분말은 Porapak과 Chromosorb 중합체와 물리적으로 다르며, 분리 성질은 Porapak Q나 유사한 다공성 중합체들과 유사하다.
4. 최근에는 공기중이나 수중에서 유기 화합물을 포집하는 데 전통적으로 사용하는 활성탄이나 실리카 겔과 더불어 많이 사용된다. 수증기의 효과에 상대적으로 무감각성을 보여 극단적으로 낮은 친화성을 갖는 장점이 있다.

Q 18. GSC의 흡착제를 형태에 따라 분류하라.

표. GSC에 사용하는 흡착제의 형태에 따른 분류

형태	성상 및 분류
Ⅰ-Nonporous	- 비다공성 단일 및 다중 형 흡착제(graphitized carbonblack, NaCl) - 다공성 무정형 흡착제(Aerosil and thermal blacks)
Ⅱ-Uniform wide pores	- Large-pore glasses, wide-pore Xerogels, 비다공성 입자로부터 만들어진 압축된 분말(>100 Å in size and specific surface areas <300 m^2/g)
Ⅲ-Uniform fine pore	- Amorphous fine-pore Xerogels, fine pore-glasses, many activated charcoals, and porous crystals(type A and X zeolites)
Ⅳ-Nonuniform pores	- 실리카 용액에서 강산으로부터 염의 가수분해로부터 얻어진 분필 같은 실리카 겔

Q 19. GSC의 정지상, 이동상, 분석물질 및 특성을 개요적으로 기술하라.

표. 기체-고체 크로마토그래피의 정지상, 이동상, 분석물질 및 특성

구 분	정 지 상	이동상	분 석 물 질	비 고
Packed column	1. Silica : Spherosil, Porasil B, C	N_2, H_2, He	1. 극성물질 (아민류)	· 컬럼 길이 : 0.5~3 m 내경 : 2~4 mm 재질 : Cu, Al, Ni, glass, stainless steel 온도 : 100~300 ℃ · 입자 크기 : 60~120 mesh(약 100~25 ㎛)
	2. Graphitized carbon black : Carbopack B,C, Carbosive, Spherocarb		2. 간단한 화합물(용매류, H_2O, HCHO, H_2S, 무기 가스)	
	3. Na · Al · silicate : Molecular sieve 4A, 13X		3.4. H_2, O_2, N_2, CH_4, CO, NO	
	4. Ca · Al · silicate : Molecular sieve 5A			
	5. Porous polymer bead : Porapak, Chromosorb 101 ~108, Tenax-GC		5. Amines, acids, glycols, phenols, amide 등	
Micro-packed column	1. Fine grain	N_2, H_2, He	1.2. Gases, low M.W hydrocarbons, trace component in complex mixture	· 컬럼 길이 : fine ; a few meter coarse ; 약 20 m · 내경, d_c : 1 mm이하 fine ; 0.5~1.0 ㎜ coarse ; 0.25~0.5 ㎜ · 입자 크기, d_p : fine ; 30~35 ㎛ (d_p=i.d/10~20), $d_p/d_c<0.1$ coarse ; d_p=i.d/3 $0.1<d_p/d_c<0.3$ · 주입시 압력 fine ; 25~50 기압 (back pressure)
	2. Coarser particles			

Q 20. GLC에 사용되는 액상 선택 시 액상의 성질과 기본적 기준을 기술하라.

1. 액상 선택 시 고려해야할 성질
   1) 증기압 ; 작동 온도에서 0.1 Torr 이하이어야 한다. 액상의 출혈(bleed)은 소음 발생과 바탕선 신호를 증가하여 감도를 감소한다.
   2) 점도 ; 낮은 것이 좋다.
   3) 적심 능력(wetting ability) ; 고체 지지체나 컬럼 벽에 일정한 필름을 형성하는 능력으로 높은 것이 좋다.

2. 액상 선택 시 고려해야할 기본적 기준
   1) 액상이 분리되는 성분에 대해 선택적(selective)인가?
   2) 액상과 분리되는 혼합물의 성분들 사이에서 어떤 비가역적(irreversible) 반응이 있는가?
   3) 액상이 작동 온도에서 낮은 증기압을 가지며, 열적으로 안정(thermally stable)한가?

Q 21. GLC에서 용질과 정지상사이의 상호작용을 설명하라.

1. 쌍극자- 쌍극자간의 인력(지향 또는 Keesom인력), E_o
   1) 영구 쌍극자 모멘트를 갖는 분자의 부분이나 분자들 사이에서의 알짜 인력(net attraction)으로부터 일어난다.
   2) 온도 증가 시 감소하며, 모든 배향(orientation)이 같게 될 때 고온에서 영(zero)에 접근한다.
2. 쌍극자-유도 쌍극자간의 인력(induction force 또는 Debye인력), E_i
   1) 극성화(polarizable) 분자와 쌍극자 능률의 상호작용에 의해 일어난다.
   2) 일반적으로 약하며 온도 증가 시 감소한다. 쌍극자-유도 쌍극자 상호작용은 모든 방향에서 다르며, 상대적인 분자의 배향에 의존한다.
3. 유도 쌍극자-유도 쌍극자간의 인력(dispersion force, London force 또는 비극성 인력), E_D
   1) 영점 운동(zero-point motion)과 함께 분자 내에서 핵과 전자들 사이에서 매우 급하게 변하는 쌍극자에 의해 생성되는 전기장에서 일어난다.
   2) 모든 용질/용매 계에 존재하며, 오직 비극성 분자들 사이에서의 인력에 의존하고 온도에는 의존하지 않는다.
4. 주개-받개 상호인력(donor-acceptor interaction)
   1) 받게 분자의 빈 오비탈에 주게 분자의 채워진 오비탈로부터 전자의 부분적 전이가 일어나는 특별한 화학적 결합 작용에 의한다.
   2) 금속 이온과 olefin사이의 배위력(coordination force), 전하 이동력(charge transfer forces) 및 수소결합 상호작용에서 나타난다.

Q 22. GLC에 사용되는 지지체(Support)의 조건에 대해 기술하라.

1. 지지체의 이상적 조건
   1) 액체 정지상이 입혀질 수 있는 큰 표면적(약 1~20 m^2/g)을 가져야한다.
   2) 화학적으로 비활성 표면을 갖고, 구형에 가깝고 크기가 균일해야한다.
   3) 열의 좋은 전도체 및 기계적이나 열적으로 안정하고 잘 부서져야한다.

2. 지지체의 바람직하지 않은 작용의 원인 및 결과
   1) 원인 : 금속 불순물의 존재와 지지체 표면의 실란올 작용기
   2) 결과 : 극성 분자에서의 심각한 꼬리 끌기(tailing), 시료 분해, 구조적 재정돈 (structural rearrangement) 및 더욱 완벽한 시료 흡착

Q 23. 지지체 표면 활성의 비활성화(Deactivation) 목적과 방법을 기술하라.

1. 지지체 활성의 비활성화 목적
   1) 지지체의 금속 불순물 및 표면의 실란올에 의한 극성 분자의 심각한 꼬리 끌기, 시료 분해, 구조적 재정돈 및 시료의 흡착을 최소화하고
   2) 지지체에 액상이 물리적으로 부착하거나 화학적으로 결합하는 것을 최적화하기 위함이다.

2. 지지체의 비활성화 방법
   1) 불활성 물질에 의한 덮어 씌우기(overcoating)
      비활성 물질(silver, Teflon), 표면 활성 고분자(polyvinylpyrrolidone, Epikote 100), pyrocarbon 등이 사용된다.
   2) 산, 염기에 의한 세척(주로 Fe의 제거)
      1) 산으로 씻는 경우에는 철분 및 무기물을 제거하여 무극성 화합물의 분리에 적합하다.
         (1) 3N HCl에서 5~6시간 담가놓음
         (2) 6N HCl로 속씨렛을 이용하여 무색이 될 때까지 추출
         (3) N_2와 HCl 가스의 혼합물을 850~900 ℃에서 1~3일간 통과시킨다.
      2) 위의 처리로 Fe는 95~98 %제거되고, Al과 Na도 제거된다.
      3) 알칼리로 씻는 경우에는 표면에 NaOH가 입혀져 아민류 같은 염기성 시료의 분리에 적합하다.
   3) 실란화 시약(silylating reagents)에 의한 처리 ; 현재 가장 널리 사용되며, 표면의 실란올기가 화학 반응으로 비극성의 작용기로 치환된다.
      Trimethylchlorosilane(TMCS), $(CH_3)_3SiCl$
      Dimethyldichlorosilane(DMCS), $(CH_3)_2SiCl_2$
      Hexamethyldisilazane(HMDS), $(CH_3)_3SiNHSi(CH_3)_3$

Q 24. 꼬리 끌기 감소제(Tailing reducers)에 대해 설명하라.

1. 지지체의 화학적 처리 및 실란화는 강한 염기성 및 산성 성분의 꼬리 끌기를 유발하는 활성 중심을 완전하게 제거할 수 없다. 이런 화합물들을 분석 시 꼬리 끌기 감소제의 작은 량의 부가가 필요하다. 꼬리 끌기 감소제는 지지체에 액상을 코팅하는 방법과 유사하며, 분석되는 화합물보다 더 강한 산이나 염기이어야 효과적이다.
   1) 아민에 대한 꼬리 끌기 감소제
      (1) 수 %의 KOH
      (2) 강한 염기성 물질 ; polyethyleneimine, polypropyleneimine, sodium metanilate, N,N′-bis-1-methylheptyl-p-phenylenediamine
   2) 산성 화합물에 대한 꼬리 끌기 감소제
      인산, 정지상 FFAP(PEG 20M의 nitroterephthalate), 상업용 부식 억제물인 삼합체 산(trimer acid)
2. 이런 활성인 물질들은 또한 공제 시약(subtractive agents)의 역할을 한다. 즉, 산 꼬리 끌기 감소제는 크로마토그램으로부터 염기성 물질을 제거하고 염기성 꼬리 끌기 감소제는 그 반대이다.
   1) FFAP와 polypropyleneimine는 선택적으로 aldehydes를 빼어내고, polyethyleneimine은 ketones을 빼어내고, phosphoric acid는 알코올을 에스테르화 하거나 탈수한다.
   2) 또한, 인산은 amides를 같은 수의 nitriles로 전환하고, 황을 포함하는 화합물로부터 탈황을 시킨다.
   3) 상 자체는 시약들과 양립될 수 있다. KOH와 인산은 polyesters와 polysiloxane상의 해중합(depolymerization)을 촉매화한다.

Q 25. GLC에 사용되는 대표적인 지지체의 종류 및 특징을 기술하라.

1. 규조토(Diatomite, diatomaceous earth ; Kieselguhr)
   1) 가장 중요한 지지체로 충전 컬럼 GLC의 약 90 %이상을 차지하며, 지지체 면적, 기계적 및 열적 성질, 지지체 활성과 모양에 있어 좋은 균형을 제공한다.
   2) 골격의 물질은 근본적으로 적은 량의 알루미나와 금속 산화물이 불순물로 석인 미세 무정형(microamorphous) 실리카이다.
   3) 채광 시, 천연 규조토 골격은 크로마토그래피 지지체로 사용하기에 너무 작고 부서지기 쉬워, 활용을 위하여 900 ℃이상의 온도에서 굽기(calcination)에 의한 응집과 강화 과정이 필요하다. 구운 규조토의 성분은 SiO_2(91.0 %), Al_2O_3(4.6 %), Fe_2O_3(1.9 %), CaO(1.4 %), MgO(0.4 %), 휘발 성분(0.3 %) 및 기타(0.4 %)이다.
2. Fluorocarbon powder : Teflon-6, Chromosorb T, Holoport, Fluoropak 80, Kel-F
   1) Teflon-6
      (1) 40/60 mesh의 Teflon 에멀젼의 응집에 의해 고분자화된 tetrafluoroethylene으로 작은 표면 에너지를 갖는 큰 표면적의 다공성 구조를 가진다.

(2) 높은 컬럼 효율을 위해 Teflon 입자는 19 ℃이하(고체 전이점 ; 단단하면서 자유롭게 흐르는 온도)에서 취급하여야 한다.

2) Kel-F

규조토 지지체처럼 취급되는 단단한 과립의 chloroflurocarbon 반죽 분말(molding power)로 보통 낮은 컬럼 효율을 가진다.

3) Fluoropak-80

낮은 표면적과 용량의 스폰지 같은 구조를 가지는 과립형 fluorocarbon 수지이다.

3. 유리 구슬(Glass beads)

1) 좁은 mesh 범위에서 회전 타원체(spheroid)로 이용하며, 매우 효율적인 컬럼을 준비하기 위하여 사용될 수 있다.

2) 표면 에너지가 낮아, 액상 실음율이 0.5 %(W/W)이하로 제한된다.

3) 유리 표면이 완전히 비활성화되지 못하여 극성 물질에 대해 꼬리 끌기를 보인다. 꼬리 끌기를 감소하기 위하여 실란화를 한다. 이 경우에는 지지체의 용량이 감소한다. 용량을 증가를 위하여 화학적인 섭새김(etching)을 한다.

4) Cerabeads ; 다량의 알루미나 소다 석회 유리(alumina sodalime glass)를 포함하는 스폰지 같은 외부 표면을 갖는 지지체를 개발하여 액상을 4 %까지 실을 수 있으나, 극성 용질에 대해서는 심각한 꼬리 끌기를 보인다.

4. 흑연화된 탄소 검정(Graphitized carbon blacks)

5. 수지상 결정(樹枝狀 結晶, dendrite) 염

Q 26. GLC에 사용되는 액상에 대해 설명하라.

1. 이상적인 액상의 조건

1) 분리성분들에 대한 선택성과 다른 용해성(selectivity and differential solubility)

2) 넓은 작동 온도 범위(wide operating temperature range)

3) 화학적으로 안정(chemically stable)

2. 액상의 출혈로 인한 영향

1) 검출기의 소음에 대한 효과 ; 감도를 감소시켜 분석 결과에 영향을 줄 수 있다.

2) 컬럼 수명을 결정 ; 어떤 지지체는 촉매 효과를 가져 액상을 분해해 컬럼 수명을 감소시킨다. 운반 기체 오염 물질(예 ; O_2) 역시 액상의 안정성을 방해할 수 있다.

3. 액상 사용 시 선택성의 의미 및 선택성에 영향을 주는 인자

선택성은 두 성분들의 상대적인 머무름을 의미하는 것이지 분리 메커니즘에 대한 정보를 주는 것은 아니며, 대부분의 분리는 끓는점의 차이, 성분 분자량의 변화와 성분의 구조에 의존한다. 선택성에 영향을 주는 인자는 다음과 같다.

1) 정지상의 성질　2) 정지상의 농도　3) 컬럼 온도

4) 고체 지지체나 흡착제의 선택과 전처리

4.. 액상을 지지체(또는 擔體)에 부착(attaching)시키는 방법

1) 고압 멸균기를 이용한 고온에서의 응축　2) 반응에 의한 방법

3) 이동상의 낮은 흐름 속도 하에서의 열처리

Q 27. GLC에 사용되는 대표적인 정지상의 종류 및 특징을 기술하라.

1. 탄화수소(Hydrocarbon)
   1) 대표적인 물질 ; Squalane(120 ℃), Apiezon greases(300 ℃)
   2) 비극성 정지상으로 비극성 용질을 휘발성 순서로 분리시킨다.
   3) 잔류 carbonyl 및 carboxylic acid 존재 시 황갈색을 나타낸다.
      (1) 극성 용질에 꼬리 끌기를 보인다.
      (2) Grease는 사용 전 alumina가 충전된 액체 크로마토그래피에 의해 정제된다.
   4) 탄화수소상은 극성의 선택성 측정에 비극성 표준 물질로 사용된다(Squalane).
   5) 구조
      (1) Squalane ; 2,6,10,15,19,23-hexamethyltetracosane

$$(CH_3)_2CH-(CH_2)_3-CH(CH_3)-(CH_2)_3-CH(CH_3)-(CH_2)_4-CH(CH_3)-(CH_2)_3-CH(CH_3)-(CH_2)_3-CH(CH_3)_2$$

      (2) Apolane - 87 ; 24,24-diethyl-19,29-dioctadecylheptatetracontane

$$(H_{37}C_{18})_2CH-(CH_2)_4-C(C_2H_5)_2-(CH_2)_4-CH(C_{18}H_{37})_2$$

2. Fluorocarbon
   1) 대표적인 물질
      (1) Poly(perfluoroalkyl ether) liquid phase, Fomblin YR (Ⅲ) ; 높은 효율, 255 ℃
      (2) Fluorad 430, 431 ; 중간 극성으로 일반적으로 유용하며, underivatized amines, phenols, carboxylic acid 분리에 사용된다.
   2) 부식 및 반응성 화학물질(UF_6, ClO_2F, SF_5Cl) 분리에 사용되며, 낮은 온도에서 고 분자량과 열적으로 불안정한 시료의 분리에 이용된다.
   3) 일반적인 응용에 약함 ; poor support wetting, low column efficiency, low upper operating temperature
   4) 구조

   Fomblin YR (MW = 6000~7000)

$$-\!\!\left[(O-CF(CF_3)-CF_2)_n-(O-CF_2)_m\right]\!\!-$$

3. Polysiloxane
   1) 대표적인 물질 ; OV-7, OV-17, OV-25, Dexil 300GC, Dexil 400GC, 410GC
   2) 높은 화학적, 열적 및 산화성에 대한 안정성, 넓은 액체 범위(liquid range), 다른 극성에서의 유효성(availability)
   3) 구조에 따른 특성
      (1) Phenyl을 함유하는 polysiloxanes는 poly(methylsiloxanes)보다 더 극성이며, 벤젠 같은 용매의 성질을 갖는다.

Polarizability OV-7 < OV-17 < OV-25

Phenyl 함량 20 % 50 % 75 %

(2) Cyanopropyl을 함유한 polysiloxanes는 쌍극자 용질과 강하게 작용한다.

(3) Carborane-siloxane 중합체의 계열은 특히 열적 안정성과 적당한 극성을 갖는다(Dexil 300GC ; 450℃, Dexil 400GC 및 410GC ; 375℃).

4) 구조

$$\left[-\underset{R}{\overset{R}{|}}\!\!\text{Si} - O - \underset{R}{\overset{R}{|}}\!\!\text{Si} - O - \right] \qquad \left[-\underset{CH_3}{\overset{CH_3}{|}}\!\!\text{Si} - O - \overset{CH_3}{\underset{(CH_2)_4 - C{=}CH\ (B_{10}H_{10})}{|}}\!\!\text{Si} - O - \right]_n$$

골격 구조 Dexsil 300GC

4. Meta-linked Poly(phenyl ethers)

1) 화학적으로 잘 정의되고, 적당한 극성, 분자량에 비해 극히 낮은 휘발성, 구조상 낮은 점도를 보인다.

2) 구조에 따른 특성

(1) 5~6 ring poly(phenyl ethers)는 200~250 ℃에서 안정하다.

(2) 평균 20개 이상의 ring poly(phenyl ethers)는 125~400 ℃에서 고비점 용질을 분리하는데 사용된다.

3) 구조 ; Poly(phenyl ether) n = 3 or n = 4

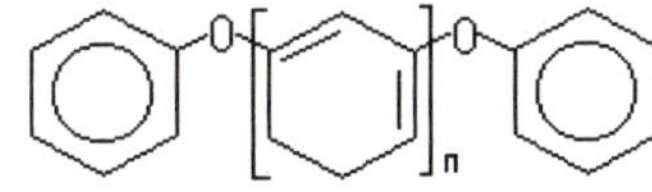

5. Phthalate esters

1) 중간 정도의 극성, 다른 액상에 비해 약한 열적 안정성을 가진다.

2) 치환 그룹(R)이 증가 시 극성 및 휘발성이 감소한다.

3) 구조

Phthalate ester

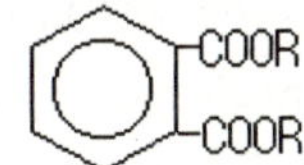

6. Polyester

1) 대표적인 물질

Poly(ethylene glycol succinate) ; EGS

Poly(diethylene glycol succinate) ; DEGS

2) 중간 정도의 극성을 가진 액상으로 중요하게 사용된다.

3) 조건에 따라 EGS와 DEGS의 분자량은 약 3,000부터 약 9,000~16,000에 이른다.

4) Polyestersuper는 고온에서 가열에 의해 휘발성 정지상을 제거하여 생성하며 EGS나 DEGS보다 더 큰 분자량을 갖고, 약한 hydrolytic stability를 보인다.

5) 구조

(1) EGS ; Poly(ethylene glycol succinate) n = 17 to 21

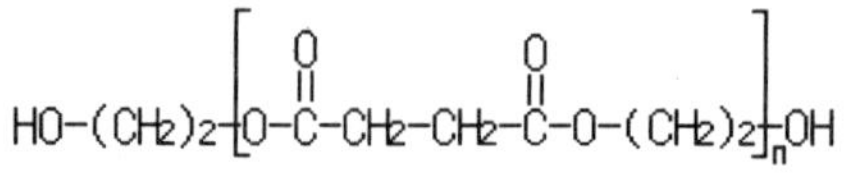

$$HO-(CH_2)_2-\left[O-\overset{O}{\overset{\|}{C}}-CH_2-CH_2-\overset{O}{\overset{\|}{C}}-O-(CH_2)_2\right]_n-OH$$

(2) DEGS ; Poly(diethylene glycol succinate) n = 12 to 18

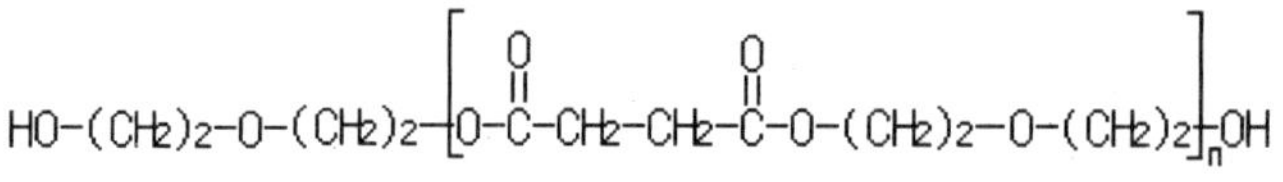

$$HO-(CH_2)_2-O-(CH_2)_2-\left[O-\overset{O}{\overset{\|}{C}}-CH_2-CH_2-\overset{O}{\overset{\|}{C}}-O-(CH_2)_2-O-(CH_2)_2\right]_n-OH$$

7. Poly(ethylene glycols)

1) 대표적인 물질 ; Carbowax 20M, Superox-4, Pluronics

2) 광역의 극성 및 수소결합 용질에 사용(알코올의 분석)된다.

3) 종류 및 특성 ; ethylene oxide의 고분자로 평균 분자량으로 분류된다.

(1) Carbowax 20M M.W 14,000, 225 ℃

(2) Superox-4 M.W ca. 4,000,000, 300 ℃

(3) Pluronics M.W 2,000~8,000, 220~260 ℃

4) 구조 ; Poly(ethylene glycol), $HO(CH_2CH_2O)_nCH_2CH_2OH$

8. 용융 무기염 공융 혼합물(Fused inorganic salt eutectic mixtures)

1) 대표적인 물질 ;

Ethylpyridinium bromide, Tetrabutylammonium tetrafluoroborate

2) 금속 할로겐 화합물 분리에 사용된다.

3) 큰 쌍극자 또는 수소결합 작용기를 포함하는 화합물에 대해 높은 감도를 보인다.

4) 종류

(1) 무기 용융염(molten salt) ; 유기 화합물에 훨씬 덜 성공적(far less successful)

(2) 유기 용융염 ; 유기 화합물에 더 큼(much greater)

9. 특수한 분리를 위한 액상

1) 배위 착물들을 포함하는 상 ; 주개 용질들(donor solutes)의 분리

2) 키랄 액체상 ; 거울상 이성질체(enantiomers)의 분리

3) 전자-받개 화합물(dialkyltetrachlorophthalates, 2,4,7-trinitro-9-fluorenone) ; π-전하 이동 착물(π-charge transfer complex)의 형성에 의한 불포화 및 방향족 탄화수소(전자 주개)의 분리, 이성질체 혼합물(isomeric mixtures)의 분리

4) 액정상(Liquid crystal phases) ; rigid isomeric solutes의 혼합물(벤젠 치환체, 여러 고리 방향족성 탄화수소, polychlorinated biphenyl 및 steroids)의 분리

Q 28. 액체 결정성 상태(Liquid crystalline state)에 대해 설명하라.

1888년에 Austria 식물학자 Frederick Reinizer가 cholesteryl benzoate의 유기 화합물을 연구하던 중 145℃에서 녹아 우유빛 액체를 형성하고, 179℃에서 투명해 짐을 발견하였으며, 식을 때는 반대 과정이 나타났다. 이것이 액정(liquid crystal)의 최초 보고이다. 액체 결정성 상태는 결정성 고체와 등방성(等方性, isotropic)액체 사이의 중간 물질의 특수한 상태를 나타낸다. 고체상 구조 부분과 액체상 구조 부분을 갖고 자유 운동하는 부분을 갖는 액정상의 중간체로 매우 점성이 있고, 고체와 액체 상사이의 중간 특성을 가진다. 액정의 용도는 액정에서 분자가 서로 붙잡는 약한 분자간 힘이 온도, 압력, 자기장의 변화에 쉽게 영향을 받는 것을 이용한다. 예로 극소 전자 회로에서 뜨거운 부분을 감지할 수 있고, 신호의 흐름을 감지할 수 있다.

정지상으로 사용되는 액체 결정은 굴열성(屈熱性, thermotropic) 형태이다. 즉, 액체 결정성 상태는 녹아서 열적으로 안정한 상태로 시작하여, 약간 높은 온도(clearing temperrature)에서 등방성 액체로의 전환이 일어난다. 액정을 생성하는 물질은 대부분 길고, 막대형 분자로 되어 있다. 이 분자들은 액체상에서 무작정 방향으로 배향한다. 그러나 액정상은 어느 정도 질서를 나타낸다. 굴열성 액정은 분자가 정렬된 방법에 의해 nematic, smectic, cholesteric으로 구분한다.

1) 네마틱 액정상(Nematic liquid-crystalline phase)

가늘고 긴 분자가 상호 위치는 불규칙하지만 장축(長軸)이 모두 일정 방향으로 향하여, 마치 끝이 정열되지 않은 한 주먹의 연필과 같다.

2) 스메틱 액정상(Smectic liquid-crystalline phase)

가늘고 긴 분자가 그 장축을 일정 방향으로 향해 줄서고, 옆줄 분자와 이음매가 서로 일치하는 상태로 네마틱보다 더 질서도를 보인다. 스메틱상은 마치 연필 끝이 거의 가지런한 한 주먹의 연필과 같다. 스메틱상은 또 다른 종류가 있으며 A, B, C 등의 문자로 표시한다. A상은 분자들이 층에 수직한 긴축의 층으로 배열하며, C상은 분자들이 쌓이는 층에 비스듬한 긴축이 기우린 상태로 배열한다.

3) 콜레스테롤 액정상(Cholesteric liquid-crystalline phase)

꼬인 네마틱 구조로 키랄 중심을 갖는 화합물에서 일어난다. 액정 분자들은 층으로 나란히 쌓여있다. 그러나 분자 끝은 다음 층에 대하여 한 층이 상대적으로 꼬여 있다. 분자 층끼리 서로 배향이 약간 꼬여 이 액정들이 색을 나타낸다. 온도와 압력 변화는 배열을 바꾸므로 색도 변한다.

네마틱과 스메틱상에서 이 분자들은 두께에 비해 상당히 길다. C=N, N=N 이중 결합들과 벤젠 고리들은 견고성을 더해준다. 평면 벤젠 고리는 분자들이 서로 쌓이게 도우며, 더욱이 극성 원자단을 갖는 많은 분자들은 이중극자-이중극자 상호작용 때문에 걸맞는 분자 배열을 촉진한다. 그리하여, 분자들은 그들 스스로 아주 자연스럽게 긴축을 따라 배열하여 축을 따라 회전하고 서로 평행하게 이동한다. 스메틱상은 분자간의 힘(분산력, 이중극자-이중극자 인력, 수소결합)으로 서로 미끄러지는 가능성을 제한한다.

GLC에 사용되는 액체 결정성 상은 대부분 네마틱 형태로 200여 개 이상이 사용된다. 그들의 화학적 형태는 다양하나 모든 것은 보통 뚜렷하게 가늘고 긴 딱딱한 막대

같거나(rod-like) 오리목 같은(lath-like) 구조이다. 액체 결정성 상의 효능은 전형적인 정지상를 혼합하거나 둘 이상의 액체 결정성 상의 공융 혼합물(eutectic mixture)을 사용하여 증진시킬 수 있다. 용질의 용출 순서는 일반적으로 용질의 길이 대 폭 비에 따른다. 따라서, 평면형 분자가 비평면형 분자보다 오래 머무른다.

$$Y_1-[\;\bigcirc\;]_n-X-[\;\bigcirc\;]_n-Y_2$$

$CH_3O-C_6H_4-CH=N-C_6H_4-C_4H_9$ 21~47℃

$CH_3O-C_6H_4-N=NO-C_6H_4-OCH_3$ 117~137℃

$C_6H_5-C_6H_4-CH=N-C_6H_4-CO-OC_2H_5$ 121~131℃

$CH_3(CH_2)_7-O-C_6H_4-CO-OH$ 108~147℃

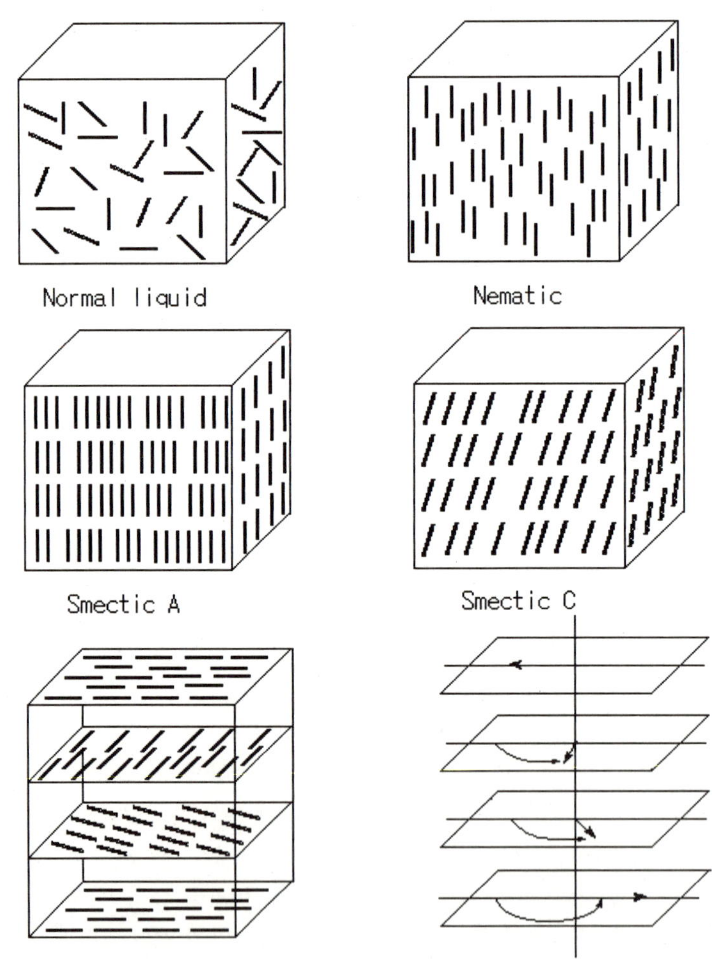

그림. 액정의 주요 골격 구및 및 구조

Q 29. GLC에 사용되는 결합형 액체상(Bonded liquid phases)에 대해 기술하라.

1. 결합형 액체상의 제조 목적

단순히 지지체에 코팅된 액체상은 사용 중에 서서히 지지체로부터 액체상이 떨어져 나옴(bleeding ; 출혈)으로 인해 컬럼의 효능이 저하되어 효율이나 분리능이 나쁘게 된다. 이런 현상을 최소화시키기 위하여 지지체에 액체상을 결합시키는 방법들이 고안되었다. 이를 결합형(bonded), 비이동성(immobilized) 또는 비추출형(nonextractable) 액체상이라고도 부른다. 이중 비이동성이란 용어가 더 합당하게 사용된다.

2. 결합형 액체상의 제조 방법

이를 만드는 방법에는 다음과 같은 4가지 방법이 있다. 이런 형태의 비이동성 반응은 열린관 컬럼을 제조하는데 널리 사용되는 것과 유사하다.

1) 에스터실(Estersils)의 조제

(1) 에스터실의 조제는 다공성 실리카 구슬과 함께 알코올이나 isocyanate 시약과의 축합에 의해서 제조된다.

(2) 알킬기들이 상대적으로 짧은 한, 표면에 정상적으로 배향하고 밀접하게 충전되어 벌크 액체상보다 더 큰 질량 이동 속도를 보인다. 에스터실 충전은 적당한 효율을 유지하면서 빠른 분리를 위한 높은 흐름 속도에서 사용될 수 있다.

(3) 에스터실의 상품명은 Durapak으로 판매된다. 지지체는 porasil C, F, S 정지상은 Carbowax 400 및 4000, Phenyl isocyanate, n-octanol, 3-Hydroxypropionitrile이 사용된다.

(4) 에스터실에 대한 용질의 머무름은 유기 사슬의 크기와 기능성, 표면 결합의 정도, 용질의 크기와 극성에 의존한다. 용질 머무름의 가장 중요한 메카니즘은 고체 지지체나 결합된 유기 원자단에 대한 흡착이다. 짧은 사슬 알킬 원자단을 포함하는 결합상에 대한 머무름 메카니즘이 이에 해당된다. 긴 사슬의 알킬 원자단의 결합은 공간적인 질서가 덜 하여 짧은 사슬보다 더 액체와 같은 행동을 보이며 머무름 메카니즘은 분배에 더 가깝다.

2) 화학적 반응

다공성 실리카나 규조토 지지체와 함께 단일 작용기나 다기능 alkylsilane 또는 cyclosiloxane의 반응

3) 고온 처리

(1) 이동상을 천천히 흐르게 하면서 코팅된 지지체를 고온 처리한다.

(2) 처리 후 충전은 원래 지지체에 영구적으로 결합된 상의 부분을 남기기 위하여 적당한 용매로 철저하게 추출된다. 비추출형 액체상 실음은 약 0.2 % w/w이다.

(3) 결합되는 상은 Carbowax 20M, polyester 및 polysiloxanes가 포함된다.

4) 자유 라디칼 다리 결합

(1) 상승된 온도에서 코팅된 충전 물질의 자유 라디칼 다리 결합에 의한다.

(2) 액체상의 20 % w/w까지 연속적인 다리 결합 반응의 수행과 재실음이 지지체 표면에서 비이동성으로 될 수 있다.

Q 30. 비추출성 상의 주요한 크로마토그래픽 성질을 나열하라.

비추출성 상의 주요한 크로마토그래픽 성질은 다음과 같다.
1) 낮은 머무름(low retention)
2) 매우 낮은 컬럼 출혈(very low column bleed)
3) 더 높은 컬럼 효율
4) 전통적 코팅 상보다 높은 작동 온도(maximum operating temperature)
5) 충전 물질은 더욱 비활성(more inert)이고 극성 용질들의 분리에 이용된다.

Q 31. 충전 컬럼의 성능 평가 방법을 설명하라.

컬럼을 컨디션닝한 후 컬럼의 성능이 적합한지를 확인하기 위하여 몇 가지 사전 시험이 수행된다. 이런 시험에는 컬럼 효능 시험, 컬럼 흡수력 및 분리능이 있다.

1. 컬럼 효능 시험
1) 시험 물질 : n-hydrocarbon의 혼합물
2) 10 % 실음, 80∼100 mesh : n > 2000
   10 % 이하 실음, 더 작은 입자 : 더 큰 이론단 수
3) n < 1500이면 의심스러움

2. 컬럼 흡수력(Column absorptivity)
1) 극성 시험 혼합물
Decane, 1-octanol, undecane, naphthalene, dodecane, 2,6-dimethyl aniline, nonanone, 2,6-dimethyl phenol, tridecane
2) 과다한 꼬리 끌기나 흡수는 잔류된 컬럼 흡수력(활성)을 나타낸다. 이것은 실란화에 의해 감소될 수 있다. 잔류한 흡수 활성은 규조토류(diatomaceous) 지지체 위의 비극성 상에 대해서는 특별한 것이 아니다. 이 때에는 변형된 시험 물질이 이 시험을 위해 더 적합하다.

3. 분리능
컬럼 사용 목적에 맞는 시험 물질 선택이 중요하다. 분리능은 인접한 두 크로마토그램 사이의 R_s값이 1.5이상 되는 것이 좋다.

Q 32. GLC에서의 용질의 머무름을 설명하라.

GLC에 대한 머무름 이해의 최초 시도는 분배 모델에 기초하였다. 그러나 컬럼 준비에 사용한 지지체가 전적으로 비활성이 아니기 때문에 지지체 표면에서의 흡착이 역시 머무름에 기여한다는 것이 인지되어야 하며, 지지체의 영향이 전적으로 무시될 수는 없다. 일반적으로 사용되는 모델은 Nikolov 모델이다.

$V_N^* = V_LK_L + \delta V_L(K_S - K_L) + (1 - \delta)A_{LS}K_{DSL} + A_{GL}K_{GL} + A_{LS}K_{GLS}$

V_N^* ; 컬럼 충전물 그램 당 알짜 머무름 부피

V_L ; 충전물 그램 당 액상의 부피　K_L ; 기체-액체 분배계수

δ ; 상수(필름의 두께 ≤ 구조 층(d_S) : 1, 필름의 두께 > 구조 층 : 0)

K_S ; 구조화된 액체 층에 대한 기체-액체 분배계수

A_{LS} ; 충전물 그램 당 액체-고체 면간 면적　K_{DSL} ; $d_S(K_S - K_L)$

A_{GL} ; 충전물 그램 당 기체-액체 면간 면적

K_{GL} ; 기체-액체 면에서의 흡착계수　K_{GLS} ; 액체-고체 면에서의 흡착계수

위 모델은 일반적 머무름 과정을 제공하지만, 오히려 비실제적이다. 위 식은 숫자로 해결될 수 있다면, 같은 지지체에서 다른 액상의 실음으로부터 제조된 다섯 개의 컬럼 충전의 최소 상 특성(V_L, A_{GL}, A_{LS})에 대한 데이터를 요구하는 다섯 개의 미지 값(K_L, K_S, K_{DSL}, K_{GL}, K_{GLS})을 포함한다. 일반적으로 구조화된 층(structured layer)의 두께를 정의하는 정확한 방법은 없다. 그리고 δ도 직관과 시행 오차에 의해 설정되어야만 한다. 높은 액상 실음에서 지지체 표면에서의 흡착은 용질 머무름의 4~25 %, 낮은 액상 실음에서 기체-고체 면간에서의 흡착은 3~42 %를 공헌하며, 더 높은 액상 실음에서 구조화된 액상 층으로부터의 공헌은 무시되고, 위의 식은 다음과 같이 단순화된다.

$V_N^*/ V_L = K_L + (A_{GL}K_{GL} + A_{LS}K_{GLS})(1/V_L)$

K_L은 일련의 컬럼에 대해 V_N^*/ V_L 대 $(1/V_L)$의 도시로부터 결정될 수 있고, $1/V_L = 0$에 일치하는 절편을 주기 위하여 외삽을 한다. 도시(plot)의 모양은 기체-액체와 기체-고체 면간에서의 흡착의 상대적인 중요성에 의존한다. 분배계수 계산을 위하여 위의 두 식이 사용되면, 어떤 가정이 수행되어야 한다. OTC의 머무름 메카니즘에 대한 연구는 놀랍게도 드물다. 그러나 충전 컬럼에 적용되는 이론이 거의 동등하게 응용된다.

Q 33. 머무름 부피의 정확한 측정에 오차를 주는 요인을 설명하라.

1. 개별적 오차의 종류

1) 머무름 시간의 절대적 측정, 운반 기체 흐름 속도, 컬럼 온도, 컬럼 충전이나 액상의 무게, 컬럼의 압력 저하, 오븐 내에 열적 성분의 부재 여부, 기체상의 비직선성 등이 오차의 원인이 될 수 있다.
2) 가장 큰 오차는 액상 무게의 절대적 결정에 관련된다.
3) 0.3 K의 온도차는 약 1 %의 머무름 변화를 초래한다.
4) 이런 관점에서 보면, 비(比)머무름 부피(specific retention volume)의 결정이 상대적 머무름 데이터의 결정보다 더 문제가 많다.

2. 머무름 부피 데이터의 문제점과 머무름 지수

1) 실험실간의 물질 확인을 위한 정보 전달을 위해 사용 시 큰 통계적 오차를 준다.
2) 이런 문제는 일련의 내부 표준물질을 사용한 표준화된 시험 계획서(protocol)에서 얻어진 머무름 지수 체계의 사용에 의해서 해결된다. 상대적인 머무름 데이터가 더 재현성이 있고, 실험 과정에서의 절대 오차를 보상한다.

Q 34. 충전 컬럼에 대한 열린관 컬럼(OTC)의 장단점을 기술하라.

1. 충전 컬럼에 대한 OTC의 장점

1) 고효율(High efficiency)

정지상이 매끄럽고, 얇으며, 균일한 필름(smooth, thin, homogeneous film)으로 점착 시 고효율이 생긴다.

2) 열적 안정성(Thermal stability)

(1) 액상이 화학적으로 결합되고

(2) 투과성이 좋아 머무름 시간이 더 짧고, 충전 컬럼보다 낮은 온도에서 사용 가능하다.

3) 비활성(Inertness)

컬럼 내부에서 실란 작용기를 덮어씌우므로 비활성이다.

2. 충전 컬럼에 대한 OTC의 주요한 단점

1) 기기 성능이 더 요구된다(예를 들면, 주입기나 검출기 부분).

2) 고도의 작동 기술이 필요하다.

3) 충전 컬럼보다 더 적은 시료 용량을 사용하여 정량성이 낮아질 수 있다..

Q 35. OTC 컬럼의 종류를 기술하고 이중 FSOT의 장점을 설명하라.

1. 관의 종류

1) WCOT(Wall coated open tubular column, 벽 도포 열린관)

2) PLOT(Porous layer open tubular column, 다공성 층 열린관)

3) SCOT(Support-coated open tubular)

4) FSOT(Fused silica open tubular column, 용융 실리카 열린관) : 외경 0.3~0.4 mm, 외부를 중합체로 코팅

2. FSOT의 장점

1) 광섬유를 만드는 방법과 유사하게 제조하며 외부는 중합체로 코팅되어 있고, 외경은 0.3~0.4 mm이다. 이 컬럼은 취급 용이, high pressure capability, 유연하고(smooth) 상대적으로 금속이 없고(metal-free), 화학적으로 비활성인 표면 및 긴 컬럼을 코일화 하기 용이한 이점이 있다.

2) UV영역에서 광학적으로 투명하여 컬럼 자체가 검출기 셀처럼 작용하여 불감 부피를 최소화하는 역할을 한다.

Q 36. OTC 컬럼 제조 시 고려 사항을 서술하라.

1. 컬럼 제조에 사용되는 물질

금속, 플라스틱 및 나일론, 테플론, 유리(soda-lime, borosilicate, fused silica), 우라늄 및 납유리가 사용되며 현재 OTC 컬럼 제조에 soda-lime, borosilicate, fused silica 유리가 주로 사용된다.

2. 유리 표면의 막 형성

1) 높은 분리 효율을 달성하기 위하여 정지상이 매끄럽고, 얇으며, 균일한 막으로 침착되는 것이 좋다.

2) 고체 표면을 적시는 액체의 능력은 접촉 각(contact angle)에 의해 결정된다.

3) 유리 표면의 에너지를 증가시키기 위한 표면 변형 반응 2가지 방법

(1) 거칠게 하기(Roughening)/화학적 변형 방법(Chemical modification)

유리 표면의 화학적 처리에 의해 표면적의 증가에 의한 유리 표면의 습윤성(wettability)이 증가한다. 또한 유리 표면에 얇은 막을 형성하는 것에 의하여 정지상의 표면 장력이 낮아진다. 여러 가지 거칠게 하기 중 중요한 몇 가지는 다음과 같다.

가. HCl 가스에 의한 섭새김(etching)

나. HCl 용액에 의한 울궈냄(leaching)

다. 깃털(whiskers)의 형성

라. 고체 입자의 필름이나 층의 용액 침적(solution deposition)

(2) 계면활성제의 부가에 의한 정지상의 표면 장력 낮추기

유리 표면에 얇은 필름(유리 표면의 실란화에 의한 결합된 유기 층이나 고분자 기질의 열분해에 의한 비추출형 고분자 필름)의 형성이 표면 장력을 낮춘다.

4) 표면 비활성화 방법

(1) 거칠게 하기는 유리 표면의 습윤성을 증가시키는 동시에 컬럼의 흡착 활성을 증가시킨다. 그러므로 비활성화 없이 비극성이나 적당히 극성인 정지상으로 코팅된 컬럼은 봉우리 꼬리 끌기 및 극성 용질의 불완전한 용리를 보인다.

(2) 극성인 정지상 자체가 비활성화 시약으로 작용할 지라도 완전한 비활성화를 보장하고 정지상 필름의 열적 안정성을 증진시키기 위하여 컬럼의 전처리가 필요하다.

(3) 컬럼의 연속적 제조 과정에서 거칠게 하기와 비활성화는 상호 보완적인 단계로 1차로 활성화 과정 없이 완전한 비활성화는 어렵다. 이런 면에서, 현재 산 울궈냄(acid leaching)이 두 과정을 동시에 이루는데 널리 사용된다. 만능인 비활성화 방법은 없고 다음과 같은 방법이 주로 사용된다.

가. 표면 활성 시약으로 코팅(Coating with a surface active reagent)

나. 비추출형(Nonextractable) 고분자 필름 형성

다. 정지상으로 코팅하기 전 실란화 처리

5) OTC 코팅 과정

코팅 과정의 목적은 유리 표면을 정지상으로 얇고 고른 필름으로 완전하게 덮는 것이다. 이런 OTC 코팅 과정에 주로 3가지 방법이 사용된다.

(1) 동적 코팅(Dynamic coating)

(2) 정적 코팅 방법(Static coating method)

(3) The mercury plug dynamic method

Q 37. OTC 제조 물질인 유리의 특성에 대해 설명하라.

1. 용융 실리카(Fused silica)의 특성

1) Silicone tetrachloride($SiCl_4$)의 고온 불꽃 가수분해에 의해 제조된다.

$SiCl_4 + 2H_2O \rightarrow SiO_2 + 4HCl$

2) 1.0 ppm 이하의 금속 불순물을 포함하는 순수한 실리카 이다.

3) 상대적으로 높은 융점을 가진다.

4) 컬럼 제조를 위해서 특수한 장비 및 사전 주의가 요구된다.

5) 표면은 일차적으로 실란올과 실록산 그룹을 포함하므로 상대적으로 비활성이다. 실란올 그룹은 유리의 잔류하는 산성을 보이고, 비활성 대기에서의 고온 처리가 용융 실리카 표면의 Si-OH 원자 단을 낮은 수준으로 감소시켜 활성이 낮아진다.

2. Soda-lime과 borosilicate의 성질

1) 다양한 유리 성분이 알려졌지만, 크로마토그래피의 목적으로 soda-lime(soft) 및 borosilicate(hard ; Pyrex, Duran) 유리가 중요하다.

2) Soda-lime 유리는 Na_2O의 높은 함량(15.6 %)으로 약한 알칼리성이며, borosilicate는 B_2O_3(13.0 %)에 의해 약간 산성이다.

3) 이 컬럼 물질의 흡착성 및 촉매적 활성은 실리카 표면(실란올과 실록산 그룹), Lewis 산 위치로 작용할 수 있는 표면의 금속 불순물에 기인한다. 금속 불순물은 케톤, 아민같은 이온 쌍 주게(ion-pair donor) 분자의 흡착 위치로 작용한다.

3. 용융 실리카와 석영 모세관

1) 표준형 유리 잡아늘이기 기계(drawing machine)로 제작이 불가능하다.

2) 얇은 벽 고분자 코팅 컬럼(thin-walled polymer-coated column)은 광섬유 제조 기술과 유사하게 제조한다.

3) 습기가 있는 공기는 새로 만들려는 컬럼 내부의 실록산 결합을 수화시킨다.

4) 전형적인 잡아늘이기 속도(drawing rate)는 1 m/s이다.

5) 기하학적으로 기형화된 나선형(helical), 타원형(oval), 사각형(square) 및 주름이 진(crinkled) 열린관 컬럼은 효과적으로 코팅하기 어렵고, 원형 컬럼에 대한 우월성이 실제적으로 낮다.

Q 38. OTC 제조용 유리 표면의 에너지를 증가시키기 위한 표면 변형 방법 2가지를 설명하라.

1. 거칠게 하기(Roughening)/화학적 변형(Chemical modification)

유리 표면의 화학적 처리에 의해 표면적의 증가에 의한 유리 표면의 습윤성(wettability)이 증가한다. 또한 유리 표면에 얇은 막을 형성하는 것에 의하여 정지상의 표면 장력이 낮아진다. 여러 가지 거칠게 하기 중 중요한 몇 가지는 다음과 같다.

1) HCl 가스에 의한 섭새김(etching)

유리 표면을 거칠게 하는 기본적인 기술로 soda-lime 유리에 주로 사용하며, soda-lime 모세관에 HCl 가스를 채우고 300~400 ℃로 3~12시간동안 가열하면 내부 표면에 NaCl 결정 구조가 규칙적으로 형성된다. 계속해서 450 ℃에서 HCl을 통과시키면서 HF/HCN(1:1)을 1~2시간 처리하면 표면의 흡착성을 감소시킬 수 있다.

2) HCl 용액에 의한 울궈냄(leaching)

유리 표면의 금속 양이온을 제거(Lewis acid 위치 제거)하여 높은 흡착력의 실란올 작용기를 남겨 놓음으로서 실리카가 많은 표면을 형성한다. 이것은 연속되는 실란화 처리를 용이하게 한다.

3) 깃털(whiskers)의 형성

고온(약 400 ℃)에서 유리 표면에 HF 가스의 작용에 의해 4~5 ㎛의 고 밀도의 깃털이 형성되어 수천 배의 표면적을 갖게된다. 250 ℃이하에서는 깃털이 형성되지 않는다. 깃털의 형성에 의해 표면적이 증가하면 일반적인 정지상을 모두 잘 코팅시킬 수 있고, 시료 용량이 커지며, 정지상 필름의 열적 안정성이 좋아진다.

4) 고체 입자의 필름이나 층의 용액 침적(solution deposition)

HCl 가스에 의한 부식에 의해 NaCl의 결정형 층을 형성하는 것과 같이 용액으로부터의 NaCl 점착에 의해 유사한 층이 형성된다. NaCl이나 실리카 점착은 널리 쓰이지 않고 $BaCO_3$가 널리 사용된다. 그러나 $BaCO_3$는 열적 안정성이 문제될 수 있다. $BaCO_3$층을 만드는데는 유리 표면의 구조, 결정화 온도, 정지상 변형제의 부가, 비활성화를 위해 사용된 방법 등이 영향을 준다.

2. 계면활성제의 부가에 의한 정지상의 표면 장력 낮추기

유리 표면에 얇은 필름(유리 표면의 실란화에 의한 결합된 유기 층이나 고분자 기질의 열분해에 의한 비추출형 고분자 필름)의 형성이 표면 장력을 낮춘다.

♣ 참고 사항

1) 변형 방법 중 거칠게 하기/화학적 변형이 자주 사용된다. 계면활성제의 부가 방법은 효과적이지만, 정지상 분리 성질을 변형하고 열적 안정성에 제한되는 면이 있다.
2) Borosilicate와 soda-lime이 우월하게 사용되던 1970년대 중반부터 1980년대까지는 위의 기술이 중요하였지만, 이들 유리로부터 비이동성 상이 코팅된 용융 실리카로의 컬럼 기술의 전환이 위의 중요성을 감소시켰다.

Q 39. OTC 제조용 유리 표면의 비활성화 방법을 설명하라.

1. 개요

거칠게 하기는 유리 표면의 습윤성을 증가시키는 동시에 컬럼의 흡착 활성을 증가시킨다. 그러므로 비활성화 없이 비극성이나 적당히 극성인 정지상으로 코팅된 컬럼은 봉우리 꼬리 끌기 및 극성 용질의 불완전한 용리를 보인다. 따라서 완전한 비활성화를 보장하고 정지상 필름의 열적 안정성을 증진시키기 위하여 컬럼의 전처리가 필요하다. 컬럼의 연속적 제조 과정에서 거칠게 하기와 비활성화는 상호 보완적인 단계로 1차로

활성화 과정 없이 완전한 비활성화는 어렵다. 이런 면에서, 현재 산 울궈냄이 두 과정을 동시에 이루는데 널리 사용된다. 산 울궈냄은 실란올 그룹의 농도를 증가시키는 동시에 Lewis 산 위치를 노출시키는 작용을 한다. 특별한 비활성화 시약의 효력은 표면의 거칠게 하기와 같이 유리, 정지상, 분석되는 시료의 성질에 의존한다.

2. 비활성화 방법

1) 표면 활성 시약으로 코팅(Coating with a surface active reagent)

활성화 시약은 컬럼의 재현성이 문제될 수 있고, 열적 안정성이 약하다(220~250℃ 이상에서 비효율적). 활성화 시약은 다음과 같은 것이 있다.

(1) BTPPC, benzyltriphenylphosphonium chloride

(2) BAC, di-iso-butylphenoxyethoxyethyldimethylbenzylammonium chloride

(3) Trioctadecylmethylammonium bromide

2) 비추출형(Nonextractable) 고분자 필름 형성

Carbowax 20M, polymethylsiloxanes 및 N-cyclohexyl-3-azetidinol의 열분해 산물이 주로 사용된다.

3) 정지상으로 코팅하기 전 실란화 처리

Q 40. OTC의 비이동성(Immobilized) 정지상을 만드는 방법을 설명하라.

1. 비이동성 정지상을 만드는 방법

1) 고무상(gum phase)의 사용

2) 거칠게 된 표면(roughened surface)의 사용

3) 컬럼 벽에 액상의 작용기 원자단의 결합에 의한다.

4) 정지상의 다리 결합에 의한다

5) 3)과 4)의 조합에 의한 방법

2. 비이동성 정지상의 성질

1) 보통 실험실의 용매에 불용성이고, 추출에 저항적인 비추출형 상이다.

2) 고정화(immobilization) 전에 정지상에 의해 완전히 젖지 않는 표면에 물리적으로 안정한 필름의 형성

(1) 상승된 온도에서 굉장히 낮은 수준의 출혈을 보이는 필름의 생성

(2) 전통적인 상과 코팅 기술보다 더 두꺼운 필름의 컬럼을 제조하는 능력

(3) 큰 부피의 비분리나 컬럼내(on-column) 주입에 의해 상이 벗겨지는 것에 저항적인 비추출형 코팅의 형성

(4) SFC 사용에 적합한 모세관 컬럼의 제조

3) 정지상을 고정화하는 두 가지 메카니즘

(1) 중합체의 다리 결합

(2) 중합체 체인의 자유 라디칼 다리 결합

Q 41. GC 컬럼의 열적 안정성에 대해 기술하라.

매우 일반적인 용어로 컬럼에서 단위 시간 당 형성되는 휘발성 분해 생성물의 량은 정지상, 온도, 지지체의 표면 성질, 정지상에 의해 덮여진 표면적, 필름 두께에 의존한다. 또한 컬럼 출구에서의 휘발성 생성물의 질량 흐름은 컬럼의 길이, 운반 기체의 흐름 속도, 휘발성 생성물의 형성 속도에 의존한다. 다른 컬럼으로부터의 컬럼 출혈의 측정에 대한 표준화는 몇 가지 문제가 있다. 얻어진 결과에 대한 검출기 감도의 영향은 표준 물질을 주입하는 것에 의해 제거될 수 있다. 정지상 출혈량은 두 개의 설정된 온도사이의 기록계 응답의 변화로 정의된 사각형 면적에 의해 표시된다. 보통 n-alkane을 시험 물질로 사용할 때 면적을 비교하는 것에 의해서 액상의 손실이 μg/min로 표시될 수 있다(컬럼 출혈 물질과 시험 물질의 응답 인자가 동일하다고 가정한다).

1) 액상 필름의 안정성에 대한 컬럼 제조 과정의 영향을 연구하기 위하여 사용될 수 있다.
2) 보통 알칼리 유리로 만들어진 모세관은 산 울궈냄에 의해 알칼리 이온의 감소가 없는 한 borosilicate 유리보다 더 큰 컬럼 출혈을 보인다.
3) 용융 실리카 컬럼은 열적으로 유도된 촉매상 분해(thermally-induced catalytic phase decomposition)의 매우 작은 수준을 보인다.
4) 이 방법은 정지상 분해에 대한 비활성화의 다른 방법의 영향을 관찰하는 데도 역시 적합하다.

Q 42. GC의 OTC 성능 시험 및 평가 목적을 설명하라.

자체 제조나 판매되는 컬럼을 사용할 때 모든 크로마토그래퍼에게 컬럼 품질의 평가가 중요하다. 표준화된 품질 시험에 의한 주기적인 재시험이 컬럼 성질의 변화를 측정하는 가장 좋은 방법이다. 이런 시험을 통해

1) 컬럼의 수명 연장에 유효하게 활용할 수 있고
2) 정지상 필름의 효율, 비활성, 열적 안정성에 대한 개념을 대략적으로 구체화할 수 있다.

또한, 코팅되지 않은 컬럼에 대한 활성 시험(activity test)은 표면 제조와 컬럼 비활성화 과정의 효율성을 연구하는데 중요하다. 극성 시험 혼합물이 시험되는 모세관 컬럼의 활성화 정도와 성질을 평가하기 위하여 사용된다. 이러한 혼합물에는 여러 가지가 사용된다.

1) Grob 시험 혼합물
2) 염기성 시험 혼합물
3) 산성 시험 혼합물 ; n-decane, 1-octanol, 2,6-dimethylphenol, octanoic acid, 1,6-hexanediol, n-dodecane, 2,4,5-trichlorophenol, nitrophenol, heptadecane
4) 실제로 1)~3)으로부터 선정된 화합물이 많이 사용된다.
5) Aldehydes나 ketones를 포함하는 간단한 혼합물(Anthony 등이 사용)

제 3장 기체 크로마토그래피의 구조

Q 1. GC의 기본적 구성에 대해 설명하라.

GC의 주요한 기능은 컬럼의 성능저하 없이 분리를 달성하기 위해 컬럼에 의해 요구되는 조건을 제공하는 것이다. 기기의 구성은 정교함과 자동화, 실험 조건들의 제어, 크로마토그램 기록을 위한 설비들의 정도에 따라 다르다. 이들을 제어하는 부분은 그림 1.과 같이 크게 기체 시스템, 열 지역 시스템, 전자 시스템으로 구분할 수 있다. GC의 기본적 기기 구성은 고압 기체 실린더(압력 조절기 및 유량계 부착), 시료 주입 장치, 컬럼 설치 부분, 분리된 성분의 검출 장치, 검출 신호를 전환시키고 기록하는 전위계와 기록계 및 온도 조절 장치(주입기, 컬럼, 검출기의 온도 조절)로 되어 있으며 그림 2.와 같다.

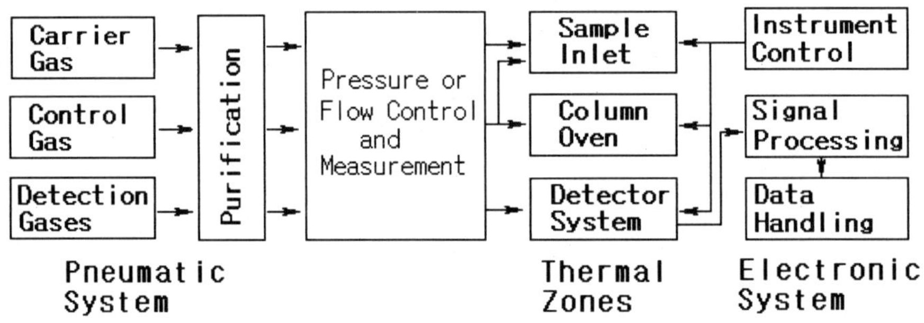

그림 1. GC의 주요한 구성 부분

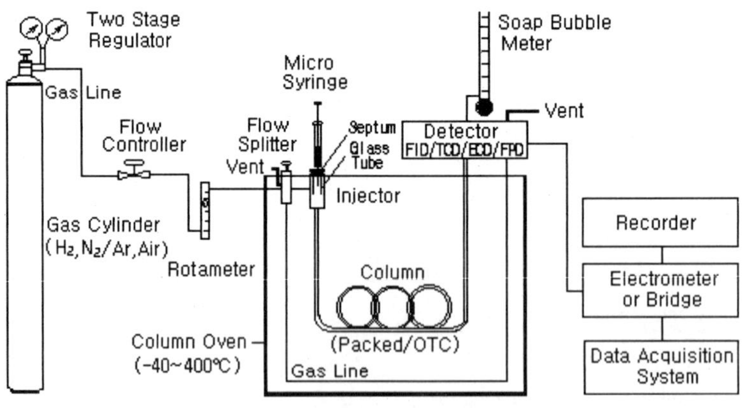

그림 2. GC의 구조

Q 2. GC에 사용되는 고압 기체의 정제 물질에 대해 기술하라.

1. 오염 물질의 종류 및 효과

상업적으로 제조된 고압 기체는 보통 공업 등급으로 oil vapor, 산소 및 수분을 포함한다. 이 기체들에 존재하는 불순물들은 컬럼의 활성과 수명, 검출기의 성능을 감소시킨다. 산소는 몇 몇 정지상을 분해하고, TCD의 필라멘트 수명을 단축하고, ECD에서 불안정한 바탕선을 준다. 수분은 GSC에서 머무름 시간의 낮은 재현성을 준다. 기체의 순도는 그 시스템의 기대되는 결과에 심원한 효과를 갖는다. 보통 GC에 사용되는 기체는 99.99 % 정도이어야 한다(He ; 99.995 %, H_2 ; 99.95 %)

2. 정제 물질에 따른 제거 물질

1) Silica gel ; Moisture의 제거
2) Activated charcoal ; Oil vapor와 기타 heavier contaminants의 제거
3) Molecular sieve ; Moisture나 low M.W hydrocarbons의 제거
4) 100~105 ℃에서 촉매(Cu 또는 Ni)를 통해 운반 기체를 통과 ; ~5 ppm의 O_2 제거
5) 600 ℃ 이상에서 촉매(Cu 또는 Ni)를 통해 운반 기체를 통과 ; CO와 탄화수소 (1~100 ppm)의 제거
6) Palladium ; 수소 흐름으로부터 산소의 제거
7) Soda-lime 또는 soda-asbestos ; CO_2의 제거

Q 3. 시료 주입 시 고려 사항을 기술하라.

시료의 주입은 적절한 주입기를 사용하여 가능한 한 소량을 순간적으로 주입하는 것이 좋다. 이렇게 함으로서 확산 및 순간적 평형에 의한 봉우리 띠 넓어짐을 최소화하여 재현성이 높은 봉우리를 얻을 수 있다.

1) 시료의 상태(기체, 액체, 고체)에 따른 주입기의 선정
2) 시료 및 용매의 끓는점, 점도
3) 컬럼의 크기(분리 용량) 및 종류(충전, 모세관)에 따른 주입량
4) 주입 장치의 온도 설정(분석물질 중 최고 높은 끓는점보다 약 50 ℃ 높게 설정)
5) 시료의 주입 방법(수동 및 자동)

Q 4. 시료 주입 방법에 대해 설명하라.

시린지를 사용하여 시료를 주입하는 방법에는 채운 바늘(filled needle), 냉각 바늘 (cold needle), 뜨거운 바늘(hot needle), 용매 분출(solvent flush) 및 공기 분출(air flush) 방법이 있다. 이중 많이 사용되는 것은 냉각 바늘, 뜨거운 바늘, 용매 분출 방법이다. 시료가 액체인 경우는 마이크로 시린지를 주로 사용하며, 기체인 경우는 가스-타이트 주사기나 기체 채취 밸브가 사용된다. OTC 컬럼의 경우는 제한된 시료 용량과 시료의 증발에 의해서 방울의 흐름(stream of droplets)으로 증발기로 들어간다.

표. 시린지를 이용한 시료 주입 방법

방법	원리
채운 바늘 Filled needle	1. 시료 용액에 시린지를 담그고 플런저를 당겨 시료가 통에 들어가지 않도록 바늘에만 취한다. 2. 주입 영역(injection zone)에 바늘을 위치시키고, 플런저는 누르지 않는다. 3. 바늘에 취해진 시료는 오직 증발에 의해서 바늘을 떠나 컬럼으로 들어간다.
냉각 바늘 Cold needle	1. 시료 용액에 시린지를 담그고 플런저를 당겨 시료를 통에 채운다. 바늘은 채우지 않는다. 2. 빈 바늘이 주입 영역에 삽입되고, 즉시 플런저를 눌러 시료를 주입한다. 3. 바늘에 남아 있는 시료는 증발에 의해 주입된다.
뜨거운 바늘 Hot needle	1. 전체적 과정은 냉각 바늘 방법과 같다. 2. 단, 플런저를 누르기 전 바늘을 주입 가열기(injection heater)에서 3~5초간 가열한다.
용매 분출 Sovent flush	1. 시린지의 시료 앞에 용매 충전물(solvent plug)이 채워진다. 2. 용매와 시료는 공기 층에 의해 분리될 수도 있고 안될 수도 있다. 3. 주입 방법은 냉각 바늘 방법과 같다. 4. 용매는 시린지로부터 시료를 미는 역할을 한다.
공기 분출 Air flush	1. 용매 분출 방법에서 용매 충전물 대신 공기 충전물을 사용하는 것 외에는 용매 분출 방법과 같다.

Q 5. OTC 컬럼을 위한 주입 방법과 장치의 기준에 대해 설명하라.

OTC-GC의 특성인 제한된 시료 용량과 낮은 이동상 흐름 속도는 시료 주입에 어려움을 준다. 큰 부피나 농축된 시료는 컬럼의 과부하(overloading)와 효율의 감소, 찌그러진 봉우리의 생성 원인이 될 수 있다. 이를 해결하기 위한 간단한 방법은 없으나 OTC-GC에서 가장 중요하게 사용되는 방법으로는 분할(split), 비분할(splitless), 찬 컬럼내(cold on-column), cryogenic focussing, falling needle injection이 사용된다. 이들에서 요구되는 이상적인 주입 시스템의 기준은 다음과 같다.

1) 끓는점, 극성, 분자량 등에서 시료 성분들과 분별이 없어야 한다(should be no discrimination).
2) 모든 시료 크기에서 열적 분해, 흡착, 재정돈, 다른 용질과의 반응이 무시되어야 한다.
3) 시료 포집 시스템이 컬럼 효율의 손실에 있어 무시될 수 있어야 한다.
4) 시료의 회수율이 흔적량이나 주성분에 대해 정량적이고 대표적(quantitative and representative)이어야 한다.
5) 컬럼 작동 조건의 변화가 시료포집 과정에 영향을 주지 말아야 한다.
6) 용매 봉우리가 용질 봉우리의 정량에 영향을 주지 말아야 한다.
7) 머무름 시간의 재현성이 0.1 % RSD이하이어야 한다.
8) 상대적인 봉우리 면적의 재현성이 1 % RSD이하이어야 한다.

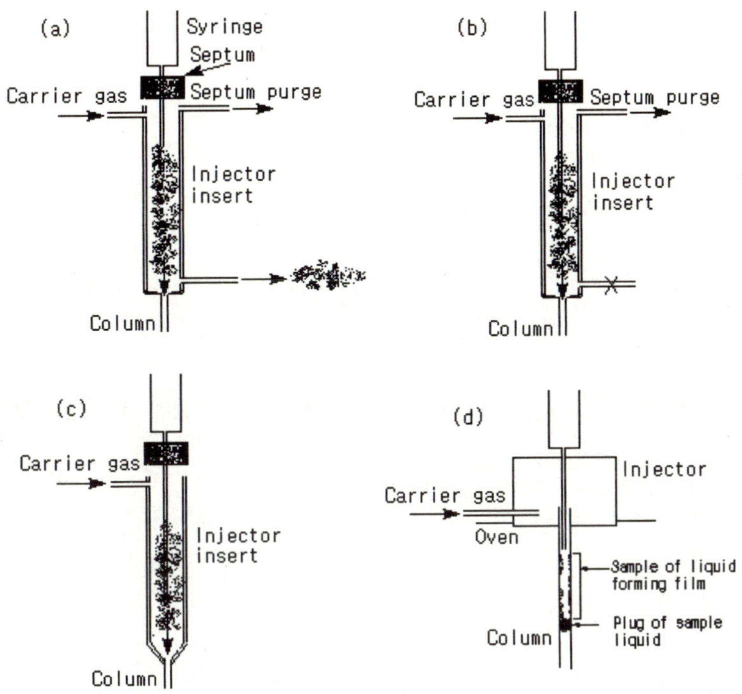

(a) 분할 주입 방법 ; 대부분 시료 증기가 분할 출구(slit outlet)를 통해 나간다.

(b) 비분할 주입 방법 ; 분할 출구는 거의 모든 시료가 컬럼에 도달할 때까지 닫혀 있고 그 다음에 세척 출구(purge outlet) 역할을 한다.

(c) 직접 주입 방법 ; 휘발 용기의 바닥이(bottom of the vaporizing chamber) 직접적으로 컬럼 입구에 연결된다.

(d) 찬 컬럼 내 주입 방법 ; 시료가 오븐-온도 조절 장치가 된 컬럼 입구(oven-thermostatted column inlet) 또는 전치 컬럼의 기벽으로부터 증발한다.

그림1. 주입 방법. (a) 분할 주입 방법, (b) 비분할 주입 방법, (c) 직접 주입 방법, (d) 찬 컬럼내 주입 방법

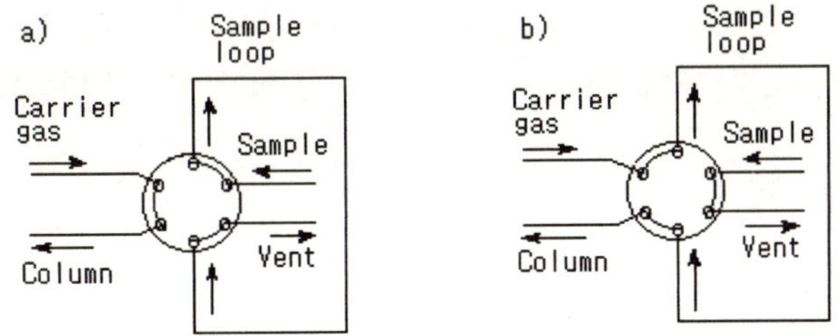

a) 시료를 루프에 채우는 경우　　b) 시료가 컬럼으로 들어가는 경우

그림 2. 시료 주입 밸브를 사용한 주입 장치(six-port sampling valve)

Q 6. 열린관 컬럼(OTC)을 탈착 용기에 연결하는 방법에 대해 서술하라.

1) OTC 컬럼으로 연속해서 더 빨리 탈착될 수 있는 더 작은 중간 Tenax 트랩으로 열적으로 탈착하는 방법
2) 액체 질소 온도로 냉각되는 모세관의 고리나 부분으로 탈착하는 방법
3) 저온(cryogenic temperature)에서 분석 컬럼이나 머무름 gap의 짧은 길이로 탈착하는 방법
4) 저온으로 냉각된 충전 모세관 전치 컬럼(precolumn)으로 탈착하는 방법
5) 전체 컬럼 냉각 트랩핑과 함께 분석 컬럼으로 탈착하는 방법

Q 7. GC 분석을 위한 컬럼의 준비, 충전 방법 및 콘디숀닝에 대해 설명하라.

1. 컬럼 충전을 위한 재료의 준비 및 방법
1) 컬럼, 지지체, 액상, 적합한 용매, 작은 깔대기(small filter funnel), 유리 솜 소형 펌프나 아스피레이터, 소형 핀셋, 샤레, 건조기 등을 준비한다.
2) 컬럼의 내부 부피(V)를 계산한다.
$V = \pi r^2 \times L$ r : 컬럼 내경, ㎝ L : 컬럼 길이, ㎝
예 : 내경 1/8″, 길이 6피트(r≒0.16 ㎝, L≒180 ㎝)
$V = 3.14 \times (0.16\ \text{cm})^2 \times 180\ \text{cm} = 14.5\ \text{cm}^3$
3) 실음율을 고려하여 지지체와 액상을 내부 부피의 약 110 %를 평량한다.
예 : 실음율 10 %(지지체 90 g, 액상 10 g을 의미 ; {10/(90+10)}x100=10 %)
컬럼 내부 부피 약 15 ㎤
필요한 지지체량 : 15 × 1.1 = 16.5 g
필요한 액상량 : x/(16.5 + x) = 0.1 x = 1.8 g
4) 취한 지지체와 액상을 샤레에 넣고 적합한 용매를 넣어 잘 섞은 후, 실온에서 용매를 휘발시킨다. 만약 과량의 용매가 남으면 용매를 제거할 수 있는 기구를 사용하여 휘발하고 진공 건조기를 사용하여 적합 온도로 1/2～1시간 정도 건조시킨다.
(1) 용매는 휘발성이 충분히 커야한다.
(2) 실음율은 W/W를 나타내며, 보통 0.5～30 % 범위에서 사용한다.
(3) 과량의 용매를 제거하기 위하여 회전 증발기나 팬 건조법을 사용 시 증발을 돕기 위해 적외선 등이나 질소를 흘려주면(stream of nitrogen) 효과적이다.

2. 컬럼 충전(Column packing)
1) 스탠드에 컬럼을 수직으로 장치하고 위쪽의 컬럼 입구에 연결선을 이용하여 깔대기를 연결하고 고정시킨다. 컬럼의 출구에는 미리 유리 솜을 넣은 후 트랩과 펌프를 연결시킨다.
2) 펌프를 작동시키면서 준비한 충전 물질을 깔때기에 넣으면서 부드럽게 작은 막대기로 컬럼을 두드려 충전이 균질하게 되도록 한다.
3) 충전이 다 되면 입구를 유리 솜으로 막아 충전 물질이 흘러나오지 않도록 한다.

♧ 주요 사항

1) 3 m이상의 컬럼은 충전이 어렵다.
2) 충전 물질의 실음율이 다른 것을 충전시키는 low to high 방법인 경우 분석 시간이 감소되며, high to low 방법인 경우는 분리능이 증진된다.

3. 컬럼 콘디숀닝(Column conditioning)

1) 컬럼을 충전한 후 사용 전에 실시한다.
2) GC를 작동시킨다. 컬럼을 연결 시 주입기 쪽만 연결하고 검출기 쪽은 연결하지 않는다(검출기 오염 방지 목적).
3) 컬럼 오븐의 온도 설정은 이동상을 천천히 흘려주면서 충전 물질의 작동 온도보다 약 20 ℃ 높게 한다. 모든 콘디숀닝의 경우 오븐의 온도가 정지상의 최대 작동 온도를 초과해서는 안 된다.
4) 콘디숀닝 시간은 수 시간~수 일 정도이며, 보통은 약 8시간 정도 실시한다. 단, 바탕선이 안정화 않되면 조건을 확인하고 안정화 될 때까지 실시한다.
4) 필요하면, 컬럼의 충전 및 콘디숀닝을 다시 실시한다.

4. 기타 사항

1) 컬럼의 성능(효율, 활성도 및 분리능 등)을 확인한다.
2) 콘디숀닝이 끝나면, 컬럼의 입구와 출구를 표시하고 표찰에 컬럼의 안지름, 길이, 지지체의 종류 및 입자의 크기, 지지체의 처리 방법, 액상의 종류 및 코팅 %, 사용 온도 등의 필요한 사항을 적어 둔다.
3) 컬럼을 사용하지 않을 때에는 입출구에 마개를 하여 보관한다.
4) 새로 충전 및 콘디숀닝한 컬럼에 대해 표준 물질을 사용하여 컬럼의 효율을 평가할 필요가 있다.

Q 8. 컬럼의 수명을 연장하기 위한 방법을 서술하라.

1. 어떤 GC 컬럼(new/conditioned, packed/capillary)이든 공기의 유해한 것을 제거하기 위하여 최종의 상승된 온도로 가열하기 전에 15~30분간 건조한 운반 기체를 통과시켜 깨끗하게 하여야한다.
2. 컬럼은 급하거나 충격적으로 상승 온도까지 가열하지 말아야하며, 프로그램밍할 때는 원하는 최종 온도까지 적당하게 천천히 가열하여야한다.
3. 과도하게 높은 조건화와 작동 온도는 컬럼의 수명을 감소한다.
4. 건조한 운반 기체의 사용이나, 기체가 통과하는 선에 습기 제거 장치를 설치하라.
5. 반복되는 시료 주입으로부터 높은 끓는점 화합물의 누적이 컬럼의 입구 끝에 일어나 충전물의 변색을 초래한다. 변색된 부분을 제거하는 것은 간단하며 새 충전물로 그것을 대치함으로서 컬럼의 수명을 연장할 수 있다.
6. 컬럼이 식기 전에 컬럼을 분리하여 컬럼에 열적 충격을 가하지 마라. 컬럼을 분리 하기 전에 실온으로 냉각하라. 충전물은 뜨거울 때 산화에 민감하다.

7. 컬럼에 들어가는 공기와 먼지를 방지하기 위하여 저장하는 동안 컬럼의 양끝을 캡핑한다. 유리 컬럼은 파손에 유의하여 박스에 저장한다.

Q 9. GC 검출기의 구비 조건을 서술하라.

1. 고감도
2. 낮은 잡음 수준(바탕선 수준)
3. 넓은 동적 시료 농도 범위에서 응답의 직선성
4. 모든 유기 성분 족(organic component classes)에 대한 좋은 응답
5. 흐름과 온도 변화에 대한 무감각성(insensitivity)
6. 안정성과 견고성(stability and ruggedness)
7. 작동의 용이성
8. 확정적인 화합물의 확인(positive compound identification)
9. 낮은 검출 한계, 짧은 응답 시간, 검출기내의 작은 머무름 부피
10. 가능하면 모든 시료에 대해 같은 응답 신호를 주어야 한다.
11. 검정(calibration)이 간단하여야 한다.

Q 10. GC 검출기의 특성에 대해 기술하라.

검출기를 특성 지우는 인자는 다음과 같다.

1. 선택성(Selectivity)

선택성은 조작 원리에 따라 다르며, 분석 성분에 대한 탄화수소 화합물 또는 이종원소(heteroatoms)로 된 성분의 감도의 비로 나타낸다. 이를 선택비(selectivity ratio)라 하고, 만분의 1의 값이 그 한계 값으로 되어있다.

2. 감도 또는 검출력(Sensitivity or detectability)

감도는 흐름 속도에 무관한 질량 의존형과 비례하는 농도 의존형이 있다.

1) 질량 의존형 검출기 ; (S : mV · sec/mg)

감도 = 면적/시료의 무게 $=(A \cdot C_1 \cdot C_2)/w$

A ; 크로마토그램 넓이, cm^2 C_1 ; 기록계의 감도, mV/cm

C_2 ; 기록지 속도의 역수, min/cm w ; 분석 성분의 양, mg

2) 농도 의존형 검출기 ; (S′ : (mV · sec)(cm^3/sec)/mg = mV · cm^3/mg)

감도 = (면적 × 흐름 속도)/시료의 무게 = $(A \cdot C_1 \cdot C_2 \cdot C_3)/w$

C_3 ; 운반 기체의 흐름 속도, ml/min

3. 응답(Response)

검출기의 응답은 주어진 시료 량에 따라 나타난 검출기 신호의 크기를 나타낸다.

응답 = (반높이 봉우리 나비 x 높이)/시료의 무게 = 봉우리 넓이/시료의 무게

= sec · ampere/w = coulomb/w

4. 최소 검출량(Minimum detectable quantity, MDQ)

MDQ = 2N N ; 잡음

5. 선형 농도 범위

정확한 정량 분석이 되려면 시료의 농도 변화에 대한 검출기 응답 사이에 직선적인 관계가 성립되어야 한다. 질량 흐름 속도에 대해 응답하는 검출기의 응답(R)은 다음과 같으며, R과 dm/dt의 범위가 매우 넓어 log-log눈금으로 표시하는 것이 편리하다. 검출기와의 관계는 log-log눈금으로 표시된 응답 곡선의 기울기로 정의되며, 검출기 선형 농도 범위는 직선을 나타내는 최대 농도에 대한 최소 농도의 비로 나타낸다. FID의 선형 농도 범위는 10^6정도이며, TCD는 10^4 정도이다.

$R = k_1(dm/dt)$

$\log R = \log k_1 + \log(dm/dt)$

k_1 ; 비례 상수 m ; 순간적인 성분의 질량

Q 11. GC의 검출기를 분석 목적에 따라 분류하라.

표. 분석 목적에 따른 GC 검출기의 분류

Analysis goal	Detector
Universal response	- FID, TCD, MS, IR
Selective response	- MS, FPD, NPD, ECD, ELCD, PID, AED
Wide dynamic range	- FID, MS
Low detection limit	- ECD, SIM-MS, ELCD, (PID, AED)
Ruggedness	- FID, TCD
Ease of use	- TCD, FID, (ECD, FPD)
Molecular information	- MS, IR
Atomic information	- AED, (ELCD)
Low cost of operation	- TCD, FID, ECD

ELCD ; Electrolytic conductivity detector, SIM-MS ; Sinlge ion monitoring mass detector

Q 12. GC에 많이 사용되는 TCD, FID, ECD 및 FPD의 성능을 비교 설명하라.

표. TCD, FID, ECD 및 FPD의 분리물질 및 성능 비교

검출기	검출 원리	최소 검출량, MDQ	직선성 범위, DR	분리물질
TCD	벌크의 물리적 성질(열전도도)의 차를 이용	10^{-6}~10^{-8}g	10^5	운반 기체 외(무・유기가스, 저급탄화수소 등)의 모든 물질
FID	시료 이온화를 이용	10^{-11}~10^{-12}g/s for CH_4 $2x10^{-15}$g/s for P	10^6~10^7	대부분의 유기화합물(H_2-공기 불꽃에서 이온화 안 되는 물질 제외)
ECD	시료 이온화를 이용	10^{-13}~10^{-15}g/s	10^4~10^5	친전자(할로겐 및 니트로) 화합물
FPD	시료 광학적 성질 이용	$5x10^{-13}$gP/s 5~$50x10^{-12}$g S/s	10^4 10^3	잔류 농약(유기인제, 황함유) 및 대기 오염물질의 흔적량 분석

Q 13. 원자 발산 검출기(Atomic emission detector, AED)에 대해 설명하라.

컬럼 용출 성분이 플라스마(microwave energized helium plasma)에 의해 들뜬 원자로 되고, 여기에서 나온 방출광을 파장별로 분리하여 배열 광다이오드 검출기(photo-diode array detector)에서 감지하여 전기적 신호를 검출한다.

1) Hewlett-Packard에서 최근 개발
2) 광학적 검출기로 C, H, Cl 및 F 등을 함유한 화합물에서 동시 정량하는 다원소 선택성 검출기이다.
3) F, I, O, S, N 및 P 함유 화합물, 휘발유나 페인트중의 Pb, 어류 중 Hg 분석에 응용된다.
4) 170~780 nm 범위에서 발산된 복사선을 검출한다.
5) 2~4개의 원소를 동시 monitoring할 수 있고, 현재 15개 원소들을 검출할 수 있다.

Q 14. 불꽃 광도 검출기(FPD)의 응답 메카니즘에 대해 설명하라.

1. S 화합물 ; $S_2^* \rightarrow S_2 + hv(392\ nm)$
  1) 분해
    $H_2S + H \rightarrow HS + H_2$
    $HS + H \rightarrow S + H_2$
  2) 여기(가능한 반응)
    $S + S \rightarrow S_2^*$
    $H + H + S_2 \rightarrow S_2^* + H_2$
    $H + OH + S_2 \rightarrow S_2^* + H_20$
    $S + S +$ M(가스 분자) $\rightarrow S_2^* + M$

2. 인 화합물 ; $HPO^* \rightarrow HPO + hv(526\ nm)$
  1) 분해
    인 화합물 → PO
  2) 여기(가능한 반응)
    $PO + H + M \rightarrow HPO^* + M$
    $PO + OH + H_2 \rightarrow HPO^* + H_20$

Q 15. 전자 포착 검출기의 방사성 포일(Radioactive foil)의 단점을 설명하라.

1. Ni^{63}에 의해 방출된 β입자의 범위가 너무 길어 작은 부피 검출기 구조에 사용하기 어렵다. 이를 개선하기 위하여 보충(make-up) 기체를 사용한다. 그러나 보충 기체의 사용은 농도 의존 검출기(ECD)의 감도를 낮게 한다.
2. 분석물질의 흡착에 의해 오염되거나 연속해서 비휘발성 물질로의 분해가 되는 foil의 경향이 있으며, 특히 검출기의 온도가 300~400 ℃에서 Ni 표면의 촉매 효과가 이 과정을 촉진한다. Foil의 제한 온도는 Sc^3H_3(325 ℃), Ni^{63}(400 ℃)이다.
3. 안전 요인(safety factor)이나 방사성 원소의 취급 비용도 문제되어 방사성 물질의

탈출에 대한 측정과 적합한 처분을 위한 허가가 필요하다.

* 최근 ECD에 사용되는 방사성 원천을 사용하지 않고 이온화하는 펄스 방전(pulse discharge) 방법이 개발되어 실험 및 관리에 있어 편의성이 크다.

Q 16. GC에서 검출기의 이온화를 위한 전자 형성 방법에 대해 설명하라.

1. GC 용리액과의 혼합 전에 전기적인 방전에 의한다.
2. Ar에서 혼입 기체(dopant gas)의 이온화를 주는 수소 Lyman α 발산을 이용한다.
3. 전자원으로 열이온 방출기(thermionic emitter)를 사용한다.
4. MgF_2 창과 함께 희유 기체 공명 원천(rare gas resonance source)에 의해 혼입 기체를 이온화한다.
5. 광전 효과(photoelectric effect)에 의한 금속 표면에 자외선을 사용한다.
6. Ar-CH_4 혼합물을 이온화하는 마이크로파에 의한 He 공명 램프를 사용한다.
7. 마이크로파 방전에서 생성된 준안정 종(metastable species)을 사용한다.

Q 17. GC 구성 요소의 물질 분리에 대한 영향을 설명하라.

표. GC의 구성 요소에 따른 물질의 분리에 영향을 주는 인자

구성 요소	인자
고압 가스 실린더(H_2, N_2, He, Air 등)	가스의 순도, 이동상 흐름 속도, H_2-Air 비, 실린더 압력
주입기	시료의 상태(기체, 액체), 주입량, 주입 속도, 주입형태(수동/자동), 시료의 점도, 시료의 휘발성, 주입기 형태(충전/OTC용, 분할/비분할), 분할비, 주입기 온도, 격막 상태, 삽입 유리관(insert glass tube)의 청결 상태
컬럼 및 오븐	컬럼의 종류(충전/OTC) 및 재질(유리/스테인레스 강), 컬럼 온도, 정지상 종류 및 실음량, 오븐 온도의 정확성, 정지상 입자의 크기 및 충전 상태, 주입기-컬럼 오븐-검출기간의 설정 온도 차이, 온도 프로그램 속도
검출기	MDQ, SR, DR, 검출기의 종류, 검출기의 청결성, 잡음(noise)의 크기 및 바탕선의 안정성
기록기, 적분기, plotter	차트 속도, 적분 속도, 정량 방법(면적, 반치폭법 등)

MDQ ; 최소 검출량(minimum detectable quantity)
SR ; 다른 조성이나 구조의 표준품사이의 선택적 감응비(selectivity response ratio, SR)
DR ; 검출기 감응 검정 곡선의 직선성 범위(dynamic range)

제 4장 액체 크로마토그래피(Liquid chromatography)

Q 1. LC에서 이동상의 극성(Polarity, P′), 선택성 인자(selectivity factor ; X_e, X_d, X_n) 및 전체 용매 강도(total solvent strength, S_T)에 대해 설명하라

1. 극성(P′) 및 선택성 인자(X_e, X_d, X_n)

Synder가 LC의 이동상 선택 시 이들 용매의 선택적인 상호작용의 성질을 반영하기 위하여 분류한 것으로 기준 용매로는 ethanol(C_2H_5OH, proton acceptor), 1,4-dioxane ($C_4H_8O_2$, proton donor) 및 nitromethane(CH_3NO_2, dipole interaction)를 사용하였다. 극성 지수 P′는 세 용질로부터의 log K_g''의 합으로부터 계산되고 선택성 인자(X_e, X_d, X_n)는 위의 세 가지 각 시험 용질에 대한 log K_g''/P′로부터 계산된다.

1) P′값(Polarity 또는 chromatographic strength)

$$P' = \log(K_g'')_{ethanol} + \log(K_g'')_{dioxane} + \log(K_g'')_{nitromethane}$$

K_g'' : 실험적으로 유도된 용질 극성 분배계수

(1) P′값은 K=1~10 범위에서 결정한다.

(2) K_g''는 용질 분자의 크기, 용질/용매 분산 상호작용, 용매의 편극성(polarizability)에 따른 용매/용질 유도에 기인한 효과에 대해 수정된다.

2) 선택성 인자(Selectivity factor)

수소 결합이나 쌍극자 상호작용에 관여한 상대적 능력으로 유사한 선택성의 용매들을 그들의 X_e, X_d, X_n을 비교하여 Ⅰ~Ⅷ로 구분하였다.

$$X_e = \log(K_g'')_{ethanol} / P'$$

$$X_d = \log(K_g'')_{dioxane} / P'$$

$$X_n = \log(K_g'')_{nitromethane} / P'$$

표 1. 용매 선택성의 분류

그룹설계	용매
Ⅰ	Aliphatic ether, methyl t-butyl ether, tetramethylguanidine, hexamethyl phosphoric acid amide(trialkyl amines)
Ⅱ	Aliphatic alcohol, methanol
Ⅲ	Pyridine derivatives, tetrahydrofuran, amides(except formamides), glycol ether, sulfoxides
Ⅳ	Glycols, benzyl alcohol, acetic acid, formamide
Ⅴ	Methylene chloride, ethylene chloride
Ⅵ	a) Tricresyl phosphate, aliphatic ketones and esters, polyesters, dioxane, b) Sulfones, nitriles, acetonitile, propylene carbonate
Ⅶ	Aromatic hydrocarbons, toluene, halosubstituted aromatic hydrocarbons, nitro compounds, aromatic ethers
Ⅷ	Fluoroalcohols, m-cresol, water,(chloroform)

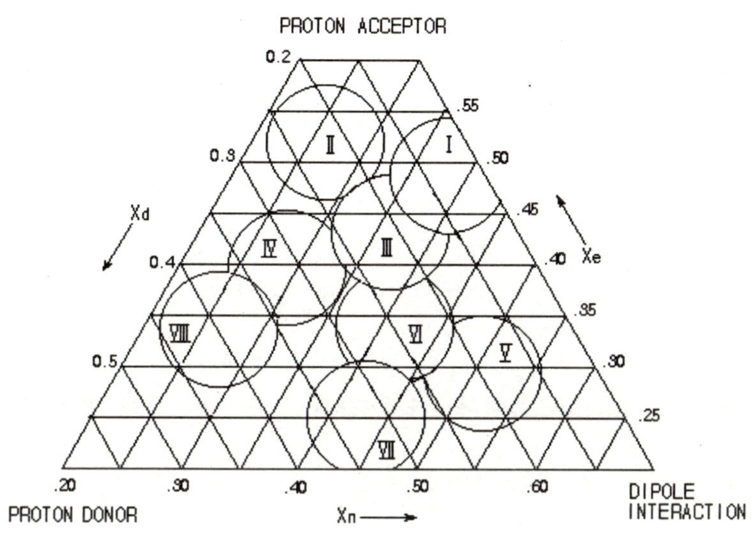

그림. 용매들에 대한 선택성 삼각형

2. 전체 용매 강도(Total solvent strength, S_T)

S_T는 LC의 역상 크로마토그래피(RPC)나 정상 크로마토그래피(NPC)에 사용하는 용매를 두 가지 이상 혼합 시 전체의 용매 강도를 말한다. 강도가 같고 다른 선택성을 갖는 혼합 용매를 등용리 용매(iso-eluotropic solvent)라 부른다. 일정한 용매 강도를 갖도록 3~4개의 용매를 혼합하면 미세하게 조정할 수 있는 용매 선택성을 제공한다.

$S_T = \Sigma_i S_i \Theta_i$

S_T : 혼합 용매의 전체 용매 강도 S_i : 용매 강도 무게 인자(weighing factor)

Θ_i : 혼합 용매에서 각 용매의 부피 분율

표 2. 용매 강도 무게 인자, S_i

Solvent	Selectivity group	Solvent strength weighing factor RPC	NPC
Methanol	Ⅱ	2.6	5.1
Acetonitrile	Ⅵ	3.2	5.8
Tetrahydrofuran	Ⅲ	4.5	4.0
Water	-	0	10.2
Chloroform	Ⅷ		4.1
Methylene chloride	V		3.1
Methyl t-butyl ether	I		ca.2.5
Ethyl ether	I		2.8
Hexane	-		0
Acetone	-	ca.3.4	
Dioxane	-	ca.3.5	
Ethanol	-	ca.3.6	
Isopropanol	-	ca.4.2	

Q 2. LSC의 머무름 메카니즘을 설명하라.

LSC에서 머무름의 특징은 이동상의 성분에 의존하는 성분과 더불어 정지상의 표면에 이동상 분자들의 흡착된 층의 형성이다. 용질의 머무름은 용질이 이동상에서 경험하고 정지상 표면에서의 흡착 위치에 대한 이동상과 경쟁하는 상호작용의 균형에 의해 결정된다. 이 과정을 서술하기 위하여 제안된 두 개의 모델은 Synder와 Soczewinski에 의해 개발된 경쟁 모델(competition 또는 displacement model)과 Scott와 Kucera가 제안한 용매 상호작용 모델(solvent interaction model)이다.

1) 경쟁/치환 모델(Competition/displacement model)

이 모델은 정지상의 흡착 자리로부터 용질 분자들에 의해 용매 분자들의 치환에 기초한 흡착 모델(adsorption model)이다. 가장 간단한 형태로 전체 흡착 표면이 용질과 이동상 분자들의 단분자 층(monolayer)에 의해 덮혀 있다고 가정한다. 용질 분자의 머무름은 단분자 층으로부터 흡착되는 용질 분자에 접근하기 쉬운 표면적을 만들기 위하여 이동상 분자와 거의 같은 부피를 치환하는 것에 의해서 일어난다. 위 과정에서 용질의 용출은 가역적이어야 하고 다음과 같이 평형 방정식으로 표현될 수 있다.

$$X_m + nS_a \longleftrightarrow X_a + nS_m$$

X ; 용질 분자　S ; 용매 분자　a, m ; 정지(흡착된) 및 이동상에 있는 분자

n ; 용질과 용매의 흡착 단면(adsorption cross section)의 비

2) 용매 상호작용 모델(Solvent interaction model)

이 모델은 경쟁 모델에 비해 용질과 이동상의 상호작용을 강조하는 흡착 과정(sorption process)으로서 흡착 표면에 흡착되는 용매의 두 분자 층(bilayers)의 형성을 제안하는 것에 의해 머무름 메카니즘을 취급한다. 두 분자 층 형성의 정도와 성분은 이동상에 있는 극성 용매의 농도에 의존한다. 이 모델은 용질과 B 용매 분자들의 상대적인 극성과 이동상에서의 B 분자들의 농도에 주로 의존하는 용질 머무름에 대한 메카니즘의 다양성을 제공한다. 분산력(dispersive forces)에 의해 크게 흡착 표면과 상호작용하는 약한 용매에 대해서는 경쟁 모델과 유사하다. 용매 B의 높은 농도에서 용질의 용량인자는 다음과 같이 표시된다.

$$1/k = D + EC_B$$

k ; 용량인자　D ; 특별한 용질에 대한 상수　E ; 극성 용매 B에 대한 상수

C_B ; 이성분 이동상 혼합물에서 강한 용매 B(% w/v)의 농도

Q 3. 역상 LC(RPLC)의 머무름 메카니즘을 설명하라.

RPC의 머무름 메카니즘은 복잡하고 쉽게 접근하는 인자들을 사용하여 정량적인 항으로 서술하기가 어렵다. 여기에는 화학적 요인(유기 변형제의 종류나 농도)과 물리적 요인(정지상의 사슬 길이, 밀도, 표면적, 동공 부피 등)이 있다. 그러므로 화학적으로 결합된 탄화수소상을 이용한 RPC에서 용질의 머무름을 지배하는 메카니즘을 완전히 이해하기는 쉽지 않다. 정성적으로 이 경우 용질의 머무름은 비극성 정지상의 탄화수소 표면 층과 이동상 사이의 분배 메카니즘이나 비극성 부분에 용질의 흡착 메카니즘

에 의해 진행될 수 있다. 이 두 메카니즘은 용매 환경에 의존하여 교대로 또는 동시에 작용할 수 있다. 분배 메카니즘은 결합형 정지상의 자유도가 용액에서 보다 실제 감소되어 정지상이 더 질서 있게 되므로 적용하기에 많은 문제점이 있다. 한편, 흡착 메카니즘은 정지상과 용질간의 비선택적 소수성 상호작용에 의해 일어난다. 그래서 RPC에서 결합된 정지상과 용질의 머무름은 이동상과 용질 및 정지상과 용질의 소수성 상호작용에 크게 지배되며, 현재까지 이런 소수성 효과로 인한 소용매성 이론(solvophovic theory, 疎溶媒性 理論)이 사용되고 있다. 이 이론이 RPC에서 실험적으로 관측된 결과와 일반성의 많은 것을 설명하는데 매우 성공적이나, 수학적으로 복잡하고 계산하기 어려운 계의 변수들을 종종 요구한다. 이 이론은 수용성 이동상이 수소결합에 의한 자체 연합에 기인하여 높게 구조화되어 비극성 용질 분자의 존재에 의하여 섭동되는 것을 가정한다. 용매의 높은 응집 에너지에 의해 덜 극성인 용질들은 이동상으로부터 밀려나 정지상의 탄화수소 부위에 인접하게 된다. 이 모델은 이동상에서의 상호작용을 강조하고 정지상과의 상호작용은 중요하지 않다고 제안한다. 이 이론은 대기압에서 화학종들을 용해하는데 요구되는 자유 에너지의 항으로 공식화된다. 실험에 일치하여 이 이론은 용량인자(k)가 이동상의 표면 장력의 감소와 함께 증가할 것이고, k의 로그 값과 수용성 이동상에서의 유기 변형제의 부피 분율 사이에 대략 직선적 관계가 존재하는 것을 예언한다. 이것은 또한 동족 계열의 사슬 길이가 증가 시 k의 로그 값의 직선적 증가, 이동상에 염의 부가와 더불어 중성 용질들에 대한 k의 증가, 이온화하는 용질에 대한 k의 감소, k의 로그 값과 절대 온도의 역수사이의 직선적 관계를 예언한다.

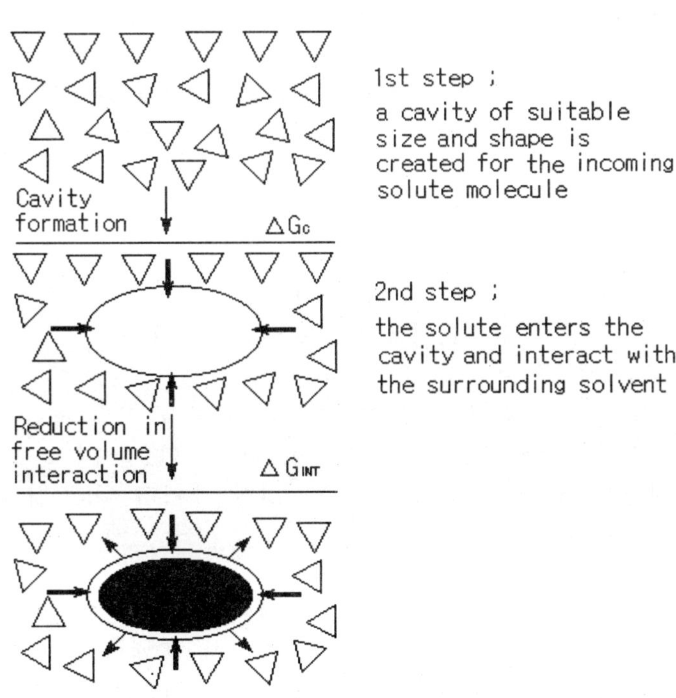

그림. 소용매성 이론에 따른 용질 용매화의 2단계 과정

소용매성 이론은 용질과 정지상의 상호작용에 의한 용매의 영향을 잘 설명하였으나, 실제적인 머무름 메카니즘에 관해서는 자세한 정보를 주지 못하기 때문에 메카니즘의 실제적인 해석을 위한 연구들이 보고되었다. 최초의 열역학적인 조사중의 하나는 Knox와 Vasvari가 한 집단의 화합물들에 대한 용질의 용량인자의 로그값을 온도의 역수, 1/T로 도시하여 표준 엔탈피의 변화와 엔트로피의 변화를 구하였다. RPLC의 머무름 메카니즘 설명을 위한 반정량적인(semiquantitative) 접근 방법으로는 열역학적 접근 방법과 특수 열역학적(extra-thermodynamics) 접근 방법이 있다.

열역학적 접근 방법은 온도 변화에 따른 용량인자와 엔탈피와의 관계식을 나타낸다.

$\ln k = -\Delta H^o/RT + \Delta S^o/R + \ln \Phi$

k : 용량인자 R : 기체 상수 T : 컬럼 온도(K) Φ : 컬럼의 상비(phase ratio)

- 적용된 온도 범위에서 일련의 화합물에 대해 머무름 메카니즘이 같고 ΔH^o가 변하지 않으면 ln k대 1/T의 도시가 직선적 관계를 보인다.
- 기울기로부터 ΔH^o를 계산
- 절편으로부터 ΔS^o를 계산한다. 단, $\Phi = (V_g - V_m)/V_m$을 고려하여야 한다.
- 액체 크로마토그래피의 용량인자(k)와 평형상수(K)를 연관시키기 위하여 컬럼의 상비를 고려한 관계식($k = K\Phi$)을 설정한다.

$k = K\Phi$ k : 용량인자 K : 평형상수

$\Delta G^o = -RT \ln K = -RT \ln k/\Phi = \Delta H^o - T\Delta S^o$

$\ln k = -\Delta H^o/RT + \Delta S^o/R + \ln \Phi$

$(V_g - V_m)/V_m$은 Jandera가 제의(V_g : 컬럼의 부피, V_m : 불감 부피)

특수 열역학적(extra-thermodynamics) 접근 방법은 고전 열역학의 원리에서 나온 것이라기 보다는 오히려 열역학적인 량 사이에서 발견된(실험된) 관계를 이용한 것으로, 즉, ΔH^o와 ΔG^o의 평가가 통계적으로 상호 관련이 없기 때문에 이들 사이에서 발견된 직선적 관계는 화학적 원인(용질 구조/환경)으로 생각한다.

$\ln k_T = -\Delta H^o/R\ (1/T - 1/\beta\ ) - \Delta G_\beta{}^o/R\beta + \ln \Phi$

k_T : 조화 평균 온도에서의 용량인자

β : 상쇄 온도, K $\Delta G_\beta{}^o$: β에서의 자유 에너지

- ln k_T대 ΔH^o의 도시가 직선적 일 때 기울기로부터 β를 구한다.
- β로부터
  - 컬럼 온도 이동상의 조성 변화에 따른 머무름 메카니즘을 진단하고
  - 참여한 용질들의 머무름 메카니즘이 동일한지를 판단한다.
  - 그러나, 오차의 경향이 있고(error-prone), 부적절한 데이터 취급 과정으로 인해 계산이 잘못되는 것이 많음.
- 관계식 :
  - 상쇄 온도에서의 자유 에너지, $\Delta G_\beta{}^o$: 어떤 계에서 본질적으로 유사한 물리/화학적 현상에 대해 전체ΔG^o대 ΔH^o를 도시 시 직선적 관계가 있을 때 엔탈피-엔트로피 상쇄(enthalpy-entropy compensation)를 보인다. 이 때 자유 에너지는, $\Delta G_\beta{}^o$는 $\Delta G_\beta{}^o = \Delta H^o - \beta\Delta S^o$이다.
  - 어떤 고정 온도(T)에서의 자유에너지의 변화, $\Delta G_T{}^o$는

$$\Delta G_T^o = \Delta H^o - T\Delta S^o = \Delta H^o(1 - T/\beta) + T\Delta G_\beta^o/\beta$$
$$= RT \ln k_T/\Phi$$
$$\{\Delta G_\beta^o = \Delta H^o - \beta\Delta S^o = \Delta H^o - \beta(\Delta H^o/T - \Delta G_T^o T)\}$$

소용매성 이론은 오직 이동상으로부터 가정된 무정형이고 무질서한 기름 성분의 정지상으로 용질의 이동만을 고려한다. 그것은 결합형 리간드의 표면 밀도의 변화나 리간드 사슬 길이의 증가의 함수로서의 머무름을 예언하지 못한다. 머무름의 원천으로서의 친실라노(silanophilic) 상호작용도 역시 무시된다. 이 효과의 모든 것이 격자 통계 열역학적 이론에서 수용될 수 있다. 이 모델에서는 머무름은 이동상과 정지상의 용매화된 리간드(interphase) 영역사이에서의 분배에 의해 일어난다. 용질 머무름은 정지상에 용질 크기의 동공의 창조, 이동상으로부터 정지상으로의 용질의 이동, 이동상에서 용질-크기 동공의 접근을 포함한다. 정지상에 의한 머무름에 대한 추진력은 정지상과 이동상에 이웃한 주위 분자들과 용질의 접촉 및 등방성 액체의 성질에 관련한 용질의 엔트로픽 배제로 이끄는 결합형 리간드의 부분적 순서에 대한 화학적인 차이이다. 만약 정지상 상호작용이 무시된다면 격자 통계 열역학적 모델과 소용매성 모델은 비슷한 결과를 예언한다. 격자 통계 열역학적 모델의 강점은 어떤 정지상에 대해 관측된 모양의 선택성을 설명할 수 있다는 것과 친실라노 상호작용을 수용할 수 있다는 것이다.

Q 4. RPC에서의 이차 화학적 평형(Secondary chemical equilibria, SCE)을 설명하라.

RPC에서 일차 평형은 이동상과 정지상 사이의 용질의 분배이다. 이동상 또는 정지상에서의 모든 다른 평형은 협약에 의하여 이차 화학적 평형이라 한다. SCE의 예로는 이온화, 이온 짝지움, 금속 착물 형성 및 용질-미셀 회합이 있다. SCE에 참여하는 용질은 한 형태보다 더 많게 존재하고, 크로마토그래픽 계에서 보통 용질의 다른 형태들은 다른 머무름 특징을 보이지만, 빠르게 상호 전환되기 때문에 적어도 이런 시간 내에서 오직 한 봉우리로 용출된다. 그렇지 않다면, 넓거나 다중 봉우리가 한 용질에 대해 관측되어진다. 용질의 용리 부피는 공존하는 용질의 다양한 형태들의 가중 평균의 함수이고 용질의 평형 성분을 조절하기 위한 인자들을 변화하는 것에 의하여 조정될 수 있다. 이런 방법으로 SCE는 머무름을 조절하고 분리를 최적화하기 위하여 부가적인 메카니즘을 제공한다. SCE의 어떤 형태가 정상 모드에서 이용되더라도, 실제적 응용에 대해 지배적으로 된 역상 모드에서 더 큰 응용의 편리함, 수용성이나 부분적 수용성 용액에서 SCE의 더 좋은 이해 및 RPC에서 빠른 컬럼 평형 시간의 결과를 준다.

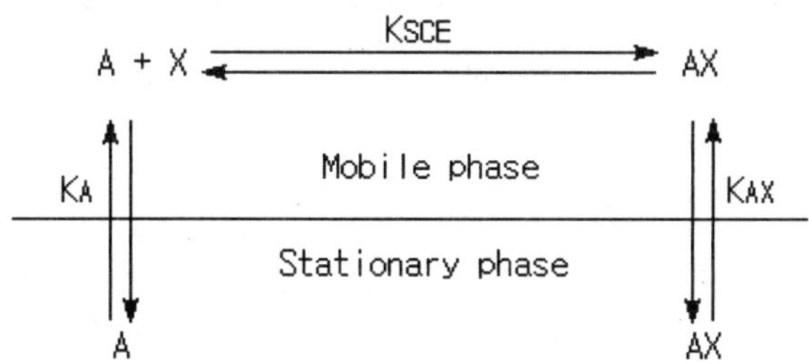

그림. 이차 화학 평형에 참여하는 용질에 대한 일반적 현상론의 머무름 모델

Q 5. 이온 쌍 크로마토그래피(IPC)의 머무름 메카니즘을 설명하라.

역상 IPC에서 머무름을 서술하기 위하여 이온 쌍 모델(분배 모델), 동적 이온 교환 모델, 정전기적 모델 같은 몇 가지 이론적 모델이 제안되었다. 정전기 모델이 가장 다양하고 대부분의 지지를 받지만 수학적으로 복잡하고 매우 직관적이 아니다. 이온 쌍 모델과 동적 이온 교환 모델은 조정하기가 더 쉽고 더 교육적이나 그들이 합당하게 응용되는 실험 조건들의 좁은 범위에 제한된다. 이온 쌍 모델과 동적 이온 교환 모델은 화학량적 모델로, 말하자면. 반응 개요가 구성되고 일치하는 평형상수는 반대로 하전된 시약 이온과 계의 분석물질 이온 사이의 상호작용을 표시한다. 정전기 모델에서 주요한 것은 긴 범위에서 쿨롱 힘의 존재하에서 평형상수는 정전기 장이 변할 때 더 이상 일정하지 않기 때문에 이 상황이 물리적으로 비현실적이다.

1. 이온 쌍(Ion-pair) 모델(분배 모델)

1) 이온 쌍이 정지상으로 이온 쌍 착물의 흡착 전에 이동상에서 형성된다. 짝 지움 시약의 알킬 사슬이 길수록 덜 극성인 이온 쌍을 형성하고 머무름은 증가한다.

2) 용질의 용량인자는 이동상에서의 이온 쌍 형성, 정지상으로 이온 쌍 착물의 추출, 정지상에서 이온 쌍 착물의 해리에 대한 평형상수에 의해 지배된다. 부가적인 평형은 정지상으로의 이온 쌍 착물의 이동에 대한 조건적인 평형상수를 사용하는 것에 의한 모델에 포함될 수 있다.

3) 이 모델은 LLC계에서 머무름을 설명하는데 적합하게 성공적이나 화학적 결합형 상에 응용할 때는 제한된 운동 때문에 더 신중하다.

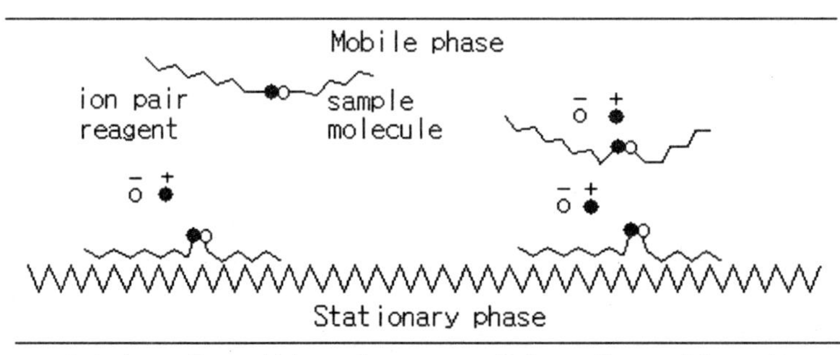

그림 1. 이온 쌍 모델(ion-pair model)의 모형

2. 동적 이온 교환(Dynamic ion-exchange) 모델

1) 정지상의 비극성 표면에 이온 쌍을 형성하지 않는 이온(unpaired lipophilic alkyl ion ; 이온 쌍 시약 ; 반대 이온)이 동적인 이온 교환체를 형성하기 위하여 흡착되는 것을 가정한다. 이 흡착된 반대 이온과 이온화된 용질간에 이온 교환이 일어난다. 분석물질 이온은 전통적인 이온 교환 과정에 의해 정지상에 분배된다.

2) 용질 머무름은 이동상에서 분석물질 이온의 해리에 대해 평형되는 정지상 위에

흡착된 시약 이온과 함께 반대로 하전된 용질 이온의 이온 교환과 정지상 위의 분석 물질의 중성 형태의 흡착에 의해 지배된다. 이 모델에서 이온성 용질의 머무름은 주로 이온성 상호작용에 의해 지배된다. 그러나 이동상의 pH를 변화하는 것에 의하여 용질을 비이온성 형태로 하거나 정지상에 대한 비이온성 결합으로부터의 경쟁을 증가하는 것이 가능하다.

3) 화학적 결합형 RPC에 적용된다. 이온 쌍 시약의 사슬이 길면 길수록 정지상 표면을 더 덮게되어 본래의 정지상 표면보다 더 극성으로 되므로 이온성 시료의 머무름이 더 길게된다.

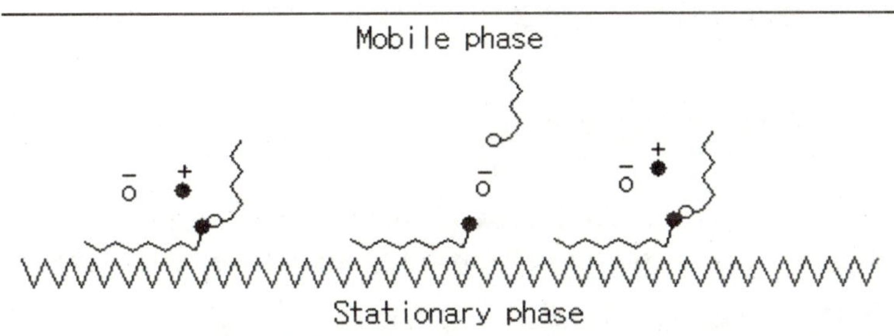

그림 2. 동적 이온 교환 모델의 모형

3. 정전기(Electrostatic) 모델(이온 상호작용 모델)

1) 어떤 상에서도 이온 쌍을 형성하지 않고 또한 고전적 이온 교환에 근거한 것도 아닌 형태로 정지상 표면에 전기적 이중 층(electrical double layer ; 친지질성 이온 시약의 동적 흡착의 결과 즉, 반대 이온에 의해 제공된 표면 전하 밀도로부터 생긴다)을 고려한다. 이온 상호작용 메커니즘은 표면에 형성된 전기 이중 층으로부터 친지질성 이온의 동적 평형을 가정한다. 시료의 머무름은 전하 밀도와 비극성 표면에서의 부가적인 흡착 효과에 기인한 정전기 힘의 알짜 결과에 의한다.

2) 이온 쌍 시약의 이온이 정지상 표면에 흡착되고 전하를 띤 일차 층과 반대 전하를 띤 이차 층을 만든다.

3) 이중 층을 통한 시료의 전이는 정전기와 반데르발스 힘의 함수이다. 머무름의 알짜 결과는 이온 쌍이 정지상에 흡착되는 것이다.

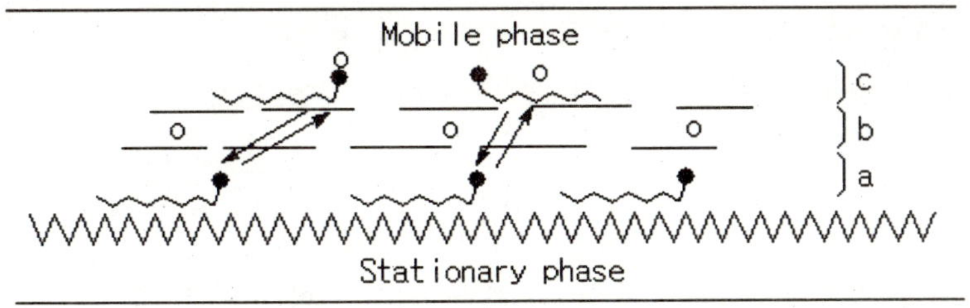

그림 3. 이온 상호작용 모델의 모형

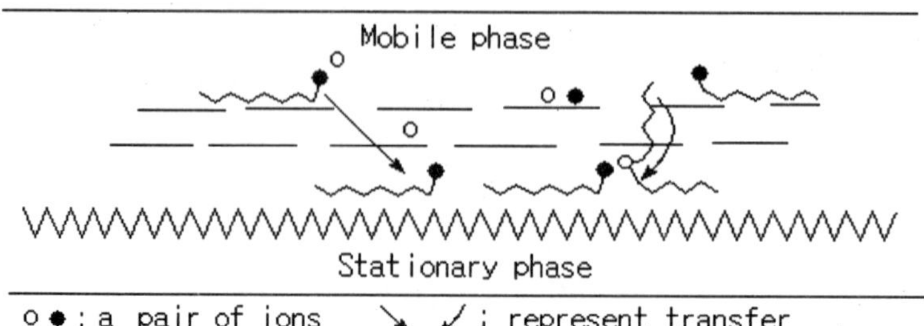

그림 4. 반대로 하전된 시료 분자의 머무름 모형

Q 6. IEC의 머무름 메카니즘을 설명하라.

이온 교환 크로마토그래피(ion-exchange chromatography, IEC)는 이온과 쉽게 이온화되는 물질(예를 들면, pH 조정이나 합성에 의해 이온을 형성하는 물질)의 분리에 주로 사용된다. 머무름에 대한 주요한 공헌중의 하나는 정지상에 있는 반대 전하의 고정된 이온 중심에 대해 이동상 이온, 시료와 용리액 사이의 정전기 인력이다. IEC에서의 시료 머무름은 시료 이온과 정지상의 전하 거동 작용기들에 최초부터 붙어있는 반대 이온사이의 간단한 교환으로서 그려질 수 있다. 그러나 이 간단한 그림은 실질적 머무름 과정의 미약한 표현이다. IEC에서의 머무름은 쿨롱 상호작용보다 다른 인자들에 의존하는 것으로 알려진다.

Q 7. SEC의 머무름 메카니즘을 설명하라.

SEC에서 분리는 이동상과 정지상의 다공성 구조 내에 머무르는 이동상의 정체된 부분사이의 시료의 분배의 결과이다. SEC에서 용리의 기본적인 차이 때문에 머무름과 분리는 변형되어야 한다. 특별히 용량인자와 분리인자는 실제로 의미가 없다. 전통적인 용어를 사용하면 모든 봉우리들은 용량인자가 음의 값을 갖고 용리된다. SEC에서의 머무름은 분배함수 K_{SEC}에 의해 서술하는 것이 더 좋으며, 실험적인 인자와 관계된다. K_{SEC}는 0~1의 값으로 제한되며, 용질에 의한 공극 부피의 완전한 배제와 투과성의 극

$$V_E = V_O + K_{SEC}V_P$$

V_E ; 용질의 용리 부피

V_O ; 컬럼 틈새형 부피(주로 입자들 사이의 액체 부피)

V_P ; $(V_m - V_O)$과 동등한 컬럼 충전의 동공 부피, V_m은 컬럼 불감 부피

한을 나타낸다. 그것은 충전물의 크기와 모양의 함수이다. K_{SEC}는 그것이 이동상으로부터 적절한 열역학적 항과 동공 모양과 분배에 대한 여러 가지 모델을 사용하여 정지상 공극으로 스며들 때 거대 분자의 엔트로피의 변화에 직접적으로 관계된다. 여러 가지 모델은 거대 분자 분리에 유용한 통찰을 제공하나 수학적으로 복잡하다.

Q 8. 초임계 유체 크로마토그래피(SFC)의 머무름 메카니즘을 설명하라.

SFC에서의 머무름은 실험적 인자들의 복잡한 함수로 GC와 LC처럼 쉽게 합리화되지 않는다. SFC에서의 머무름은 온도, 압력, 밀도, 시료의 농도, 이동상의 성분 및 정지상의 성분에 의존한다. 이 변수들의 많은 것은 상호작용하고 기대되는 방법으로 간단하고 쉽게 변하지 않는다. 그러나 일반적인 관측이 보통 응용될 수 있다. 일정한 밀도에서 온도에 따른 머무름의 변화는 van't Hoff 도시로부터 쉽게 기대된다. 용량인자의 상용 대수가 컬럼 온도의 역수의 직선적 함수이다. 일정 압력에서의 머무름의 변화는 더 복잡하고 용질의 휘발성과 이동상의 밀도에 의존한다.

SFC에서의 공식적인 머무름 모델의 설명은 복잡한 문제이다. Yonker 등은 일정한 압력에서 유체의 부피 팽창성, 이동상과 정지상 사이의 전이 엔탈피, 온도의 함수로서 유체의 열용량의 변화에 대한 온도의 함수로서 머무름을 관련시키는 고전적 열역학적 모델을 제안하였다. Martier는 용질의 분배계수에 대한 관계를 공식화하기 위하여 설정된 격자-기체(lattice-gas) 모델을 사용한 통계 열역학적 취급에 기초한 반대적인 접근법을 개발하였다. 두 접근법이 상당히 수학적인 것을 포함하며, 특수한 작동 조건에 대한 실험적 데이터 부분만을 설명한다. 직관적으로 머무름 과정의 중요한 면에 관계하여 유용하더라도 그들은 불완전성과 복잡성을 가지고 있다.

Q 9. 친화 크로마토그래피의 머무름 메카니즘을 설명하라.

친화 크로마토그래피(affinity chromatography, AFC)는 생물학적 시스템이 갖는 특이적인 상호작용을 이용하는 것으로 메카니즘은 친화이다. AFC에 사용되는 정지상은 지지체에 붙인 리간드로서 보통 생화학 물질이다. 예를 들면, 정지상은 항체(antibodies), 효소 억제물(enzyme inhibitor), lectins 등의 시료 분자와 가역적인 친화(일종의 결합 작용)가 가능한 유기물이다. 다른 예로 phenylboronic산 리간드는 glycosylated 헤모글로빈, 당, 핵산, cis-diol 화합물에 대해서 선택적인 친화력을 갖는 정지상이다. 즉, AFC의 메카니즘은 가역적 반응쌍(항원-항체, 효소-기질 또는 저해 물질, 호르몬- 결합 단백질, 핵산-상보적 서열)을 갖는 물질에 대해 마치 열쇠와 자물쇠 관계라고 볼 수 있다.

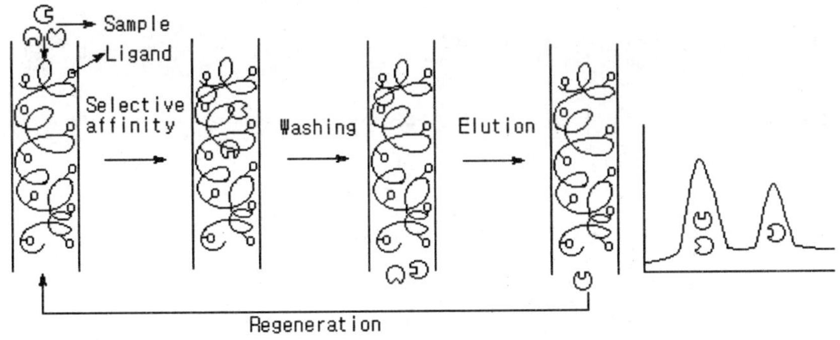

그림. 친화 크로마토그래피의 분리 메커니즘 설명도

Q 10. 크기 배재 크로마토그래피의 k, α, K_D, HETP 및 R_s에 대해 설명하라.

1. 용량인자(k) 및 분리인자(α)

SEC에서 모든 용질은 불감 시간(t_m)전에 용리되므로 용량인자가 모든 봉우리에 대해 "-"값을 보이므로 실제적으로 k 및 α값은 의미가 없다.

2. 분배계수, K_D

정지상 지지체의 내부 공간(internal pore)에 있는 용질의 평균 농도와 지지체 밖의 용질의 평균 농도의 비를 나타내며, 머무름을 표시하는데 사용된다. K_D는 실험적 인자에 관계되며, 크기는 0~1정도이다.

$V_e = V_0 + K_D V_i$

V_e : 용질의 용리 부피　V_0 : 컬럼 틈새 부피　V_i : 내부 공간 부피

3. 이론단 높이, HETP

정체된 이동상의 확산과 입자간 이동상의 질량 이동에 기인하며, 충전된 입자가 커서 확산이 적기 때문에 세로 확산은 의미가 없다.

· 사용되는 표준품 : toluene, acetone 및 benzyl alcohol ; K_D=1

4. 고유 분리인자(Specific resolution factor, R_{sp})

분리능과 용질 분자량과의 관계를 나타낸다.

$R_{sp} = R_s / \log (M_1/M_2)$

R_s : 크로마토그래픽 분리능　M_1/M_2 : 두 표준 물질의 분자량의 비

1) 분자량에 대한 검정 곡선의 범위에서 직선적임을 가정하고, 분자량과 분리능을 관계지은 새로운 용어이다.

2) R_s = 1이면 2 % 중첩

3) 관계식 : R_s = 1(2 %중첩)일 때 M_1/M_2를 최소 분자량 비(R_m)라 정의한다.

$R_{sp} = 1 / \log R_m$　　$\log R_m = 4mV_e / V_i\sqrt{n}$

m : 분자량 검정 곡선의 직선 범위의 기울기

V_e : 표준품 M_1의 용출 부피 V_i : 공간 부피(pore volume)　n : 이론단 수

Q 11. 초임계 유체 크로마토그래피(SFC)의 H, h, t_R 및 n_c 에 대해 설명하라.

1. SFC에 사용되는 OTC에서의 컬럼의 단 높이, H

$H = [2D_m/u] + [f_g(k)d_c^2u/D_m] + [f_s(k)d_f^2u/D_s]$

u ; 평균 이동상 속도　D_m ; 이동상에서 용질의 확산계수

D_s ; 정지상에서 용질의 확산계수　d_c ; 컬럼의 내경

d_f ; 정지상 필름 두께　$f_g(k)$, $f_s(k)$; 용량인자의 함수

- 컬럼 효율은 최적의 직선 속도에서 가장 높다. 그러나 실제로 분리 시간이 너무 길다. 실제로 최적의 직선 속도의 10배가 더 일반적이다.

2. H의 환산 인자, h

h는 열린관 및 충전 컬럼을 비교하는데 사용될 수 있고, 위 H의 Golay 식은 다음과 같이 다시 쓸 수 있다.

$h = (2/v) + f_g(k)v + f_s(k)\delta_f^2 v$

h ; 환산 단 높이, (H/d) v ; 환산 속도, ud/D_m

δ_f^2 ; 환산 필름 두께, $[(d_f/d_c)(D_m/d_f)^{1/2}]$

d ; 컬럼 형태 특징 인자(OTC에서 내경, d_c 또는 충전 컬럼에 대해 평균 입자 크기, d_p)

1) SFC에서 충전 컬럼에 대한 정확한 단 높이 식은 없고, LC에서 개발된 Knox 식을 가정하여 사용한다.

2) 합리적인 실험 값은 다음과 같다.

(1) 충전 컬럼 ; h = 3, v= 10(u_{opt}에서 h =2, v= 3)

(2) OTC ; h = 4.5, v= 45

3. 환산 분리 시간, t_R

$t_R = (nhd^2/vD_m)(1+k)$

- 위의 주어진 환산 인자를 대치하는데 충전 및 열린관 컬럼에 대한 분리 시간은 d_c =1.73 d_p이면 같을 수 있다.

4. 같은 압력 저하에서 열린관 및 충전 컬럼에 대한 환산 인자를 사용한 최대 이론단 수, n_c 및 n_p

$n_c = 4.63(d_c/d_p)^2 n_p$

n_c, n_p ; 열린관 및 충전 컬럼에 대해 얻어진 최대 이론단 수

1) 특수한 컬럼에 대해 달성될 수 있는 최대 이론단 수는 이론단 당 압력 저하와 컬럼에서 허용되는 최대 압력 저하에 의존한다.

2) 50 ㎛의 내경을 가진 열린관 컬럼은 d_p = 5~10 ㎛를 포함하는 충전 컬럼보다 100~500배의 이론단을 제공할 수 있다.

Q 12. LSC, LLC와 BPC의 정지상, 이동상, 분석물질 및 특성을 설명하라.

표. LSC, LLC와 BPC의 정지상, 이동상, 분석물질 및 특성

구 분	정 지 상	이동상	분 석 물 질	비 고
충전 컬럼 : LSC LLC, BPC	1. Silicagel : Hypersil, Porasil, Spherosorb, Zorbax, BPsil 2. Alumina 1. Polar bonded phase : R ; -diol, -cyano, -amino, $-N(CH_3)_2$, $-(CH_2)_xNO_2$, $-C_6H_{12}O_2$(ether) 2. Nonpolar bonded phase : R ; $-C_{18}H_{37}$, $-C_8H_{17}$, $-CH_3$, $-C_6H_6$ 3. Chiral, non-chiral phase	· Hexane, pentane, moderately polar solvents 1. Nonpolar solvents 2. Polar solvents 3. Polar and nonpolar solvents	· 유기 용매에 녹는 비극성 물질, 물에 녹는 비이온성 물질 1. Nonpolar compounds 2. Polar compounds 3. Chiral compounds	· 컬럼 길이: 10~30 cm 내경(i.d.) : 3.9 mm · 입자 크기 : LSC; 30~50 ㎛ RPC, BPC; 5~ 10 ㎛ · Bonded phase : silioxane phase (≡Si-O-Si-R) · 비손대칭상(nonchiral phase)을 사용할 때 시약을 사용하여 부분 입체 이성질체(diastereomer)를 만든 후 분리한다.
미세 컬럼 (micro column) : LSC, LLC, BPC	1. Microbore : 충전 컬럼과 유사 2. Packed microcapillary : 1, 3의 혼합형, 지그재그 충전 3. Open microtubular : GC의 OTC와 유사	상동	상동	1. 컬럼 구경 : ca. 1 mm 길이 : 1 m 흐름 속도 : 30~ 40 ㎕/min 2. 컬럼 구경 : ca. 70 ㎛ 흐름 속도 : 1 ㎕/min 3. 컬럼 구경 : 10~30 ㎛ 흐름 속도 : 수 ㎕/min * 미세 컬럼의 장점 : 1) 높은 컬럼 효율(high column efficiency) 2) 경제적(economical) 3) 높은 감도(high sensitivity)

Q 13. LC 정지상 입자의 4가지 분류 및 미세 컬럼에 대해 설명하라.

1. LC 정지상 입자의 4가지 분류
   1) 입자의 연성에 따른 분류 : 경고한 고체(LLC, LSC, GPC용), 딱딱한 겔(IEC, GPC용) 및 부드러운 겔(GPC용)
   2) 입자의 모양에 따른 분류 : 구형 및 불규칙한 모양
   3) 입자의 구조에 따른 분류 : 전체 다공성 및 표면 다공성(superficially porous)
   4) 입자의 크기에 따른 분류 : 보통 크기 입자(macro, 50 ㎛이상), 중간 크기 입자(intermediate, 20-50 ㎛) 및 작은 입자(micro, 10 ㎛±2 이하)

2. 미세 컬럼(Microcolumn)

미세 구경(microbore) 컬럼은 충전 컬럼과 유사하며, 열린 미세관(open microtubular) 컬럼은 GC의 열린관 컬럼(OTC)과 유사하다.

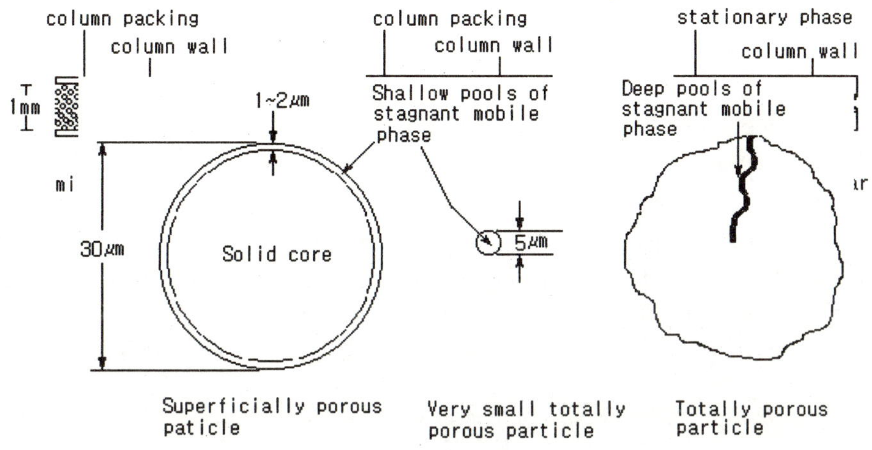

그림 1. LC 정지상 입자의 종류

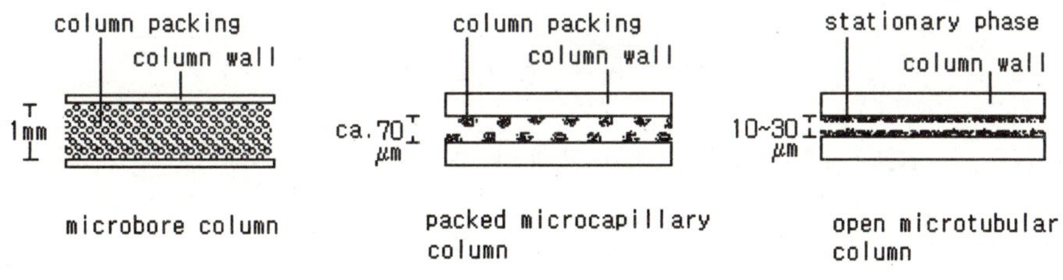

그림 2. 미세 컬럼의 단면도

Q 14. 청소 컬럼과 보호 컬럼에 대해 설명하라.

1. 청소 컬럼(Scavenger column)
   1) 펌프와 주입기 사이에 설치하는 여러 가지 크기의 전통적 컬럼이다.
   2) 이동상으로부터 원하지 않는 오염물질 제거, 입자 물질 및 pump-seal이 닳아 해진 입자 등으로부터 분석 컬럼을 보호하기 위한 필터로서의 역할, 공격적인 이동상을 사용할 때 컬럼을 포화하는 작용을 한다.
   3) 청소 컬럼은 pH>8의 이동상이 사용될 때 실리카 겔과 이동상을 포화하기 위하여 가장 자주 사용된다.
   4) 이 컬럼은 시료가 지나가는 길에 놓지 않으며, 입자 크기나 충전 밀도를 분석 컬럼과 동일하게 할 필요는 없다. 경제성을 위해 보통 거칠은 입자를 충전하나 좁은 크기 범위의 것을 사용하는 것이 좋다.
   5) 등용매 작동 시 컬럼의 크기는 중요하지 않으나, 그레디언트 계에서는 그레디언트 지연 부피를 최소화하기 위하여 작은 것이 좋다.

2. 보호 컬럼(Guard column)
   1) 주입기와 분석 컬럼 사이에 설치하여, 시료 오염 물질과 펌프와 주입 밸브의 닳

아 해진 입자와 같은 높게 머무르는 용질에 의해 야기되는 컬럼의 저하를 방지하여 컬럼의 수명을 연장하기 위하여 사용된다.

2) 청소 컬럼처럼 분석 컬럼에서 정지상의 용출을 방지하기 위하여 컬럼을 포화 시키는 작용을 한다.

3) 시료가 지나는 길에 설치하며, 분석 컬럼에 충전되는 물질과 같은 정지상을 충전한다. 과도한 봉우리 확산 없이 시료 불순물에 대한 적당한 용량을 유지하기 위하여 분석 컬럼/보호 컬럼의 부피 비는 1:15~1:25 정도로 한다. 잘 설계된 보호 컬럼은 5~10 % 이상의 시료 분산을 증가하지 않는다. 더 큰 컬럼 효율의 감소 시 보호 컬럼은 표피형(pellicular) 충전이 사용된다.

4) 보호 컬럼은 주기적으로 점검하고, 시료의 성질에 따라서 필요 시 버려야 한다.

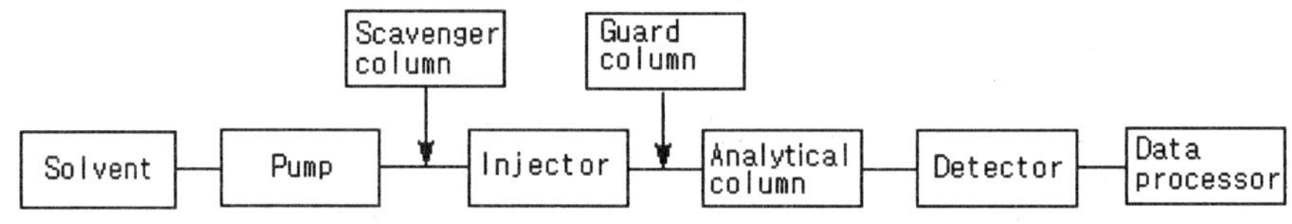

그림. 청소 컬럼과 보호 컬럼의 설치 위치

Q 15. LC의 NPC와 RPC에서 용질과 이동상과의 관계를 설명하라.

표. LC의 NPC와 RPC에서 용질과 이동상과의 관계

항 목	정 상	역 상
정지상 극성	큼	작음
이동상 극성	보통-작음	보통-큼
시료 용리 순서	비극성이 먼저 용리	극성이 먼저 용리
이동상 극성을 증가 시 효과	용리 시간이 감소	용리 시간이 증가

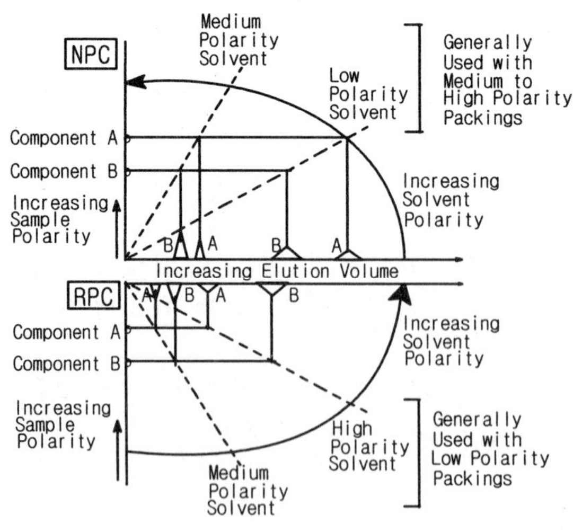

그림. 정상 및 역상 LC에서의 시료와 용매와의 상관관계

Q 16. 분석용과 제조용 LC의 설계 및 조작의 차이점을 설명하라.

표. 분석용과 제조용 LC의 설계 및 조작의 차이

	항목	분석용 LC	제조용 LC
설계	길이(cm)	25~100	25~200
	안지름(mm)	2~4	~8
	모양	직선	직선
	고체 지지체		
	지름(㎛)	5~40	10~20
	표면적	보통→큼	큼
	이동상	점도가 없음	휘발성
		분광 분석용	분광 분석용
	정지상		
	분배	얇은 막	많이 입힌 결합 정지상
	흡착	균일한 활성	큰 표면적
	이온교환	얇은 막	큰 용량, 약한 망상 구조
	배제	딱딱한 겔	다공성 겔
조작	기울기 용리	복잡한 시료에만 적용	복잡한 시료에만 적용
	흐름 속도(mℓ/h)	30~120	200~400
	압력(psi)	500~5000	500~5000
	온도	분리도와 재현성을 위해 최적 온도 사용	용해도를 위해 증가
	시료 주입량(㎍)	0.050~500 간혹 최적보다 많이 주입	500 ㎎까지(1회 주입량)

Q 17. LSC에 사용되는 정지상에 대해 설명하라.

1. 실리카 겔, SiO_2
  1) 실리카 겔의 용도
    (1) 가장 중요한 흡착제로 결합형 충전 물질 제조를 위한 기초 물질로 사용된다.
    (2) 약간 산성으로 약간 염기성 화합물을 분석하는데 사용한다.
  2) 미세 다공성 실리카 입자의 특성

그들의 모양, 평균 입자 크기, 비표면적, 평균 동공 구경, 비동공 부피에 의해 특징 지워진다. 또한 크로마토그래픽 성질은 형태와 표면 작용기의 수, 미량 금속 불순물의 존재, 표면 pH, 다른 pH의 이동상에서의 용해도에 의해 영향을 받는다.

  3) 실리카의 표면 화학
    (1) 표면은 실란올 작용기, 물에 수소 결합되는 어떤 것, 실옥산 작용기의 망상 구조를 구성한다. 완전하게 히드록시화된 실리카 표면은 실란올 작용기(4.8 실란올/nm^2)의 8 μmol/m^2을 포함한다. 전형적인 실리카에 대해 실란올 작용기의 68 %는 단일 형태이고 32 %는 같은 자리라는 것이 분광학적으로 증명되었다.
    (2) 크로마토그래픽 등급의 실리카 겔은 보통 0.1~0.3 %(w/w)의 금속 산화물의 불순물(주로 Na, Ca, Al, Mg, Ti 및 Fe)을 함유한다.

(3) 이론적으로 완전히 히드록시화된 실리카 표면은 pKa = 7.1±0.5의 값을 가질 수 있다. pH의 범위는 3.8~9.5이며, 대부분의 산성 및 염기성은 구형 실리카 미세 입자에서의 pH값이고, 상대적으로 중성의 pH값은 불규칙 실리카 미세 입자에서의 pH값이다. 이 차이는 제조 과정, 표면 불순물의 존재, 표면에 존재하는 실란올의 형태의 차를 반영한다. 극성 용질에 대해 표면의 pH는 상대적 머무름, 봉우리 모양, 컬럼 효율에 영향을 준다.

(4) 산성 실리카는 양성자 주개 용질의 용리에 효율적이고 염기성 실리카는 그 반대이다. 실리카 겔에서 극성 화합물의 꼬리 끌기는 실리카 충전물을 완충 염으로 코팅하는 것에 의해서 종종 조절될 수 있다. 실제로 유용한 완충제는 유기 용매에 낮은 용해도를 갖는 citrate, phosphate 및 borate 완충제가 사용된다.

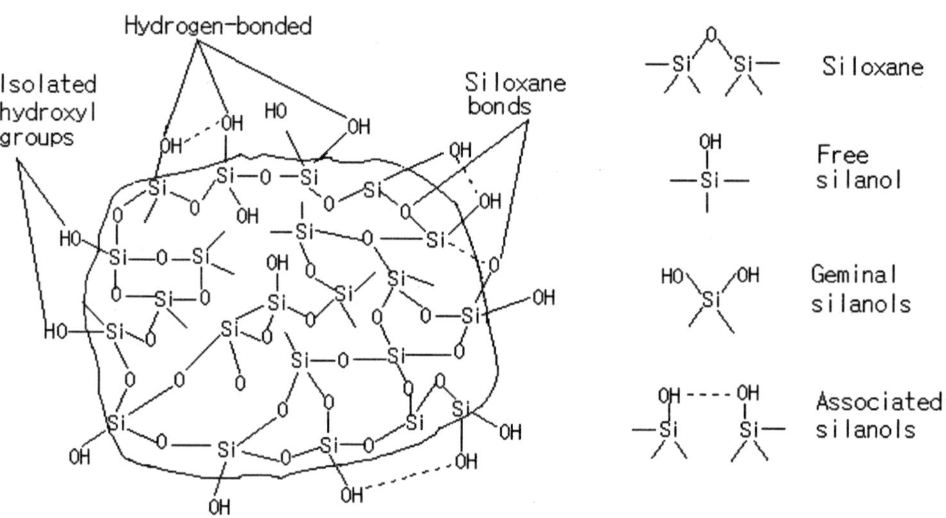

그림 1. 실리카 겔의 구조 및 표면에 존재하는 특징적 작용기

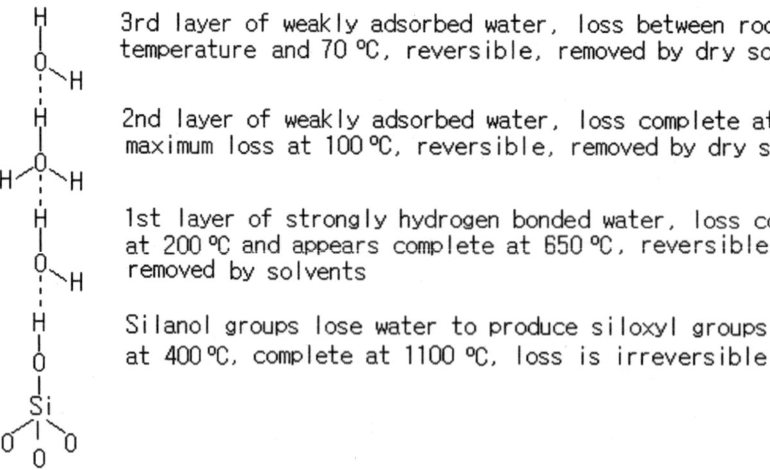

그림 2. 실란올 작용기에 인접한 물의 도식적 표현

2. 알루미나, Al_2O_3

1) 현대 HPLC에서 널리 사용되지 않으나, 불포화 탄화수소, 할로겐을 포함하는 화합물에 대해 실리카 겔보다 유리하며, 실리카 겔에 너무 강하게 흡수되는 매우 염기성 화합물에 대해 유용하다.

2) 다공성 감마 알루미나는 결정성 bayerite의 탈수화와 열 처리에 의해 제조된다. 그들은 동공 구경 6~15 nm, 표면적 70~250 m^2/g, 동공 부피 0.2~0.3 ml/g 사이에서 여러 가지 형태가 있다.

3) 산 및 염기와 함께 처리되면 pH는 3~9 사이로 조정될 수 있다. 알루미나의 표면은 히드록실 작용기와 부분적으로 배위된 알미늄 이온에 연관된 루이스 산 위치를 포함하는 실리카보다 더 불균일하다. 높은 pH에서 그의 용해도는 실리카보다 훨씬 적으며, pH 2~12 의 범위에서 사용될 수 있다.

Q 18. BPC에 사용되는 정지상에 대해 설명하라.

1. 결합형 정지상의 종류, 제조 방법 및 특성

결합형 상은 실옥산 결합을 형성하기 위하여 실리카의 표면 실란올 작용기와 반응성 유기 실란 사이의 반응에 의하여 제조되며, 여러 가지 방법이 있다.

1) Silicate esters(estersil)의 제조

(1) 일찍기 시도된 것으로 알코올이나 isocyanate와 실리카와의 반응에 의해 에스터실을 형성한다.

$\equiv$Si-OH + HO-R → $\equiv$Si-OR + H_2O

실리카 겔 알코올 estersil

(2) Brushes ; 단분자 층 입자의 표면이 유기 작용기의 숲으로 되어 있음을 의미한다. 벌크 액체를 코팅한 것보다 더 빠른 질량 이동을 보인다.

(3) 선택성의 제어는 R(알킬 사슬)의 성질에 의존한다.

2) $\equiv$Si-R, $\equiv$Si-NH-R 구조를 갖는 결합형 상의 제조

(1) 에스터실 보다 가수분해적으로 더 안정하다.

(2) $\equiv$Si-R과 $\equiv$Si-NH-R 의 제조

가. $\equiv$Si-R의 제조

실리카 겔에 흡착된 물을 제거하기 위하여 건조하고 표면의 실란올 작용기를 더 반응성인 $\equiv$Si-Cl로 전환시키기 위하여 thionyl chloride와 같은 시약과 함께 환류한다. 유기 작용기는 Grignard, Wurtz, Organolithium 또는 Friedel-Crafts 반응에 의해 실리카의 표면에 부착하여 $\equiv$Si-R을 제조한다.

나. $\equiv$Si-NH-R의 제조

$\equiv$Si-NH-R은 치환된 아민과 $\equiv$Si-Cl을 반응하는 것에 의해서 제조된다.

3) Siloxane type, $\equiv$Si-O-Si-R의 제조

(1) 가장 상업적으로 유용하게 사용된다.

(2) 실리카 기질(基質)위의 표면 실란올 작용기와 RSiCl(organochlorosilane)이나 organoalkoxysilane 같은 유기실란 시약을 반응하는 것에 의해서 제조된다.

2. 결합형 정지상의 성질

1) 결합형 충전물은 다른 성질을 갖는 생성물을 만들기 위하여 mono-, di-, trichloro-organosilanes와 반응에 의해서 제조될 수 있다. di-, tri-가 mono-보다 화학적으로 더 반응성이 크다. 단일 작용기로 제조된 것은 담뇨(blanket) 구조로 더 자유롭고, 세 자리 작용기로부터 제조된 것은 솔이나 건초 같은(brush-like or hay-like) 구조로 제한된 움직임을 보인다.
2) 단위체와 중합체 상의 합성을 비교 시 단위체 상의 제조가 더 간단하고 반응 조건이 더 재현성이 있다. 만들어진 단분자 층은 대부분의 용질에 대해 높은 컬럼 효율을 주는 우수한 질량 이동 성질을 보인다. 중합체 상은 가수분해에 대해 더 안정하나 제조 재현성이 쉽지 않고 단분자 층보다 더 낮은 컬럼 효율을 보인다.
3) 결합상 충전물 분류를 위한 머무름과 선택성 제어의 중요 인자로는 결합된 유기 변형제의 형태와 농도, 접근하기 쉬운 미반응 실란올 작용기의 농도이다.
4) 많은 인자들이 결합 반응의 성공과 최종 결합형 정지상의 품질에 영향을 준다. 결합 반응의 속도와 크기는 실란의 반응성, 용매의 선택, 촉매, 시간, 온도, 기질에 대한 시약의 비에 달려있다.
5) 유기 실란 시약과 표면 실란올 작용기의 접근성을 결정하는 세 가지 주요한 인자
   (1) 입체 효과
   (2) 실란올 작용기의 반응성과 가능한 뭉침(clustering)에서의 차
   (3) 실리카 형태학, 특히 그것의 다공성

표. 실록산 결합형 정지상의 구조

작용기	구조	응용
Alkyl	$-CH_3$, $-C_4H_9$, $-C_8H_{17}$, $-C_{18}H_{37}$	역상
Phenyl	$-C_6H_5$	역상
Cyano	$-(CH_2)_3CN$	정상, 역상
Amino	$-(CH_2)_3NH_2$	정상, 역상, 약 음이온 교환
Diol	$-(CH_2)_3OCH_2CH(OH)CH_2(OH)$	정상, 크기 배제
Amide	$-(CH_2)_3CONHCH_3$	크기 배제
Sulfonic acid	$-(CH_2)_3SO_3H$ $-C_6H_4SO_3H$ $-(CH_2)_3C_6H_4SO_3H$	강 양이온 교환
Carboxylic acid	$-(CH_2)_3OCH_2COOH$ $-(CH_2)_3COOH$ $-(CH2)_3C_6H_4CH_2COOH$	약 양이온 교환
Dimethylamine	$-(CH_2)_3N(CH_3)_2$	약 음이온 교환
Quaternary amine	$-(CH_2)_3N^+(CH_3)_3$	강 음이온 교환
Diamino	$-(CH_2)_2NH(CH_2)_2NH_2$	정상, 이온 교환

Q 19. IEC, IC와 IPC의 정지상, 이동상, 분석물질 및 특성을 설명하라

표. IEC, IC와 IPC의 정지상, 이동상, 분석물질 및 특성

구 분	정 지 상	이 동 상	분 석 물 질	비 고
IEC	1.Porous polymeric particle(PS-DVB resin) 1) Cation exchanger ; strong & weak 2) Anion exchanger ; strong & weak 2.Microporous paticles of silica with a thin film of exchanger : 3.Pellicular bead packing: Bonded with a synthetic ion ecchange 4.Controlled porosity glass column packing : Attached with hydro-philic polymeric group	· Buffer solution	· Ionic or easily ionizable species, biological fluids and macromolecules, neutral amino acids and carbohydrates	· IEC의 머무름에 영향을 주는 인자 : 이온 강도, pH, 온도, 흐름 속도, buffer salt, 유기 변형제(organic modifier) · Cation exchanger 1) Strong ; sulfonate, $CH_3C_6H_4SO_3^- H^+$ 2) Weak ; carboxylate, $CH_3C_6H_4COO^- H^+$ · Anion exchanger 1) Strong ; tetraalkyl ammonium ion $CH_3C_6H_4N(CH_3)_3^+OH^-$ 2) Weak ; amine, $CH_3C_6H_4NH_3^+OH^-$ · 자외선 검출기 사용
IC	1.Microporous strong base anion exchange resin 2.Microporous strong acid cation exchange resin	· Buffer solution	· 음 · 양이온족, 음료수, chromophores and electrophore를 포함하지 않은 물질	· pK_a값이 7이하인 유 · 무기 이온 분석(전도도 검출기 사용) · 억압관 사용: 분석 컬럼 뒤에 연결하고 분석 컬럼 수지와 반대 수지를 충진, m.p로 인한 큰 전도도의 방해를 제거
IPC	1.NPC에 사용하는 정지상 2.RPC에 사용하는 정지상	· 비극성 용매(유기용매) + 극성 용매(완충액) + 이온 쌍 시약	· Very polar, multiply ionized, and strongly basic compounds	· IEC의 제한성과 IC로 취급하기 곤란한 시료에 적용 · IPC에서 머무름에 영향을 주는 인자 : 반대 이온 (형태, 크기, 농도), pH, 온도, 정지상, 유기 변형제(형태,농도) · 유기 변형제 사용 목적: 이동상에 이온 쌍 시약의 완전 용해(metanol, CH_3CN)

* IEC ; ion exchange chromatography, IC ; ion chromatography, IPC ; ion pair chromatography
* PS-DVB ; polystyrene divinylbenzene

Q 20. IEC에서 머무름에 영향을 주는 인자를 설명하라.

표. IEC에서 머무름에 영향을 주는 인자

이동상 인자	이동상 성질에 대한 영향	시료 머무름에 대한 효과
이온 강도	용매 강도	- 용매 강도는 일반적으로 이온 강도의 증가와 함께 증가한다. - 선택성은 이온 강도에 의해 거의 영향을 받지 않는다.
pH	용매 강도 용매 선택성	- 머무름은 pH 증가와 함께 양이온 교환에서 증가하고 음이온 교환 크로마토그래피에서 감소한다. - pH의 작은 변화는 분리 선택성에 큰 영향을 가질 수 있다.
온도	효율	- 상승된 온도는 정지상과 이동상 사이의 용질 교환 속도를 증가시키고 이동상의 점도가 낮을수록 증가 한다.
흐름 속도	효율	- 흐름 속도는 분리를 최대화한다.
완충 염	용매 강도 및 선택성	- 용매 강도 및 선택성은 반대 이온의 성질(예; K_q 값)에 의해 영향을 받고, 완충 염 변화 역시 이동상의 pH를 변화할 수 있다.
유기 변형제	용매 강도 효율	- 용매 강도는 보통 유기 변형제의 부피 %와 함께 증가한다. - 이동상 점도가 낮을수록 용질 이동 운동을 증가한다.

Q 21. IEC의 충전물의 종류 및 특성을 기술하라.

HPIEC의 충전물에는 4가지 형태가 있다. 역사적으로 다공성 중합체 입자(PS-DVB resin)가 사용되었으나, 미세 입자에 의한 분석물질의 느린 확산과 기질의 압축성 때문에 완전히 만족하지 못하였다. 이의 개선을 위해 두 가지 결합형 상이 개발되었다. 하나는 표피형 구슬 충전이고, 다른 하나는 실리카의 다공성 미세 입자이다. 이온에 대한 중합체 활성을 만들기 위하여 산 및 염기 작용기가 이 구조에 화학적으로 결합된다.

1. 표피형 구슬 충전물(Pellicular bead packings)
   1) 상대적으로 크고(30~40 ㎛), 비다공성이며, 구형인 유리나 중합체 구슬이 합성 이온 교환 수지로 덮여진 것으로 매우 낮은 시료 용량을 갖는다.
2. 미세 다공성 실리카 충전(Microporous silica packings)
   1) 흡착 크로마토그래피처럼 교환체의 얇은 필름과 함께 실리카의 다공성 미세 입자의 코팅에 의해 제조되며, 제조 방법은 결합형 정지상 방법과 매우 유사하다.
   2) 실온에서 사용되고, 중합체 필름의 더 빠른 확산과 이동상의 성분 변화에 더 빨리 응답하여 효율을 높여준다.
3. 친수성 중합체 원자단이 붙은 조절된 다공성 유리 컬럼 충전
   1) 단백질, 핵산 등과 같은 크고 이온성인 분자의 분리에 이용한다.
4. 다공성 미세 구슬(Porous microbead ; PS-DVB resin)
   1) 다공성 미세 구슬은 이온을 생성하는(ionogenic) 원자단으로 치환된 PS-DVB 골격을 가지며 이 분야에서 역사적으로 우월한 위치에 있다.
   2) 중합체 기질 내에서 시료의 느린 확산과 기질의 압축성 때문에 덜 효과적이다.
   3) 이온 교환체는 이온 생성 작용기에 따라 4가지로 분류된다.
      (1) 강한 양이온 교환체 ; sulfonate 작용기, $CH_3C_6H_4SO_3^-H^+$

(2) 약한 양이온 교환체 ; carboxylic 작용기, $CH_3C_6H_4COO^-H^+$
(3) 강한 음이온 교환체 ; tetraalkylammonium 작용기, $CH_3C_6H_4N(CH_3)_3^+OH^-$
(4) 약한 음이온 교환체 ; amine(RNH_2), $CH_3C_6H_4NH_3^+OH^-$

♧ 참고 사항
1. Ligand exchange chromatography
거울상체 아미노산과 단백질의 분리에 사용된다.
2. 거대 다공성 흑연 탄소 충전물
최근에 소개된 것으로 완전히 평가되지 않았으나 기계적으로 강하고, 안정한 pH를 가지며, 균일한 소수성 표면을 가지는 특성이 있다. 이것은 꼬리 끌기나 비가역적 흡착 없이 amine과 같은 염기성 용질의 분리에 유용하고 특별하게 입체 선택성을 보인다.

표. HPIEC 충전물의 정성적 비교

성 질	표피형(Pellicular)	Silica 미세 입자	PS-DVB 수지
입자 구경, ㎛	30~40	5~10	7~10
이온교환 용량, meq/g	0.01~0.1	0.5~2	3~5
압력 변형 저항	Excellent	Very good	Fair to poor
모양	Spherical	Spherical/irregular	Spherical
압력 강하	Low	High	Highest
효율	Moderate	High	Moderate
충전 기술	Dry	Slurry	Slurry
pH 범위	2~12(coated) 2~7.5(bonded)	2~7.5	0~12(anion) 0~14(cation)
재생율	Fast	Moderate	Slow

Q 22. IC의 화학적 억제 컬럼(억제관)에 대해 설명하라.

1. 원리
이동상으로 작용하는 양이온이나 음이온을 전도도가 작거나 거의 없는 형태로 바꾸고, 시료 이온은 전도도가 큰 상태로 하여, 이동상 이온이 시료 이온에 영향을 주지 않고 검출을 가능하게 하는 것이 억제 컬럼의 원리이다. 억제 컬럼은 이온 교환 컬럼 뒤에 연결되며, 양이온 IC의 억제 컬럼에는 미세 다공성이며 강한 염기인 음이온 교환 수지, 음이온 IC에는 미세 다공성이며 강한 산인 양이온 교환 수지가 사용된다.

2. 억제 컬럼의 반응
1) 양이온 분리 시 억제 컬럼의 작용 ; 용리액 HCl, 시료 양이온 M^+Cl^-
용리액 : $H^+(aq) + Cl^-(aq) + Resin^+OH^-(s) \rightarrow Resin^+Cl^-(s) + H_2O$(저전도성)
시료 : $M^+Cl^- + Resin^+OH^-(s) \rightarrow Resin^+Cl^-(s) + M^+OH^-$(고전도성)
- 양이온 분리 시 염산을 용리액으로 사용하면 억제 컬럼은 수산화 형태의 음이온 교환 수지이다. 시료 양이온은 억제 컬럼에 머물지 않는다.

2) 음이온 분리 시 억제 컬럼의 작용 ; 용리액 $NaHCO_3/Na_2CO_3$ 용액

용리액 : $Na^+(aq) + HCO_3^-(aq) + Resin^-H^+(s)$

$\rightarrow Resin^-Na^+(s) + H_2CO_3(aq)$(저전도성)

- HCO_3^-/CO_3^{2-} 용리액을 널리 사용하는 이유는 값이 저렴하고 독성이 없으며, HCO_3^-/CO_3^{2-}비의 변화에 의해 pH의 넓은 영역에서 용출 강도가 변화될 수 있고, 낮은 전도도를 갖기 때문이다. 최초 사용하던 NaOH는 높은 농도를 요구하는 수지에 대한 낮은 친화력 때문에 억제 컬럼을 자주 재생하는 단점이 있다.

표. 이온 크로마토그래피의 개요

분리 컬럼	용리액	억제 컬럼	억제 반응
양이온 분석			
$Resin-H^+$	HCl	$Resin-OH^-$	$Resin-OH^- + HCl \rightarrow Resin-Cl^- + H_2O$
$Resin-Ag^+$	$AgNO_3$	$Resin-Cl^-$	$Resin-Cl^- + AgNO_3 \rightarrow Resin-NO_3^- + AgCl$
$Resin-Cu^{2+}$	$Cu(NO_3)_2$	Resin-amine	$Resin\text{-}amine + Cu(NO_3)_2 \rightarrow Resin\text{-}amine \cdot Cu(NO_3)_2$
Resin-anilinium	Aniline · HCl	$Resin-OH^-$	$Resin-OH^- + Aniline \cdot HCl \rightarrow Aniline + Resin-Cl^- + H_2O$
$Resin-Ag^+$	$AgNO_3-HNO_3$	1st $Resin-Cl^-$	$Resin-Cl^- + AgNO_3 \rightarrow Resin-NO_3^- + AgCl$
		2nd $Resin-OH^-$	$Resin-OH^- + HNO_3 \rightarrow Resin-NO_3^- + H_2O$
음이온 분석			
$Resin-OH^-$	NaOH	$Resin-H^+$	$Resin-H^+ + NaOH \rightarrow Resin-Na^+ + H_2O$
Resin-phenate	Na-phenate	$Resin-H^+$	$Resin-H^+ + Na\text{-}phenate \rightarrow Resin-Na^+ + PhOH$

Q 23. 이온 쌍 크로마토그래피(IPC)에 대해 설명하라.

IPC는 IEC의 제한성과 IC방법으로 취급하기 곤란한 시료 등에 적용되며, 현재 NPC나 RPC를 이용하여 이온화되거나 이온화할 수 있는 분자들의 분석에 널리 사용되며, 중성이나 이온화된 분자들을 동시에 분석할 수 있는 이점이 있다. IPC의 기본은 반대 전하를 가진 두 이온들이 작용하여 친지질성 착물을 형성하는 것으로 이온쌍의 형성은 수용액 상에서 일어나고, 알짜 결과는 유기상으로 이온성 용질의 이전이 일어난다.

표 1. RP-ICP의 용질의 머무름에 영향을 주는 인자

변수	효과
반대 이온의 형태	- 이온 쌍 능력이 좋을수록 머무름이 더 길다.
반대 이온의 크기	- 반대 이온 크기의 증가는 머무름을 증가한다.
반대 이온의 농도	- 농도의 증가는 한계까지 머무름을 증가한다.
pH	- 이 효과는 용질의 성질에 의존한다. pH가 용질의 이온 형태의 농도를 최대화할 때 머무름은 증가한다.
유기 변형제의 형태	- 머무름은 친지질성 성질의 증가와 함께 감소한다.
유기 변형제의 농도	- 머무름은 농도의 증가와 함께 감소한다.
온도	- 머무름은 온도의 증가할 때 감소한다.
정지상	- 더 친지질성이고 덮임률이 높을수록 머무름은 증가한다.

표 2. 전형적인 반대 이온의 종류 및 응용

형태	주요한 응용
사차 아민(quarternary amines) ; Tetramethyl, tetrabutyl, palmityltrimethylammonium ions	- 강산 및 약산, sulfonated dyes, carboxylic acids
삼차 아민(tertiary amines) ; Trioctylamine	- Sulfonates
Alkyl and aryl sulfonates ; Methane- or heptanesulfonates, camphorsulfonic acids	- 강염기 및 약염기, benzalkonium salts, catecholamines
Perchloric acids ;	- 염기성 용질의 넓은 범위에서 이온 쌍을 형성한다.
Alkyl sulfates ; lauryl sulfate	- 황산과 유사하나 다른 선택성을 준다.

표 3. RP-LC를 사용한 이온성 화합물의 머무름을 위한 응용 기법

이온 화합물	pH 2.5 에서의 형태	분석 방법	pH 7.8 에서의 형태	분석 방법
강산, HAs(pK_a<2)	As^-(ionic)	이온 쌍 시약, TBAP	As^-(ionic)	이온 쌍 시약, TBAP
약산, HAw(pK_a>2)	H:Aw (nonionic)	이온 억제	Aw^-(ionic)	이온 쌍 시약
약염기, :Bw(pK_b<8)	H:Bw(ionic)	이온 쌍 시약, OS	:Bw(nonionic)	이온 억제
강염기, :Bs(pK_b>8)	H:Bs(ionic)	이온 쌍 시약, OS	-	-

* TBAP ; tetrabutylammonium phosphate, OS ; octanesulfonate

Q 24. SEC의 정지상, 이동상, 분석물질 및 특성을 설명하라.

표. 크기별 배제 크로마토그래피(SEC)의 정지상, 이동상, 분석물질 및 특성

구 분	정 지 상	이 동 상	분 석 물 질	비 고
GFC	1. Microporous silica: LiChrospher, TSK Type SW, μBondagel E 2. Controlled pore glasses(CPG)	· THF,H_2O, CH_3COCH_3	· M.W.10^3~10^7 range	1. Semirigid organic gel의 대치품. 입자 크기: 10 ㎛ 2. 근본적으로 Silica 성분이나 제조 방법이 다르다. 입자 크기: 5~10 ㎛
GPC	1.Semirigid organic gels: μSpheragel, μStragel, TSK Type H		· M.W.10^2~10^7 range	1.PS-DVB가 cross-linked: 실리카겔에 강하게 흡착하는 분자나 M.W.가 작은 분자에도 사용. 입자 크기: 10 ㎛

* SEC ; size exclusion chromatography, GFC ; gel filtration chromatography(겔 거르기 크로마토그래피), GPC ; gel permeation chromatography(겔 투과 크로마토그래피).

Q 25. SEC의 컬럼 충전물의 종류 및 특성을 기술하라.

SEC의 분리는 분자 크기와 다공성 물질의 공극에 의해 전적으로 조절되므로 SEC에 대한 컬럼 충전물의 선택은 대단히 중요하다. SEC에 유용한 충전물에는 반고체 유기 겔, 다공성 실리카, 조절된 동공 유리의 세 가지 형태가 있다.

1. 반고체 유기 겔
   1) DVB와 PS의 다리 결합에 의해 제조되고, GPC에 사용된다.
   2) 분자량 10^2~10^7 범위의 시료를 분리하기 위한 공극 구경 범위에서 제조된다.
   3) PS외에 vinyl acetate, polyacrylamide로도 제조되며, 비닐 아세테이트 겔은 PS와 유사하고 더 작은 분자량 범위에 적용된다. Polyacrylamide 겔은 GFC에 사용된다.
2. 다공성 실리카
   1) 딱딱한 입자로 상대적으로 균일한 컬럼 베드에 쉽게 충전될 수 있고, 기계적으로 오랫동안 안정하여 고압, 흐름 속도, 온도를 견딜 수 있고, GFC에 사용된다.
   2) 중요 단점은 표면 활성이 단백질의 낮은 회수율과 효소 활성의 손실 등을 준다.
3. 조절된 동공 유리(Controlled pore glass)
   1) 성분적으로 거의 순수한 실리카이며, 제조 방법은 먼저 언급한 미세 다공성 실리카 물질과 다르며, 동공의 크기는 열 처리에 의해 조절된다.

Q 26. SEC에서 컬럼 짝지움(Coupling method)에 대해 설명하라.

상대적으로 좁은 분자량 범위의 시료(<50)에는 하나의 간단한 동공 크기의 충전물이 사용되고, 넓은 분자량 분포 시료에는 넓은 동공 범위의 충전물이 사용된다. 이 좁고 넓은 범위의 시료를 한번에 분리하기 위하여 컬럼 짝지움 방법이 사용되며, 이 목적은 중첩되지 않으나 매우 근접한 분별 범위를 갖는 컬럼에 의해 달성될 수 있다. 컬럼 결합 순서는 압력에 의한 컬럼 손상 방지를 위해 동공 크기가 큰 것을 앞에 작은 것을 뒤에 연결한다. 그러나 분석 결과는 같다. 짝 지움 하기 위한 조건은 다음과 같다.

1) 분별 범위가 중첩이 안되면서 가까운 것을 선택한다.
2) 분리 용량인자를 같게 하여야 한다. 그렇지 않으면 변곡점이 생긴다.

Q 27. SFC의 정지상, 이동상, 분석물질 및 특성을 설명하라.

표. 초임계 유체 크로마토그리피(SFC)의 정지상, 이동상, 분석물질 및 특성

구 분	정 지 상	이 동 상	분 석 물 질	비 고
Packed column	· LC 충전제와 동일	· CO_2, C_2H_6, C_3H_8, C_4H_{10}, C_5H_{12}, CCl_2F_2, diethylether, THF	· GC에서보다 M.W.가 더 큰 물질에 적용됨	· 초임계-유체 사용(이동상) · 임계 온도: CO_2(31℃), C_2H_6(32℃), NO(37℃) · 컬럼 길이: 충전 컬럼은 보통 LC와 유사한 것을 사용한다. OTC는 초임계-유체가 점도가 낮아 50 m까지 가능하며 필름 두께는 0.05~1 ㎛정도이다.
OTC column	· 상동		· 상동	

Q 28. SFC의 장단점을 서술하라.

1. SFC의 개요

SFC는 GC와 LC의 장점만을 섞어 만든 것이다. 1980년대 이후 발달되었으며, 충전제는 보통 LC의 충전제를 사용하고 이동상은 주로 이산화탄소가 이용된다. 그레디언트 계는 압력을 이용한다. SFC의 머무름은 추출과 증발 메카니즘의 조화에 의해 조절된다. 컬럼은 작은 구경 충전 컬럼(충전 입자 크기 ; 5~10 ㎛, LC의 사용 목적에 부합)과 좁은 구경의 용융 실리카 OTC(컬럼의 구경 ; 10~100 ㎛, 컬럼의 길이 ; 일반적으로 20 m이하로 대부분 1~10 m)가 사용된다.

2. SFC의 장단점

1) 장점

(1) GC와 LC의 대치가 아닌 두 가지의 보완된 기술로, GC 분석에 부적합한 열적으로 불안정한 물질과 고 분자량 물질 분리에 활용된다.

(2) HPLC와 비교 시, 더 높은 분리 효율, 짧은 분석 시간, 더 넓은 범위의 검출 가능성을 제공한다. LC보다 SFC-MS가 조합이 더 용이하다.

(3) 생화학 물질 분리에 응용된다.

(4) 초임계 유체(supercritical fluid) 추출 방법을 이용할 수 있다.

2) 단점

(1) GC보다 분리능이 낮고 LC에 비해 머무름 메카니즘에 대한 융통성이 적고, 보통 이용될 수 있는 기기 개발의 제한성이 있다.

(2) 이동상의 임계 온도 이상에서 SFC의 분리가 이루어지므로, 시료는 이 조건에 맞도록 충분한 열적 안정성을 가져야 한다.

3. GC 및 LC와의 성능 비교

초임계 유체는 기체와 액체의 확산성과 점도의 중간적 성질에 의해 띠 넓어짐은 액체에서보다 크고 기체에서보다는 적으며, 분리는 LC보다는 빠르고 GC보다는 느리다.

$n = 16(t_R/W_b)^2 = L/H \quad \therefore W_b \propto H^{1/2}$

$t_R = L(1+k)/u \quad \therefore t_R \propto 1/u$

Q 29. 초임계 유체 선택 시 고려되는 변수를 설명하라.

1) 분석물질(analytes)과 기질(matrix)의 극성과 용해성

2) 기질의 물리적 성질

3) 분석물질의 농도

4) 시료의 수분 함량

5) 반응속도론적 고려(kinetic consideration)

Q 30. 초임계 유체(Supercritical fluid, SF)에 대해 설명하라.

SF는 임계 온도(T_c) 이상으로 가열되고 동시에 임계 압력(P_c) 이상으로 압축되어 있는 기체로, 임계 온도 이상에서는 기체의 압력을 높여도 액화되지 않는다.

1) 초임계 유체의 특징

(1) 높은 용해력 ; 시료를 잘 용해한다.

(2) 높은 확산성 ; 복잡한 기질 내에서 질량 이동이 증대한다.

(3) 낮은 점도 ; 흐름이 용이하다(추출 효율 및 흐름 속도 증대)

2) 이동상으로서의 초임계-유체

SF들의 임계 온도는 약 30~200 ℃ 이상까지 크게 변하며, 다양한 물리 및 화학적 성질을 갖는다. 대표적 SF로는 이산화탄소, 에탄 및 산화질소(Ⅱ)가 주로 사용된다. 이동상으로서의 SF를 선정 시 고려할 사항은 다음과 같다.

(1) 여러 가지 유기 물질을 용해할 수 있고

(2) 임계 온도와 압력의 범위가 HPLC의 작동 조건에 부합되며

(3) 냄새와 독성이 적고

(4) 값이 저렴하고 구하기 쉬우며

(5) 자외선을 흡수하지 않는 등의 조건을 갖춘 SF가 좋다.

3) SF의 그레디언트 시스템에의 이용

SF의 용매 능력은 역시 기체 밀도에 따라서 기체 압력과 복잡한 관계를 갖는다. 이 관계를 밝힌 것 중의 하나가 용질의 용액이 나타나지 않는 문턱 밀도(threshold density)가 일반적으로 존재한다는 것이다. 이 문턱을 넘어서면 용해도가 급격히 증가하다가 마지막에는 떨어진다. 이러한 밀도의 효과가 바로 압력 변화에 의한 기울기 용리를 가능하게 한다. 또한 유체의 화학적 조성에 의한 용매 조성의 변화와 온도의 변화에 의해서도 기울기 용리가 가능하다.

(1) 압력의 변화 ; 밀도의 변화를 가져온다.

(2) 용매 조성의 변화 ; α의 변화를 가져올 수 있다.

표. 기체, 초임계-유체 및 액체의 성질 비교

성질	기체(STP)	초임계-유체	액체
밀도, g/cm^3	$(0.6\sim2) \times 10^{-3}$	0.2~0.5	0.6~1.6
{용매화, 용질g/용매g	~0	0.1 g/g	g/g}*
확산 계수, cm^3/sec	$(1\sim4) \times 10^{-1}$	$10^{-3}\sim10^{-4}$	$(0.2\sim2) \times 10^{-5}$
점도, $gcm^{-1}sec^{-1}$	$(1\sim3) \times 10^{-4}$	$(1\sim3) \times 10^{-3}$	$(0.2\sim3) \times 10^{-2}$

♣ 참고 사항

1. 임계 온도(T_c) : 압력을 아무리 높여도 기체가 액화되지 않는 온도
2. 임계 압력(P_c) : 기체-액체가 공존하는 선에서의 T_c에 일치하는 압력

Q 31. 초임계 유체 추출(Supercritical fluid extraction, SFE)의 장점을 설명하라.

1. SFE의 특징
  1) SFE는 일반적으로 빠르다. 시료 기질과 추출 유체 사이의 질량 이동 속도는 유체에 있는 화학 종의 확산 속도와 유체의 점도에 의해 결정된다. 확산 속도가 크고 점도가 낮을수록 질량 이동 속도는 커질 것이다. 이 두 변수는 전형적 액체 용매보다 초임계 유체에서 더 좋다. 따라서 초임계 유체에서의 추출은 10~60 분에 완료된다(유기 용매에서의 추출은 보통 5~6 시간이나 수 일 정도).
  2) 용매 강도가 유기 용매는 조건에 관계없이 근본적으로 일정한데 비해, 초임계 유체는 압력에 의해 변한다(온도에는 덜 의존). 이 성질은 주어진 분석물질에 대한 추출 조건의 최적화를 허용한다.
  3) 유기 용매는 가열에 의해 휘발되어야하며 이로 인해 열적으로 불안정한 물질의 분해나 휘발물의 손실의 가능성이 있는 반면 많은 초임계 유체는 주변 조건에서 기체이므로 단순히 압력의 제거에 의해 초임계 유체가 분석물질과 분리되며, 분석물질의 회수가 간단하다. 교대로 분석물질의 흐름이 분석물질을 잘 용해하는 용매를 함유한 작은 용기를 통해 거품을 일게 할 수 있어 작은 용매 부피에 용해할 수 있다.
  4) 초임계 유체는 값이 저렴하고, 불활성이며, 독성이 없어 추출 후에 대기로 증발하는 것에 의해 쉽게 처리된다.

2. 초임계-유체 추출의 이점
  1) 고체, 반고체의 시료 기질로부터 용질을 추출할 수 있다.
  2) 선택성 ; 용매화 능력을 조정할 수 있다.
  3) 신속성과 효율성 ; 높은 확산성과 낮은 점도에 의한다.
  4) 안전성 ; 유기 용매의 사용을 줄일 수 있다.
  5) 시료 성질의 유지 ; 열적으로 불안정한 용질의 추출을 할 수 있다.

Q 32. LC의 컬럼 성능 시험 및 평가 방법에 대해 서술하라.

1. 컬럼 시험 방법에서 고려할 사항
  1) 컬럼 시험을 위한 인자
    (1) 용질들(k =0, 3, 10)에 대한 이론단 수(n), 용량인자(k), 분리인자(α), 봉우리 대칭(비대칭 인자, AF)
    (2) 결합형 유기상의 농도
    (3) 주어진 흐름 속도, 이동상 및 온도에서 측정된 컬럼 압력 떨어짐이나 침투성
    (4) 반응 속도론적 인자 : 컬럼이 물리적으로 어떻게 충전되었는지를 나타낸다.
    (5) 열역학적 인자 : 충전물이 제조사 규격 어디에 맞는지를 나타낸다(loading %).
  2) 완전한 컬럼 평가를 위한 인자

(1) 컬럼 온도, 충전 디자인, 충전 방법, 이동상 및 시료 성분, 검출및 주입 방법
(2) 이동상과 용질의 성질 : 이동상에서 용질의 이동상 점도 계수
(3) 기하학적 인자 : 컬럼 길이, 컬럼 구경, 충전 입자의 크기
(4) 크로마토그래피 인자 : 시료부피, t_m 또는 V_m, 머무름 시간(부피)에 기초한 용질의 1/2높이에서의 봉우리 폭, 컬럼 압력의 떨어짐, 이동상의 부피 흐름 속도
(5) 크로마토그래피 성질 : 환산 인자(h, v,Θ)를 사용한다.
(6) 기타 : 컬럼 용량비, Knox-Parcher비, 전체 다공성

2. 컬럼 효능에 영향을 주는 인자
1) 직선 속도 : 낮은 속도(0.05 ㎝/sec 이상 범위)는 더 큰 n값을 준다.
2) 입자 크기, d_p : 작을수록 더 큰 n값을 준다.
3) 컬럼 길이, L : n 은 L에 비례한다.
4) 이동상 점도 : 낮을수록 더 큰 n값을 준다.
5) 온도 : 점도 감소 및 더 큰 n값을 준다.
6) 용량인자, k : k<2면 낮은 n값을 주고, k>2면 영향이 거의 없다.
7) 컬럼 외 부피(extracolumn volumes) : 띠 넓어짐에 의해 n값이 감소한다.
8) 시료 량과 크기 : 많은 량(㎎ 또는 수백 $\mu\ell$)은 n값을 감소시킨다.

3. 컬럼 시험을 위한 시험 물질과 이동상의 바람직한 성질
1) 저 분자량 시료 : 빠른 확산과 충전 다공성 구조에 접근이 용이하다.
2) 시험 혼합 물질 : kinetic과 thermodynamic 성능 면에서 컬럼을 정확하게 특징지울 수 있는 성분을 포함하는 것이 좋다.
3) t_m 결정 물질 : 시험 물질중 하나를 사용하면 t_m 계산이 용이하다.
4) 시험 물질 중 적어도 2개가 2<k<10를 가져야 한다.
5) 측정은 단순 성분 및 낮은 점도의 이동상, 등용매 조건에서 실시하는 것이 좋다.
6) 시료 부피(또는 시험 물질의 량)는 컬럼 용량을 넘지 말아야 한다.
7) 254 ㎚에서 강한 흡수를 보이며, 검출기를 0.05나 0.1 AUFS로 했을 때 50~100 % FSD를 주는 시험 물질이 좋다.

Q 33. HPLC의 컬럼 시험을 위한 환산 인자의 사용에 대해 설명하라.

다른 컬럼 형태의 성능 비교 시 절대적 인자 (HETP, u, K_o)보다 환산 인자(h, v, Θ)를 사용하는 것이 편리하다.

1. 환산 단 높이(Reduced plate height, h) : 이론단 수에 대한 입자의 수
$h = HETP / d_p = 1/5.54\ (L/d_p)(W_h/t_R)^2$
d_p : 입자 구경 L : 컬럼 길이
1) 다른 컬럼 형태 : 크기가 다른 입자의 충전, 점도가 다른 용매로 용출, 다른 확산계수를 가진 용질로 시험되는 컬럼

2) 관계식

$h = Av^{0.33} + B/v\ u + Cv$

A : 잘 충전된 컬럼 0.5~1.0, 잘 충전되지 않은 컬럼 >2

B : 4이하, 실제는 약 2가 바람직하다.

C : 얇은 막 컬럼 0.003, 다공성 컬럼 0.05

2. 환산 속도(Reduced velocity, v) : 한 입자 구경에 대한 용질의 확산계수 대 이동상 흐름의 비

$v = ud_p / D_m = Ld_p / t_mD_m$

D_m : 용질 확산계수(m^2/s)

1) 낮은 분자량 용질에 대한 전형적 D_m값 : $0.5 \sim 3.5 \times 10^{-9}\ m^2/s$

- 높은 값 : 낮은 점도의 유기 용매(예, hexane)
- 낮은 값 : 수용성 극성용매

3. 컬럼 흐름 저항(Column flow resistance, Θ) : 이동상 흐름에 대한 저항의 크기를 나타내며, 컬럼 길이, 입자 구경 및 용리액의 점도의 영향을 설명한다.

$\Theta = d_p^2 / K_o = \Delta P d_p^2 t_m / \eta L^2$

ΔP : 컬럼 압력의 떨어짐

♣ 컬럼 진단

1. $h = Av^{0.33} + B/v + Cv$

1) 3<v<10에서 h가 3보다 작으면 잘 충전된 컬럼이다.

2) h가 v=5에서 3~4를 넘지 않고 v=100에서 10~20을 넘지 않으면 좋은 컬럼이다.

3) v>20에서 h가 기대값보다 크면 잘 충전되지 않은 컬럼이다.

2. $\Theta = d_p^2 / K_o = \Delta P d_p^2 t_m / \eta L^2$

1) Θ의 실험치는 크로마토그래픽 계의 전체적 성능에 대한 정보를 제공한다.

-다공성 충전에 대한 전형적인 값 : 250~650

-정상치의 약 10배는 시스템의 particle blockage를 표시함

2) Θ는 컬럼의 진단 전에 점검 및 교정을 한다.

Q 34. 화학적 결합형 정지상에 대한 활성도 시험에 대해 설명하라.

화학적 결합형 정지상은 제조 시 시약의 차이, 반응 조건 및 실리카 기질의 성질 변화에 의해 결합형 배위자의 다른 농도를 가지며, 입체적으로 모든 실란올이 반응하지 못하기 때문에 잔류하는 실란올의 차가 생긴다. 실란올의 수소 결합의 차이는 이온 교환 용량의 변화를 줄 수 있고, 실리카에 잔류하는 흔적량의 금속은 이웃 실란올 기의 산도에 영향을 준다. 따라서 동일 또는 다른 제조사에 의해 생산된 결합형 정지상은 소수성, 친실라노성, 이온 교환 용량, 잔류 금속 불순물에 의한 활성에 변화가 있다.

1) 소수성 평가

소수성은 탄소 실음(carbon loading)의 증가와 함께 증가한다. 탄소 실음의 증가는 결합형 배위자의 사슬 길이의 증가와 결합 밀도의 증가, 정지상의 endcapping, 실리카 기질의 표면적의 증가에 의한다. 소수성의 평가는 표준 조건하에서 비극성 용질의 머무름을 결정하는 것에 의해 평가되며, 제안된 시험 물질응 사용한다.

2) 친실라노성의 평가

Sedek 과 Carr는 이동상으로 methanol을 사용하는 많은 상업적으로 유용한 octadecylsiloxane 결합형 충전물의 친실라노성 상호작용을 특징짓기 위해 실란올과 강한 착물을 형성하는 macrocyclic tetraaza 화합물인 dimethyldiphenylcyclam을 사용하였다. 충전물에 대한 다른 소수성 상호작용 설명하기 위한 기준 물질로는 chrysene을 사용하였다. 역상 컬럼에 대한 친실라노성 지수의 정의는 다음과 같다.

R = [(k-cyclam)-(k-chrysene)]/[(k-chrysene)]

R ; 역상 컬럼에 대한 친실라노성 지수

3) 이온 교환 용량의 평가

표면의 실란올 기는 균일하지 않고, 이들의 작은 부분이 낮은 pH에서도 산성화와 이온화된다. 역상 충전물의 이온 교환 용량에 대한 일반적인 시험은 pH 2.7인 완충액 이동상에서 benzylamine/phenol에 대한 분리인자에 기초하여 설명된다. 이 정상 pH에서 실란올 기는 해리 되지 않고 오직 높은 산성 실란올이 이온 교환에 의해 아민의 머무름에 공헌한다. benzylamine/phenol에 대한 분리 인자는 이온 교환 용량의 넓은 범위를 지시하는 많은 충전물에 대해 0.01~1.43까지 변한다.

4) 잔류 금속 불순물에 의한 활성의 평가

금속 불순물 역시 어떤 용질의 작용기와 착물을 만드는 능력을 통해서 충전물의 성질에 영향을 줄 수 있다. 0.5 %(w/v) sodium acetate를 포함하는 ethanol/water(60/40)의 이동상에서 2,4-pentanedione의 머무름 특성이 화학적 머무름 정지상의 흔적량 금속의 오염에 대한 예민한 시험 방법이다. 금속이 없는 충전물에 대해 2,4-pentanedione은 수용할 수 있는 봉우리 모양으로 틈새 부피에 근접하여 용출하며, 금속 오염의 증가와 더불어 2,4-pentanedione은 머무름의 증가와 찌그러진 봉우리 모양을 보인다. 실리카 기질 외에 금속의 다른 오염원은 유리 원료 혼합물(Frits)과 스크린이 있다.

Q 35. HPLC의 최적화 과정 3 단계에 대해 설명하라.

1. 최적화 기준(Optimization criterion) 결정 단계

1) 최적화 할 대상의 결정 ; 속도, 분리능, 성분의 수 등

2) 사용 기준 ; α, R_s, 분리인자(p=f/g), 분석 시간

3) 최적화에 사용할 변수의 결정

(1) 물리적 영향을 주는 변수(예측이 용이) ; 입자 크기, 컬럼 효율성, 이동상 속도

(2) 화학적 영향을 주는 변수(쉽게 예측되지 않기 때문에 중요) ; 이동상과 정지상의 종류, pH, 온도 등(이동상 조성 변화가 가장 효과적으로 많이 사용된다).

2. 실험 설계(Experimental design)의 결정 단계

사용하는 변수의 성질과 수, 계에 대한 이론적 배경, 화합물의 용출 메카니즘에 대해 알고자 하는 데에 따라 선택된다.

1) 순차 설계(Sequential design)

가장 널리 사용되는 순차적 방법은 단순(simplex) 설계이다. 단순 설계는

(1) 여러 번의 실험이 필요하며

(2) 발견한 최적 조건이 최상의 것이 아닐 경우에는 다른 기점에서 전체 과정을 반복하여 수행하여야 하며

(3) 최적화 할 인자가 여러 개여서 계에 대한 이론적이나 실험적 지식이 부족한 경우에 선택한다.

2) 동시 설계(Simultaneous design)

여러 가지 실험에 따른 응답에 영향을 주는 변수들의 상호 의존성을 디자인의 잘 정의된 몇 개의 점에서 응답을 측정하여 회귀법을 사용하여 회귀 방정식을 쉽게 구하는 방법으로 실험의 수를 줄일 수가 있다. 변수가 이동상일 때 Snec가 소개한 통계적인 방법인 단순 설계(연속적 방법에서의 것과는 다름)를 사용한다.

3. 평가 방법의 결정

1. 및 2.의 과정에 따른 결과를 수학적 방법이나 도표로 나타낸다.

1) 창문 도표 방법(Window-diagram method)

Laub 등이 소개한 것으로 용질과 변수의 수가 적은 계에 사용한다.

(1) 이동상 인자와 머무름 사이에 대략적 직선적인 관계가 있는 계에서 사용한다.

(2) α대 Φ의 도시는 한정된 수의 측정된 k값을 직선적 내연장(interpolation)을 하여 얻는다.

(3) 창문 도표의 빈 부분에서 최고의 α값을(가장 분리가 안된 봉우리 쌍에 대해 최적의 분리를 주는 이동상의 조성)선택한다.

2) Map(최소 α 도시)

(1) Sachock 등이 창문 도표에서 도표의 성질을 좀더 명확하게 표시하기 위하여 Map이라는 이름을 도입하였다.

(2) 다중 인자(multifactor)의 최적화에도 사용할 수 있으며, 가장 분리가 안된 봉우리 쌍만을 고려하므로 신속하며 간단하다.

(3) Map의 단점은 응답 함수로 일부 극복할 수 있다.

3) 응답 함수(Response function) : 어떤 크로마토그램에서 고려된 모든 분리능이나 분리인자들의 합 또는 곱을 표시한다.

(1) 크로마토그래픽 응답 함수(Chromatographic response function, CRF) : 성분들의 양이 비교적 같고 모든 성분이 분리되기를 바라는 계에 편리하다.

(2) 크로마토그래픽 최적화 함수(Chromatographic optimization function, COF) 봉우리 분리대신 봉우리 분리능의 합을 사용한다.

가. COF는 각 크로마토그램으로부터 정보를 간단한 수로 축소한다.

나. COF의 값은 영에 근접할 때 최적 분리이다. 크로마토그램이 분리능이 좋을

때는 작은 음의 값(또는 zero)을 분리가 안된 것은 큰 음의 값을 갖는다.

다. 봉우리들의 상대적 머무름 순서가 사용한 이동상들에 대해 같을 때 유용하다. 이동상의 조성에 따라 머무름의 상대적 순서가 변하면 COF 값은 이러한 변화를 반영하지 못한다.

라. 봉우리 쌍들을 합한 간단한 수로 크로마토그램에서의 분리를 평가하므로 실용적이나 개개 봉우리의 쌍에 대한 정보를 알 수 없다.

(3) 중첩 분리 지도(Overlapping resolution mapping, ORM)

COF의 약점을 보완한 방법으로 Glajah 등이 개발하였다.

가. 각 이동상에서 얻은 크로마토그램에서 모든 봉우리 쌍의 분리능을 측정하여 비교하는 것을 기본으로 한다. 이웃한 봉우리 쌍 뿐만 아니라 모든 봉우리 쌍들에 대한 분석이 가능하며, 봉우리 교차가 일어나는 계에도 사용된다.

나. 각 이동상에서 봉우리 이름과 위치를 확인 후 이동상 조성의 함수로 분리능을 정확하게 등고선을 그려야 하므로 다 성분 혼합물에서는 지루하다.

다. ORM 작성방법

가) 선택된 용매 삼각형(solvent triangle) 내에 있는 모든 이동상의 조성에서 각 쌍에 대한 분리능을 평가하기 위해 분리 등고선 지도(contour map)를 각 쌍의 화합물에 대해 작성한다.

나) 각 쌍에 대해 분리능이 나쁜($R_S<1.5$) 삼각형 내의 부분을 색칠한다.

다) 모든 삼각형을 겹친다. 이 때 작성된 ORM은 가능한 각 봉우리 쌍 사이의 분리능이 원하는 값($R_S=1.5$)보다 좋은 삼각형 내의 부분을 표시해준다. 즉, 겹치지 않은 흰 부분내의 용매들을 혼합하여 사용 시 모든 봉우리 쌍들이 분리된다.

Q 36. HPLC의 다차원 방법(Multidimensional method)에 대해 설명하라.

용량인자의 넓은 범위를 갖는 시료의 분리를 위하여 그래디언트와 다차원 방법이 사용된다. 이 방법들은 최소의 분리 시간에 분리의 최적화를 유도하는 것으로, 다차원 분석에서 시료는 보완적인 분리 기술을 갖는 두 개 이상의 컬럼 연결에 의해서 시료 분리, 분석 전 시료 청결 및 흔적량 농축을 위하여 널리 사용된다. 분리를 증진하거나 시료 유출량(throughput)을 증가하기 위하여 이동상과 그의 방향이 달라질 수 있고, 전체 시스템이 직결(on-line)과 비직결(off-line)에 의해서 수행될 수 있으며, 자동이나 마이크로프로세서에 의해서 통제될 수 있다. 봉우리는 가장 흥미 있는 부분을 주기 위해 끝 절단, 중심부 절단, 앞 절단(endcut, heartcut, frontcut)에 의해 두 번째 컬럼으로 연결될 수 있다. 위의 절단 부분 컬럼 연결의 최근 경향은 보호 컬럼 같은 짧은 컬럼을 이용하여 더 빠른 분리 시간을 주고 시료로부터 분석 컬럼을 보호할 수 있다. Freeman은 비슷한 수의 컬럼이 조합되었을 때 다차원 계에 대한 봉우리 용량을 다음 식에 의해 계산하였다(두 컬럼의 예를 들면).

$\Theta_r = \Theta_1 \cdot \Theta_2 \cdot \Theta_3 \cdot \cdot \cdot \cdot \Theta_n$ $\Theta_r = n^{1/2} \cdot \Theta = 2^{1/2} \cdot 25 = 35$

Θ ; 각 컬럼의 봉우리 용량 n ; 컬럼 수 Θ_r ; 계의 최종 봉우리 용량

Q 37. 다차원 크로마토그래피에서 직결 및 비직결의 장단점을 설명하라.

표. 다차원 크로마토그래피에서 직결 및 비직결의 장단점

구분	장단점
직결(on-line)	1. 장점 1) 특별히 현대 크로마토그래프와 자동화가 용이하다. 2) 밀폐된 계에서 수행되어 시료의 손실 기회가 적다. 3) 가장 적합한 요구의 연결 계를 구성할 수 있다(역분출, 중심부 절단, 컬럼내 농축 ; backflush, heartcutting, on-column concentration). 4) 전체 분석 시간이 감소된다. 5) 재현성이 더 좋다. 6) 시료 유출량을 증가할 수 있다. 2. 단점 1) 더 복잡한 수압(또는 공기압), 연결 밸브를 요구하고 값이 비싸다. 2) 매우 희석되고 큰 부피이므로 흔적 량 화합물 취급이 어렵다. 직결 농축법에 의해서 이를 보상할 수 있다. 3) 일 및 이차 모드에서의 용매의 혼합성과 강도 요구가 양립되어야 한다.
비직결(off-line)	1. 장점 1) 컬럼 유출물의 수집에 의해 수행하기가 용이하다. 2) 큰 부피로부터 흔적량 용질을 농축할 수 있다. 3) 양립하지 않는 용매를 사용하는 두 LC 모드와 함께 작업할 수 있다. 2. 단점 1) 더 귀찮고 불편하여 자동화하기가 어렵다. 2) 흡착 증발 및 산화에 의한 시료의 손실 기회가 더 크다. 3) 정량화 및 재현성이 더 어렵다.

제 5장 HPLC의 구조

Q 1. HPLC의 기본적 구성에 대해 설명하라.

LC의 기본적 구성은 한 개 이상의 용매 저장 용기, 용매 혼합 장치, 펌프, 주입기, 컬럼 설치 장치, 검출기 및 기록계로 되어 있으며, 부수적인 장치로 용존 기체를 제거하기 위한 헬륨 공급용 고압 용기, 펄스 댐퍼, 먼지 제거용 필터 장치, 컬럼 가열 장치 등이 용도에 따라 부착될 수 있다.

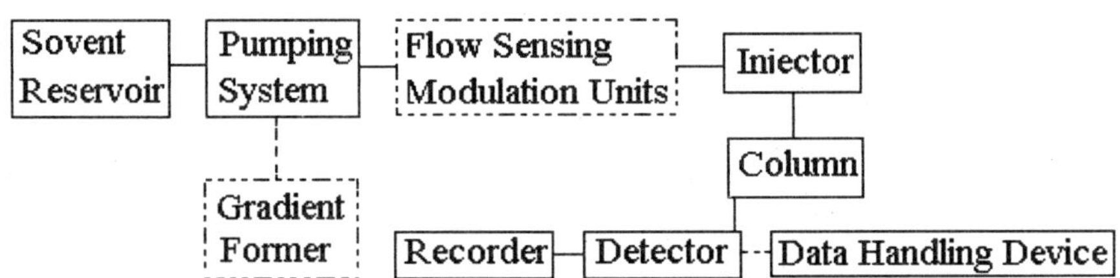

그림 1. HPLC의 블록 도표(점선 부분은 선택 부분).

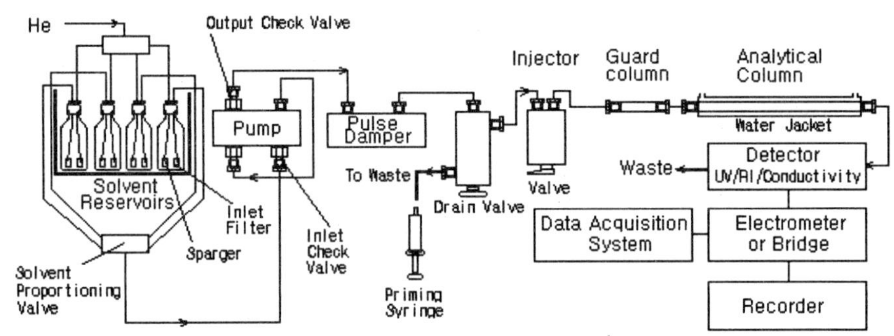

그림 2. HPLC의 세부적 구조

Q 2. HPLC의 용매 저장 용기 및 용존 기체 제거 방법에 대해 설명하라.

LC의 이동상은 매우 활성인 용매가 사용되기 때문에 이들을 저장하려면 이동상의 화학적인 공격을 견딜 수 있는 물질(유리, 스테인레스 강)로 된 용기를 사용하여야 한다. 용기의 용량은 0.5-1 L 정도가 주로 사용된다. 용기 내에는 용존 기체 제거를 위해 지속적으로 헬륨을 공급하게 되어있다. 이는 헬륨의 낮은 용해도를 이용하여 공기의 재용해를 방지하기 때문이다. 용매 중 용존 기체는 분석 중 펌프나 검출기의 성능을 낮추어 기준선의 불안정 요인 및 감도가 낮아지는 원인이 되므로 제거를 하는 것이 좋다. 이러한 용존 기체의 제거 방법에는 진공 이용법, 저으면서 가열하는 법, 초음파의 이용 및 질소나 헬륨을 흘려주는 방법 등이 사용된다. 이중 질소, 헬륨을 흘려주는 방법은 덜 효과적이지만 편리성이 있어 주로 사용된다. 진공 기체 제거와 초음파 처리는 산소 농도를 감소시키는데 효과적이 아니다.

Q 3. HPLC의 펌프에 대해 설명하라.

펌프는 LC에서 가장 중요한 부분중의 하나로 t_R의 재현성, 검출기 감도에 직접 영향을 준다. 또한, 체크 밸브, 흐름 조절기, 혼합 챔버, 펄스 댐퍼 및 압력 변환기 등과 연계되어 있다.

1. 펌프의 일반적 요건
   1) 펌프 내부와 용매는 화학적 상호 반응이 없어야 한다.
   2) 최소한 6,000 psi의 고압이 가능해야 한다(~10,000 psi까지 가능).
   3) 흐름 속도는 0.1-10 ml/min 정도 조절이 가능해야 한다(0.01 ml/min 단위).
   4) 펌프에서 나오는 용매의 공급은 펄스가 없어야 한다(pulse-free output).
   5) 용매 유입의 재현성은 0.5 %이내이어야 한다.
   6) 기울기 용리가 가능해야 한다.
   7) 용매 교환에 따른 시간, 작동의 용이성
   8) 수리를 위한 서비스 능력
   9) 저렴한 가격

2. 펌프 성능 점검을 위한 기준
   1) 펌프 재조작성 ; 같은 흐름 속도를 반복적으로 주기 위한 재조작 능력
   2) 흐름 속도의 정확성(Flow rate accuracy)
   3) 펌프 펄스나 소음(Pump pulsation or noise) ; 피스톤, 체크 밸브 작동 시 펌프 작동 결과에 따라 검출기에 의해 감지되는 흐름의 변화
   4) 단시간 정밀도 ; 수분에 걸쳐 펌프에서 나오는 부피의 정확성
   5) 표류 ; 약 1~3시간 동안 펌프 작동에 따라 나온 량의 지속적인 증가나 감소 정도

3. 펌프의 종류
   펌프는 크게 두 가지로 나누며, 가장 널리 쓰이는 것은 왕복 피스톤형이다.
   1) 일정 압력 펌프 : 기체 치환형과 공기압 증대(pneumatic amplifier) 펌프가 있다.
   2) 일정 부피 모델 : 왕복형(reciprocating) 펌프와 시린지(syringe) 펌프가 있다.

Q 4. HPLC의 주입기에 대해 설명하라.

LC에서 시료의 주입은 컬럼의 효능을 유지하면서 넓은 시료 부피 범위에서 재현성과 편의성을 주는 것이 이상적으로 이 목적에 부합하는 주입법의 종류에는 밸브 주입법과 격막법이 있다. 이들 중 밸브 주입법이 가장 많이 사용된다. 밸브 주입법에서 사용되는 교체할 수 있는 루프의 용량은 5-500 μl 범위이며, 작동자에 관계없이 0.2 %정도의 재현성을 갖는다.

Q 5. HPLC 검출기에 대해 설명하라.

LC 검출기는 크게 벌크와 용질의 성질을 이용하는 검출기로 구분된다. 벌크 성질 검출기는 이동상만 있을 때와 이동상속에 용질이 있을 때의 물리적 성질의 차를 측정하며, 여기에는 굴절률, 유전상수 및 전도도 검출기가 있으며, 일반적으로 널리 사용되며, 감도가 낮고, 제한된 동적 범위를 갖는다. 또한, 이동상의 성분이나 온도의 변화에 영향을 크게 받으므로 흐름 프로그래밍 그레디언트 용리를 하기가 어렵다. 반면에 용질의 성질에 따른 검출기는 이동상에 관계없이 용질의 물리, 화학적 성질에 응답하며, 넓은 직선 영역에서 높은 감도를 보이고, 흐름 프로그래밍과 그레디언트 용리를 할 수가 있다. 여기에는 분광 분석, 형광 및 전기 화학 검출기가 속한다. LC의 검출 과정은 GC보다 많은 문제점이 있다. 이는 LC에 사용되는 성분들이 주로 액체로 기체에 비해 확산성이 떨어지며, 공존 성분과의 상호작용 가능성이 항상 존재하는데 주로 기인한다.

표. 대표적인 HPLC 검출기의 특성 비교

검출기	형태	최고 감도	최대 직선 범위	온도 영향	유속 영향	구배 여부
UV	선택적	$2x10^{-10}$g/ml	10^5	낮음	없음	가능
RI	일반적	$1x10^{-7}$g/ml	10^4	10^{-4}℃	없음	불가능
방사능	선택적	50cpm^{14}C/ml	큼	무시할 정도	없음	가능
형광	선택적	10^{-11}g/ml	~10^3	낮음	없음	가능
전도도(μmho)	선택적	10^{-8}g/ml	$2x10^4$	2%/℃	있음	불가능
적외선	선택적	10^{-6}g/ml	10^4	낮음	없음	가능
전기화학(μamp)	선택적	10^{-12}g/ml	10^6	1.5%/℃	있음	불가능

Q 6. HPLC 검출기의 원리 및 적용 법칙을 설명하라.

1. 굴절률 검출기(Refractive index detector, RI)

1) 원리

기준 셀 내의 이동상의 굴절률과 시료 셀에 있는 시료와 이동상에 의한 굴절률의 차를 광검지관에서 검출한다.

2) 관계 법칙

(1) Snell's law

파가 등방성의 매질(n_1)로부터 다른 등방성의 매질(n_2)로 들어가 굴절하는 경우 입사각(Θ_1)과 굴절각(Θ_2)라 사이에 $\sin\Theta_1/\sin\Theta_2 = n_2/n_1 = n$이 성립한다.

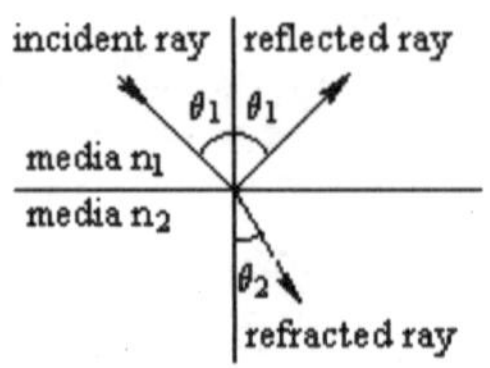

(2) Fresnel's law

빛을 흡수하지 않는 2개의 등방성 매질의 경계면에 입사하여 반사, 굴절하는 경우의 진폭의 관계를 표시하는 식으로 빛을 탄성파로 하여 A. Fresnel(1821년)에 유도된 것으로, 흡수가 있는 매질의 경계면에서의 일반 전자파에도 성립된다.

♣ Fresnel's 식

그림에서 경계면 법선의 안쪽 제 2 매질로 향한 법선을 z, 입사면을 xz라 하면, 반사면과 굴절면도 xz에 있게된다. 입사파, 반사파, 굴절파의 강도(x,y,z) 성분을 각각 (A_p $\cos\phi$, As, $-A_p$ $\sin\phi$), ($-R_p$ $\cos$ ϕ,R_s, $-R_p$ $\sin\phi$), (D_p $\cos\psi$, D_s, $-D_p$ $\sin\psi$)로 하면, 경계 조건으로부터

$R_p = \tan(\phi-\psi)A_p/\tan(\phi+\psi)$, $R_s = \sin(\phi-\psi)A_s/\sin(\phi+\psi)$,

$D_p = 2\sin\psi\cos\phi A_p/\sin(\phi+\psi)\cos(\phi-\psi)$,

$D_s = 2\sin\psi\cos\phi A_s/\sin(\phi+\psi)$

라는 관계가 얻어진다. 따라서, 예를 들면 ϕ와 ψ의 합이 직각이 되는 경우에는 R_p=0으로 반사광의 입사면에 평행한 성분은 0이 된다(Brewster's law). 또한, 경계면에 수직으로 입사한 경우에는

$R_p = \lim_{\phi\to o} (\phi-\psi)A_p/(\phi+\psi)$, $R_s = (n-1)A_s/(n+1)$

n ; 제 2 매질에 대한 굴절률

로된다. 여기서 n>1인 경우에는 반사광의 위상이 경계면에서 π 만큼 변하고, 반사율은 $(n-1)^2/(n+1)^2$으로 된다.

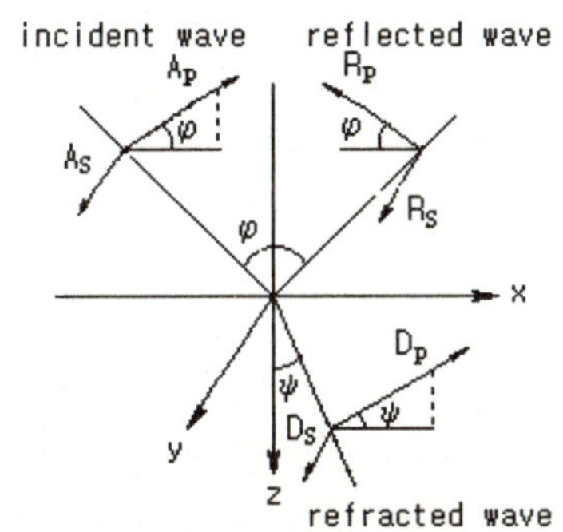

2. 자외선-가시선 검출기(Ultraviolet-visible detector, UV-VIS)

분광학(Spectroscopy)에 통용되는 Beer's law(A = kℓc)에 따른다.

3. 형광 검출기(Fluorescence detector, FD)

형광 물질이 흡수 파장의 에너지를 받아 들뜨고, 이 들뜬 상태의 에너지가 발산된다. 발산 에너지의 양은 형광 물질의 양에 비례하고 광증배관에 의해 검출된다. 형광 방출에 영향을 주는 이동상의 인자 pH, 용매, 온도, 농도, 소광(quenching) 및 광분해이다. 묽은 용액에 대해 측정되는 형광 강도는 다음 식에 의해 시료 농도에 관계될 수 있다.

$I_f = I_o\psi_f$ (2.3 abc) I_f ; 형광 방출 강도 I_o ; 들뜸 살 강도

ψ_f ; 양자 수율 = 방출된 광자 수/흡수된 광자 수

4. 전기 화학적 검출기(Electrochemical detector, ED)

전기 화학적 검출기에 적용되는 법칙은 V = IR이며, 이 법칙에서 각기 V(전위), I(전류), R(저항)을 검출하는 방법에 따라 명명된다. 원리에 따른 분류는 아래와 같다.

1) 축전 용량(capacitance) ; 유전 상수 검출기
2) 저항 ; 전도도 검출기
3) 전압 ; 전위차 검출기
4) 전류 ; coulometric(전기량), polarographic, amperometric(전류) 검출기

5. 질량 분광 검출기(Mass spectrometric detector)

LC와 MS를 조합하는데 있어 기본적인 문제는 LC의 상대적으로 큰 용매 부피와 MS의 진공 요구사이의 많은 불일치이다. 이를 해결하기 위한 여러 가지 연결 장치가 개발되었다. 이들의 원리는 아래와 같이 분류할 수 있다.

1) 컬럼으로부터 용리액이 분리되어 작은 부분만 MS에 직접적으로 소개된다. 최근 microbore 컬럼(흐름 속도 10~50 ㎕)과 함께 직접적으로 용리액이 MS로 들어갈 수 있는 장치가 개발되었다.

2) 유출액이 용매를 휘발하여 제거하기 위한 가열된 챔버에 용매와 분석 물질을 이송하는 계속적인 이동 벨트나 이동 선(moving wire)에 점착된다. 용매가 증발하고 벨트나 선에 잔류된 분석물질이 이온 발생원 영역으로 지나간다. 여기에서 탈착 이온화가 일어난다.

3) 새롭게 개발되어 많이 사용되는 열분무 장치는 높은 흐름 속도(약 2ml/min)에서 컬럼의 전체 유출액이 연결 장치로 직접 소개된다. 이 장치와 함께 액체는 스테인레스 강을 지날 때 증발되고, 용매와 분석물질 분자의 aerosol jet를 형성하기 위하여 모세관이 가열된다. 분무에서 분석물질은 용리액에서 합쳐지는 ammonium acetate와 같은 염과 함께 전하 교환 메커니즘을 통해 이온화된다. 이리하여 열분무는 연결 장치뿐만 아니라 이온화 원이다.

4) 최근 새로운 연결 장치는 전자 충격과 화학적 이온화를 이용하고 있다. 이 장치에서 에어로졸(입자성 용질과 기체상 이동상 분자의 혼합물)을 만들기 위한 열분무와 해리가 동시에 일어난다. 이 에어로졸이 이동상 분자를 펌핑해 내보내는 진공 영역의 노즐을 통해 가속되고, 운동량 분리기에 의해 분리되며, 입자성 물질은 전자빔이나 화학적으로 이온화된다.

제 6장 크로마토그래피의 조합 방법

Q 1. 크로마토그래피의 조합 방법에 대해 서술하라.

1. 개요

크로마토그래피는 혼합물의 성분들에 대해 성분들의 수에 따른 복잡성, 봉우리 높이나 넓이에 의한 정량성 및 머무름 인자에 의한 물질의 확인과 같은 정보를 제공한다. 이중 물질을 확인하는 데 있어 머무름 시간만으로 물질을 확인하는 것은 매우 의심스러운 일이다. 한편, 분광학적 기술은 물질을 확인하는 높은 확실성을 추론할 수 있는 정성적 정보를 제공한다. 그러나, 분광학적 기기는 두 가지 제한점을 가지고있다. 첫째는 신호로부터 정량적 정보를 얻기 어렵다는 점이며, 둘째는 신뢰할 수 있는 확인을 위해 순수하거나 단일 성분이어야 한다는 것이다. 이에 한 개의 시료에 대해 성분들의 동정과 그들의 농도에 대한 보완적 정보를 주기 위한 크로마토그래피와 분광학적 분야의 조합의 필요성이 대두되었고, 이러한 의도가 각 기기 간의 조합에 대한 추진력의 발단이 되었다. 이렇게 두 기기를 조합하는데 있어서 연결 장치에 대한 두 가지의 중요한 면을 고려하여야 한다. 첫째는 두개 또는 그 이상의 기계적인 결합이고, 다른 하나는 컴퓨터에 의한 전체 시스템의 통제이다.

2. 크로마토그래피와 분광분석 기기와의 조합 방법

표. 크로마토그래피와 분광분석 기기와의 조합 방법

구분	조합 방법
GC	GC-MS(gas chromatography interfaced with mass spectrometry) GC-FTIR(gas chromatography interfaced with Fourier transform infrared spectrometry) GC-OES(gas chromatography interfaced with optical emission sprctroscopy) GC-MS-FTIR
LC	LC-MS(liquid chromatography combined with mass spectrometry) LC-FTIR(liquid chromatography combined with Fourier transform infrared spectrometry) LC-NMR(liquid chromatography combined with nuclear magnetic resonance spectroscopy)
SFC	SFC-MS(supercritical fluid chromatography combined with mass spectrometry) SFC-FTIR(supercritical fluid chromatography combined with FTIR)

Q 2. 크로마토그래피와 분광 분석기의 조합에 따른 특징을 서술하라.

1. GC-MS

혼합물 상태인 유기물이 GC에 의해 분리된 후 질량 분석기 이온원의 전자 에너지에 의해 이온화되어 만들어진 이온을 질량 대 전하 비(m/e)로 분리한다. 각 이온들의 상대적 세기를 질량 대 전하 비로 기록한 질량 스펙트럼을 해석하여 물질의 화학적 구조, 화학 반응, 분자량 등을 확인하는 정성 분석을 할 수 있고, 또한 질량 분석기에서 나오는 총 이온 크로마토그램으로 정량도 가능하다. GC-MS는 환경 오염 물질 및 대사산물 분석, 미지 화합물의 규명, 신물질 합성 등의 화학 반응 연구에 유용성이 크다.

2. GC-FTIR

IR은 작용기가 있는 물질에 대해 중요한 구조적 정보를 제공하지만 완전히 미지의 물질을 확인하는 데는 사용할 수가 없다. 특히 혼합 물질의 경우는 더욱 어렵다. 따라서 혼합 물질을 GC로 분리 후 IR에 적용하는 것이 바람직하다. 그러나, 분산형 IR은 감도가 낮고, 조사(照査, scanning) 시간이 길며, GC에 대해 한 개의 파장을 선택하여 작용기 이외의 스펙트럼 정보를 얻기 힘들다. 이런 어려운 점들이 FTIR의 출현으로 일시에 해결되었다. 따라서 GC-FTIR의 조합을 할 수 있고 많은 혼합 물질에 대해서도 구조적 정보를 얻을 수 있게 되었다. FTIR의 장점은 모든 파장이 동시에 기록되고, 파장의 정확도가 높으며(0.01㎝$^{-1}$), 분산형에 비해 바탕 잡음을 주는 산란광이 없고, 조사 시간(scanning time)이 짧으며, 감도가 높다는 것이다.

3. GC-OES(Gas chromatography-optical emission spectroscopy)

플라스마 원천 불꽃 및 탄소로는 GC와 쉽게 연결될 수 있다. 이 중 플라스마 원천은 주기율표의 모든 원소를 여기 시켜 강한 발산을 할 수가 있다. 특히 C, H, O, N, S, P 및 할로겐 원소(F, Cl, Br)와 D, C^{13}, N^{15}, O^{18}등의 동위원소에 대해 특정한 크로마토그램을 얻을 수 있다. 이 특정 크로마토그램으로 각 봉우리에 대해 특정 원소의 존재 유무를 알 수가 있으며, 각 원소의 봉우리 면적으로 실험식을 알 수가 있다.

GC로부터 분리되어 나온 유출물이 마이크로파(또는 라디오파) 발생기로부터 생성된 플라스마에 놓이면 플라스마로부터 에너지를 흡수하여 분자가 깨지고 바닥 상태에서 들뜬 상태로 여기 된다. 이것이 다시 바닥 상태로 돌아올 때 각 원소는 특정 파장의 빛을 방출하게 된다. 방출된 빛은 모아졌다가 회절발에 의해서 분산되어 각 파장의 빛으로 나뉘어져 배열 광다이오드(photodiode array, PDA)나 광전 증배관에서 검출된다.

4. GC-FTIR-MS

MS는 화합물의 분자량과 구조 확인에 뛰어난 결과를 제공하나 이성질체 구별에는 적합치 못한 반면, FTIR은 이성질체 구별은 물론 정확한 분자 구조를 확인하여 준다. 이들의 상호 보완적인 기능을 결합한 GC/FTIR/MS는 단 한번의 시료 주입으로 GC에서 분리되는 모든 화합물을 정확하게 분석하는 조합 시스템이다.

표. GC-FTIR-MS 조합 시스템에 의한 정성 분석

GC	FTIR	MS
- separator	- Functional Group Selective	- Mass Selective
	- Aromatic Substitution Information	- Homolog Information
	- Cis-trans Isomer Data	- Molecular Weights
	- Ring Junction Information	- Elemental Composition
	- Aliphatic Chain Data	- Substituent Data

5. LC-MS

순수한 단일 시료는 단독 질량 분석기 사용에 큰 어려움이 없으나 시료가 혼합물인 경우에는 다른 분석법과 마찬가지로 질량 분석에 앞서서 필요한 성분의 분리, 정제 과정이 필요하다. 이를 위해 GC/MS 방법이 개발되어 각종 유기 및 생체 물질의 분석에 널리 사용되고 있다. 그러나 끓는점이 높거나, 열에 불안정하고 극성이 큰 물질들은 GC-MS로 분석하기 어렵다. 따라서 휘발성이 크고 열에 안정한 유도체로 만들어 GC-MS에 주입해야 하나 시료 처리 과정에서의 수율 및 재현성이 문제가 되는 경우나 분자량이 큰 생체 물질들은 LC-MS를 필요로 한다. 현재 지구상에 존재하는 유기 및 생체 화합물은 약 1,000만종 정도이며, 이중 GC-MS로 분석 가능한 화합물은 약 1 % 정도로 LC-MS의 필요성은 중요성을 더해가고 있다.

6. LC-FTIR

LC에서의 유출물은 검출기 출구에서 수집되고 수 ㎎의 KBr이 가해진다. 과량의 용매가 증발되고, 시료를 미세 원판(micro-disc)으로 만든다. 이동상에 물이 있는 경우 거의 가능하지 않다. 이런 경우에는 KBr을 가하기 전에 휘발성 유기 용매로 시료를 추출한다. 유출물이 계속하여 흐름 셀(flow-cell)을 통과하면서 크로마토그래프가 작동되는 동안 간섭그림이 계속 모니터링 된다. 분리의 끝에서 용액의 스펙트럼이 계산되고 이동상의 스펙트럼을 뺀다. 전형적 셀은 통과 길이가 0.1~0.2 mm, 셀 부피는 3~12 ㎕이다.

7. LC-NMR

LC와 NMR의 조합은 1970년대 중반부터 흥미롭게 진척되었다. NMR은 구조나 입체화학적 정보를 용이하게 제공하지만, 기술적인 면에서 상대적으로 큰 시료 량의 필요와 분석 시간이 많이 소요되어 일반적으로 HPLC의 실험 조건과 일치시키는 것이 쉽지 않다. 또한 양성자 스펙트럼만이 얻어지므로 감도가 낮다. 용출되는 용매가 분광 분석기의 조건에 맞지 않을 때에는 용매를 바꾸어 특별한 미세 셀에 넣어 측정한다. 미세 셀의 부피는 0.03~0.05 ㎖이다. NMR 시료의 강도와 봉우리 폭은 흐름 셀에 용질의 정체 시간(컬럼 흐름 속도)에 의존한다. FT-NMR을 이용하여 한 개의 이용할 수 있는 양성자 스펙트럼의 평균 신호를 부분 미량 시료(sub-microgram amount)로부터 얻을 수 있다.

8. SFC-MS 및 SFC-FTIR

SFC-MS와 SFC-FTIR의 조합은 HPLC보다 문제점이 더 적다. OTC는 직접적인 유동체(fluiding) 연결 장치를 사용해 MS와 조합된다.

1) 모세관 SFC에서의 전형적 액체 흐름 속도는 50-80 μℓ/min이다.
2) 대부분 MS는 이동상이 기체 시약으로 작용하는 화학적 이온화 방식(CI)에서 기록된다.
3) 직결된 SFC-FTIR은 HPLC-FTIR보다 높은 감도와 더 큰 스펙트럼 정보를 준다.
4) SFC에서의 이동상은 HPLC에서 쓰이는 것보다 더 넓은 스펙트럼 창과 더 큰 IR 투명성을 갖는다.

제 7장 기타 크로마토그래피 방법

Q 1. 종이 크로마토그래피(Paper chromatography, PC)에 대해 서술하라.

종이 크로마토그래피는 1944년 Martin과 Synge에 의해 소개된 가장 간단한 형태 중의 하나이다. 정지상은 간단한 여과지를 사용하거나 크로마토그래피용 종이로 특별히 정제된 셀룰로오스(98~99 % α-cellulose)를 사용한다. 이동상은 모세관 작용이나 모세관 작용과 중력에 의해 이동한다. 시료는 친수성 화합물인 아미노산, 펩타이드, 당류들이 주로 사용되었다. 이 메커니즘은 주로 액체인 이동상과 셀룰로오스에 함유된 물(물-셀룰로오스 복합체) 사이의 분배에 의해 주로 이루어지나, 종이를 만드는 과정에서 형성되는 카르복실산과의 이온 교환 등에 의해 더욱 복잡하다. 이동상을 전개하는 방법에는 상승법과 하강법이 있으며, 용매를 담는 용기는 사각 및 원통형이 사용된다. PC에서 재현성과 분리능을 높이기 위해서는 다음 조건을 갖추어야 한다.

1) 시료는 주사기나 모세관으로 다른 시료나 표준 물질과 구별되게 점적한다.
2) 용매는 전개 전에 자연적이나 인공적으로(건조기 사용)증발 시켜야한다.
3) 종이는 1시간 정도 전개할 수 있는 정도로 하고, 전개 전에 챔버에서 용매 증기와 평형이 되도록 한다.
4) 발색 시약은 종이에 적합하여야 한다.
5) 정량을 위한 자르기 및 추출에도 많은 주의가 요구된다.

얇은 층, 기체 및 고성능 액체 크로마토그래피 등의 등장으로 80년대 이후에는 거의 사용되지 않고 있으며, 모든 실험실에서 간단한 예비 실험에도 현재는 얇은 층 크로마토그래피로 대치되어 있다.

Q 2. 얇은 층 크로마토그래피(Thin layer chromatography, TLC)에 대해 서술하라.

1. 개요

얇은 층 크로마토그래피는 1938년 Izmaillov와 Schreiber가 기초를 세웠으며 58년 Stahl에 의해서 더욱 발전되었다. TLC에서 정지상은 불활성 지지체에 입자성 물질(입자 크기 5~30 ㎛, 평균 20㎛ ; 실리카 겔, 알루미나)을 0.1~0.5 mm 두께로 입힌 것으로 지지체는 초기에 유리를 사용하였으나 현재는 플라스틱이나 알루미늄을 주로 사용한다. 실험실에서 용도에 따라 판의 크기를 조절하여 사용할 수 있는 이점이 있다. 정상적인 상업용 전개판으로는 20×20 cm, 5×20 cm, 1×3 cm(현미경 슬라이드, microscope slide)가 있다. 시료 부피는 1~5 ㎕가 사용된다. TLC의 분리능은 입자 크기에 의존한다. 한편 평균 입자 크기가 5 ㎛ 정도를 사용하는 것을 고성능 얇은 층 크로마토그래피(HPTLC)라 한다. HPTLC에서 전개판의 크기는 10×10 cm, 10×20 cm가 사용되며 시료 부피는 0.1~0.2 ㎕를 점적한다. TLC에서 재현성과 분리능을 높이기 위한 조건은 PC와 거의 같다. 전개 방법은 연속적 전개, 단계별 전개, 이차원 전개, 다차원 전개 및 방사방향(또는 원형) 전개 방법이 있다.

많은 실험실에서는 평형 단계를 생략하고 판에 시료나 표준 물질 용액을 점적하고 말린 후 즉시 용매조의 용매에 넣어 전개시킨다. 약 0.5~1시간 정도 전개한 후 건조하고, R_f값(용매가 이동한 거리와 화합물이 이동한 거리의 비율)에 의해 정성과 정량을 할 수가 있다. 전개된 성분들은 대칭성의 점들을 형성하는 것이 좋다. 분리되는 화합물의 대다수가 색을 띠지 않아서 직접 관찰하기가 힘들다(합성 염색체와 천연 염색체는 제외). 이런 경우에는 화합물과 반응해서 유도체를 형성하여 색깔을 띠는 시약이 사용된다. 산성화된 중크롬산은 대부분의 유기 복합체를 발색시키며, 닌히드린 시약은 아미노산에 특이적으로 반응한다. TLC의 이점은 저렴한 비용과 빠른 속도 및 간편성이다. 그러므로 일반 실험실에서 생산품의 순도 판별, 임상 실험, 생화학, 생물체 연구 등에 널리 사용되고 있다

2. TLC에서의 억제 인자, 용매 선택 및 효율

1) 억제 인자(Retardation factor, R_f)

TLC에서는 단면(cross section)과 분배계수는 전개 거리에 따라 일정하지 않으므로, 용질과 이동상의 이동한 거리의 비를 사용한다. 이 비를 억제 인자라 한다.

R_f = 용질의 이동 거리/이동상의 이동 거리 = d_R/d_M

(1) TLC는 HPLC에 대한 지표 기술(pilot technique)로 사용된다.

$k = k = (d_M-d_R)/d_R = \{1-(d_R/d_M)\}/(d_R/d_M) = (1-R_f)/R_f = (1/R_f) - 1$

k ; HPLC로부터의 용량인자 R_f ; TLC로부터 측정된 억제 인자

(2) 직선형 전개($R_{f,lin}$)와 방사방향 전개($R_{f,circ}$)와의 관계

$R^2_{f,circ} = R_{f,lin}$

2) 용매 선택

용매 계는 보통 물과 섞이는 극성 유기 용매의 이 성분 혼합물이 사용된다. 한편 용매 혼합물은 실험적으로 결정된다. 전체 용매 강도는 다음 식으로부터 구한다.

$S' = F_aS_a + F_bS_b + \cdot\cdot\cdot\cdot$

F ; 순수 용매(a, b 등)의 부피 분율　S ; 그들의 용매 강도 인자

3) 효율

TLC에서의 이론단 수(n)는 다음으로부터 계산된다.

n = 16(점 중심의 이동 거리/ 점의 폭)^2 = $16(d_R/W)^2$

3. 정량

정량을 하는 첫째 방법은 가시적 비교, 면적 측정, 농도계법(densitometry)에 의해서 전개된 판(plate), 얇은 판(sheet), 또는 벗김 크로마토그램(strip chromatogram)위에서 직접 수행된다. 둘째 방법은 더 실험되기 전에 흡착제로부터 용질을 용출하여 분석하는 방법으로 시료나 표준 물질로부터 용출된 물질은 간편하고 적합한 방법에 의해 분석되어질 수 있다.

1) 흡수 농도계법(Absorption densitometry)

2) 반사 형식(Reflectance mode)

3) 형광 측정

4) 표준물 첨가법

Q 3. 제조용 액체 크로마토그래피에 대해 설명하라.

1. 개요

제조용 액체 크로마토그래피(preparative liquid chromatography, PLC)는1967년 Huber가 HPLC 시스템을 개발한 이후 꾸준히 발달되었다. 제조용(또는 분취용) LC는 시료 중의 복합성분을 크로마토그래피를 이용하여 각각 단일 성분으로 분리한 후 원하는 성분을 높은 순도와 수율로 제조하여 구조의 확인, 표준품 제조 및 제품을 양산하기 위한 목적이 있다.

1) 제조용 HPLC 시스템의 특징

(1) 응용 범위가 넓다.

(2) 규모 증대나 재순환 방법으로 소량에서 대량(μg~kg)까지 제조할 수 있다.

(3) 분리능, 재현성, 회수율이 좋다.

(4) 제조 시간이 짧고, 자동화기 용이하다.

(5) 제조된 물질의 순도 확인이 쉽다.

2) 시료를 제조할 때는 다음 사항을 고려하여야 한다.

(1) 제조할 대상 물질에 대한 정보를 얻는다 ; 미량 성분 제조, 대량 성분 제조, 유사 성분 제조

(2) 초기 분석 방법 및 조건을 정한다 ; 정상, 역상, 이온 교환, 크기 배제

(3) 분석 조건을 개선하여 재분석한다 ; 이동상, 컬럼, 시료 전처리 등을 변화시켜 α, k, n, R_s값의 최적화 및 증가를 시도한다.

(4) 개선된 분석 조건을 사용하여 예비 제조를 한다.

(5) 예비 제조 조건에 맞으면 규모 증대나 순환 방법으로 대량 제조를 한다.

(6) 제조된 물질의 순도를 확인하고 목적에 맞도록 사용한다.

3) 제조용 HPLC에 영향을 미치는 인자

(1) 시료의 량과 농도

(2) 이동상 및 유속량

(3) 컬럼의 수명 및 가격

(4) 그레디언트 방법 사용

(5) 작동의 편의성 및 경험과 지식의 축적

2. 제조용 HPLC 시스템을 이용한 제조 방법

1) 규모 증가(Scale-up) 방법 : Heart-cut

제조하고자 하는 단일 주성분 이외의 적은 성분이 같이 있을 때 α값을 증가하여 주성분과 다른 성분을 적절하게 분리한 다음 규모 증가 방법으로 과적 시켜(overload) 겹치지 않은 성분만을 받아 제조하는 방법이다.

2) Shave 재순환(Shave-recycle) 방법

혼합물을 컬럼에서 분리시킨 후 용매와 함께 폐액으로 보내지 않고 다시 컬럼에서 연속적으로 순환시키는 방법이다. 그러나 순환은 6회 이상 실시할 경우에는 시료의 확산에 따른 제조 구간의 선정이 곤란해지므로 6회 미만의 경우가 적합하다.

Q 4. 아미노산 분석법(Amino acid analysis)에 대해 설명하라.

아미노산 분석법은 1958년 Stanford Moore, William Stein, Speckaman이 닌히드린에 의한 정량과 자동 장치에 대하여 발표한 이후 다방면에서 현재까지 많은 연구가 진행되고 있다. 아미노산은 대부분 단일 결합으로 UV/Vis 영역에서 흡수가 일어나지 않고(tryptophane, tyrosine, phenylalanine 제외), 형광 물질이 아니므로 LC/UV 검출기 시스템을 이용하여 분리 분석하기 위해서는 유도체화 시약(ninhydrin, OPA, PITC, FMOC)과의 반응이 필요하다.

1) 용리후 유도체화(Post-column derivatization)

컬럼에서 분리된 아미노산이 검출기에 들어가기 전에 용매에 반응 시약을 넣어주어 온라인(on-line)으로 유도체를 만들어 검출하는 방법이다.

(1) Ninhydrin 시약과 일차 아미노산의 반응

ninhydrin　　amino acid　　Ruhemann's purple (λ_{max} 570 nm)

(2) OPA(Ortho-phthaldialdehyde)와 일차 아미노산과의 반응

OPA　　amino acid　　thiol　　fluorescent adduct

2) 전치 컬럼 유도체화(Pre-column derivatization)

유리 아미노산을 유도체화 하여 역상 컬럼으로 분리한 후 검출하는 방법으로 유도체화가 불안정하고 실온에서 빨리 분해되기 때문에 자동 시료 주입기를 사용하여야 한다. 전치 컬럼 유도체화에는 다음과 같은 방법이 주로 사용된다.

(1) OPA 법

유도체화 반응은 위의 방법과 같다.

(2) FMOC(Fluorenylmethoxycarbonyl chloride) 법

1983년경 Josefsson에 의해 시도된 방법으로 1차 및 2차 아미노산 과 반응한다. 유도체화된 물질은 산성에서 3시간 이상 안정하다.

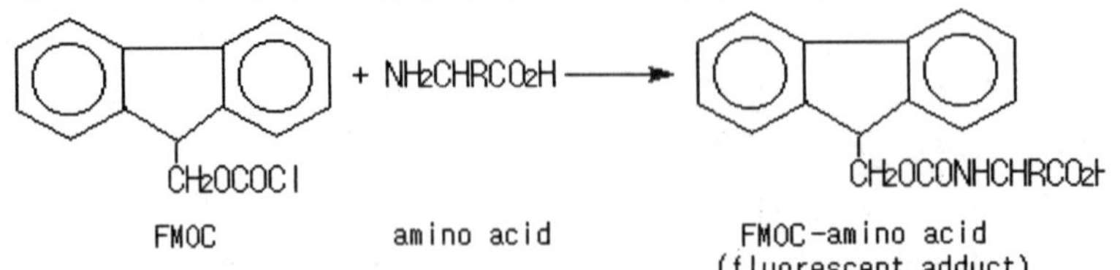

FMOC　　amino acid　　FMOC-amino acid (fluorescent adduct)

(3) PITC(Phenylisothiocyanate) 법

1982년 Knoop에 의해 시도되었으며, 1차 및 2차 아미노산과 알칼리성 pH의 실온에서 쉽게 반응한다. 이 유도체는 형광성이 없어 자외선 검출기로 검출한다.

phenylisothiocyanate(PITC) + $NH_2CHRCO_2^-$ —(pH 9~10)→ C_6H_5-NH-CS-NH-CHR-COO^-

phenylisothio-cyanate(PITC)　amino acid　phenylthiocarbamyl amino acid

(4) AccQ-Tag 법

AccQ-Fluor 시약(6-aminoquinonyl-N-hydroxysuccinimide carbamate, 또는 AQC)는 N-hydroxysuccinimide-activated heterocyclic carbamate로 새로운 유도체 시약이다. 이 시약은 일차 및 이차 아미노산을 안정한 형광 유도체로 만든다. 과량의 시약은 가수분해되어 NHS, CO_2 및 6-aminoquinoline(AMQ)을 생성하나 분리 분석에 방해가 되지 않는다. 유도체는 실온에서 1주일간 안정하다. AccQ 형광 시약과 아미노산(또는 아민), H_2O와의 반응은 다음과 같다.

AQC + HNR_1R_2 —(fast, $t_{1/2}$ <<1s)→ derivatized amino acid (or amine) + NHS

AQC　1° or 2° amino acid(or amine)　derivatized amino acid (or amine)　NHS

AQC + H_2O —(slow, $t_{1/2}$~15s)→ AMQ + NHS + CO_2

AQC　AMQ　NHS

표. 전치 및 용리후 유도체화 방법의 기법 비교

요소	post-column ion-exchange	pre-column RP-HPLC
분리능	우수, 방해 물질이 없다.	양호, 생성물에 의한 것이나 분석에는 영향이 없다.
분석 시간	45~120분	6~45분
사용 용이성	적당(fair)	양호(good)
비용	비싸다.	적당
재현성	우수(excellent)	우수
감도	10^{-9}mole~10^{-12}mole	10^{-12}mole~10^{-15}mole
상태(status)	전통적(traditional)	현재 발달 상태(state of the art)

Q 5. 관류 크로마토그래피(Perfusion chromatography)에 대해 설명하라.

관류(灌流) 크로마토그래피는 퍼듀 대학의 Frederick Regnier 박사에 의해 개발되었으며, 1989년 PerSeptive biosystems사에 의해서 처음 소개되었다. 이것은 입자의 근본적인 발전을 나타내며, 기본적으로 기존 충전물의 확산하는 질량 이동의 제한성을 극복하는 것에 의해서 입자의 내부에 대한 속도 접근에 대해 설계되었다. 기존의 충전물과 달리 이 크로마토그래피는 두 가지 동공을 갖는 다공성 충전제를 사용한다. 충전제 내의 동공에는 입자를 관통시키는 비교적 큰 통과 동공(throughpore, 6000~8000 Å)과 이와 연결되어 용질과 충전제 상호작용이 일어나기 위한 큰 내부 표면적을 제공하는 작은 확산 동공(diffusive pore, 800~1500 Å)이 있어 시료들이 충전 입자들 주위와 입자 내부의 통과 동공을 통해 이동하고 여기에 연결된 확산 동공으로 관류하게 된다. 확산 동공의 길이가 전체 입자 구경에 비해 작기 때문에(전형적으로 1 ㎛ 이하) 시료 분자가 내부 결합 위치로나 그 위치로부터 확산 시간이 매우 짧다. 내부 입자와 짧은 확산 동공은 입자 내부의 전체 표면적에 접근을 효과적으로 제공한다. 그러나 기존 물질은 같은 효과의 달성이 오직 확산에 의존하므로 최적의 분리 조건을 얻기 위해서 분리 속도, 실음 용량, 분리능 중 어느 하나를 증가시키면 다른 것은 희생하여야 하나, 관류 크로마토그래피는 분리능이나 용량 손실이 거의 없이 훨씬 빠르게 수행된다.

분석물질의 동공 내 확산에 의한 이동시간을 줄여 신속한 분리를 하기 위해서 다공성 입자의 크기를 작게 하여 확산에 의한 흐름의 길이를 줄이고 동공이 없는 입자를 사용하는 방법이 연구되었다. 입자를 줄이는 방법은 작동 압력의 급격한 증가로 입자 구경을 3~5 ㎛이하로 하기 어려워 이런 작은 입자는 제조용으로 사용할 수 없다. 동공을 갖지 않는 입자들은 실음 용량이 감소하므로 이를 극복하기 위하여 입자의 구경을 1~3 ㎛까지 줄일 수 있어 빠른 흐름 속도에서 사용할 수 있으나 압력이 크게 떨어지고 표면적 감소로 인한 실음 용량의 한계가 있어 분석용으로 적합하지 않다. 이런 확산 문제 해결을 위해 관류 크로마토그래피가 개발되었다. 충전 물질은 PS-DVB로 화학적 및 기계적 안정성을 가지며, 그 자체로 역상 분리를 할 수 있고, 다른 작용기를 결합시켜 소수성, 이온 교환, 친화성 등(겔 침투는 제외)의 크로마토그래피에 이용할 수 있다.

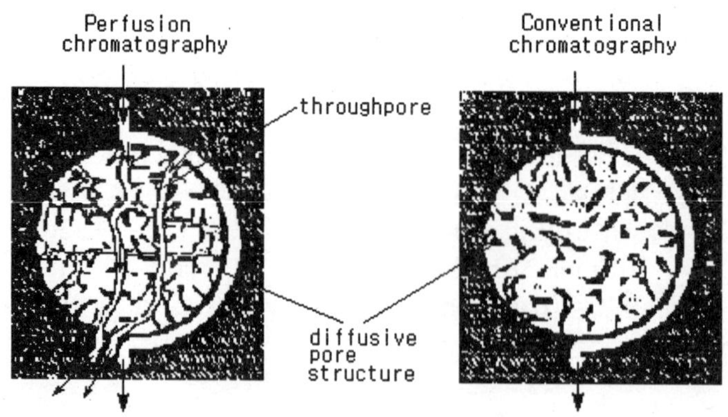

그림. 전통 및 관류 입자에서의 동공 구조 및 질량 이동

Q 6. 역류 크로마토그래피(Countercurrent chromatography, CCC)에 대해 설명하라.

물질이 두 개의 섞이지 않는 액체 사이에서 그들이 분포하는 능력에 의해 분리될 수 있다. 각 상에서 용질 농도는 분리 과정의 선택성의 척도인 분배 함수에 의존한다. 분리 과정의 효율은 분배계수를 변형하거나 평형 단계(추출)의 수를 증가시키는 두 방법에 의해 증진될 수 있다. 이런 과정은 자동화가 필수적이다. 역류 분배 기구는 고정된 부피와 다른 밀도의 섞이지 않는 두 액체 사이의 천번 이상의 평형 단계를 허용한다.

역류 과정에 있어서의 혁명은 연속적인 방법으로 작업하는 소 실험실 규모 단위의 개발에 기인한다. 작은 방울(droplet ; 飛沫) 역류 크로마토그래피에서 수많은 수직적이고 길고 좁은 유리관(예 ; 40 cm x 2 mm i.d)이 모세관 PTFE 관에 의해서 연속하여 연결된다. 수직 관은 정지상으로 채워지고 이동상은 난류 없이 작은 방울로서 관을 통해 흐르도록 강요된다. 정지상과 이동상의 혼합물에 녹은 시료는 기구로 주입되고 분리는 이동하는 작은 방울이 컬럼을 통해 지날 때 작은 방울과 정지상 사이에서 다중 분배에 의해 달성된다. 이동상은 10~15 ml/h의 속도로 기구를 통해 펌핑되며, 용출액은 1~3 ml 분율로 수집된다. 작은 방울 CCC 약 400~1500 이론단의 효율로서 4~12시간 동안에 수 그램의 시료를 분리할 수 있다. 그들은 대략 10개 이하의 성분들을 포함하는 간단한 혼합물을 분리하는데 적합하다.

표. 역류 크로마토그래피의 장점

구분	내용
1. 범용성	1) 예비 정제용으로 사용 가능하다. 2) 다양한 용매 시스템을 사용할 수 있다. 3) 실험 여건에 따라 이동상과 정지상을 선택할 수 있다. 4) 극성 물질, 수용성 물질 분리에 적합하다. 5) 비수용성 물질의 경우 비극성 용매를 사용한다. 6) 고형의 컬럼 충전물에 의한 오염의 염려가 없다.
2. 편리성, 분리 속도	1) 사용이 간단하고 쉽다. 2) 분리 시간은 약 0.5~수 시간 정도이다.
3. 분리능	1) Coil planet centrifuge 형태는 이론단 수가 약 350~1000 정도이다.
4. 경제성	1) 컬럼의 손상 우려가 전혀 없다. 2) 여과되지 않은 불순물이 혼합된 상태로도 주입이 가능하며, HPLC의 전처리 분리 농축용으로 매우 유용하다. 3) 용매 소비가 적다.
5. 분리 형태 예측	1) 분배 계수로부터 머무름 예측이 가능하다.
6. 재현성	1) 재현성이 우수하다.
7. 시료의 회수	1) 컬럼 내의 고체 충전물에 의한 촉매적 변화나 흡착이 방지된다. 2) 분리 물질의 활성 유지를 위한 용매의 pH 조절이 용이 하다. 3) 용매로부터 시료의 회수가 용이하다.
8. 넓은 응용성	1) 항생제, 농약, 염료, 글리코사이드, 탄닌, 플라비노이드, 알칼로이드, 폴리펩티드 등에 활용된다. 2) 가공하지 않은 시료(천연물, 합성 물질)에도 널리 사용된다.

Q 7. 전기이동(Electrophoresis)에 대해 설명하라.

1. 개요

전하를 갖는 물질을 직류 전장에 놓으면 그 물질의 전하, 분자의 크기 및 모양 등에 따라 각각 특유의 이동을 하며, 이와 같은 거동을 전기이동라고 하고 이동도의 차에 의하여 물질의 분리나 순도를 검정할 수 있다. 전기이동법은 크게 두 가지로 나눌 수 있다. 하나는 지지체를 쓰지 않는 자유 용액 중에서 용질이 이동하는 것을 이용하는 이동 계면 전기이동 방법으로, 단백질 등의 고분자 물질의 순도 검정에는 좋지만 혼합물이 완전히 분리되지 않는 단점이 있다. 둘째는 지지체를 이용하는 띠 전기이동이다. 이것은 지지체 중에서 혼합물을 좁은 띠에 놓고 이동시키기 때문에 각각의 성분이 띠 상태 그대로 이동하여 상호 분리가 된다. 전기장 내에서 하전된 분자(입자)의 속도는 억제력들의 결합과 가속력(전기장)에 의해 조절된다. 따라서 하전된 분자는 중력의 영향에 의해 어떤 입자가 낙하하는 것과 유사한 방법으로 최종 속도에 도달하여 유지될 것이다. 분자에 미치는 힘(F)은 분자의 전하량(q)과 전기장(E)에 의존한다. 주 억제력(F_s)은 마찰에 의한 것이고 Stoke's 식에 의해 정량화 될 수 있다. 그 외의 다른 억제력은 용액 내의 다른 이온(반대 이온과 완충 이온)들에 의해 나타난다. 이런 주위의 하전된 분자들에 의해 분석물질의 분포가 일그러져 나타난다. 이러한 일그러짐 현상을 무시하면, 가속력과 억제력이 같아질 때 하전된 분자는 최종 속도에 도달하게 된다.

$F = qE \qquad F_s = 6\pi\gamma\eta\upsilon$

q ; 분자의 전하량 E ; 전기장(전극 양단의 전위차를 거리로 나눈 값)

γ ; 분자(입자)의 반경 η ; 액체의 점성 υ ;분자의 속도

$qE = 6\pi\gamma\eta\upsilon \quad \upsilon = qE/\pi\gamma\eta$

모세관 전기이동에서 이온의 이동 속도는 전기이동 이동도와 응용된 전압에 비례하고 응용된 길이에 반비례한다. 한편, 띠 넓어짐은 액체 크로마토그래피와 달리 모세관 전기이동에서는 오직 한 개의 상(single phase)이 사용되므로 질량 이동은 관계없고 세로 확산만이 관계된다. 이때의 단 수는 전기이동 이동도와 응용된 전압에 비례하고 용질의 확산계수에 반비례한다. 모세관 전기이동에서 완충 용액을 함유하는 모세관을 가로질러 높은 전압이 응용되면 보통 전기삼투 흐름(electroosmotic flow)이 일어난다. 전기삼투의 존재하에서 이온의 속도는 이온 이동 속도와 전기삼투 흐름 속도의 합으로 표시된다.

$v = \mu_e V/L$

v ; 이온 이동 속도, cm/sec μ_e ; electrophoretic mobility, $cm^2V^{-1}s^{-1}$

V ; 응용된 전압, 평판 전기이동(보통 500 V)에 비해 20,000~60,000 volt를 사용

L ; 응용된 길이(보통 30~50 cm를 사용)

$n = \mu_e V/2D$

n ; 단 수, HPLC(보통 5,000~20,000)에 비해 보통 100,000~200,000 정도이다.

D ; 용질의 확산계수, cm^2s^{-1}

$v = (\mu_e + \mu_{eo})E$

2. 전기이동 방법의 종류

전기이동은 매우 광범위한 분석과 조제 방법의 기초를 제공한다. 이들 중 대부분의 경우는 전기이동적 이동도의 차이 특성과 다른 분리 메커니즘을 결합한 혼성 기법이 이용된다.

1) 이동 계면 전기이동(Moving boundary electrophoresis)
2) 띠 전기이동
   (1) 종이 전기이동
   (2) 셀룰로오스-아세테이트 전기이동
   (3) 막대 겔 전기이동
   (4) 평판 겔 전기이동
   (5) 면역 전기이동
3) 아이소타코포레시스(Isotachophoresis)
4) 모세관 전기이동(Capillary electrophoresis, CE)

Q 8. 다음 용어를 간단히 설명하라.

1) 모세관 전기이동(Capillary electrophoresis, CE)
2) 모세관 띠 전기이동(Capillary zone electrophoresis, CZE)
3) 모세관 겔 전기이동(Capillary gel electrophoresis, CGE)
4) 모세관 전기 크로마토그래피(Capillary electrochromatography, CEC)
5) 미셀 동전기 모세관 크로마토그래피(Micellar electrokinetic capillary chromatography, MECC)
6) 모세관 등속 영동(Capillary isotachophoresis, CITP)
7) 모세관 등전 초점(Capillary isoelectric focusing, CIEF)

1. 모세관 전기이동(Capillary electrophoresis, CE)

모세관 전기이동의 분리는 전장의 영향 하에서 분석물질인 이온들의 이동 속도의 차에 의한다. 따라서 이 기술은 모세관에 포함된 완충 물질에서 오직 이온화 하는 analytes에 적용된다. 1980년대 중 후반기부터 폭발적으로 발전하였으며, 예외적으로 작은 시료 부피(0.1~10 nl : 평판 전기이동은 보통 μl 범위)에 대해 고속 및 고 분리능을 준다. 보통 사용되는 모세관은 10~100 ㎛의 내경, 40~100 cm의 길이가 사용되며, 전극(백금) 사이에 적용되는 전압은 dc 20~30 kV이다.

2. 모세관 띠 전기이동(Capillary zone electrophoresis, CZE)

CZE에서 완충 성분은 분리 영역을 통해서 일정하다. 적용된 전위는 혼합물의 다른 이온성 성분들이 그 자신의 이동도(mobility ; 그들의 크기 대 전하의 비와 대략 같음)에 따라 각기 이동하도록 하며, 완전히 분리되거나 부분적으로 중첩되는 띠로 분리 되도록 한다. 와전하게 분리된 띠는 그들 사이에 완충 영역을 갖는다. 이 상황은 용리 컬럼 크로마토그래피와 유사하며, 이동상의 영역은 분리된 물질들을 포함하는 띠 사이에 위치한다.

3. 모세관 겔 전기이동(Capillary gel electrophoresis, CGE)

CGE에서 이온들은 다공성 겔 고분자 기질(polymer matrix ; network)을 통한 그들의 전기이동 이동도에 의해서 분리된다. 일반적으로 겔 네트워크(망상 조직)를 통한 이온 이동도는 이온 크기가 증가할 때 감소한다. 그러므로 CGE는 일정한 전하 대 질량비를 갖는 oligomers(소중합체 ; 예를 들면, oligonucleotides), 단백질 및 DNA 토막 등의 분리에 적합하다.

4. 모세관 전기 크로마토그래피(Capillary electrochromatography, CEC)

CE에 비해 CEC는 이온성 및 중성 분석물질 종에 응용된다. 여기에서 완충 용액의 전기삼투 흐름(electroosmotic flow)이 분석물질 분자를 머무르게 하는 두 번째 상을 지나는 분석물질 분자들을 이동하기 위하여 펌프 역할을 한다. 따라서 분리는 CE와 달리 HPLC처럼 분배 평형의 차에 기초한다. 이 전기삼투 흐름에 의한 펌핑 활동의 원천은 모세관을 가로지르는 고전압에 의해 발생한다. 전기 크로마토그래피는 CE와 HPLC의 두 특징을 살린 혼합형(hybrid)으로 1980년대 초에 충전 컬럼과 미셀 동전기 모세관의 두 형태가 발달되었으나 오늘날 후자가 더 많이 사용되고 있다. 모세관의 구경, 길이 및 적용되는 전압은 CE와 같다.

5. 미셀 동전기 모세관 크로마토그래피(Micellar electrokinetic capillary chromatography, MECC)

미셀의 존재에서 수행되는 모세관 전기이동을 미셀 동전기 모세관 크로마토그래피라(MECC/MEKC)부른다. 이 기술에서 계면 활성제(surfactants)가 임계 미셀 농도를 초과하는 양으로 작동 완충 용액에 부가된다. 대부분 현재 응용에서 계면 활성제는 sodium dodecyl sulfate(SDS)가 사용된다. 이런 형태의 음 이온 미셀의 표면은 양전극을 향한 큰 전기이동 이동도를 갖는 큰 음 전하를 갖는다. 미셀은 긴 사슬 탄화수소 고리를 갖는 이온 종의 농도가 임계 미셀 농도(critical micelle concentration, CMC)라 부르는 어떤 수준 이상으로 증가할 때 수용액에서 형성된다.

6. 모세관 등속 영동(Capillary isotachophoresis, CITP)

CITP에서 모든 분석물질 띠는 극단적으로 같은 속도로 이동한다. 그러므로 iso는 같은(same), tach는 속도(speed)라는 의미에서 붙여진 것이다. 어떤 응용에서 양이온이나 음이온이 분리될 수 있으나, 둘이 같은 시간에 있지 않을 수 있다. 이런 분리에서 시료가 두 완충 액 사이에서 주입된다. 하나는 분석물질 이온들의 어느 것보다 더 높은 이동도의 이온들을 포함하는 것(선도 완충 용액, leading one)과 시료 이온들보다 더 낮은 이동도의 이온을 포함하는 것(종결 완충 용액, terminating one)이다. 예를 들면, 음

이온 분리에서 빠르게 이동하는 chloride 이온은 선도 완충 용액에 포함되고, 서서히 이동하는 heptanoate 이온들은 종결 완충 용액에 포함된다. 음이온 분리에서 선도 전해질 용액은 양극에 종결용액은 음극에 연결된다.

7. 모세관 등전 초점(Capillary isoelectric focusing, CIEF)

CIEF는 아미노산과 단백질 같은 약 카르복시 산 그룹과 약 염기 아민 그룹을 갖는 양쪽성 양성자성 종(amphiprotic species)을 분리하기 위하여 사용된다. 양쪽성 양성자성 화합물은 용액에서 양성자를 주거나 받을 수 있는 화학 종이다.

Q 9. 유체 역학적 크로마토그래피(Hydrodynamic chromatography)에 대해 설명하라.

앞에서 언급한 SEC와 달리 소위 한 개의 상을 이용한 크로마토그래피의 여러 가지 변화된 방법들이 있다. 여기에서 시료는 성분의 크기에 기초하여 분리될 수 있다. 이런 방법은 전통적인 크로마토그래피에서 사용되는 정지상의 개념이 사용되지 않으며, 머무름과 분리는 용질의 유체 역학이나 흐름 성질 또는 응용된 외부장에 의해 제어된다.

유체 역학적 크로마토그래피(hydrodynamic chromatography, HDC)는 불용성이나 콜로이드와 같은 현탁된 입자들의 분리에 사용될 수 있다. 입자들은 동공(pore)에 들어가지 못하지만, 충전 구조의 틈새 공간(interstitial space)을 통해 흐르는 동안 분리된다. HDC의 충전물은 보통 15~20 ㎛ 크기의 이온 교환 수지가 사용되며, 비작용기의 고분자 구슬(nonfunctional polymer beads)이나 유리 구슬도 사용될 수 있다. 컬럼의 내경은 10 mm, 길이는 0.5~30 m로 이론단 수가 약 70,000/m인 컬럼이 일반적으로 사용된다. 흐름의 윤곽(profile)이 시료 입자의 이동성에 영향을 주는 유일한 인자는 아니다. 충전물과 콜로이드가 이중 층과 연관되며, 강한 전전기적 상호작용이 이동상의 이온 강도에 영향을 준다. 이동상은 보통 계면 활성제를 함유하는 완충 용액이다. Sodium dichromate와 같은 저 분자량 화합물이 표지물(marker)로 사용된다. 분자/입자 크기, 유효한 유체 역학적 구경에 기초한 다른 분리 방법에서와 같이 환경에 의존한다.

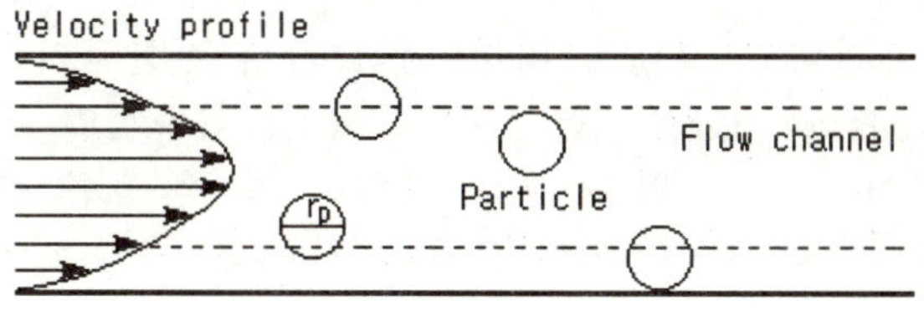

그림. 유체 역학적 크로마토그래피의 원리

Q 10. 장 흐름 분획법(Field flow fractionation, FFF)에 대해 설명하라.

장 흐름 분획법은 콜로이드, 입자형 물질, 고분자들의 분리 및 크기 분포를 측정할 수 있는 분리 방법들의 포괄적인 명칭으로 1966년 J. Calvin Gidding에 의하여 처음 이론화된 후 응용 단계에 이르기까지 많은 연구가 진행되어왔다. FFF의 개발은 고분자 및 미세한 콜로이드 입자의 빠르고 선택적인 분리 방법의 필요성과 LC의 경우 정지상에서 유발되는 시료 물질들의 흡착 또는 엇갈림(shear) 분해를 극소화하기 위한 필요성에서부터 출발하였다. FFF를 이용한 분리는 원리면에서 용리 기술을 사용하므로 크로마토그래피와 유사하나 정지상이 없는 것이 특징이고 시료가 채널(크로마토그래피의 컬럼) 내에서 이동상의 서로 다른 속도 영역으로 분배되기 때문에 단일 상 크로마토그래피라고도 부른다. FFF를 이용하여 분리가 가능한 시료 영역은 분자량 10^3~10^{14}, 입자 크기는 약 100 ㎛까지 이다. 대상 시료는 매우 다양하여, 리포솜 에멀젼 같은 약물 입자, 단백질, DNA, 세포와 같은 생체 물질들, 각종 고분자(유기 및 수용성) 및 라텍스 입자들, 금속 입자, 도료 입자, 환경 오염과 관련된 입자 등에 응용된다.

FFF에서 사용하는 채널은 두 개의 편평한 판 사이에 리본 형태로 잘라낸 간격 띄우게(spacer)를 끼워 넣고 맞물렸을 때 형성되는 직사각형 단면의 얇은 관 형태로 두 면 사이에 형성되는 포물선형 유체의 흐름과 흐름 방향에 직각으로 가해지는 외부 장과의 상호작용에 의하여 분리가 이루어진다. 즉 FFF에서는 외부에서 걸어주는 힘이 분리의 추진력이며, 이 외부 장이 가해질 때 채널 내의 시료 물질들은 누적 벽 쪽으로 이동하게 되고 누적 벽 쪽으로부터는 유체의 흐름 속으로 시료 물질들을 밀어내는 브라운 확산에 의하여 상호 균형을 이루게 되어 누적 벽으로부터 매우 근접한 위치에서 정류 상태에 놓이게 된다. 이때 크기가 작은 입자들은 큰 입자들보다 상대적으로 확산이 커서 채널의 누적 벽에서부터 높은 위치에 평형을 이루게 되는데, 포물선형 흐름 성질에 따라 상대적으로 빠른 흐름선상에 위치한 작은 입자들이 빠른 속도로 이동하게 되어 작은 입자들이 먼저 용리되고 큰 입자들은 나중에 분리된다. 이런 FFF의 작동 방식을 기준 방식(normal mode)이라 하며, 입자의 크기가 1 ㎛보다 클 경우 브라운 확산의 영향을 거의 받지 않아 큰 입자들의 중심 위치가 작은 입자들의 중심보다 높게 되어 빠른 속도의 흐름에 밀리게 되므로 분리 순서가 기준 방식의 반대가 되는 작동 현상을 입체 방식(steric mode)이라 한다.

FFF는 외부 장 또는 추진력의 형태에 따라 여러 가지 부분군의 기술들로 분류되며, 원심력을 이용한 침강(sedimentation) 장 흐름 분획법, 이차적인 유체 흐름을 이용한 장 흐름 분획법, 온도 차이를 주어 열 확산을 이용한 열 장 흐름 분획법, 전기장을 이용한 전기장 흐름 분획법 등이 있다. 이런 작동 면에서의 다양성 외에도 FFF의 장점은 외부 장의 세기를 필요에 따라 조절하여 시료의 머무름을 쉽고 빠르고 정확하게 변화시킬 수 있으며, 유체의 흐름 속도와 시료에 가해진 장의 세기를 계산하면 머무름에 대한 예측이 이론적으로 가능하다는 점이다. 또한 외부 장의 세기를 점차로 줄여갈 수 있는 장 프로그래밍을 이용하여 크기 분포가 넓은 시료들을 효율적으로 분리해 낼 수 있고, 용리된 시료들이 파괴되지 않기 때문에 검출기를 통과한 시료의 좁은 부분을 분취하여 현미경, 원소 분석 등 다른 분석 방법들을 이용한 이차 분석에 사용할 수 있다.

제 8장 크로마토그래피를 위한 시료 조제 방법

Q 1. 크로마토그래피에서의 시료의 전처리에 대해 설명하라.

생의학 및 환경적 원천 등으로부터 얻어진 혼합물은 너무 복잡하고, 농도가 너무 희석되었거나 크로마토그래피에 직접 주입하기에 적합하지 않다. 따라서 크로마토그래피를 사용하여 직접 분리 분석하기 어려운 물질들에 대해서는 분석 전에 대상 시료 성분을 예비 분별, 분리 및 농축하여 분석하기 쉬운 형태(휘발성, 열적 안정성, 검출력의 증대)로 전환시킨 후 분석하는 것이 바람직하다.

시료 채취 시에 가장 문제되는 것은 시료의 크기, 동질성의 부족 등에 의한 시료의 대표성이다. 분리된 두 상의 시료는 흡착이나 여과 방법을 사용하고, 크기가 크고 불균일한 시료에 대해서는 건조, 절단, 분쇄, 잘게 썰기, 압축 및 체질(drying, cutting, grinding, mincing, pressing, or sieving) 등의 전처리를 거쳐 시료의 크기와 불균일성을 감소시킬 수 있다. 부가적인 문제는 시료의 부주의한 채취나 취급, 저장하는 동안의 변화 등으로 인해 오염이 될 수 있고, 시료 채취와 분석하는 시간 사이에 일어나는 광분해, 흡착, 증발에 의한 손실, 열분해, 미생물의 작용 및 화학적 반응(photodecomposition, adsorption, vaporization loss, thermal decomposition, microbial action, and chemical reaction)과 같은 화학적 과정도 분석 결과를 나쁘게 할 수 있다. 조직이나 음식물 시료는 질소 하에서 냉동하는 것이 좋다.

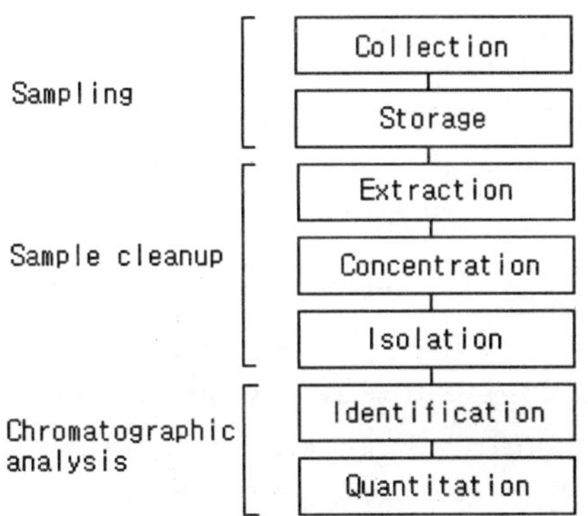

그림. 크로마토그래피 분석을 위한 시료의 전형적인 처리 흐름도

Q 2. 물리적 방법에 의한 시료의 분리 및 농축에 대해 설명하라.

유기 화합물에 대해 물리적인 방법을 사용하여 시료를 분리 및 농축하는 기술로는 증류, 추출 및 흡착(distillation, extraction, and adsorption) 기술이 주로 사용된다.

1. 증류

액체 시료나 고체 시료의 용해 부분으로부터 휘발성유기화합물의 분리에 적합한 방법이다. 더 휘발성인 성분들은 응축 후에 포집되는 증기상에서 농축된다. 휘발성인 극성 유기 물질(alcohols, nitriles, aldehydes, and ketones)은 특별히 증류에 의한 분리가 적합하며, 청결하게 추출되면 더 이상의 정제 없이 분석되는 것이 얻어진다. 증류 용기에서 휘발성 유기 물질의 절대 회수율은 약 80 %정도이며, 나머지 20 %는 환류 냉각기에서 처리한다. 계속적인 증류에 의해 실제로 유기 물질이 100 % 회수될 수 있다. 스팀 증류는 덜 휘발성인 유기 화합물에 대해 특별히 사용되는 방법이다.

승화는 액상을 통하지 않고 고체의 증발이 일어나는 것으로 대부분의 좋은 환경 하에서 빠르고, 용매 없이 추출되므로 최소한의 시료 처리에 의해 높은 수율을 얻을 수 있다. 얼음의 진공 승화에 의해 물을 제거하는 방법인 냉동 건조(lyophilization ; freeze-drying)는 수용액에서 비휘발성인 유기 화합물을 농축하는 편리한 방법이다.

2. 용매 추출을 사용한 분리 및 농축

시료 매트릭스의 전체나 일부분을 용해하기 위하여 액체를 사용하는 추출이 폭 넓게 사용된다. 이 방법은 증기, 액체 및 고체에 모두 응용될 수 있다. 액체 추출은 보통 섞이지 않는 두 상사이의 평형과 함께 불연속적으로 수행되거나 반드시 평형에 도달하지 않아도 되는 조건하의 연속적 방법이 있다. 불연속적인 액체 추출의 예로는 시료 분리 또는 청결을 위해 사용되는 액체-액체 분배와 역류 분포가 있다. 연속 추출의 예로는 보다 무겁거나 가벼운 액체-액체 추출기, Soxhlet 추출기, 역류 분리기(예 ; droplet, 원심분리기, 회전판 장치)가 있다. 연속 액체 추출 기술은 시료 부피가 크고, 분포 상수가 작거나 추출 속도가 느릴 때 사용된다.

3. LSC를 이용한 시료의 청결(cleanup)

용매 추출 후에 LSC가 극성에 기초하여 추출물을 더 분획하기 위하여 자주 사용된다. 컬럼이나 얇은 층 기술도 사용될 수 있으며, 일반적으로 컬럼 방법이 시료 회수가 좋다. 많은 다른 흡착제가 LSC에 사용된다. 시료의 청결과 농축을 위해 실리카 겔($SiO_2 \cdot xH_2O$), 알루미나($Al_2O_3 \cdot xH_2O$), florisil(magnesium silicate), 탄소 거대망상수지(carbon macroreticular resins ; carbon polystyrene polyacrylamide), polyamides (polycaprolactam, nylon), hydroxylapatite($Ca_5(PO_4)_3OH$), celite(diatomaceous earth), 셀룰로오스 및 조절 다공성 겔(controlled porosity gel ; crosslinked dextran, polystyrene, polyacrylamide, agrose)이 자주 사용된다. 시료의 청결은 개개 성분의 분리보다는 분획에 더 중점을 둔다. 컬럼 시료 청결은 대상 성분을 가리움에 의해 크로마토그램에 직접 방해를 하거나 분석 컬럼의 성능을 변화시켜 기기의 지속적인 작동을 방해하는 다른 극성이나 크기의 시료를 제거하여 대상 성분을 분리하기 위하여 사용된다. 흡착 크로마토그래피도 농축 기술로 사용될 수 있다.

실리카나 알루미나는 청결 단계의 선택성을 증진하기 위하여 화학 시약(예 ; sulfuric acid, silver nitrate, alkaline potassium permanganate, sodium hydroxide 등)으로 코팅된다. 변형된 흡착제는 처리 안된 컬럼에서 용리되는 화학적으로 활성인 공추출물(coextractants)을 머무르게 하는데 유용하다 조절 다공성 겔은 수용이나 유기 이동상과 더불어 분자의 크기에 기초하여 추출물을 분획하기 위하여 사용된다.

4. 희석된 용액의 흔적량 농축(trace enrichment)을 위한 흡착 기술

미량으로 존재하는 시료는 일반적으로 대부분의 적당한 기기 분석법에 의해 직접 정량하기 어렵다. 그러므로 대상 물질이 검출되기 위한 충분한 농도가 되도록 벌크 시료 기질로부터 선택적인 제거에 의해 사전 농축이 필요하다. 이런 목적을 위하여 사용되는 농축 시약으로 고체상 흡착제가 사용된다. 이런 흡착제로는 숯, 거대 망상 다공성 중합체, 폴리우레탄 거품, 결합형 충전제 및 이온 교환 수지가 있다. 흡착제의 유용성을 지배하는 특징은 흡착제의 시료 용량과 돌파점 부피이다.

1) 탄소 흡착제(Carbon adsorbents)

크로마토그래피용 탄소는 흑연화 숯, 활성화 탄소 및 탄소 분자 체(graphitized charcoal, activated carbon 및 carbon molecular sieves)세 가지 형태가 있다.

(1) 탄소 분자 체

탄소 부자 체는 작은 동공과 매우 큰 표면적을 가지며, 물 취급에서의 흡착제보다는 GC에 의한 기체의 분리에 더 적합하다.

(2) 흑연화 숯

흑연화 숯은 1000 ℃ 이상에서 제조된 탄소의 상대적으로 순수한 형태이다. 낮은 표면적(6~30 m^2/g) 때문에 GC의 지지체나 흡착제로 주로 사용된다. 부분적으로 흑연화 탄소 검정(carbopack B)는 약 100 m^2/g의 표면적과 수용성 서스펜션에서 pH=10.25를 보여 물로부터 넓은 범위의 유기 화학종을 흡수한다.

(3) 활성화 탄소

활성화 탄소는 식물성 숯의 낮은 온도의 산화에 의해 제조된다. 이 물질은 큰 표면적(300~1000 m^2/g), 넓은 동공 구경 분포, 활성 작용기를 포함하는 불균일한 표면을 갖는다.

2) 거대 망상 다공성 중합체 흡착제

거대 망상 수지(macroreticular resin)는 현탁 중합 반응에 의해서 제조된다. 단위체에 대해 좋은 용매이면서 중합체에 대해서는 좋지 않은 불음 시약(swelling agent)인 물질의 존재 하에서의 styrene-divinylbenzene(STY-DVB) 혼성 중합체가 그 예이다. 거대 망상 수지는 구멍과 통로(holes and channels)에 의해 스며드는 무작위로 충전된 거대 구의 덩이로 되어있어 STY-DVB 겔보다 더 높은 기계적 안정성과 더 큰 표면적을 가진다.

거대 망상 다공성 중합체는 물, 폐수, 염수, 수용성 생물학적 시료로부터 미량의 유기 물질을 제거하는데 널리 사용된다. 이러한 중합체의 중성 유기 화합물의 친화성, 높은 시료 용량, 낮은 물의 머무름, 화학적 비활성 및 시료 회수의 용이성이 이들의 특징이다. 거대 망상 다공성 중합체는 일반적으로 미량 물질의 분석에 사용하기 전 메탄올에서의 곤죽화(slurrying)에 의해 미세한 물질이 제거된다. 단위체, 오염물 및 항세균성 시약이 methanol, acetonitrile 및 ether와 함께 각 8시간 동안 연속 추출에 의해 제거된다. 용매로 정제된 수지는 사용 전까지 메탄올 하에서 유리 마개가 있는 병에 저장한다. 건조한 상태에서 구슬의 기계적 및 자발적 깨짐에 의해 재오염 될 수 있다.

Acrylic ester 수지는 STY-DVB 혼성 중합체보다 더 쉽게 물을 흡수한다. 물로부터의 유기 화합물의 흡수 메커니즘은 탄소와 유사하며, 물로부터 중성 유기 화합물의 회

수는 시료의 넓은 범위에서 보통 높다. 또한 부분적으로 해리된 유기 화합물(phenol, carboxylic acids 등)은 일반적으로 수지에서 약하게 흡수된다. Amberlite 형태의 중합체는 250~275 ℃로 가열 시 높은 크로마토그래픽 바탕을 보이며, naphthalene, ethyl benzene 및 benzoic acid가 주요한 오염물로 확인된다. Tenax는 amberlite 중합체보다 열적으로 더 안정하고 탈착 온도에서 상대적으로 낮은 크로마토그래픽 바탕을 보이나, 낮은 표면적(19~30 m^2/g), 흡착 용량의 제한, 더 낮은 회수율 및 시료 크기 제한 등의 단점이 있다.

3) 폴리우레탄 흡착제(Polyurethane adsorbents)

열린 공동(open-pore)의 폴리우레탄은 흡착 컬럼 내에서 polyol과 isocyanate의 용액을 반응시켜 제조한다. 열린 공동의 폴리우레탄은 뭉쳐진 구형 입자(구경 1~10 ㎛)로 구성되어 있고, 딱딱하고 높은 투과성 구조의 다른 하나에 결합되어있으며, 물에서 중성 유기물을 흡착하는데 사용된다. 거품형(cellular or foamed) 폴리우레탄도 있다. 두 형태는 다핵 방향족 탄화수소와 살충제에 높은 흡착 효율을 갖고, 약간의 약한 염기성 이온 교환 용량을 갖는다.

4) 결합형 흡착제(Bonded-phased adsorbents)

결합형 흡착제는 실리카 겔, 비극성과 극성의 결합형과 이온 교환 흡착제가 있으며, 낮은 가격, 높은 흡착 용량, 흡착 선택성의 넓은 범위, 사용 간편성으로 인해 계속 사용되고 있다.

5) 이온 교환 수지(Ion-exchange resins)

이온 교환 수지는 염기성 및 산성 물질의 효율적인 수집에 사용된다. 전형적인 예로는 물로부터 phenols, acids, amides의 수집, 생물학적 유도체로부터 스테로이드, 유기산, 아미노산의 수집이 있다. 비극성 흡착제를 사용한 이런 물질들의 회수는 변화가 있고 불완전하다. 그러나 이온 교환 수지는 마지막 크로마토그래피 분석에 방해를 줄 수 있는 중성의 분자들이 이온화된 성분의 회수에 영향 없이 이온 교환으로부터 쉽게 세척되므로 특별히 위의 물질들에 대해 매력적이다.

5. HPLC에 의한 온라인 흔적량 농축(On-line trace enrichment by HPLC)

온라인 흔적량 농축은 표준 HPLC 기구, 다기능 밸브, 미량 농축 컬럼의 적합한 배열에 의해 이루어지고 자동화될 수 있다. Off-line 시료 포집에 비해 용매의 불순물로부터 방해를 최소화하는 것과 같이, 용기 벽에 의한 흡착, 가열에 의한 분해 및 시료를 다루는 데 있어서의 시료 손실의 최소화에 의해서 더 큰 정확성이 기대된다. 이 방법의 단점은 컬럼에 남은 시료의 일부가 진행 중에 분해될 수 있다. 미량 농축을 위하여 2~5 mm의 짧은 컬럼이 사용되고 분석용과 같은 길이의 컬럼은 시료 청결을 위하여 사용된다. 분석과 전치 컬럼은 같은 흡착제나 다른 선택성의 흡착제를 사용할 수 있다.

미량 농축을 위한 전치 컬럼은 구경이 분석용 컬럼에 비해 작고, 길이는 가능한 짧고, 사용되는 흡착제는 분석용으로 선택된 것과 비슷한 크기와 품질이어야 한다. 돌파점 부피를 계산하기 위해 요구되는 인자는 전치 컬럼 불감 부피(V_o), 이론단 수(n), 시료 용액(보통은 물)에서 용질의 용량인자이다. 전치 컬럼이 짧으면 압력의 저하가 매우 낮고 같은 용액이 높은 흐름 속도(5~25 ml/min)에서 전치 컬럼을 통해 펌핑된다.

표. 실리카에 바탕을 둔 결합형 흡착제의 특성

흡착제 형태	시료 형태	전형적 응용
Octadecyl	비극성 화합물의 역상 추출	Drugs, essential oils, food preservatives, vitamins, plasticizer, pesticides, steroids, hudrocarbons
Octyl	중간 극성 화합물의 역상 추출. octadecyl 실리카에 단단하게 결합된 화합물	Priority pollutants, pesticides
Phenyl	비극성 화합물의 역상 추출. 소수성 화합물에 덜 머무름을 제공한다.	널리 사용되지 않음
Cyanopropyl	극성 화합물의 정상 추출	Amines, alcohols, dyes, vitamins, phenols, drug,
Silica gel	극성 화합물의 흡착	Drug, alkaloids, mycotoxins, amino acids, flavinoids, heterocyclic compounds, lipids, steroids, organic acids, terpenes, vitamins
Diol function-ality	극성 화합물의 정상 추출(실리카 겔과 유사)	Proteins, peptides, surfactants
Aminopropyl	약한 음이온 교환 추출	Carbohydrates, peptides, nucleotides, steroids, vitamins
Dimethyl-aminopropyl	약한 음이온 교환 추출	Amino acids
Aromatic sulfonic acid functionality	강한 양이온 교환 추출 및 역상 추출(octadecyl 실리카에서 사용할 때 이온쌍을 감소한다.)	Amino acids, catecholamines, nucleosides, nucleic acid and bases
Quaternary amines	강한 음이온 교환 추출	Antibiotics, nucleotides, nucleic acids

Q 3. 크로마토그래피를 위한 유도체 합성에 대해 설명하라.

1. GC를 위한 유도체 합성

1) 개요

GC는 열적으로 안정한 휘발성 유기 및 유기 금속 화합물의 분리를 위한 기술이다. 불행하게도 생의학과 환경중의 많은 화합물, 특별히 고분자량이나 극성 작용기를 갖는 화합물들은 분리를 요하는 온도에서 열적으로 불안정하다. 효과적인 미세화학적 유기 합성에서 유도체화는 이런 물질들의 열적 안정성을 증진하기 위하여 사용된다. 대부분의 경우에 유도체화 반응은 양성자성 작용기를 열적으로 안정한 비극성 그룹으로 전환하기 위하여 수행된다. 유도체화 된 화합물들은 열적 안정성과 마찬가지로, 비가역적 흡착과 찌그러진 봉우리 형성을 가져올 수 있는 바람직하지 않은 컬럼 상호작용의 최소화와 함께 증진된 봉우리의 모양을 종종 나타낸다. 또한 유도체화는 화합물의 검출력을 높이기 위하여 사용될 수 있다. 전형적 유도체 시약의 분해도는 그림과 같다.

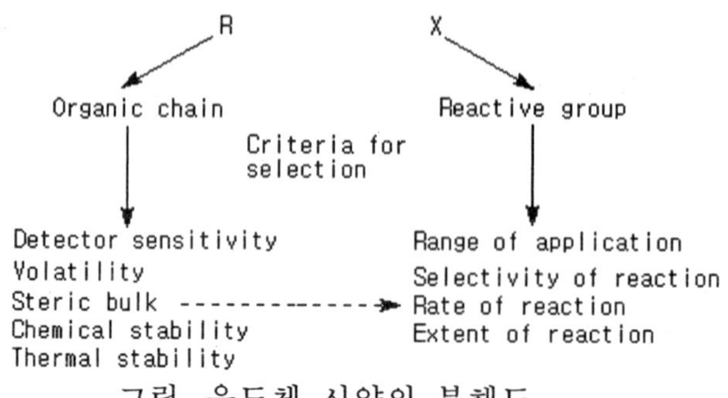

그림. 유도체 시약의 분해도

2) 유도체 반응의 종류

1) Alkylsilyl 유도체

Alkylsilyl 시약은 양성자성 작용기들을 갖는 극성 분자에 대해서 alkylsilyl ethers나 esters로 전환된다.

2) Haloalkylacyl 유도체

양성자성 작용기들(carboxylic acids 제외)과 화합물에 전자 포획 작용기를 가진 물질과의 반응에서 haloalkyl acid chlorides와 anhydride는 가장 널리 연구된 시약이다.

3) 에스테르화(Esterification)

Carboxylic acids나 다른 산성 작용기를 가진 물질에 적용한다.

4) 알킬화(Alkylation)

활성 수소 원자가 알킬이나 아릴 작용기로 치환되는 반응을 총칭한다.

5) Pentafluorophenyl-containing derivatives

3차 아민을 포함한 유기 화학 물질들의 넓은 범위에 대해 유도체를 형성한다.

6) 이 작용기성 화합물(bifunctional compounds)의 선택적 유도체화 반응

(1) 이 작용기성 화합물

가. 1, 2-, 1, 3-, 1, 4- 탄소 원자들에 작용기를 가진 알킬 사슬을 포함하는 화합물

나. 오르토 치환 작용기를 가진 방향족 고리 화합물

(2) 특별한 시약은 이런 작용기와 반응하며 안정한 고리 유도체를 형성한다.

2. LC를 위한 유도체 합성

1) LC에서의 응용

LC에서의 유도체 형성은 특별한 검출기에 대한 응답의 증진이나 물질간의 분리에 도움을 준다. 형광이나 전기 화학적 유도체 및 용리후 유도체화(post-column derivatization) 반응은 전치 컬럼(precolumn) UV에 예민한 유도체보다 더 인기가 있다.

2) 유도체 반응의 종류

(1) 자외선/가시선 검출을 위한 유도체

HPLC의 UV 고정 파장(254 ㎚)이나 변환 파장(180~800 ㎚)에서의 흡광도를 증

진시킬 수 있는 발색단과 시료를 반응시킨다.

(2) 형광 검출을 위한 유도체

LC 에서 형광 측정의 중요성은 높은 감도(high sensitivity), 넓은 직선적 응답 및 상대적으로 높은 특이성(relatively high substance specificity)을 주는 것이다. 이를 위한 많은 형광 유도체 시약이 있다.

(3) 전기 화학적 검출을 위한 유도체

가. Nitroaromatic chromophore를 함유하는 유도체나 isocyanate 유도체 등이 전기화학적 검출을 위해 사용된다.

나. 전치 컬럼 유도체 기법은 약간의 문제점이 있다.

가) 검출기 응답이 유도체 시약의 추적이나 주입되기 전 제거되어야 하는 부산물에 의해 반대로 영향을 받는다.

나) 이동상의 선택이 검출기 요구 조건에 의해 제한된다.

Q 4. 크로마토그래피의 분석 과정을 설명하라.

분석 과정은 시료채취, 시료 조제, 분리, 정량, 통계적 평가 및 판정의 여러 단계로 구성되고, 각 단계는 차례로 이어지며, 다음 단계는 전 단계가 완료되기까지 시작할 수 없다. 과정 중의 가장 느린 단계가 분석 과정의 전체 속도를 결정하며, 한 단계의 속도 개선이 처리량(throughput)의 증가를 가져올 수 없다. 처리량 증가를 위해 모든 과정의 고려가 필요하다.

1) 시료채취

시료채취는 특징 지워진 목적과 문제를 적당하게 정의하는 시료를 어디에서 취하느냐 하는 결정과 올바른 량의 시료를 얻는 방법을 선택하는 것을 포함한다.

2) 시료 조제

시료 조제 단계는 대부분의 분석 기기가 직접 기질을 취급할 수 없기 때문에 시료 기질로부터 대상 성분을 분리하는 것이 필요하다. 시료 조제는 매우 복잡하고 더러운 시료에 대해 청결 과정을 포함하며, 분석물질을 적당한 농도로 만들어야만 한다.

3) 분리 단계

분리 단계를 실시하는 동안에는 목표 분석물질을 포함하는 분리되는 복잡한 혼합물이 전형적으로 크로마토그래피나 전기이동 기술에 의해서 그의 성분으로 분리된다.

4) 정량

정량은 확인된 화합물의 량을 결정하는 것이며, 확인은 선택적인 검출과 조합된 머무름 시간에 기초될 수 있다. 또한, 질량 분석계와 같은 특이한 기기는 방해로 인한 정량에 있어서의 가능한 오차를 제거하기 위하여 사용된다.

5) 통계적 평가

결과의 통계적인 평가는 분석되는 시료에서 목표 화합물의 농도 평가를 제공한다. 이 자료는 어떤 판정을 할 것이며, 목적과 문제의 조사를 더 해야 할 것인지에 대해 다른 시료채취 여부를 포함한다.

Q 5. 용매 없는 시료조제 방법을 간단히 설명하라.

전통적인 시료 조제 방법은 전형적으로 강한 노동력과 시간이 요구되며, 분석물질을 잃기 쉬운 여러 단계를 가지며, 독성 유기 용매를 사용한다. 이런 특징이 연결과 자동화의 목적을 위한 시료채취와 분리를 합치는 것을 매우 어렵게 한다. 또한, 암의 위험과 오존의 고갈 같은 용매 유해성이 새로운 문제로 제기되었으며, 분석 방법에서도 시료 조제 방법들의 문제점을 수정하고 새롭고 실제적인 용매 없는(solvent-free) 다른 방법을 공식화하는 과학적 공통성에 대한 필요성이 요구되었다. 새로운 방법은 간단한 자동화와 현장 분석(field analysis)을 허용하여야 하고, 시료 조제 기술이 사용하기 쉽고, 값싸며, 분석 기기의 범위와 합치되어야 한다. 이 모노그래프가 바로 새로운 용매 없는 시료 조제 방법인 고체상 미세 추출이다. 유기 용매를 거의 사용하지 않거나 사용하지 않는 시료 조제 기술에는 기체상 , 흡착제 및 막이 사용되고 있으며, 각 추출상에 따른 분류는 그림과 같다.

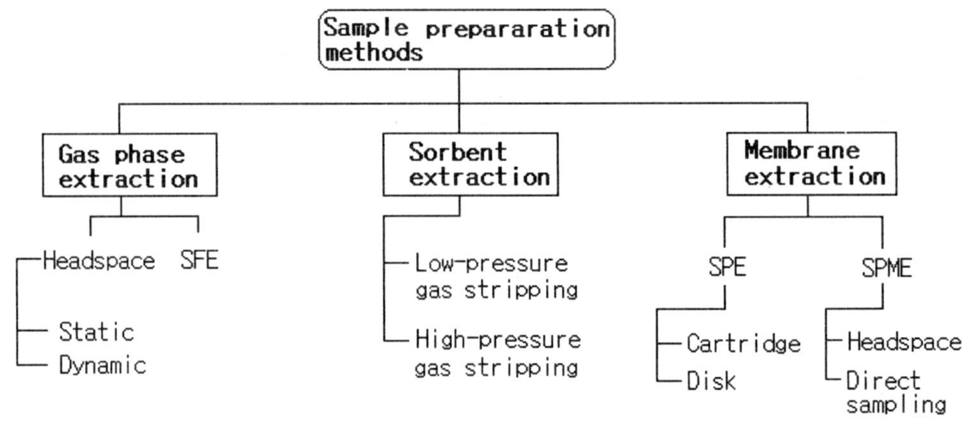

그림. 용매 없는 시료 조제 방법의 분류

Q 6. 용매 없는 시료 조제 방법 3가지에 대해 설명하라.

1. 기체상 시료 조제 방법

1) 정적 머리공간(Static headspace) 시료채취

정적 머리공간 시료채취나 추방 및 포착 추출과 같은 기체상 시료 조제 방법은 기체상에 분석물질을 분배하는 일반적인 특징을 가졌다. 머리공간 시료채취는 추출상(공기, 헬륨 또는 질소)이 GC와 같은 대부분의 기기와 잘 어울리기 때문에 휘발성 화합물을 분리하기 위하여 널리 사용된다. 이 방법은 현재 특히 현장 분석에서 가장 간단하고 자주 응용되는 용매 없는 시료 조제 기술로, 음식, 음료, 임상 및 다른 시료에 있는 휘발성 유기 화합물(VOCs)의 분석 및 현장 시료 냄새를 맡는데 응용될 수 있다. 이 방법은 매우 휘발성인 기체를 제외하고 완전히 뽑아내는 추출을 달성할 수 없다. 그러므로 세심한 검정(calibration)을 요구한다.

2) 동적 머리공간(Dynamic headspace) 시료채취

동적 머리공간은 여러 단계를 사용하고 VOCs의 정량적인 제거를 허용한다. 물 중의 VOCs의 분석을 위한 동적 머리공간 방법인 추방과 포착(purge and trap) 추출 방법은 두 단계가 있다. 첫 단계는 기질로부터 VOCs를 제거하기 위하여 수용성 시료를 통해서 운반 기체로 하여금 추방하는 것이다. 두 번째 단계는 냉각이나 흡착제 포착기에 의해 이 화합물들을 정량적으로 채취하는 것이다. 열 탈착과의 조합에 있어, 머리공간 접근은 덜 휘발성인 화합물의 분석에 이용될 수 있다.

3) 초임계 유체 추출(Supercritical fluid extraction, SFE)

다른 기체에 기초한 시료 조제 방법은 주위 온도에서 덜 휘발성인 화합물을 제거할 수 있는 추출상으로 압축된 이산화탄소와 같은 액체를 사용한다. 이 방법을 초임계 유체 추출이라고 하며, 이 기술은 초임계 유체가 기체의 질량 이동과 액체의 용해성 같은 두 가지 특성을 가졌기 때문에 빠르게 발달되었으며, 어떤 면에서는 매력적인 특징을 가졌다. 그러나, SFE는 비싼 고압 유체 전달 시스템과 고 순도 기체를 요구한다. 현재. 이 두 가지가 기기를 무겁게 하여 현장 분석을 어렵게 한다. 이 기술은 주위 온도에서 비휘발성 화합물을 추출할 수 있기 때문에, 열에 불안정한 분석물질, 기질 및 특히 식료품의 분석을 하는데 유용하다.

2. 막 추출(Membrane extraction)

막 추출은 두 개의 동시 과정을 구성한다. 즉, 시료 기질로부터 막 물질에 의한 분석물질의 추출과 막으로부터 벗김 상(stripping phase)에 의한 분석물질의 추출이다. 많은 초기 방법들이 지지된 막의 얇은 판(supported membrane sheets)을 사용하였지만, 막 추출 기술 대부분의 최근 개발은 속빈 섬유의 사용에 맞추어져 있다. 속빈 섬유 막 구성 단위(modules)는 속빈 섬유가 자체 지지성(self-supporting)이기 때문에 만들기가 더 간편하다. 막의 얇은 판과 머리공간에 비해, 속빈 섬유는 벗김 기체에 대한 표면적 대 부피의 더 높은 비를 제공하며, 이는 더 효율적인 추출을 허용한다. 막 추출은 계속적인 측정을 하기 위하여 MS나 GC와 직접적으로 연결될 수 있다. 흡착제 연결장치와의 막 추출(membrane extraction with a sorbent interface, MESI)을 이용한 직접 연결장치 방법은 속빈 섬유 막 모듈, 낮은 열 용량 흡착제 연결장치, 모세관 GC같은 분리 기기 및 컴퓨터로 구성된다. MESI 접근법은 계속적인 측정과 공정 제어에 특별히 적합하다. 막 추출은 휘발성 화합물 분석에 국한되지 않는으며, 고압 벗김 기체에 의해 반휘발성(semivolatile) 화합물의 분석에도 응용될 수 있다.

3. 흡착제 추출(Sorbent extraction)

1) 고체상 추출(Solid phase extraction, SPE).

널리 사용되는 흡착제 기술의 하나는 고체상 추출이다. SPE의 첫 번째 단계는 방해하는 화합물과 함께 분석물질을 추출하기 위한 입자성 지지체 위에 분산된 흡착제를 포함하는 플라스틱 카트리지(통 ; 관)나 평평한 막(디스크) 을 통하여 액체 기질을 통과하는 것이다. 보통 먼저 선택성 용매가 방해물 제거를 하기 위해 사용되고, 다른 용매가 목표로 하는 분석물질을 씻어내기 위하여 선택된다. SPE는 전통적인 용매 추출

에 비해 많은 매력적인 특징을 가졌다. SPE는 간단하고, 저렴하며, 상대적으로 적은 용매를 사용한다. 그러나, 가끔 낮은 회수율, 기질에 있는 고체와 기름 성분으로 인한 흡착제의 동공 막힘, 생산된 흡착제의 배치간의 변화로 인한 나쁜 재현성이 문제될 수 있다. SPE 기술은 실제로 탈착 용매 온도 이상의 끓는점을 갖는 반휘발성 화합물에 제한된다.

2) 고체상 미세 추출(Solid phase microextraction, SPME)

SPE의 제한점은 용융 실리카로 만들어진 미세한 막대나 다른 적합한 물질 위에 추출상의 작은 량을 분산하는 것에 의해서 극복될 수 있다. 미세 추출 기술에 액상의 작은 량의 초기 사용은 큰 부피 접근에 대한 실행의 개선을 시도하였다. 시료 기질로부터 목표 분석물질을 완전하게 제거하지 못하였더라도, 높은 농축 능력과 기술의 선택성은 추출된 혼합물에 대해 직접적이고 높은 감도 분석을 허용하였다. 용매의 작은 량을 취급하는데 따른 어려움은 이 접근법의 주요한 제한을 의미한다. 섬유에 영구히 붙는 흡착 물질의 응용은 이런 제한점 개선에 역점을 두어 다루고, 같은 추출상의 재사용을 허용한다. 이 기술을 고체상 미세 추출(SPME)이라고 부른다. 이 장치의 작은 원주 모양의 기하학이 추출, 탈착 동안 바른 질량 이동을 허용하고, 막힘을 방지한다. SPME 과정은 두 단계를 가진다. 첫째는 코팅과 시료 기질 사이의 분석물질의 분배이고, 둘째는 분석 기기로 농축된 추출물의 탈착이 이어진다.

Q 7. 머리공간 분석(Headspace analysis)에 대해 설명하라.

머리공간 방법은 유기 휘발성 물질의 측정을 위한 적합한 시료 분석의 간접적인 방법을 제공한다. 분석을 위해서 시료 매질 자체가 아닌 시료가 접촉된 기체상이 포집된다. 머리공간에는 정적 및 동적 상태가 있다. 정적 머리공간은 시료가 밀폐된 항온 용기에서 기체상과 열역학적 평형에 있을 때를 말하고, 동적 머리공간은 저온 또는 흡착제 포착기(trap)에 누적된 시료와 시료 휘발물질 위로 운반 기체가 지나갈 때의 상태를 말한다. 또한 운반 기체가 시료 표면의 밑으로 흘러 흡착 포착기에 누적된 벗겨진 유기 휘발물질 자체와 함께 작은 방울의 흐름 형태로 시료를 통해 지날 때의 상태도 동적 머리공간으로 추방과 포착, 기체상 벗김(gas phase stripping), 또는 기체상 뿌리기(gas phase sparging)라 한다. 머리공간 시료채취 방법은 전통적인 크로마토그래피 수단으로 취급하기 어려운 시료 중의 휘발성 물질들의 흔적 량 농도 결정에 우월하게 사용된다. 예를 들면, 매질이 대상 성분을 모호하게 하는 희석된 용액, 컬럼을 손상하는 용액, 또는 용출 봉우리로 인해 과도하게 긴 분리 시간을 요하는 물질, 정상적 조건하에서 휘발 또는 용해될 수 없는 무기 또는 고분자 물질, 분석 전에 포괄적인 시료 청결(clean-up)을 요하는 혈액, 오수(汚水 ; sewage) 및 콜로이드와 같은 불균일한 혼합물 등이다. 머리공간 방법의 이점은 노력의 경제성, 매질과 매질의 크로마토그래피 성질과 연관된 문제가 상대적으로 없는 시료를 만드는 것이다. 한편, 주요한 단점은 세심한 검정선 작성의 필요성이다.

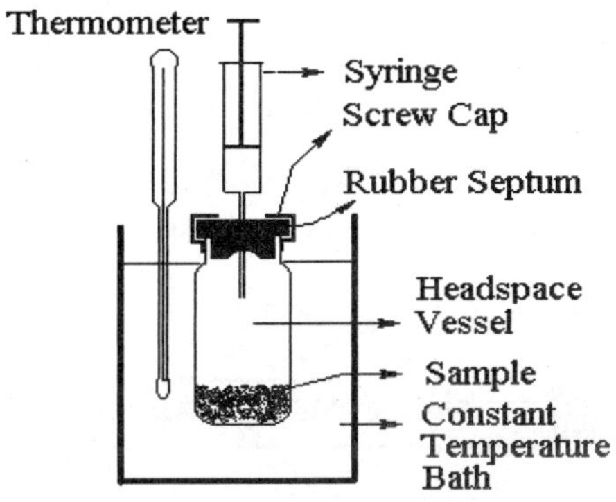

그림 1. 정적 머리공간 시료채취 기구

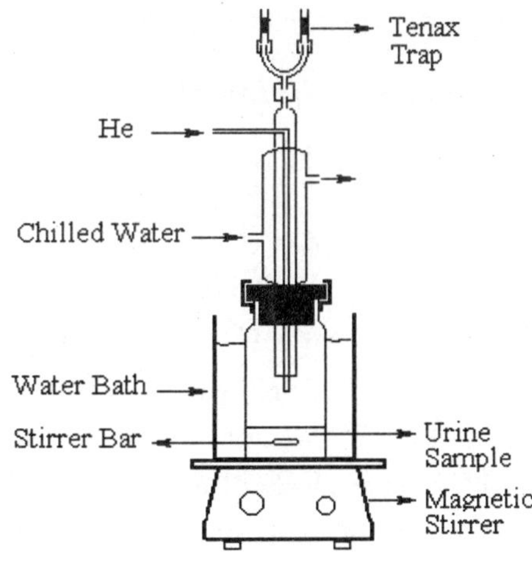

그림 2. 흡착제 트랩이 부착된 동적 머리공간 분석 장치

Q 8. 고체상 미세 추출(Solid phase microextraction, SPME)에 대해 설명하라.

1. 초기 작업에 대한 역사적 시각

고체상 미세 추출은 빠른 시료 조제를 용이하게 하기 위한 필요성에 역점을 두어 개발되었다. 시료 조제 과정은 표준 용매 추출 과정과 유사하다. 섬유 끝이 용매 추출물에 광섬유의 한 끝을 담그는 것에 의해 시료와 함께 코팅되고, 섬유를 코팅 후 증발을 통해 휘발성 용매를 제거한다. 이런 방법으로 준비된 섬유 끝이 GC 주입기에 삽입되고, 분석물질이 레이저 펄스에 의해 GC 컬럼의 앞으로 휘발된다. 광섬유는 고분자 필름의 여러 가지 형태로 코팅되어 구입될 수 있으며, 코팅의 근본적인 목적은 단순히 부서지는 것으로부터 섬유를 보호하는 것이다. 얇은 필름(10~100 ㎛)이 사용되기 때문에 이 분석 시스템에 대해 기대되는 추출 시간이 짧다.

지금까지 SPME 장치가 원리적으로 실험실 응용에 사용되었지만, 특히 임상, 현장 환경 및 산업 위생 응용에 있어 더 현실적인 연구가 원격 측정을 위하여 지향되어야한다. 현장 장치의 중요한 특징은 코팅에 추출되는 분석물질을 보전하는 능력이다. 이런 목적을 달성하기 위한 가장 간단한 실질적 방법은 격막 조각으로 바늘의 끝을 밀봉하는 것이다. 부가적으로 냉각은 저장 시간을 연장한다. 고분자형 격막 물질은 섬유로부터 분석물질의 손실을 초래할 수 있다. 따라서 더 적합한 것은 금속 밀봉을 하는 것이다. 현장용 미래형 장치는 주사기보다 막대기나 펜 모양이 더 기대된다.

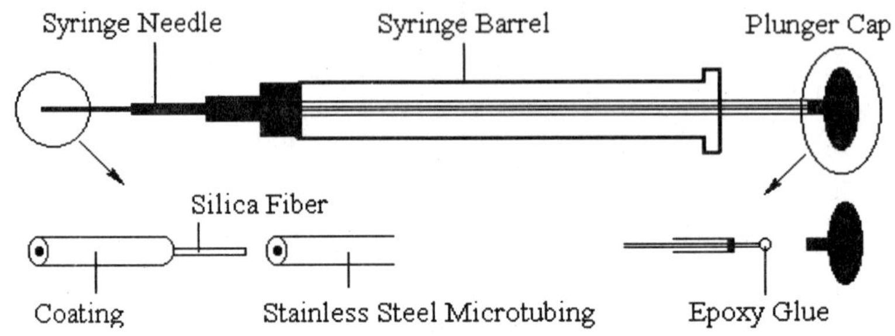

그림 1. Hamilton 7000 시리즈 주사기에 기초한 주문형 SPME 장치

2. SPME의 기본적 원리

기질로부터 코팅으로 분석물질의 운반은 코팅된 섬유가 시료와 접촉되게 위치하자마자 시작한다. 전형적으로 SPME 추출은 분석물질 농도가 시료 기질과 섬유 코팅 사이의 분배 평형에 도달했을 때 완전하다고 사료된다. 실제로 이는 한번 평형이 도달되면 추출되는 량이 실험 오차의 한도 내에서 일정하며 추출 시간의 더 이상의 증가와 무관함을 의미한다. SPME의 가장 극적인 장점은 시료 부피의 극단에 존재한다. 장치가 작고 편리하기 때문에 코팅된 섬유가 매우 작은 시료로부터 분석물질을 추출하기 위하여 사용된다. 완전한 추출은 분배상수가 적절히 높을 때 작은 시료 부피에 대해 달성될 수 있다. 추출된 분석물질의 량은 시료 부피에 의존하지 않고 기질에 있는 분석물질의 농도에 직접적으로 일치할 것이다.

3. 추출 형식

SPME를 사용하는데 있어 추출의 기본적 세 가지 형태가 수행될 수 있다. 이는 직접 추출, 머리공간 구조 및 막 보호 접근 방법이 있다.

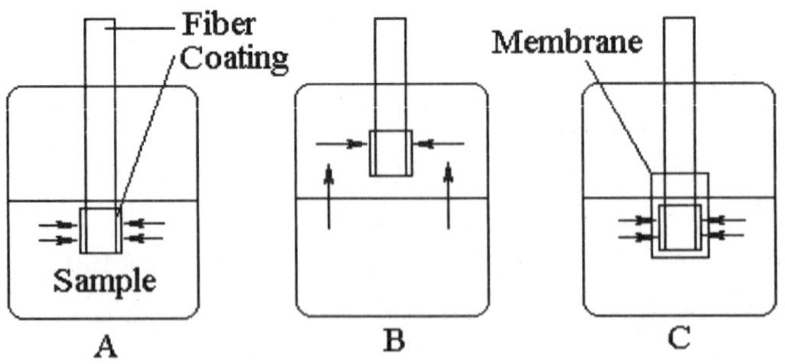

그림 2. SPME 작동 형식(A ; 직접 추출, B ; 머리공간, C ; 막 보호)

4. 유도체화 반응

유기 분석에서 중요한 도전은 극성 화합물이다. 이것은 환경과 생물학적 기질로부터 추출하기 어렵고, 크로마토그래픽 컬럼에서 분리하기 어렵다. 유도체화 접근은 이런 도전을 강조하기 위하여 자주 사용된다.

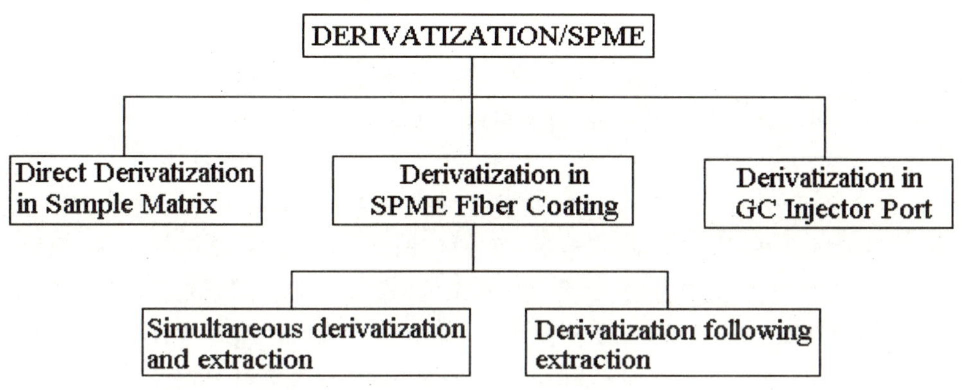

그림3. SPME 유도체화 반응 기술

5. 분석기기의 연결장치

용매를 사용하지 않는(solvent-free) 성질 때문에 SPME는 다양한 형태의 분석기기에 연결될 수 있다. 추출상이 비휘발성이기 때문에 오직 추출된 분석물질만 기기에 도입된다. 이리하여 다량의 용매 증기를 처리하기 위해 설계된 복잡한 주입기의 필요성이 없고, 이 부분들은 SPME와 함께 사용을 위하여 단순화 될 수 있다. SPME 기술을 사용하여 결정된 감도는 매우 높고 흔적 량 분석을 용이하게 한다. 대부분의 경우에 분석물질의 전체 량이 시료로부터 추출되지 않지만, 추출되는 모든 물질이 분석기기로 운반되고 양호한 수행 결과를 준다. 역시, 용매를 사용하지 않는 과정은 기기에 도달해 좁은 띠를 주며, 더 크고 좁은 봉우리와 더 양호한 정량 결과를 준다. SPME와 함께 가장 자주 사용되는 기기는 GC이다. 바늘의 외경에 근접한 내경을 갖는 좁은 삽입이 사용되는 한 분할/비분할 같은 표준 GC 주입기가 SPME에 응용될 수 있다. 좁은 삽입은 섬유 주위에 직선적 흐름을 증가하기 위하여 요구되며, 탈착된 분석물질의 효과적인 제거 결과를 준다. 분할은 SPME 주입동안 꺼야만 한다. 이런 조건하에서 섬유로부터 분석물질의 탈착은 매우 빠르다. 이는 코팅이 얇을 뿐만 아니라 높은 주입기 온도가 코팅/기체 분배계수의 극적인 감소와 확산계수의 증가를 가져오기 때문이다. 많은 경우 탈착 속도는 가열 지역에 섬유의 소개 시간에 의해 제한된다. 실험실 SPME 장치는 최초로 1993년 Supelco사에 의해서 상업화되었다.

Q 9. 공기 시료채취 방법(Air sampling)에 대해 설명하라.

일반적으로 공기나 환경 오염물의 정상적인 성분으로 유기화합물은 기체, 증기 및 고체 입자의 3가지로 구분되며, 그들의 분석을 위해서는 다른 시료채취 과정이 요구된다. 기체는 대기압과 상온에서 자연 상태의 물질이고, 증기는 대기로 승화 또는 휘발하기 위한 충분한 증기압을 갖는 물질이며, 중간체나 억제된 휘발성 화합물은 고체 입자에 속한다. 액체와 고체는 대기에서 증기와 입자의 두 형태로 존재할 수 있어, 시료채취 방법은 편차 없이 두 상을 포집하는 것이 요구된다.

기체와 매우 휘발성인 유기 화합물(예 ; C_1~C_5 화합물)은 보통 그랩 샘플링(잡아채기 시료채취, grab sampling), 응축 또는 액체나 고체상 추출에 의해 포집된다. 고체상이나 액체 추출은 덜 휘발성인 유기 증기(C_5~C_{20} 화합물)에 보통 사용되고, 입자를 포집하기 위해서는 여과나 충돌 포집이 사용된다. 그러나 모든 문제를 해결할 수 있는 간단한 시료채취 방법은 없다. 공기 중 부유하는 유기 시료를 채취하는 장치로는 흡착제 포착기를 사용하여 공기 중 유기 휘발물질을 포착하는 장치와 공기 입자 포착을 위한 고 부피 시료채취기가 사용된다. 작업장 공기의 시료채취(개인 모니터링)와 굴뚝 기체, 소각과 자동차로부터의 발산물과 같은 환경 오염 발생원의 모니터링을 위하여 위와 비슷한 기술이 채택될 수 있다. 버블러, 증기 흡착관, 수동식 시료채취기 입 주위(호흡 지역)에서 공기 중 부유하는 유기 휘발물질의 농도를 측정하기 위한 개인 모니터링에 널리 사용된다. 만약 모니터링 장치가 작업 시간 동안 작업자에게 채워진다면, 장치는 가볍고, 거슬리지 않고, 조용한 것이 중요하며 정상적인 이동을 허용하여야 한다.

노출 허용 기준에 대한 표준은 동물 독성 연구와 인간의 역학적 조사 결과와 함께 분석 데이터를 조합하는 것에 의해서 설정될 수 있다. 개별 물질에 대한 표준은 한 순간이라도 결코 초과될 수 없는 문턱 농도 값(threshold concentration value)인 천장 값(ceiling values)과 정상적인 작업 시간(예를 들면, 8시간)에 대한 노출을 반영하는 시간 가중평균 값(time-weighted average values, TWA)을 반영하기 위하여 설정된다. 문턱 한도 값(threshold limit values, TLVs)은 나이, 무게, 건강, 호흡율, 흡수율 및 흡연과 음주 같은 개인 습관으로부터의 개별적 감수성을 허용하기 위해 조심스레 설정되었다. 그들은 만성 독성과 환경적 불쾌와 같은 단기간 효과와 암과 같은 장기간 효과로부터 작업자가 보호될 수 있도록 가정되는 안전한 이하의 농도라고 믿어진다.

Q 10. 수동 시료 채취기(Passive sampler ; badge method)에 대해 설명하라.

개인 측정을 위한 수동 시료채취 장치는 대규모 선별 검사 연구(screening study)의 원가를 낮추고 착용자로 하여금 더 편리하도록 측정하기 위하여 흐름을 통한 시료채취기를 사용하는 흡착제 시료채취에 대한 대치로 개발되었다. 시료채취는 정체된 공기층을 통한 기체 확산이나 막을 통한 투과에 의해서 일어난다. 그러므로 비싼 펌프나 연관된 전원이 필요하지 않다. 확산 측정을 위해서 증기의 안정된 상태의 질량 운반은 확산의 Fick's의 법칙에 따른다.

$m = DACt / L$

m ; 포집된 분석물질의 총 질량 D ; 분자 확산 계수
A ; 확산 채널의 면적 L ; 확산 통과 길이

C ; 공기 중 분석물질 농도　　　t ; 시료채취 시간

이 법칙은 흡착제가 분석물질을 효과적으로 흡수하여 흡착제 표면에서의 분석물질의 농도가 영이라는 것을 가정하여 유도된다. 흡착제의 성질과 도시미터(dosimeter)의 설계(A와 L)를 변화하는 것에 의해서 배지는 어떤 적당한 농도와 원하는 시간에 걸쳐 시료를 채취하도록 만들어질 수 있다. 침투 도시미터(permeation dosimeter)는 기체가 주어진 막을 침투하는 속도가 고정된 값이고 막을 통해 운반되는 기체의 총 량이 주위 공기와 노출 시간에서 기체의 농도 함수라는 원리로 작동한다. 채취되는 분석물질의 량은 다음과 같다.

$m = kCt$　　k ; 각 도시미터에서 실험적으로 결정되는 검정 상수

Q 11. 공기 중 유기 증기 표준 혼합물의 제조 방법을 설명하라.

기체에 기체나 휘발성 유기 액체의 합성 혼합물의 제조는 액체 혼합물을 제조하는 것 보다 더 어렵고 잠정적으로 덜 정확하다. 이것은 기체는 쉽게 칭량할 수 없고, 부피가 다루는 동안 변화하고, 온도와 압력 효과가 고려되어야하기 때문이다. 적합한 정확성을 갖는 많은 혼합물 제조 방법은 표와 같다.

제조 방법	원리
Single rigid chamber	화합물의 기지량이 크기가 알려진 간단한 단단한 용기에 넣어진다. 균질한 혼합을 위하여 자석 젓게나 유사한 장치 가 사용 된다.
Exponential dilution flask	순수한 성분이나 표준 혼합물의 기지량이 용기에 넣어지고 효율적인 혼합을 위해 저어진다. 용기는 시간과 함께 감소 하는 증기의 농도를 주는 기체의 안정한 흐름과 함께 계속적으로 분출된다.
Gas stream mixing	알려진 속도로 흐르는 둘 이상의 기체 흐름이 원하는 농도를 주기 위하여 혼합된다. 다중 희석 단계가 더 낮은 농도를 주기 위하여 사용될 수 있다.
Permeation tube	비활성 플라스틱 관에 밀봉되었을 때 휘발성 액체는 일정하고 재현성 있는 속도로 관의 벽을 통해서 용해되어 들어가거나 침투하는 것에 의해서 도망갈 수 있다. 침투 속도는 관 물질의 성질, 크기 및 온도에 의존한다.
Diffusion system	기체상의 오염물질로 존재하는 증기의 액체는 일정한 온도로 유지되는 용기에 포함된다. 액체는 증발되도록 허용되고 증기는 흐르는 기체 흐름으로 모세관을 통해서 서서히 확산한다. 만약 증기의 확산 속도와 희석 기체의 흐름 속도가 알려지면 결과로 생기는 기체 혼합물에서의 증기의 농도가 계산될 수 있다.

표. 기체 중 휘발성 유기 화합물의 표준 혼합물을 제조하는 방법

이 방법들은 크게 두 가지로 정적 및 동적으로 분류된다. 정적인 방법은 밀폐된 용기(실린더, 플라스크 및 플라스틱 백)에 혼합물을 준비하고 저장하는 것을 포함한다.

그러므로 시료 부피는 용기에 제한된다. 정적 시스템은 비교적 작은 부피의 혼합물이 적당히 높은 농도 수준으로 요구될 때 좋다. 동적 시스템은 시료 혼합물의 계속적인 흐름을 발생하고 벽과 흐르는 기체 흐름 사이의 평형에 기인한 더 낮은 표면 손실과 함께 큰 부피를 줄 수 있다. 정적이나 동적 시스템 어느 것이 사용되건, 기체와 증기의 균질한 혼합을 만드는 방법이 중요한 고려 사항이며 강제적인 대류를 만들기 위한 어떤 준비도 대부분의 장비에 통합되어야한다. 단순 견고한 용기가 가장 간단한 혼합 장치이다. 표준 기체 혼합물을 제조하는 다른 방법은 증발(evaporative), 전해(electrolytic), 열분해(pyrolytic) 및 화학 반응이 있다.

Q 12. 작업환경중의 유해 요인 시료채취 및 측정 방법

작업환경중의 유해 요인 및 인자는 크게 물리적 요인, 화학적 요인, 생물학적 요인 및 인간공학적 인자로 분류할 수 있다. 이들 유해 인자는 가스/증기 상태나 입자상 물질(aerosol, dust, fog, fume, mist, smog 및 smoke)로 존재하며, 이들을 포집하는 방법으로 액체 포집방법, 고체 포집방법, 직접 포집방법, 여과 포집방법 및 냉각응축 포집방법 등이 사용되고 있다. 액체 포집방법은 시료 공기를 액체 중에 통과시키거나 액체의 표면과 접촉시켜 용해, 반응, 흡수, 충돌 등을 일으키게 하여 당해 액체에 측정하고자 하는 물질을 포집하는 방법을 말하며, 고체 포집방법은 시료 공기를 입자 층을 통해 흡입, 흡착하여 당해 고체 입자에 측정하고자 하는 물질을 포집하는 방법을 말한다. 직접 포집방법은 시료 공기를 흡수, 흡착 등의 과정을 거치지 아니하고 직접 포집대 또는 진공 포집병 등의 용기에 물질을 포집하는 방법을 말하며, 여과 포집방법은 시료 공기를 여과재를 통하여 흡인함으로써 당해 여과재에 측정하고자 하는 물질을 포집하는 방법을 말한다. 또한, 냉각응축 포집방법은 시료 공기를 냉각된 관 등에 접촉 응축시켜 측정하고자 하는 물질을 포집하는 방법을 말한다.

NIOSH와 OSHA에서는 1,800개 이상의 공기 중 부유하는 화학물질(airborne chemicals)을 포집하기 위한 기본적 기자재로는 흡착관, 필터, 임핀저, 샘플링 백, 검지관 및 badge를 사용하고 있다.

1) 흡착관 방법(Sorbent tube method)

많은 가스와 증기들이 흡착관을 사용하여 포집된다. 흡착관은 호흡 지역(주로 옷깃)에 달고 허리에 찬 소형 펌프에 호스로 연결된다. 유리관은 정상적으로 고체 흡착제의 두 층을 포함한다. 공기가 관을 통해 이끌려 들어올 때 공기중 화학물질들이 첫 번째 흡착제 층에 흡착되며, 두 번째 층은 첫 번째 층의 지지체 및 돌파점(breakthrough)을 지시하는 역할을 한다. 포집 후에 흡착관은 실험실로 보내지고, 흡착제가 제거되어 포집된 화학물질들이 추출, 확인 및 정량된다.

2) 시료 포집백 방법(Sample bag method)

공기 포집백은 화학 물질(가스 및 증기)들의 농도가 분석 기기의 검출 한계보다 높을 때 포집을 하는 정확한 수단이다. 현장의 공기가 펌프에 의해 포집백에 포집되며,

검지관, 기체 크로마토그래피, 또는 다른 분석 기기에 의해 분석된다.

3) 필터 방법(Filter method)

필터는 분진, 흄, 미스트 및 에어로솔과 같은 미립자 형태의 공기 중 유해물질을 포집하기 위하여 사용된다. 공기는 특이한 형태와 공극 크기의 필터로 펌프에 의해 이끌려 들어간다. 화학물질들의 수준은 현미경에 의한 계수, 무게 분석, 또는 원자 흡수 분광 광도법 등에 의해 결정된다.

4) 임핀저 방법(Impinger method)

임핀저는 산과 무수물같은 화학물질들을 포집하기 위해 사용되는 유리 거품관으로, 기지의 공기량이 액체 물질이 들어있는 임핀저를 통해 거품을 내며 통과한다. 액체는 대상 물질과 화학적으로 반응하거나 물리적으로 용해한다. 이 액체는 화학 물질들의 공기 중 농도를 결정하기 위하여 분석된다.

5) 검지관 방법(Color detector tube method)

검지관은 공기중 화학물질의 수준을 직접적으로 지시해준다. 기지의 공기량이 화학 시약이 들어있는 관을 통해 들어간다. 시약은 유해 물질의 존재에 의해 색이 변화되며, 착색의 길이와 색의 강도가 공기중 화학물질의 수준을 나타낸다. 이용되는 검지관은 세 가지 형태가 있다.

(1) 수동식 펌프를 사용한 단기간 관

(2) 낮은 흐름 펌프를 사용한 장기간 관

(3) 수동 칼라 배지(passive color badges)

6) 배지 방법(Badge method)

어떤 가스나 증기는 가스 모니터링 배지를 사용하면 펌프 없이 수동적으로 포집될 수 있다. 배지는 다양한 포집 물질(고체 흡착제, 액체 물질, 화학적으로 포화된 테이프, 시약이 채워진 관)과 함께 사용된다. 모든 경우에서, 공기 시료는 확산에 의해 배지와 접촉하여 들어온다. 분석 방법은 배지 형태와 포집된 화학물질에 의해 달라진다.

표. 작업환경중의 유해 요인 및 인자에 따른 측정 방법 및 기구

유해 인자 및 요인	측정 방법			측정 기구 / 분석 기기
	샘플링	분석	현장 측정	
1. 물리적(강도 측정) 요인				
1) 소음	-	-	○	·소음계(sound level meter) ·누적 소음 폭로량 측정기(noise dosimeter)
2) 조명	-	-	○	·조도계(lux meter)
3) 진동	-	-	○	·진동계
4) 고열	-	-	○	·습구 흑구 온도계(WBGT) ·아스만 통풍 온습도계
5) 기타(복사열, 방사선, 이상기압 및 한랭 등)	-	-	○	·용도에 맞는 기구 선정 사용
2. 화학적(농도측정) 요인				
1) 분진(유리규산, 석면, 면분진, 석탄 등)	○	○	-	·포집 기구 : - 각종 필터 - personal air sampler(PAS) ·분석 기기 : 저울, FTIR, X-ray 회절기, 위상차 현미경 등
2) 유기 용제	○	○	○	·포집 기구 : - 검지관, 흡착관, 임핀저, 필터, 샘플링 백, badge - PAS, handy sampler ·분석 기기 : - GC, HPLC, 휴대용 GC, UV-VIS 분광 광도계
3) 금속/중금속	○	○	-	·포집 기구 : - 필터, 임핀저 - PAS ·분석 기기 : - 원자 흡광 분광 광도계, UV-VIS 분광 광도계, 이온 크로마토그래프 등
4) 유해 가스	○	○	○	·포집 기구 및 분석 기기 : 유기 용제와 동일
3. 생물학적 요인(병균)				·용도에 맞는 기구 선정 사용
4. 인간공학적 인자(작업 강도, 작업 시간, 휴식 등)				·용도에 맞는 기구 선정 사용

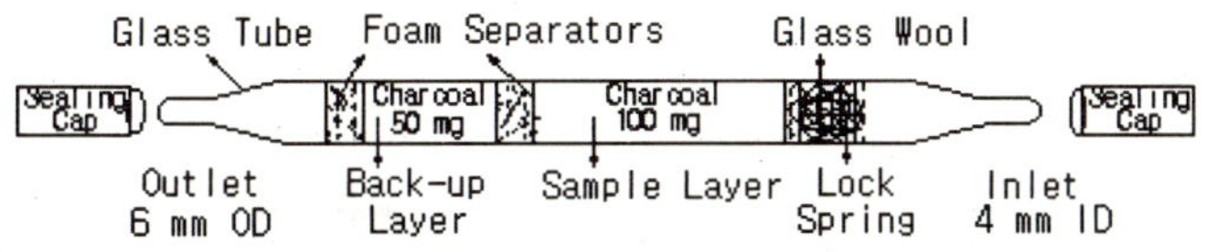

Glass Tube(유리 관), Foam(거품), Separators(분리층), Glass Wool(유리 섬유), Outlet(출구),
Back-up Layer(지지층 ; 후단), Sample(시료 흡착층 ; 전단), Inlet(도입), Sealing Cap(마개),
OD(Outside Diameter, 외경), ID(Inside Diameter, 내경)

(a) 활성탄 관(Activated Charcoal Sampling tube)

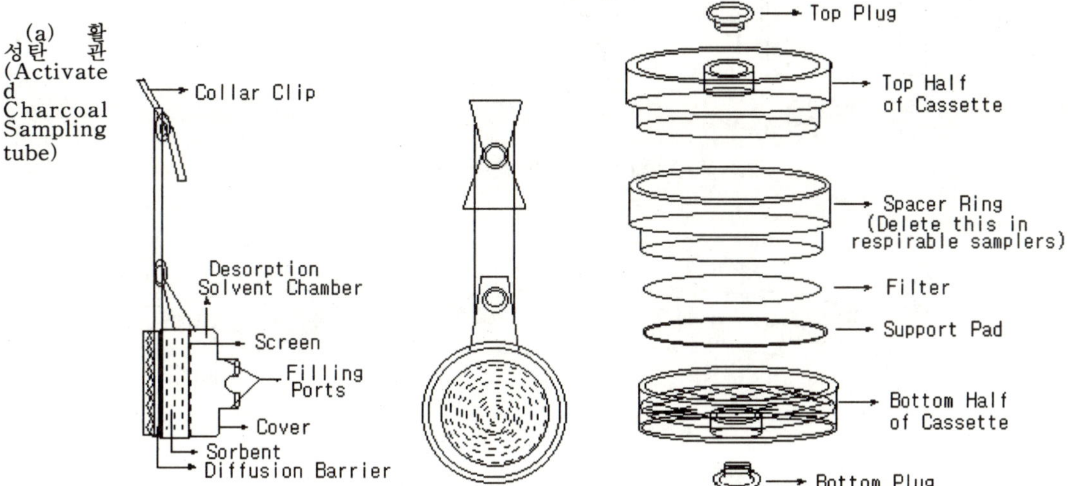

측면도(side view) 전면도(front view)

Desorption Solvent Chamber(탈착 용매실), Sorbent(흡착제), Diffusion Barrier(확산벽)

(b) 확산형 포집기(Passive Sampler ; Badge)

Plug(마개), Cassette(카세트), Spacer Ring(중간 링), Filter(필터), Support Pad(지지 패드)

(c) 삼단 카세트 홀더(Three-stage cassette holder)

그림 1. 여러 가지 시료포집 기구

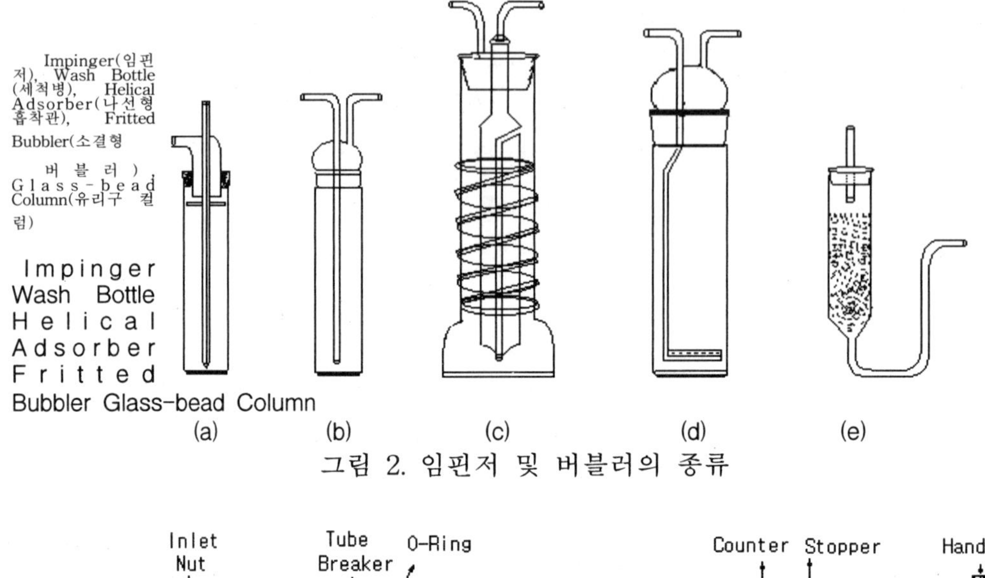

그림 2. 임핀저 및 버블러의 종류

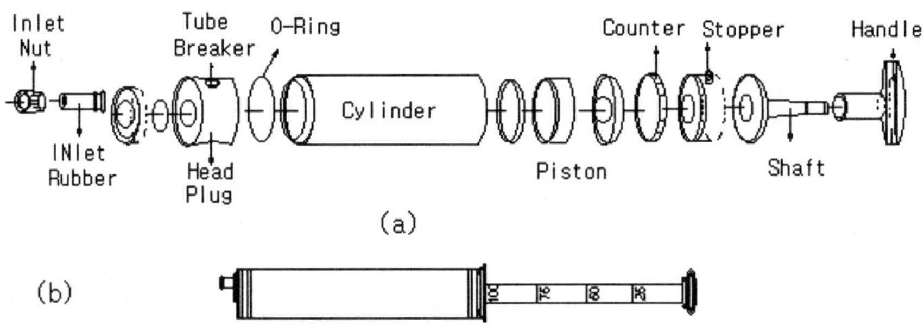

Tube Breaker(검지관 절단기), Cylinder(충진 실린더), Piston(피스톤), Counter(계수기), Stopper(정지 장치), Shaft(피스통 축), Handle(손잡이)

그림 3. 수동식 펌프(handy sampler)의 구조. (a) 분해도, (b) 조립도

제Ⅱ편 계산 문제

P 1. 30 cm 길이 컬럼에서 분리된 두 물질 봉우리에 관련된 다음 데이터를 이용하여 다음 값을 계산하라.

t_m =1.30 분 t_{R1} =16.40 분 t_{R2} =17.64 분 W_{b1} = 1.11 분 W_{b2} = 1.21 분

1. 컬럼의 분리능(R_s) ; $R_{s12} = 2(t_{R2}-t_{R1})/(W_{b1}+W_{b2})$

$R_{s12} = 2(17.64-16.40)/(1.11+1.21) = 1.06$

2. 컬럼의 평균 단수(n_{av}) ; $n = 16(t_R/W_b)^2$

$n_1 = 16(16.40/1.11)^2 = 3493$ $n_2 = 16(17.64/1.21)^2 = 3397$
$n_{av} = (n_1+n_2)/2 = (3493+3397)/2 = 3445$

3. 단 높이(H) ; n = L/H

H = L/n = 300 mm/3445 = 0.087 mm

4. R_s = 1.5 되기 위한 컬럼의 길이를 구하라.

k와 α는 n과 L의 증가에 따라 변하지 않으므로 $R_s = 1/4\, n^{1/2}\{(\alpha-1)/\alpha\}\{k_2/(1+k_2)\}$ 에 최초(n_{av1}과 R_{s1}) 및 최종(n_{av2}와 R_{s2})조건을 넣어 정리하면 다음 식을 얻는다.

$R_{s1}/R_{s2} = n_{av1}^{1/2}/n_{av2}^{1/2}$

$1.06/1.5 = (3445)^{1/2}/n_{av2}^{1/2}$ $n_{av2}^{1/2} = 3445(1.5/1.06)^2 = 6898$

L = nH = 0.087 x 6898 = 600 mm = 60 cm

5. 60 cm 컬럼으로 분리 시 두 번째 물질(17.63 분)의 머무름 시간을 계산하라.

분리 시간과 분리능의 관계식 $t_{R2} = 16R_s^2H/u\ \{\alpha/(\alpha-1)\}^2\{(1+k_2)^3/k_2^2\}$에서

$t_{R1}/t_{R2} = R_{s1}^2/R_{s2}^2$

17.63 분/$t_{R2} = (1.06)^2/(1.5)^2$ t_{R2} = 35 분

6. 30 cm 컬럼에서 두 물질에 대해 같은 분리 시간($t_{R1}=t_{R2}$)과 R_s=1.5를 얻기 위한 단 높이(H)를 계산하라.

$t_{R2} = 16R_s^2H/u\ \{\alpha/(\alpha-1)\}^2\{(1+k_2)^3/k_2^2\}$에서 $t_{R1}/t_{R2} = (R_{s1}^2/R_{s2}^2)(H_1/H_2) = 1$

$H_2 = H_1(R_{s1}^2/R_{s2}^2)$ = 0.087 mm x $(1.06)^2/(1.5)^2$ = 0.043 mm

P 2. HPLC의 아래 분석 조건과 분석 결과를 이용하여 다음을 계산하라.
충전 길이 = 25.7 cm 흐름 속도(F) = 0.313 ml/min
이동상의 부피($V_m = t_m F$) = 1.37 ml 정지상의 부피(V_s)= 0.164 ml

화합물	머무름 시간(t_R), min	봉우리 바탕선 나비(W_b), min
머무름 없음	3.1(t_m)	-
A	5.4	0.41
B	13.3	1.07
C	14.1	1.16
D	21.6	1.72

1. 각 봉우리의 단수, 평균 단수 및 단 높이를 계산하라.

$n = 16(t_R/W_b)^2$, $H = L/n$으로부터 계산된다.

$n_A = 16(t_{RA}/W_{bA})^2 = 16(5.4/0.41)^2 = 2775$

$n_B = 16(t_{RB}/W_{bB})^2 = 16(13.3/1.07)^2 = 2472$

$n_C = 16(t_{RC}/W_{bC})^2 = 16(14.1/1.16)^2 = 2364$

$n_D = 16(t_{RD}/W_{bD})^2 = 16(21.6/1.72)^2 = 2523$

$n_{av} = (n_A+n_B+n_C+n_D)/4 = (2775+2472+2364+2523)/4 = 2533$

$H = L/n = 257 \text{ mm}/2533 = 0.10 \text{ mm}$

2. 각 화합물의 머무름 인자 및 분배상수를 계산하라.

$k = (t_R-t_m)/t_m$ 및 $K = k\ V_m/V_s = C_S/C_M$으로부터 계산된다.

$k_A = (5.4-3.1)/3.1 = 0.74$ $K_A = 0.74(1.37/0.164) = 6.2$

$k_B = (13.3-3.1)/3.1 = 3.3$ $K_B = 3.3(1.37/0.164) = 27.6$

$k_C = (14.1-3.1)/3.1 = 3.5$ $K_C = 3.5(1.37/0.164) = 29.2$

$k_D = (21.6-3.1)/3.1 = 6.0$ $K_D = 6.0(1.37/0.164) = 50.1$

3. 이웃 쌍(B와 C) 간의 분리인자 및 분리능을 구하라.

$\alpha = t_{R2}'/t_{R1}' = (t_{R2}-t_m)/(t_{R1}-t_m) = k_2/k_1$과

$R_s = 2(t_{R2}-t_{R1})/(W_{b1}+W_{b2}) = 2\Delta t/(W_{b1}+W_{b2})$로부터 계산된다.

$\alpha = k_C/k_B = 3.5/3.3 = 1.06$

$R_s = 2(t_{RC}-t_{RB})/(W_B+W_C) = 2(14.1-13.3)/(1.07+1.16) = 1.6/2.23 = 0.72$

P 3. 면적 정규화 방법이 n, s, i, t-부틸 알코올을 정량하기 위해 응용되었으며, 상대 응답 인자를 얻기 위해 알코올 표준 용액을 사용하여 얻은 데이터는 표와 같다. 각 알코올을 분리하여 얻은 면적을 이용하여 무게 %를 구하라.

알코올	취한 무게, g	알코올 무게, %	봉우리 면적(A), cm^2	무게/면적 비	상대 응답 인자, F
n-Butyl	0.1731	24.61	3.023	24.61/3.023=8.141	8.141/8.141=1.000
i-Butyl	0.1964	27.92	3.704	27.92/3.704=9.083	9.083/8.141=1.116
s-Butyl	0.1574	21.52	3.112	21.52/3.112=6.915	6.915/8/141=0.849
t-Butyl	0.1826	25.96	3.004	25.96/3.004=8.642	8.642/8.141=1.062
	Σwt = 0.7035	Σ% = 100.00	ΣA = 12.213		

알코올	봉우리 면적(A), cm^2	A x F	무게 %
n-Butyl	1.731	1.731x1.000=1.731	(1.731/9.521)x100=18.18
i-Butyl	3.753	3.753x1.116=4.188	(4.188/9.521)x100=43.99
s-Butyl	2.845	2.845x0.849=2.415	(2.415/9.521)x100=25.36
t-Butyl	1.117	1.117x1.062=1.186	(1.186/9.521)x100=12.46
		Σ = 9.521	Σwt % = 99.99

P 4. GLC의 아래 분석 조건을 보고 다음 1~6을 계산하라.

컬럼 ; Chromosorb P로 채운 1.10 m x 2.0 mm, 가한 정지상 액체의 무게(W) 1.40 g, 액체의 밀도(ρs) 1.02 g/ml

압력 ; 실내 압력(P : 748 torr)보다 높은 26.1 psi로 주입

측정한 흘러나온 유속(F_m) ; 25.3 ml/min

온도 ; 실내 온도(T) 21.2 ℃, 컬럼 온도(T_c) 102.0 ℃

머무름 시간 ; 공기 18.0 초, 아세트산메틸(CH_3COOCH_3) 1.98 분, 프로피온산메틸($CH_3CH_2COOCH_3$)4.16 분, n-부틸산메틸($CH_3CH_2CH_2COOCH_3$) 7.93 분

바탕선에서 봉우리 나비 ; 각각 0.19, 0.39 및 0.79 분

1. 컬럼 내부의 평균 유속(F)
2. 공기와 세 에스테르에 대하여 조정(adjusted) 머무름 부피, V_R'
3. 공기와 세 에스테르에 대하여 보정(corrected) 머무름 부피, V_m^o 및 V_R^o
4. 세 성분에 대한 고유(specific) 머무름 부피, V_g
5. 각 에스테르의 분배계수
6. methyl n-hexanoate($CH_3(CH_2)_3COOCH_3$)의 머무름 시간, t_{R4}과 보정 머무름 부피, V_{R4}^o

1. 컬럼 내부의 평균 유속(F_c)

$F_c = F_m(T_c/T)(P-P_w)/P$식을 이용한다.

F_c = 25.3 ml/min(375 K/294.2 K)(748-18.9) mmHg/748 mmHg

= 31.4 ml/min

♣ 참고 사항

1. H_2O의 21.2 ℃의 증기압(P_w)은 18.880 mmHg이다.
   한편, 21 ℃의 증기압 18.7 mmHg, 22 ℃의 증기압 19.8 mmHg이므로 보간법에 의해서 구하면 P_w = 18.7+(19.8-18.7)2/10 = 18.9 mmHg)
2. 컬럼내의 유속은 직접 측정될 수 없어 실험적으로 측정한다. 보통 흐름속도는 비누-거품 미터(soap-bubble meter)로 측정하는데 비누-거품 미터에서 기체는 물로 동화되어 있으므로 압력은 물의 증기압에 대하여 보정하여야 한다.

2. 공기와 세 에스테르에 대한 조정(adjusted) 머무름 부피, V_R'

$V_m = t_mF$ 및 $V_R' = t_R'F = (t_R-t_m)F$식을 사용한다.

$V_m = t_mF$ = 0.3 min x 31.4 ml/min = 9.42 ml

$V_{R1}' = t_{R1}'F$ = (1.98-0.3) min x 31.4 ml/min = 52.7 ml

$V_{R2}' = t_{R2}'F$ = (4.16-0.3) min x 31.4 ml/min = 121.2 ml

$V_{R3}' = t_{R3}'F$ = (7.93-0.3) min x 31.4 ml/min = 239.6 ml

3. 공기와 세 에스테르에 대한 보정(corrected) 머무름 부피, V_R^o

$V_m^{o'} = jV_m = jt_mF$, $V_R^o = jV_R = jt_RF$식을 사용한다.

$V_m^o = jt_mF$ = 0.7 x 0.3 min x 31.4 ml/min = 6.6 ml

V_{R1}^o = 0.7 x 1.98 min x 31.4 ml/min = 43.5 ml

V_{R2}^o = 0.7 x 4.16 min x 31.4 ml/min = 91.4 ml

V_{R3}^o = 0.7 x 7.93 min x 31.4 ml/min = 174.3 ml

♣ 참고 사항

j는 기체 압축 보정 인자로 컬럼의 입구 압력(P_i)과 출구 압력(P_o)으로부터 계산되며, 이동상의 압축성을 고려한 보정(corrected) 머무름 부피를 구할 때 사용된다.

$j = (3/2)[\{(P_i/P_o)^2-1\}/\{(P_i/P_o)^3-1\}] = (3/2)[\{(1.80)^2-1\}/\{(1.80)^3-1\}] = 0.7$

P_i = (26.1x760)/14.7 = 1349 mmHg

P_o = 748 mmHg

P_i/P_o = 1349/748 = 1.80

(1 atm = 760 mmHg = 14.7 psi = 101.325 kilopascals)

4. 세 성분에 대한 고유(specific) 머무름 부피, V_g

$V_g = \{(V_R^o-V_m^o)/W\}(273/Tc) = j\{(V_R-V_m)/W\}(273/Tc) = jF\{(t_R-t_m)/W\}(273/Tc)$식을 이용한다.

V_{g1} = 0.7 x 31.4 ml/min{(1.98-0.3) min/1.40 g}(273 K/375 K) = 19.2 ml/g

V_{g2} = 0.7 x 31.4 ml/min{(4.16-0.3) min/1.40 g}(273 K/375 K) = 44.1 ml/g

V_{g3} = 0.7 x 31.4 ml/min{(7.93-0.3) min/1.40 g}(273 K/375 K) = 87.2 ml/g

♣ 참고 사항

1. V_g의 의미 ; 정지상 무게 당 알짜 머무름 부피
2. W ; 정지상의 액체의 무게, 1.40 g

5. 각 에스테르의 분배계수(K)

$V_g = (K/\rho s)(273/T_c)$식에서 $K = (T_c/273)(V_g \rho s)$를 이용한다.

$K_1 = (375\ K/273\ K)(19.2\ ml/g \times 1.02\ g/ml) = 26.9$

$K_2 = (375\ K/273\ K)(44.1\ ml/g \times 1.02\ g/ml) = 61.8$

$K_3 = (375\ K/273\ K)(87.2\ ml/g \times 1.02\ g/ml) = 122.2$

6. Methyl n-hexanoate, $CH_3(CH_2)_3COOCH_3$의 보정 머무름 부피와 머무름 시간

유기화합물의 동족계열 내에서의 t_R'의 대수 값을 탄소 원자 수에 대하여 도시하면 그 계열에서 제일 작은 수를 제외하고는 직선이 된다는 사실을 이용한다.

아세트산메틸(CH_3COOCH_3) 1.98 분, $\log t_{R1}' = \log (1.98-0.3) = 0.212$

프로피온산메틸($CH_3CH_2COOCH_3$) 4.16 분, $\log t_{R2}' = \log (4.16-0.3) = 0.586$

n-부틸산메틸($CH_3CH_2CH_2COOCH_3$) 7.93 분, $\log t_{R3}' = \log (7.93-0..3) = 0.882$

따라서 탄소 원자 수대 조정 머무름 시간의 대수 값의 (3, 0.212), (4, 0.586), (5, 0.882) 세 짝으로부터 다음의 회귀 직선 방정식을 얻을 수 있다.

$y = 0.335x - 0.78$

이 식에 n-헥산산메틸(methyl n-hexanoate, $CH_3(CH_2)_3COOCH_3$)의 탄소 원자 수 6을 x에 대입하면 y = 1.23이 된다.

$\log t_{R4}' = 1.23$

$t_{R4}' = 10^{1.23} = 16.98$ min

$t_{R4} = t_{R4}' + t_m = 16.98 + 0.3 = 17.28$ min

$V_{R4}^o = jV_{R4} = jFt_{R4} = 0.7 \times 31.4$ ml/min $\times 17.28$ min $= 380$ ml

P 5. P 1.의 데이터를 사용하여 다음 1~4를 계산하라.

1. 각 화합물의 용량인자, k
2. 각 이웃한 화합물 쌍에 대한 분리인자, α
3. 평균 이론단 수(n)와 단 높이(H)
4. 각 이웃한 화합물 쌍에 대한 분리능, R_s

1. 각 화합물의 용량인자, k.

$k = t_R'/t_m = (t_R - t_m)/t_m$식을 사용한다.

공기 $t_m = 0.3$ 분

아세트산메틸(CH_3COOCH_3) $t_{R1} = 1.98$ 분, $t_{R1}' = 1.98-0.3 = 1.68$ 분

프로피온산메틸($CH_3CH_2COOCH_3$) t_{R2} = 4.16 분, t_{R2}' = 4.16-0.3 = 3.86 분
n-부틸산메틸($CH_3CH_2CH_2COOCH_3$) t_{R3} = 7.93 분, t_{R3}' = 7.93-0..3 = 7.63 분

k_1 = 1.68/0.3 = 5.6
k_2 = 3.86/0.3 = 13
k_3 = 7.63/0.3 = 25

2. 각 이웃한 화합물 쌍에 대한 분리인자, α.

$\alpha = t_{R2}'/t_{R1}' = k_2/k_1$식을 이용한다.
α_{21} = 13/5.6 = 2.3 α_{32} = 25/13 = 1.9

3. 평균 이론단 수(n)와 단 높이(H)

$n = 16(t_R/W_b)^2 = L/H$ 식을 이용한다.
$n_1 = 16(1.98/0.19)^2 = 1734$
$n_2 = 16(4.16/0.39)^2 = 1819$
$n_3 = 16(7.93/0.79)^2 = 1610$
$n_{av} = (1734+1819+1610)/3 = 1721$
$H = L/n_{av}$ = 1100 mm/1721 = 0.64 mm

4. 각 이웃한 화합물 쌍에 대한 분리능, R_s

$R_{s21} = 2(t_{R2}-t_{R1})/(W_{b1}+W_{b2}) = 2\Delta t/(W_{b1}+W_{b2})$식을 이용한다.
R_{s21} = 2(4.16-1.98)/(0.19+0.39) = 7.5
R_{s32} = 2(7.93-4.16)/(0.39+0.79) = 6.4

P 6. P 1.에서 머무름 시간 증가 순으로 봉우리 면적이 16.4, 45.2 및 30.2이고, 상대적 검출기 감응은 0.60, 0.78 및 0.88이었다. 세 화합물의 백분율을 계산하라.

화합물	봉우리 면적, A	상대적 감응, F	A x F	무게 %
A	16.4	0.60	16.4x0.60=16.46	(16.46/78.29)x100=21.0
B	45.2	0.78	45.2x0.78=35.25	(35.25/78.29)x100=45.0
C	30.2	0.88	30.2x.88=26.58	(26.58/78.29)x100=44.0
			Σ = 78.29	Σwt % = 100.0

P 7. 실리콘 오일을 정지상 액체로 사용한 컬럼에서 Ethyl-, n-propyl 및 n-butyl 알코올의 조정 머무름 시간이 각각 0.69. 1.51 및 3.57 분이었다. 동족 계열의 다음 두 화합물의 머무름 시간을 예측하라.

유기화합물의 동족계열 내에서의 t_R'의 대수 값을 탄소 원자 수에 대하여 도시하면 그 계열에서 제일 작은 수를 제외하고는 직선이 된다는 사실을 이용한다.

C_2 0.69 분, log 0.69 = -0.16 ; (2, -0.16)

C_3 1.51 분, log 1.51 = 0.18 ; (3, 0.18)

C_4 3.57 분, log 3.57 = 0.55 ; (4, 0.55)의 세 짝으로부터 직선 방정식이 얻어진다.

$y = 0.355x - 0.875$

C_5에 대해 $y = (0.355x5) - 0.875 = 0.9$

$\log t_{R5}' = 0.9 \quad \therefore t_{R5}' = 10^{0.9} = 7.9$ 분

C_6에 대해 $y = (0.355x6) - 0.875 = 1.26$

$\log t_{R6}' = 1.26 \quad \therefore t_{R6}' = 10^{1.26} = 18.2$ 분

공기의 머무름 시간(불감 시간, t_m)을 0.3 분이라 하면,

$t_{R5} = t_{R5}' + t_m = 7.9 + 0.3 = 8.2$ 분

$t_{R6} = t_{R6}' + t_m = 18.2 + 0.3 = 18.5$ 분

P 8. RPC에서 용질의 분석 조건과 결과를 보고 다음을 계산하라.

이동상 ; D.W/MeOH 70/30(V/V %)

분리 시간 ; t_R 31.3 분, t_m 0.48 분

1. 용량인자(k)를 구하여라.

$k = (t_R - t_m)/t_m = t_R'/t_m = (31.3-0.48)/0.48 = 64$

2. k≒5되는 이동상의 부피 비를 구하여라.

용매 극성 인자와 용매의 부피 관계는 $P'_{AB} = P'_A\Phi_A + P'_B\Phi_B$이다

D.W/MeOH 70/30(V/V %)에서 P'은

$p' = (10.2 \text{ x } 0.7) + (5.1 \text{ x } 0.3) = 8.7$

RPC에서 P'과 용량인자와의 관계는 $k_2/k_1 = 10^{(P2'-P1)/2}$이다.

$5/64 = 10^{(P2'-8.7)/2}$

$\log 5/64 = (P_2'-8.7)/2 \qquad -1.11 = P_2'/2 - 4.35 \qquad P_2' = 6.5$

새로운 혼합 용매 중 MeOH 부피 분율을 χ라 하면 $P'_{AB} = P'_A\Phi_A + P'_B\Phi_B$에서

$6.5 = (\chi x\ 5.1) + (1-\chi)10.2 = 10.2 - 5.1\chi \qquad \therefore \chi = 0.73$

즉, D.W/MeOH 27/73(V/V %)으로 하면 k≒5되게 할 수 있다.

♣ 참고 사항

용매 세기(P')와 용량인자(k) 사이에서 P'를 변화하여 k를 조절할 수 있다(대략 P'을 2단위 바꾸면 k는 약 10 배 변한다. 따라서 P'과 k 사이에는 대략적인 다음 관계가 성립한다.

1. NPC에서 $k_2/k_1 = 10^{(P1'-P2)/2}$

2. RPC에서 $k_2/k_1 = 10^{(P2'-P1)/2}$

표. HPLC에 사용되는 대표적 용매들의 성질

	UV차단 (nm)	굴절률	융점 (℃)	점도 (cP,25℃)	용매 극성 인자(P′)	용매 강도 인자(εo)	선택성 그룹
n-Hexane	190	1.372	69	0.30	0.1	0.01	-
n-Propanol	240	1.385	97	1.9	4.0	0.82	Ⅱ
Tetrahydrofuran	212	1.405	66	0.46	4.0	0.82	Ⅲ
Chloroform	245	1.443	61	0.53	4.1	0.40	Ⅷ
Dioxane	215	1.420	101	1.2	4.8	0.56	Ⅵa
Acetonitrile	190	1.341	82	0.34	5.8	0.65	Ⅵb
Methanol	205	1.326	65	0.54	5.1	0.95	Ⅱ
Water	-	1.333	100	0.89	10.2	Very Large	Ⅷ

P 9. RPC의 이동상으로 D.W/MeOH(50/50)을 사용하였다. D.W/ACN 이나 D.W/THF의 혼합 용매를 사용 시 같은 용매 강도를 갖는 부피 비를 구하여라.

$S_T = \Sigma_i S_i\Theta_i$식을 이용한다.

D.W/MeOH(50/50)에서 $S_T = \Sigma_i S_i\Theta_i = (0x0.5) + (2.6x0.5) = 1.3$

1) D.W/ACN에서 D.W의 부피 분율을 χ라 하면

$1.3 = (\chi x0) + (1-\chi)3.2 = 3.2 - 3.2\chi \quad \therefore \chi = 0.59$

즉, D.W/ACN ; 59/41(V/V %)를 혼합하면 등용리 용매가 된다.

2) D.W/THF에서 D.W의 부피 분율을 χ라 하면

$1.3 = (\chi x0) + (1-\chi)4.5 = 4.5 - 4.5\chi \quad \therefore \chi = 0.71$

즉, D.W/THF ; 71/29(V/V %)를 혼합하면 등용리 용매가 된다.

♣ 참고 사항

1. 등용리 용매(iso-eluotropic solvent)를 사용하는 이유

RPC나 NPC에서 혼합 용매의 전체 용매 강도(S_T)는 같으면서 다른 선택성을 가지도록 하여 α(분리인자)값을 변화시켜 분리에 영향을 줄 수 있다.

$S_T = \Sigma_i S_i\Theta_i$

S_T ; 혼합 용매의 전체 강도

S_i ; 용매 강도 무게 인자

Θ_i ; 혼합 용매에서 각 용매의 부피 분율

2. 약어

D.W ; deionized water

ACN ; acetonitrile

THF ; tetrahydrofuran

표. 용매 강도 무게 인자, S_i

Solvent	Selectivity group	Solvent strength weighing factor RPC	NPC
Methanol	II	2.6	5.1
Acetonitrile	VI	3.2	5.8
Tetrahydrofuran	III	4.5	4.0
Water	-	0	10.2
Chloroform	VIII		4.1
Methylene chloride	V		3.1
Methyl t-butyl ether	I		ca.2.5
Ethyl ether	I		2.8
Hexane	-		0
Acetone	-	ca.3.4	
Dioxane	-	ca.3.5	
Ethanol	-	ca.3.6	
Isopropanol	-	ca.4.2	

P 10. 이동상으로 Chloroform/n-hexane(50/50, V/V %)을 사용한 NPC에서 용질의 t_R은 29.1 min, t_m은 1.05 min이었다. 다음을 계산하라.

1. k를 계산하라.

$k = (t_R - t_m)/t_m = (29.1-1.05)/1.05 = 27$

2. k<10을 만족하는 용매 성분을 구하여라.

용매 극성 인자와 용매의 부피 관계는 $P'_{AB} = P'_A\Phi_A + P'_B\Phi_B$이다.

Chloroform/n-hexane(50/50, V/V %)에서 P′은

$p' = (4.1 \text{ x } 0.5) + (0.1 \text{ x } 0.5) = 2.1$

NPC에서 P′과 용량인자와의 관계는 $k_2/k_1 = 10^{(P1'-P2)/2}$이다.

$10/27 = 10^{(2.1-P2)/2}$

$\log 10/27 = (2.1-P_2')/2$

$-0.43 = 1.05 - (P_2'/2) \quad \therefore P_2' = 3.0$

새로운 용매 혼합물 중 n-hexane의 부피 분율을 χ라 하면

$P'_{AB} = P'_A\Phi_A + P'_B\Phi_B$에서

$3.0 = (\chi \text{x } 0.1) + (1-\chi)4.1 = 4.1 - 4.0\chi \quad \therefore \chi = 0.28$

즉, chloroform/n-hexane(72/28, V/V %)으로 하면 k<10되게 할 수 있다.

P 11. 이웃한 크로마토그래피 봉우리가 용매의 유속이 1.9 ml/min이고, 평균 봉우리 나비가 18초인 곳에서 발견되었다. 분리능 손실이 각각 5 %, 10 % 이하로 유지된다면 최대 시료 크기는 얼마를 사용할 수 있는가?

V_p = F x W_b, 최대 허용 시료 부피(V_s) ∝ 봉우리 부피(V_p) 관계로부터

V_p = 유속 x W_b = 1.9 ml/min x (18 sec / 60 sec/min) = 0.570 ml(즉, 570 μℓ)

분리능이 5 % 이하 일 때 V_s는

V_s = 0.25 V_p = 0.25 x 570 μℓ = 140 μℓ

분리능 손실이 10 % 이하일 때 V_s는

V_s = 0.44 V_p = 0.44 x 570 μℓ = 250 μℓ

♣ 참고 사항 ; 분배 크로마토그래피에서 분리능은 시료 부피에 의존한다.

1. 봉우리 부피(V_p) = 유속(F) x 평균 봉우리 나비(W_b)
2. 최대 허용 시료 부피(V_s) ∝ 봉우리 부피(V_p)

표. 분배 크로마토그래피를 위한 최대 시료 부피

V_s(최대 허용 시료 부피)=	허용되는 분리능 손실 %
0.25 V_p	5
0.33 V_p	8
0.44 V_p	10
0.57 V_p	20

P 12. 두 개 봉우리 나비의 평균이 9초이고, 흐름 속도가 2.5 ml/min인 크로마토그래피 계에서 분리능의 손실이 각각 5, 20 % 이하로 되는 최대 허용 시료 부피를 구하여라.

V_p = 유속 x W_b = 2.5 ml/min x (9 sec / 60 sec/min) = 0.375 ml(즉, 375 μℓ)

분리능이 5 % 이하 일 때 V_s는

V_s = 0.25 V_p = 0.25 x 375 μℓ = 94 μℓ

분리능 손실이 20 % 이하일 때 V_s는

V_s = 0.57 V_p = 0.57 x 375 μℓ = 214 μℓ

P 13. RPC에서 일련의 Family compounds를 분리 시 이 물질들에 대한 열역학적 머무름 메카니즘을 평가하기 위하여 다음 결과를 얻었다. 다음에 답하라.

1) 이동상 MeOH/D.W(80/20, 5 % 간격), 온도 20~40 ℃(5 ℃ 간격)에서 얻은 ln k 및 ln k 대 1/T x10^3에 대한 회귀 직선 방정식

Table 1. Capacity factor(k) and regression linear equation for benzyl alcohol to mobile phase MeOH/D.W 80/20~55/45) in range of 20~40 ℃.

MeOH/D.W	Temperature, ℃					Regression
	40	35	30	25	20	linear equation
80/20	-1.39	-1.37	-1.35	-1.33	-1.31	0.363x-2.550
75/25	-1.22	-1.19	-1.17	-1.14	-1.12	0.455x-2.671
70/30	-1.03	-1.01	-0.98	-0.96	-0.9	0.453x-2.478
65/35	-0.86	-0.82	-0.80	-0.76	-0.74	0.547x-2.602
60/40	-0.64	-0.61	-0.56	-0.52	-0.49	0.708x-2.902
55/45	-0.45	-0.40	-0.36	-0.31	-0.27	0.818x-3.060

2) 이동상 MeOH/D.W(80/20), 온도 20~40 ℃에서 얻은 각 물질의 ln k 대 1/T x 10^3의 회귀 직선 방정식

Benzyl alcohol($C_6H_5CH_2OH$, BZYA) : 0.363x - 2.550
Benzoyl chloride(C_6H_5COCl, BZOC) : 0.545x - 2.469
Benzyl chloride($C_6H_5CH_2Cl$, BZYC) : 0.470x - 2.213
Benzal chloride($C_6H_5CHCl_2$, BZAC) : 0.455x - 1.931
Benzotrichloride($C_6H_5CCl_3$, BZTC) : 0.453x - 1.278

3) 이동상 MeOH/D.W(80/20), 온도 20~40 ℃에서 얻은 ln k 대 1/T x 10^3의 회귀 직선 방정식으로부터 계산된 엔탈피

Table 2. $-\Delta H°$according to mobile phase changes (MeOH/D.W, 80/20~55/45) in range of 20~40 °C, n=3.

MeOH/D.W.	$-\Delta H°$, kcal / mol				
	BZYA	BZOC	BZYC	BZAC	BZTC
80/20	0.785	1.023	0.851	0.905	0.903
75/25	0.900	1.142	1.019	1.069	1.261
70/30	1.024	1.266	1.194	1.190	1.568
65/35	1.111	1.504	1.384	1.445	1.925
60/40	1.435	1.972	1.961	2.093	2.359
55/45	1.625	2.166	2.348	2.529	2.708

1. 적용된 온도(20~40 ℃)에 대한 $1/T \times 10^3$값을 구하라.

$\{1/(273+20)\} \times 10^3 = 3.41\ K^{-1}$
$\{1/(273+25)\} \times 10^3 = 3.36\ K^{-1}$
$\{1/(273+30)\} \times 10^3 = 3.30\ K^{-1}$
$\{1/(273+35)\} \times 10^3 = 3.25\ K^{-1}$
$\{1/(273+40)\} \times 10^3 = 3.19\ K^{-1}$

2. Benzyl alcohol에 대해 이동상 MeOH/D.W(80/20), 온도 20~40 ℃에서 얻은 ln k 대 $1/T \times 10^3$의 회귀 직선 방정식을 구하라.

$(1/T \times 10^3, \ln k)$의 각 쌍들에 대한 회귀 직선 방정식을 구한다.
(3.19, -1.39), (3.25, -1.37), (3.30, -1.35), (3.36, -1.33), (3.41, -1.31)
$\ln k = 0.363 \times 10^3/T - 2.550$

3. 이동상 MeOH/D.W(80/20), 온도 20~40 ℃에서 얻은 ln k 대 $1/T \times 10^3$의 회귀 직선 방정식으로부터 엔탈피와 엔트로피를 구하여라.

$\ln k = -\Delta H^\circ/RT + \Delta S^\circ/R + \ln \Phi$식을 이용한다. ΔS°계산을 위해 $\Phi=1$을 대입하여 $\ln \Phi$항을 zero로 한 식을 사용한다.

Benzyl alcohol(BZYA) : $\ln k = 0.363 \times 10^3/T - 2.550$
$-\Delta H^\circ/R = 363 \quad \therefore -\Delta H^\circ = 363 \times 1.987 = 721$ cal/mol = 0.721 kcal/mol
$\Delta S^\circ/R = -2.550 \quad \therefore -\Delta S^\circ = 2.550 \times 1.987 = 5.067$ cal/mol
Benzoyl chloride(BZOC) : $\ln k = 0.545 \times 10^3/T - 2.469$
$-\Delta H^\circ/R = 545 \quad \therefore -\Delta H^\circ = 545 \times 1.987 = 1083$ cal/mol = 1.083 kcal/mol
$\Delta S^\circ/R = -2.649 \quad \therefore -\Delta S^\circ = 2.649 \times 1.987 = 5.264$ cal/mol
Benzyl chloride(BZYC) : $\ln k = 0.470 \times 10^3/T - 2.213$
$-\Delta H^\circ/R = 470 \quad \therefore -\Delta H^\circ = 470 \times 1.987 = 934$ cal/mol = 0.934 kcal/mol
$\Delta S^\circ/R = -2.213 \quad \therefore - \Delta S^\circ = -2.213 \times 1.987 = 4.397$ cal/mol
Benzal chloride(BZAC) : $\ln k = 0.455 \times 10^3/T - 1.931$
$-\Delta H^\circ/R = 455 \quad \therefore -\Delta H^\circ = 455 \times 1.987 = 904$ cal/mol = 0.904 kcal/mol
$\Delta S^\circ/R = -1.931 \quad \therefore - \Delta S^\circ = -1.931 \times 1.987 = 3.837$ cal/mol
Benzotrichloride(BZTC) : $\ln k = 0.453 \times 10^3/T - 1.278$
$-\Delta H^\circ/R = 453 \quad \therefore -\Delta H^\circ = 453 \times 1.987 = 900$ cal/mol = 0.9 kcal/mol
$\Delta S^\circ/R = -1.278 \quad \therefore - \Delta S^\circ = -1.278 \times 1.987 = 2.539$ cal/mol

♣ 참고 사항

1. $R = 8.31451\ JK^{-1}mol^{-1} = 8.31451 J \times 0.23901\ cal/J\ K^{-1}\ mol^{-1} = 1.98725\ cal\ K^{-1}\ mol^{-1}$

= 0.0820578 L atm K^{-1} mol^{-1}

2. △S°의 계산 ;

△S°를 계산 시 컬럼의 정확한 상비(Phase ratio, Φ)를 알 수 없을 때 식을 단순화하기 위하여 Hemetsberger 등이 사용한 Φ=1을 대입하여 ln Φ항을 zero로 한 후△S°/R로부터 △S°를 계산할 수 있다. 또한 △S°의 값은 △H°값의 약 $1/10^3$ 정도이다.

4. Table 2.에서 △H°(Kcal/mole)값이 이동상 중의 methanol 부피가 80→55 %로 점차 감소 시 benzyl alcohol은 약 -0.8에서 -1.6로, benzoyl chlorde는 약 -1.0에서 -2.2로, benzyl chloride는 약-0.9에서 -2.3로, benzal chloride는 약 -0.9에서 -2.5로, benzotriride는 약 -0.9에서 -2.7로 감소하는 이유를 설명하라.

이것은 이동상의 수용성의 증가로 높게 구조화(highly structured)되어 응집 에너지(cohesive energy)가 점차 증가하게 되고 덜 극성인 용질들은 이동상으로부터 점점 더 압착되어 정지상의 탄화수소 부위에 더욱더 인접하게 되어 이동상에서 정지상으로의 용질들의 전이(transfer)에 따른 이동상 내의 물의 증가된 entropy 때문이다.

5. ln k 대 -△H°에 대해 얻은 회귀 직선 방정식은 표와 같다. 이 식을 이용하여 상쇄 온도(compensation temperature, β)를 구하여라.

Table. Regression linear equation(ln k vs. -△H°) for benzyl alcohol(BZYA), benzoyl chloride(BZOC), benzyl chloride(BZYC), benzal chloride(BZAC), and benzotri-chloride(BZTC) with mobile phase(MeOH/D.W, 80/20~55/45) at 30 ℃. n = 3 average for ln k and -△H°.

Compd.	ln k & -△H°	MeOH/D.W						Reg. linear equation	r	β
		80/20	75/25	70/30	65/35	60/40	5/45			
BZYA	ln k	-1.35	-1.16	-0.98	-0.89	-0.57	-0.36	1.139x-2.190	0.995	(964)
	-△H°	0.785	0.900	1.024	1.111	1.435	1.621			
BZOC	ln k	-0.57	-0.39	-0.12	0.19	0.55	0.88	1.189x-1.708	0.989	(1066)
	-△H°	1.023	1.142	1.266	1.504	1.972	2.166			
BZYC	ln k	-0.66	-0.20	0.13	0.48	0.88	1.25	1.172x-1.397	0.967	(1030)
	-△H°	0.851	1.019	1.194	1.384	1.961	2.348			
BZAC	ln k	-0.43	-0.03	0.35	0.77	1.23	1.65	1.181x-1.226	0.966	(1052)
	-△H°	0.905	1.069	1.190	1.445	2.093	2.529			
BZTC	ln k	0.22	0.68	1.14	1.64	2.20	2.73	1.389x-1.047	1.000	(1852)
	-△H°	0.903	1.261	1.568	1.925	2.359	2.708			

$\ln k_T = -\triangle H°/R\ (1/T - 1/\beta) - \triangle G_B°/R\beta + \ln \Phi$을 사용한다.

BZYA ; 1.139x-2.190에서 기울기는

$1/R\ (1/T - 1/\beta) = 1.139/10^3$

$(1/T - 1/\beta)10^3 = 1.139 \times 1.987 = 2.263$

$(1/303 - 1/\beta)10^3 = 2.263$

$1/303 - 1/\beta = 0.002.263$

$- 1/\beta = 0,002263-0.0033 = -0.001037 \quad \therefore \beta = 964$ K

BZOC ; 1.189x-1.170

$1/R\ (1/T - 1/\beta) = 1.189/10^3$

$(1/T - 1/\beta)10^3 = 1.189 \times 1.987 = 2.362$

$- 1/\beta = 0.002.362-0.0033 = -0.000938 \quad \therefore \beta = 1066$ K

BZYC ; 1.172x-1.397

$1/R\ (1/T - 1/\beta) = 1.172/10^3$

$(1/T - 1/\beta)10^3 = 1.172 \times 1.987 = 2.329$

$- 1/\beta = 0.002.329-0.0033 = -0.000971 \quad \therefore \beta = 1030$ K

BZAC ; 1.182x-1.226

$1/R\ (1/T - 1/\beta) = 1.182/10^3$

$(1/T - 1/\beta)10^3 = 1.182 \times 1.987 = 2.349$

$- 1/\beta = 0.002.349-0.0033 = -0.000951 \quad \therefore \beta = 1052$ K

BZTC ; 1.389x-1.047

$1/R\ (1/T - 1/\beta) = 1.389/10^3$

$(1/T - 1/\beta)10^3 = 1.389 \times 1.987 = 2.760$

$- 1/\beta = 0.002.76-0.0033 = -0.00054 \quad \therefore \beta = 1852$ K

♣ 참고 사항

1. R = 1.98725 cal K^{-1} mol^{-1}은 cal 단위이고 $-\triangle H°$는 kcal 단위이므로 기울기 값을 10^3으로 나누어주어야 함.
2. T는 사용 온도(20~40 ℃) 중 중간 온도인 harmonic temperature(30 ℃)를 사용한다. 즉, 상쇄 온도(β)를 비교하여 컬럼 온도나 이동상의 조성 변화에 따른 용질의 머무름 메카니즘을 정확히 진단하기 위해서 온도 (T)는 주어진 온도 범위의 harmonic mean을 사용하는 것이 좋다. 그러나 extra-thermodynamics 방법은 반정량적인(semiquantitative) 방법이므로 β를 계산 시 많은 오차를 줄 수 있으므로 주의하여야한다.

6. 5의 BZYA, BZOC, BZYC, BZAC 및 BZTC의 상쇄 온도로부터 이 RPC계의 머무름 메카니즘 진단을 위한 시사성을 설명하라.

각 물질에 대한 상쇄 온도는 BZYA 964 K, BZOC 1066 K, BZYC 1030 K, BZAC 1052 K, BZTC 1852 K이므로, 앞의 4가지 물질에 대한 평균 상쇄 온도와 표준편차를 계산하면,

β_{av} = (964 + 1066 +1030 +1052) K/4 = 1028 K

σ_{n-1} = 45 K

$\beta_{av} \pm 3\sigma_{n-1}$ = 1028 ± (3x45) ; 893~1163 K

그러나 BZTC의 상쇄 온도는 이 네 물질들의 평균 상쇄 온도의 3σ 범위를 벗어나 있으므로 이 네 가지 물질과는 다른 머무름 메카니즘으로 사료된다.

P 14. SEC에서 차례로 분리된 A, B, C 및 D중 배제 한계와 투과 한계에서 용출된 A와 D의 두 화합물에 대한 머무름 부피가 각각 V_{RA}=5.1 ml, V_{RD}=14.2 ml이었다. B와 C의 분배계수 K_{DB}와 K_{DC}를 계산하라.

V_{RA}=5.1 ml는 배제 한계로 A보다 큰 물질은 K_D=0로 모두 A와 같이 용리된다.
V_{RD}=14.2 ml는 투과 한계로 D보다 작은 물질은 K_D=1로 D와 같이 용리된다.

K_D=0에서 $V_e = V_0 + K_DV_i$ 는 $V_e = V_0$ = 5.1 ml

K_D=1에서 $V_e = V_0 + K_DV_i$ 는 $V_e = V_0 + V_i$가 된다.

$V_i = V_{RD} - V_0$ = 14.2-5.1 = 9.1 ml

V_{RB}=8.6 ml, V_{RC}=11.7 ml로 주어지므로 $V_e = V_0 + K_DV_i$에서

8.6 = 5.1 + 9.1 K_{DB}

∴ K_{DB} = 0.38

11.7 = 5.1 + 9.1 K_{DB}

∴ K_{DC} = 0.73

♣ 참고 사항 :

SEC에서의 분배계수, K_D는 정지상 지지체의 내부 공간(internal pore)에 있는 용질의 평균 농도와 지지체 밖의 용질의 평균 농도의 비를 나타내며, 머무름을 표시하는데 사용된다. K_D는 실험적 인자에 관계되며, 크기는 0~1정도이다.

$V_e = V_0 + K_DV_i$

V_e : 용질의 용리 부피

V_0 : 컬럼 틈새 부피

V_i : 내부 공간 부피

P 15. TLC를 이용하여 미지 물질을 전개하여 얻은 데이터는 다음과 같다.

분석 조건 ; 실온

전개 시간 ; 45 min

이동상 이동 거리 및 전개 시간 ; d_M 20.5 cm, 45 min

용질의 이동거리 및 나비 ; d_{R1} 4.5 cm, W_1 0.8 cm

d_{R2} 7.3 cm, W_2 0.72 cm

d_{R3} 10.1 cm, W_3 0.85 cm

1. 선형 흐름 속도(u)를 계산하라.

$t_R = d_M/u$ 식을 사용한다.

$u = d_M/t_R = 20.5\ cm/45\ min = 0.46\ cm/min$

♣ 참고 사항

TLC에서 용질은 이동상이 거리, d_M을 이동할 때까지 이점에 도달하지 못한다.

1) $t_m = d_R/u$

2) $t_R = d_M/u$

2. 억제 인자(R_f)를 계산하라.

$R_f = d_R/d_M$ 식을 사용한다.

$R_{f1} = 4.5/20.5 = 0.22$

$R_{f2} = 7.3/20.5 = 0.36$

$R_{f3} = 10.1/20.5 = 0.49$

3. 용량인자(k)를 계산하라.

$k = (d_M-d_R)/d_R = (1-R_f)/R_f$ 식을 사용한다.

$k_1 = (1-0.22)/0.22 = 3.5$

$k_2 = (1-0.36)/0.36 = 1.8$

$k_3 = (1-0.49)/0.49 = 1.0$

4. 단 수(n) 및 전개 판 높이(H)를 계산하라.

$n = 16(d_R/W)^2$, $H = d_R/n$ 식을 사용한다.

$n_1 = 16(4.5/0.8)^2 = 506$ $H_1 = 4.5\ cm/506 = 0.0088\ cm$

$n_2 = 16(7.3/0.72)^2 = 1645$ $H_2 = 7.3\ cm/1645 = 0.0044\ cm$

$n_3 = 16(10.1/0.85)^2 = 2259$ $H_3 = 10.1\ cm/2259 = 0.0045\ cm$

6. 각 용질 쌍에 대한 분리인자(α)를 구하여라.

α_{12} = k_2/k_1 식을 사용한다.

$\alpha_{21} = k_1/k_2 = 3.5/1.8 = 1.9$

$\alpha_{31} = k_1/k_3 = 3.5/1.0 = 3.5$

$\alpha_{32} = k_2/k_3 = 1.8/1.0 = 1.8$

7. 각 용질 쌍에 대한 분리능(R_s)을 구하여라.

$R_{s12} = 2(t_{R2}'-t_{R1}')/(W_{b1}+W_{b2}) \equiv 2(d_{R2}-d_{R1})/(W_1+W_2)$ 식을 사용한다.

$R_{s21} \equiv 2(d_{R2}-d_{R1})/(W_1+W_2) = 2(7.3-4.5)/(0.8+0.72) = 3.6$

$R_{s31} \equiv 2(d_{R3}-d_{R1})/(W_1+W_3) = 2(10.1-4.5)/(0.8+0.85) = 6.8$

$R_{s32} \equiv 2(d_{R3}-d_{R2})/(W_2+W_3) = 2(10.1-7.3)/(0.72+0.85) = 1.8$

8. 이물질을 방사방향으로 전개 시 억제 인자를 계산하라.

직선형 전개($R_{f,lin}$)와 방사방향 전개($R_{f,circ}$)와의 관계 $R^2_{f,circ} = R_{f,lin}$를 사용한다.

$R^2_{f,circ1} = R_{f,lin1} = 0.22 \quad \therefore R_{f,circ1} = 0.47$

$R^2_{f,circ2} = R_{f,lin2} = 0.36 \quad \therefore R_{f,circ2} = 0.6$

$R^2_{f,circ3} = R_{f,lin3} = 0.49 \quad \therefore R_{f,circ3} = 0.7$

P 16. 모세관 전기이동의 작동 조건은 아래와 같다. 전기이동 이동도(electrophoretic mobility)를 구하여라.

이온 이동 속도 ; 0.2 cm/sec

모세관 길이 ; 40 cm

응용 전압 ; 30,000 V

$v = \mu_e V/L$ 식을 사용한다.

$\mu_e = vL/V = (0.2\ cm/sec \times 40\ cm)/30.000\ V = 0.00027\ cm^2V^{-1}s^{-1}$

♣ 참고 사항

모세관 전기이동에서 이온의 이동 속도는 전기이동 이동도와 응용된 전압에 비례하고 응용된 길이에 반비례한다.

$v = \mu_e V/L$

v ; 이온 이동 속도, cm/sec μ_e ; electrophoretic mobility, $cm^2V^{-1}s^{-1}$

V ; 응용된 전압

L ; 응용된 길이

한편, 띠 넓어짐은 액체 크로마토그래피와 달리 모세관 전기이동에서는 오직 한 개의 상

(single phase)이 사용되므로 질량 이동은 관계없고 세로 확산만이 관계된다. 이때의 단 수는 전기이동 이동도와 응용된 전압에 비례하고 용질의 확산계수에 반비례한다.

$n = \mu_e V/2D$

n ; 단 수

D ; 용질의 확산계수, $cm^2 s^{-1}$

또한, 모세관 전기이동에서 완충 용액을 함유하는 모세관을 가로질러 높은 전압이 응용되면 보통 전기삼투 흐름(electroosmotic flow)이 일어난다. 전기삼투의 존재하에서 이온의 속도는 이온 이동 속도와 전기삼투 흐름 속도의 합으로 표시된다.

$v = (\mu_e + \mu_{eo})E$

* 모세관 전기이동에서 사용되는 모세관은 전형적으로 내경이 10~100 ㎛, 길이가 40~100 cm인 것이 사용되며, 분리를 통한 두 전극 사이의 응용된 전압은 dc 20~30 kV(평판 전기이동은 약 500 V) 정도이다. 단수는 100,000~200,000 정도로 HPLC(5000~20,000 정도)보다 크다.

P 17. 크로마토그래피를 위한 시료를 채취하여 분석한 결과 시료 분석 표준 편차가 1.5 % 일 때 전 과정의 표준 편차를 구하여라.

$s_o^2 = s_a^2 + s_s^2$ 및 $s_a \fallingdotseq 1/3 s_s$를 이용하라.

$s_o^2 = 1.5^2 + (3x1.5)^2 = 2.25 + 20.5 = 22.75$

$s_o = 4.8$ %

♣ 참고 사항

분석의 정밀도와 정확도는 분석 단계보다는 시료 채취에 의해 제한된다. 분석 전 과정의 가변도(variance)는 시료채취(sampling)와 분석 작업(analytical operation) 가변도의 합으로 표시된다. 또한 시료채취 시 가변도는 분석 작업 가변도의 약 3배이다.

$s_o^2 = s_a^2 + s_s^2$

s_o^2 ; overall variance of analysis

s_a^2 ; variance of the remaining analytical operations

s_s^2 ; sampling variance

P 18. 동일한 시료를 크로마토그래피에서 분석한 결과는 다음과 같다. 평균의 정밀도를 계산하라.

봉우리 면적 ; 5678, 5765, 5576, 5489, 5640

평균 = (5678 + 5765 + 5576 + 5489 + 5640)/5 = 5630

표준 편차(σ_{n-1}) = 104

평균의 정밀도(precision of mean) = $\sigma_{n-1}/\sqrt{n} = 104/\sqrt{5} = 46$

♣ 참고 사항

평균의 표준 편차(standard deviation of mean)는 표준 오차(standard error)라고도 하며, 표준 편차를 횟수의 제곱근으로 나눈 값($\sigma_{n-1}/\sqrt{n}$)으로 표시한다.

P 19. HPLC로 Hexachlorobenzene을 분석한 결과 t_R=13.36 분, W=2.18 분이었으며, 표준 편차는 t_R에 대해 0.061, W_b에 대해 0.043이었다. 이 컬럼의 단 수와 계산된 결과에 대한 표준 편차를 계산하라.

1. 컬럼의 단 수

4σ 방법에 대한 $n = 16(t_R/W)^2$식을 사용하라.

$$n = 16(13.36/2.18)^2 = 601$$

2. 계산된 결과에 대한 표준 편차(s_n)를 구하여라.

측정에서 전체 가변수(variance)는 각 량의 term으로 표시된다.

$$\sigma_x^2 = (\delta x/\delta p)^2\sigma_p^2 + (\delta x/\delta q)^2\sigma_q^2 + (\delta x/\delta r)^2\sigma_r^2 + \cdots$$

위 식을 $n = 16(t_R/W_b)^2$식에 대하여 σ→s, x→n, p→t_R, q→W_b로 치환하여 정리하면

$s_n^2 = (\delta n/\delta t_R)_w^2 s_{tR}^2 + (\delta n/\delta W)_{tR}^2 s_W^2$이 된다.

$n = 16(t_R/W)^2$식을 각각 t_R과 W에 대해 편도함수를 취하면

$(\delta n/\delta t_R)_w = 32t_R/W^2$, $(\delta n/\delta W)_{tR} = -32tR^2/W^3$을 얻는다. 따라서

$$s_n^2 = (32t_R/W^2)^2 s_{tR}^2 + (-32tR^2/W^3)^2 s_W^2$$

$$= \{(32\times 13.36)/(2.18)^2\}(0.061)^2 + \{-32\times(13.36)^2/(2.18)^3\}(0.043)^2 = 592$$

$$s_n = \sqrt{592} = 24.3 = 24 \text{ plates}$$

$$\therefore\ n = 601 \pm 24 = (6.0\pm0.2)10^2 \text{ plates}$$

♣ 참고 사항 ; 측정 불확정성의 전개(Propagation of measurement uncertainty)

전형적인 기기 분석 방법은 각각의 indeterminate uncertainty에 지배를 받고 최종 결과의 알짜 indeterminate error에 공헌하는 여러 개의 실험 측정을 포함한다. 그러한 indeterminate uncertainty가 분석의 결과에 어떻게 영향을 주는가를 보기 위하여, 결과(x)가 무작위나 독립적 방법으로 요동하는 실험 변수 p, q, r ・・・에 의존한다고 가정하면, x는 p, q, r ・・・의 함수이다.

$$x = f(p, q, r \cdots)$$

이 때의 전체 가변수(variance)는 양들의 terms로 다음과 같이 나타낼 수 있다.

$$\sigma_x^2 = (\delta x/\delta p)^2\sigma_p^2 + (\delta x/\delta q)^2\sigma_q^2 + (\delta x/\delta r)^2\sigma_r^2 + \cdots$$

이는 여러 개의 실험 데이터로부터 계산된 양의 가변수를 계산하기 위하여 사용된다.

P 20. 표준물 첨가법을 사용하여 환경 오염물 중의 Trihalomethane(THM)을 GC로 분리 정량하기 위하여 다음과 같은 세 개의 검정 곡선을 얻었다. Youden blank(YB)와 분석물질의 량을 구하여라.

A ; Standard response curve ; y = 556x + 543 (y = ax + b)

B ; Youden regression curve ; y = 552x + 874 (y = a′x + b′)

C ; Standard addition curve ; y = 570x + 4210 (y = a″x + b″)

1. Youden blank는 위의 A, B의 검정 곡선으로부터 다음 관계를 이용하라.

TYB = YB + SB

YB(Youden blank)

SB(system blank) ; 543(시약에 의한 영향)

TYB(total Youden blank) ; 874(시약 + 묽힌 시료 용액의 영향)

TYB = YB + SB

874 = YB + 543

∴ YB = 874 - 543 = 341

2. 분석물질의 량 = (b″-TYB)/a″ = (4210-874)570 = 5.85 mg

♣ 참고 사항

1. 검정 곡선의 작성

Standard response curve ; y = ax + b

각 사용된 용매의 일정량에 기지량의 분석물질(x_1~x_5)을 첨가하여 얻은 검정 곡선

Youden regression curve ; y = a′x + b′

각 사용된 용매의 일정량과 분석 시료의 일정량씩을 첨가하여 전체 부피를 같게 하여 얻은 검정 곡선으로 매트릭스의 크기를 정할 수 있다.

Standard addition curve ; y = a″x + b″

각 사용된 시료 용액 일정량에 기지량의 분석물질(x_1~x_5)을 첨가하여 얻은 검정 곡선

2. 각 량의 의미

SB ; 시약의 영향

TYB ; 시약 + 매트릭스의 영향

YB ; 매트릭스의 영향, YB = TYB - SB

시료 중 분석 물질의 응답 크기 ; b″ - TYB

분석물질의 량 ; (b″ - TYB)/a″, 필요시 부피나 무게에 따른 환산이 따른다.

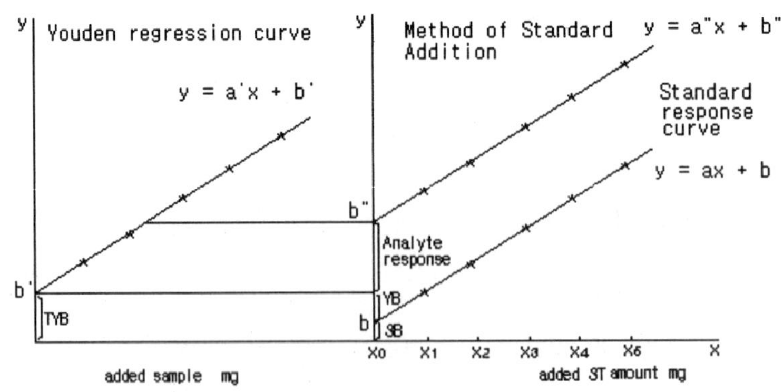

그림. 표준물 첨가법에서의 세가지 검정 곡선

P 21. GC로 분석한 크로마토그램에서 얻은 데이터는 다음과 같다. J.E.Knoll(1985)의 방법에 의한 LOD와 LOQ를 계산하라.

W_h ; 0.03 분, h_n ; 0.5 mm, C_s/h_s ; 50 ppm/mm, n : 50

식 $C_{LOD} = k_{LOD}\ h_n\ C_s/h_s$와 $C_{LOQ} = k_{LOQ}\ h_n\ C_s/h_s$를 사용한다.

$C_{LOD} = k_{LOD}\ h_n\ C_s/h_s$ = 0.9144 x 0.5 mm x 10 ppm/mm = 4.6 ppm

$C_{LOQ} = k_{LOQ}\ h_n\ C_s/h_s$ = 2.656 x 0.5 mm x 10 ppm/mm = 13.2 ppm

♣ 참고 사항

k_{LOD}와 k_{LOQ}는 상수 측정 간격(measurement interval)에 따라 결정되며, h_n값은 잡음 출력 도표 기록(Noise output chart recording)에서 측정된다. 검출 한계를 계산하기 위한 절차는 다음과 같다.

1) 검정 곡선을 작성하기 위한 시료를 분석한다. 검정 곡선의 기울기로부터 C_s/h_s 가 얻어진다.
2) 검정 곡선 범위 내 크로마토그램으로부터 1/2h의 봉우리 나비(W_h)를 구한다.
3) 도표에 W_h의 간격으로 선을 분할하고, 바탕 시험을 실시하고 가장 큰 잡음 요동의 높이(h_n)를 측정한다. 이때 k_{LOD}는 W_h의 곱에 따라 결정된다.
4) 위 계산식에 k_{LOD}, h_n 및 C_s/h_s를 대입하여 C_{LOD}를 계산한다.

표. J.E.Knoll(1985)의 방법에 의한 LOD와 LOQ 계산을 위한 다중 상수

봉우리 나비 배수	k_{LOD}	k_{LOQ}
10	1.9718	5.755
20	1.4309	4.150
50	0.9194	2.656
100	0.6536	1.885

* 봉우리 나비 배수(n) : peak width multiple

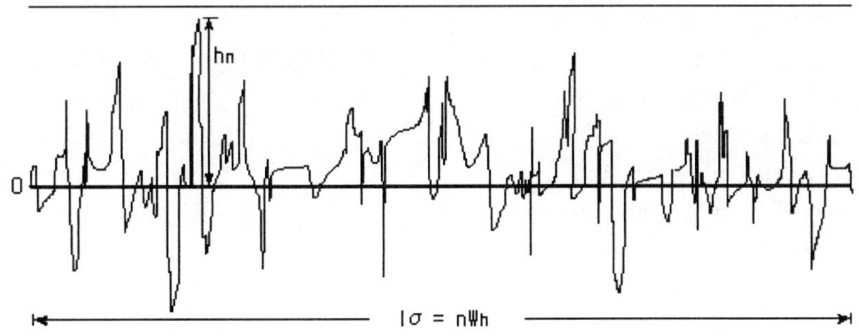

그림. 잡음 출력 도표 기록

P 22. GC의 분석 조건 및 결과는 다음과 같다. 이 컬럼에서의 용량인자(k) 및 상비 (β)를 구하여라.

컬럼 ; PEG 20M 80~100 mesh, 길이 2 m, 내경 2 mm, 정지상 액체의 무게(W) 2.54 g, 액체의 밀도(ρs) 1.02 g/ml,, F = 30 ml/min

머무름 시간 ; 공기 0.3 분, Ethanol 2.08 분,

1. 용량인자, k ; $k = (t_R - t_m)/t_m$식을 사용한다.

$$k = (t_R - t_m)/t_m = (2.08-0.3)/0.3 = 5.9 \fallingdotseq 6$$

2. 상비, β

$\beta = V_G/V_L$식을 사용한다.

V_G는 컬럼에서 기체상의 부피로 $V_G \fallingdotseq V_m = 0.3\ \text{min} \times 30\ \text{ml/min} = 0.9\ \text{ml}$

V_L는 컬럼에서 액체상의 부피로 $V_L = W/\rho s = 2.54\ \text{g}/1.02\ \text{g/ml} = 2.49\ \text{ml}$

$\therefore\ \beta = V_G/V_L = 0.9/2.49 = 0.36$

3. 분배계수, K_D ; $K_D = \beta k$

$$K_D = \beta k = 0.36 \times 6 = 2.16$$

♣ 참고 사항

분배계수, K_D :

용질의 이동상과 정지상에 대한 친화성의 상대적 비를 나타낸다.

$K_D = C_S/C_M = kV_m/V_s$

C_S : 시료 성분의 정지상에서의 농도 C_M : 시료 성분의 이동상에서의 농도

k : 용량인자 V_s : 정지상의 부피 V_m : 불감 부피

1) K_D는 친화성(affinity)의 상대적 크기(반응 물질의 양, 농도)를 표시하고, 분배, 흡착 및 이온 교환과는 관계가 없다. 물질간 K_D가 커야 잘 분리된다.

2) GC에서 K_D는 정지상 형태와 컬럼 온도에 의존하며, 컬럼 형태나 기기 인자(instrumental parameters)에는 의존하지 않는다.

$K_D = (V_G/V_L)k = \beta k$

β : 상비(phase ratio, V_G/V_L)

V_G : 컬럼에서 기체상의 부피(≒ V_m)

V_L : 컬럼에서 액체상의 부피 k : 용량인자

3) LC에서

$K_{eq} = k/\Phi$

k : 용량인자 K_{eq} : 평형상수

Φ : 상비로 Jandara가 제의

$\Phi = (V_g - V_m)/V_m$

V_g : 컬럼의 부피 V_m : 불감 부피

P 23. OTC 컬럼을 사용한 GC의 분석 조건과 결과는 다음과 같다. 선형 흐름 속도(F_c), 선형 속도(u) 및 불감 시간(t_m)을 계산하라.

컬럼 ; FSOT 30 m x 0.3 mm

압력 ; 실내 압력(P : 760 torr)보다 높은 25 psi로 주입

측정한 흘러나온 유속(F_a) ; 3.5 ml/min

온도 ; 실내 온도(T) 22 ℃, 컬럼 온도(T_c) 70.0 ℃

1. 컬럼 내부의 평균 선형 흐름 속도(linear flowrate, F_c)

$F_c = F_a(T_c/T)(P-P_w)/P$식을 이용한다.

F_c = 3.5 ml/min(343 K/295 K)(760-19.8) mmHg/760 mmHg
= 4.0 ml/min

2. 선형 속도(linear velocity, u)

$u = F_c/A_c = F_c/\pi r^2 = L/t_m$

$u = F_c/A_c = F_c/\pi r^2$ = (4.0 ml/min)/3.14x(0.015 cm)^2 = 5661 cm/min

3. 불감 시간(t_m)

$u = F_c/A_c = L/t_m$에서

$t_m = L/u$ = (3000 cm)/(5661 cm/min) = 0.53 min = 31.8 s

♣ 참고 사항

1. H_2O의 22 ℃의 증기압(P_w)은 19.8 mmHg이다.
2. 보통 흐름속도는 비누-거품 미터로 측정하는데 비누-거품 미터에서 기체는 물로 동화되어 있으므로 압력은 물의 증기압에 대하여 보정하여야 한다.
3. 선형 속도(u)

OTC ; $u = F_c/A_c = F_c/\pi r^2 = L/t_m$

충전 컬럼 ; $u = F_c/\varepsilon_I \pi r^2$

ε_I ; interstitial fraction(틈새 분율 : 충전 컬럼 단위당 틈새 부피, V_I/X)

V_I ; interstitial volume(틈새 부피 : 충전 컬럼에서 이동상/운반 기체에 의해 점유되는 부피로 V_G로도 표기함)

X ; 충전 컬럼의 부피

P 24. 10 % PEG 20M 10 g이 충전된 컬럼의 정지상 부피(V_L 또는 V_S)를 계산하라. 단, 액체상의 밀도(D_L)는 1.02 g/ml이다.

전체 무게 10 g중 PEG 20M의 무게는

10 g x 0.1 = 1 g

$V_L = W_L/D_L = 1\ g/1.02\ g/ml = 0.98\ ml$

P 25. GC를 사용하여 동족의 n-alkanes를 분리한 결과는 다음과 같다. C_5~C_6, C_6~C_7간의 분리수(separation number, SN)와 봉우리 용량(peak capacity, PC)를 계산하라.

머무름 시간 ; 공기 0.25 분,

C_5 t_{R5} 3.5 분, W_{h5} 0.22 분

C_6 t_{R6} 4.8 분, W_{h5} 0.23 분

C_7 t_{R7} 6.4 분, W_{h5} 0.20 분

1. C_5~C_6, C_6~C_7간의 분리수(SN)

$SN = \{(t_{Rz+1}-t_{Rz})/(W_{hz+1}+W_{hz})\} - 1$

$SN_{56} = \{(4.8-3.5)/(0.23+0.22)\} - 1 = 2.9-1 = 1.9$

$SN_{67} = \{(6.4-4.8)/(0.20+0.23)\} - 1 = 3.7-1 = 2.7$

2. C_5~C_6, C_6~C_7간의 봉우리 용량(PC)

PC = 1.18(SN+1)식을 사용한다.

$PC_{56} = 1.18(1.9+1) = 3.4 \fallingdotseq 3$

$PC_{67} = 1.18(2.7+1) = 4.3 \fallingdotseq 4$

♣ 참고 사항

1. Separation number(분리 수, SN) : TZ(Trennzahl)라고도 하며, z와 z+1의 C 원자들을 가진 두 개의 연속 동족체 물질(consecutive homologous standard)의 봉우리 사이에 놓이고, R_s=1.177로 분리될 수 있는 성분 봉우리들의 수를 표시한다.

   $SN = \{(t_{Rz+1}-t_{Rz})/(W_{hz+1}+W_{hz})\} - 1$

   W_h ; 봉우리 1/2 높이에서의 봉우리 폭

2. 컬럼의 분리력(separating power)은 봉우리 용량(peak capacity, PC ; 주어진 분리 시간에 어떤 특수한 분리 수준에서 분리될 수 있는 봉우리들의 수)에 의해 표시될 수 있다. 일반적으로 적어도 잘 머무르는 용질들에 대해 PC와 SN간에는 다음 관계가 있다.

   PC = 1.18(SN+1)

P 26. 다차원 GC를 활용하기 위하여 봉우리 용량이 15인 같은 컬럼 두 개를 연결하였다. 컬럼 전체의 최종 봉우리 용량을 계산하라.

$PC_{final} = \sqrt{n} \times PC_{individual}$

$PC_{final} = \sqrt{2} \times 15 = 21$

♣ 참고 사항

Freeman은 다차원 계(multidimentional system)에 대한 PC를 계산하였다. 동일한 컬럼이 연결되면 최종 PC는 연결된 컬럼 수의 평방근에 한 컬럼의 PC를 곱한 것과 같다.

$PC_{final} = \sqrt{n} \times PC_{individual}$

P 27. HPLC의 분석 조건과 결과는 다음과 같다. 용량인자(k), 상비(Φ) 및 평형 상수를 구하여라.

컬럼 ; C_{18} μ-bondapak 10㎛, 길이 25 cm, 내경 1/8 inch(3.175 mm)

머무름 시간 ; 이동상 0.15 분, benzyl alcohol 1.5 분

이동상 흐름 속도 ; 1.5 ml/min

1. 용량인자, k

$k = (t_R - t_m)/t_m$

$k = (1.5-0.15)/0.15 = 9$

2. 상비, Φ

V_g는 컬럼의 부피 ; $(0.3175\ cm)^2 \times 3.14 \times 25\ cm = 7.91\ ml$

V_m은 불감부피 ; $V_m = 0.15\ min \times 1.5\ ml/min = 0.15\ ml$

$\Phi = (V_g - V_m)/V_m$

$\Phi = (7.91-0.15)/0.15 = 51$

3. 평형상수, K_{eq}

$K_{eq} = k/\Phi$

$K_{eq} = 9/51 = 0.18 = 1.8 \times 10^{-1}$

P 28. LC에서의 분석 조건 및 결과는 다음과 같다. 주입과 연결관에 의한 가변도 (variance)를 구하여라.

컬럼 ; μ-Bondapak C_{18}, 5㎛, 25 cm x 4 mm
주입 부피 ; 10 ㎕(밸브 주입기 사용, Q=6)
이동상 ; MeOH/D.W(75/25 V/V %), 1.0 ml/min
연결관 ; 길이(L) 15 cm, 내경 0.5 mm

1. 주입기에 의한 가변도

$\sigma^2_{inj} = V^2_{inj}/Q$

$\sigma^2_{inj} = (10\ \mu\ell)^2/6 = 17\ \mu\ell^2$

2. 연결관에 의한 가변도

$\sigma^2_{con} = \pi r_c^4 L/24 D_m F$

$\sigma^2_{con} = \{3.14 \times (0.025\ cm)^4 \times 15\ cm\}/\{24 \times (2\times10^{-5}\ cm^2/s) \times 1.0/60\ cm^3/s\}$

$= 1.8 \times 10^{-5}\ cm^5/0.8\times10^{-5} cm^5/s^2 = 2.2\ s^2$

♣ 참고 사항

LC에서 전체 봉우리의 폭 넓힘에 대한 가변도, σ^2_T

$\sigma^2_T = \sigma^2_{col} + \sigma^2_{inj} + \sigma^2_{con} + \sigma^2_{det} + \sigma^2_{tc}$

$\sigma^2_T = \sigma^2_{col} + \sigma^2_{ext} = t_R^2/n = V_R^2/n = V_m^2(1+k)^2/n$

σ^2_{col} ; 컬럼 봉우리 가변도
σ^2_{ext} ; 컬럼 외 봉우리 가변도(= $\sigma^2_{inj} + \sigma^2_{con} + \sigma^2_{det} + \sigma^2_{tc}$)
σ^2_{inj} ; 주입에 의한 가변도
$\sigma^2_{inj} = V^2_{inj}/Q$
V_{inj} ; 주입 부피, ㎕
Q ; 주입기에 의존한 상수(1~12)
- 마개(plug) 주입 시 Q=12
- 밸브 주입 시 Q= 2~8

σ^2_{con} ; 연결관에 의한 가변도
$\sigma^2_{con} = \pi r_c^4 L/24 D_m F$
r_c ; 연결관의 반지름
L ; 연결관의 길이
D_m ; 이동상에서의 확산계수, cm^2/s
F ; 컬럼 흐름 속도, ml/min

σ^2_{det} ; 검출기의 부피와 구조에 기인한 가변도
σ^2_{tc} ; 검출기와 데이터 시스템의 전자 회로의 한정된 응답 시간에 기인한 가변도

P 29. LC에서의 분석 조건 및 결과는 다음과 같다. 전체 띠 폭의 5 %를 허용하는 연결관의 길이를 계산하라.

컬럼 ; μ-Bondapak C_{18}, 5㎛, 25 cm x 4 mm

주입 부피 ; 10 ㎕(밸브 주입기 사용)

연결관 ; 내경 0.5 mm

이동상 ; MeOH/D.W(75/25 V/V %), 1.2 ml/min

머무름 시간 및 봉우리 폭 ; 이동상 t_m 0.15 분

용질 t_R 4.5 분, W_b 0.3 분

$L = 40V_R^2D_m/\pi Fd^4n$식을 사용한다.

$V_R = t_RF = 4.5\ min \times 1.2\ ml/min = 5.4\ ml$

$D_m = 3x10^{-5}\ cm^2/s$

$F = 1.2\ ml/min = 0.02\ ml/s$

$d = 0.05\ cm$

$n = 16(4.5/0,3)^2 = 3600$

$L = 40(5.4\ ml)^2(3x10^{-5}\ cm^2/s)/\{3.14(0.02\ ml/s)(0.05\ cm)^4 3600\}$

$= (6.48x10^{-3}cm^8/s)/(1.4x10^{-3}\ cm^7/s) = 4.6\ cm ≒ 5\ cm$

♣ 참고 사항 ; 컬럼외 띠 넓어짐(Extracolumn band broadening)

1. 컬럼외 띠 넓어짐은 관의 벽과 중심에서의 액체 층 사이의 흐름 속도 차이에 의해 용질의 띠가 주변 보다 중심에서 더 빠르게 이동한다. GC에서는 컬럼외 띠 넓어짐이 확산에 의해 상쇄되나, LC에서는 확산이 매우 느려 이런 형태의 띠 넓어짐이 주요한 의미를 갖는다. 기기적 요소(주입 시스템, 검출기 영역, 여러 가지 연결관 등)에 의한 컬럼외 띠 넓어짐은 컬럼 가변도(variance)의 10 %를 초과하지 않아야 한다. 이것은 10 %의 컬럼 효율과 약 5 %의 컬럼 분리능의 손실에 해당된다. 컬럼외 띠 넓어짐을 최소화하기 위하여 관은 가능한 짧고 좁아야한다. 그러나 실제로는 더 길고, 내경은 ≥0.025 cm인 것이 요구된다.
2. LC에서 최대 5 %의 띠 폭(bandwidth) 증가를 허용하는 연결관의 길이는 다음 식에 의해 계산된다.

$L = 40V_R^2D_m/\pi Fd^4n$

L ; 연결관의 길이, cm

V_R ; 용질의 머무름 부피, ml

F ; 부피 흐름 속도, ml/min

d ; 연결관 의 내경, cm

n ; 컬럼 단 수

* R.P.W. Scott and P. Kucera, J. Chromatogr. Sci., 1971, 9, 641

P 30. 다음 data를 사용하여 1) 검정곡선 및 상관계수(r), 2) 잔차 및 절편을 이용한 검출한계(LOD)와 정량한계(LOQ)를 계산하라.

	n-Hexane		Toluene		o-Xylene	
	농도, mg/m^3	ST/IA	농도, mg/m^3	ST/IA	농도, mg/m^3	ST/IA
ST1	0.1690	1.0922	0.2864	2.1371	0.3471	2.2116
ST2	0.6758	4.3124	1.1458	7.4264	1.3885	8.9356
ST3	1.3517	8.6056	2.2915	14.5842	2.7769	17.4172
ST4	2.7034	18.040	4.5830	28.6284	5.5538	32.5290

ST/IA ; standard area/internal standard area

1. n-Hexane

1) 잔차(residual difference)를 이용한 LOD 및 LOQ

	농도, mg/m^3	$Y_{실제}$	$Y_{검량선}$	잔차($Y_{실제}-Y_{검량선}$)	비고
ST1	0.1690	1.0922	0.9387	0.1535	y=6.6989x-0.1934 r=0.9996 s=6.6989
ST2	0.6758	4.3124	4.3337	-0.0213	
ST3	1.3517	8.6056	8.8615	-0.2559	
ST4	2.7034	18.040	17.916	0.124	
평균				0.000075	
표준편차				0.1870	

LOD = 3.3σ/s = (3.3 x 0.1870)/6.6989 = 0.0921 mg/m^3

LOQ = 10σ/s = (10 x 0.1870)/6.6989 = 0.2792 mg/m^3

2) 검량선의 절편을 이용한 LOD 및 LOQ

	농도, mg/m^3	$Y_{실제}$	b	비고
ST1	0.1690	1.0922	-0.0399	y=6.6989x-0.1934 (y=6.6989x+ b)
ST2	0.6758	4.3124	-0.2147	
ST3	1.3517	8.6056	-0.4493	
ST4	2.7034	18.040	-0.0698	
평균			-0.1934	
표준편차			0.1868	

LOD = 3.3σ/s = (3.3 x 0.1868)/6.6989 = 0.0920 mg/m^3

LOQ = 10σ/s = (10 x 0.1868)/6.6989 = 0.2789 mg/m^3

2. Toluene

y= 6.1682x+0.3846 r=0.9999 $\sigma_{잔차}$ = 0.0436

LOD = 3.3σ/s = (3.3 x 0.0436)6.1682 = 0.0233 mg/m^3

y= 6.1682x+b $\sigma_{절편}$ = 0.0493

LOD = (3.3 x 0.0493)/6.1682 = 0.0263 mg/m^3

3. o-Xylene

y= 5.8046x+0.6815 r=0.9992 $\sigma_{잔차}$ = 0.5034

LOD = (3.3 x 0.5034)/5.8046 = 0.2862 mg/m^3

y= 5.8046x+b $\sigma_{절편}$ = 0.5034

LOD = (3.3 x 0.5034)/5.8046 = 0.2862 mg/m^3

* Proposal ; 선형화[1)]한 후 감도의 변이계수를 이용한 LOD 계산(D.S.OH, 2010)[2)]

1. n-Hexane

LOD = 3.3($\sigma/\overline{x}$) x (min, conc.) = (3.3 x 0.0158)0.1690 = 0.0088 mg/m^3

	n-Hexane		Toluene		o-Xylene	
	농도, mg/m^3	ST/IA	농도, mg/m^3	ST/IA	농도, mg/m^3	ST/IA
ST1	0.1690	1.0922	0.2864	2.1371	0.3471	2.2116
ST2	0.6758	4.3124	1.1458	7.4264	1.3885	8.9356
ST3	1.3517	8.6056	2.2915	14.5842	2.7769	17.4172
ST4	2.7034	18.040	4.5830	28.6284	5.5538	32.5290

	농도, mg/m^3	ST/IA	(ST/IA)/농도 ; 선형화(감도)	비고
ST1	0.1690	1.0922	6.4627	y=6.6989x-0.1934 r=0.9996 s=6.6989
ST2	0.6758	4.3124	6.5558	
ST3	1.3517	8.6056	6.4038	
ST4	2.7034	18.040	6.6371	
평균,$\overline{x}$			6.5148	
표준편차,σ			0.1028	
변이계수,$\sigma/\overline{x}$			0.0158	

2. Tolene

LOD = (3.3 x 0.0820)0.2864 = 0.0775 mg/m^3

3. o-Xylene

LOD = (3.3 x 0.0408)0.3471 = 0.0467 mg/m^3

* F test ; 두 값의 분산의 유의성 검정

- 잔차 대 분산계수 ; n_1=4, n_2=4의 자유도($\upsilon_1=\upsilon_2$=3)에서의 95 % 신뢰구간 값은 15.439(F표 2.5%)
- F test = σ_1^2/σ_2^2F의 값이 신뢰구간 값보다 적으면 두 값의 분산이 유의한 것으로 판단한다.

	n-hexane		Toluene		o-Xylene		비고
	LOD	σ	LOD	σ	LOD	σ	- LOD(mg/m^3)
잔차, r.d	0.0921	0.1870	0.0920	0.0436	0.0088	0.5034	
절편, intercept	0.0436	0.1868	0.0493	0.0493	0.0775	0.5034	
감도	0.32862	0.1028	0.2862	0.5572	0.0467	0.2547	

	n-hexane	Toluene	o-Xylene	비고
잔차 대 감도	$(0.1870/0.1028)^2$=3.309	$(0.0436/0.5572)^2$=0.006	$(0.5034/0.2547)^2$=3.906	σ로 계산

- 따라서 잔차를 이용한 LOD 계산 방법이나 직선화한 분산계수를 이용한 LOD 계산 방법은 서로 유의하다.
- 따라서 일반 실험실에서 정량 시 검량선을 작성하지 않고 직선화하여 분산계수를 사용하면 검량선의 잔차나 절편을 이용하는 방법보다 상당히 편리할 것으로 사료된다.

1) 선형화(linearization) ; Colin F. Poole and Shelia A. Schuette, Contemporary practice of chromatography, 5.7.5 Performance Characteristic of Liquid Chromatography Detector, 1984

2) 오도석 외 4인, Study on the new approaching method to determine limit detection by gas chromatography, J Korean Soc Occup Environ Hyg 2010,20(4)217~224

P 31. 직선흐름(선속도)과 부피흐름 속도의 전환을 설명하라.

From linear flow (cm/hour) to volumetric flow rate (ml/min)

$$\text{Volumetric flow rate (ml/min)} = \frac{\text{Linear flow (cm/h)}}{60} \times \text{column cross sectional area (cm}^2\text{)}$$

$$= \frac{Y}{60} \times \frac{\pi \times d^2}{4}$$

where

Y = linear flow in cm/h

d = column inner diameter in cm

Example:

What is the volumetric flow rate in an XK 16/70 column (i.d. 1.6 cm) when the linear flow is 150 cm/hour?

Y = linear flow = 150 cm/h

d = inner diameter of the column = 1.6 cm

$$\text{Volumetric flow rate} = \frac{150 \times \pi \times 1.6 \times 1.6}{60 \times 4} \text{ ml/min}$$

$$= 5.03 \text{ ml/min}$$

From volumetric flow rate (ml/min) to linear flow (cm/hour)

$$\text{Linear flow (cm/h)} = \frac{\text{Volumetric flow rate (ml/min)} \times 60}{\text{column cross sectional area (cm}^2\text{)}}$$

$$= Z \times 60 \times \frac{4}{\pi \times d^2}$$

where

Z = volumetric flow rate in ml/min

d = column inner diameter in cm

Example:

What is the linear flow in an HR 5/5 column (i.d. 0.5 cm) when the volumetric flow rate is 1 ml/min?

Z = Volumetric flow rate = 1 ml/min

d = column inner diameter = 0.5 cm

$$\text{Linear flow} = 1 \times 60 \times \frac{4}{\pi \times 0.5 \times 0.5} \text{ cm/h}$$

$$= 305.6 \text{ cm/h}$$

제Ⅲ편 추가 문제

제1장 GC 관련 문제

Q 1. GC의 장단점을 설명하라.
Q 2. GC에서 K_D, k, β, 컬럼 반지름(r) 및 정지상 필름 두께(d_f)의 관계를 설명하라.
Q 3. GC에서 컬럼 구경과 필름 두께의 실질적 고려 사항에 대해 설명하라.
Q 4. 열린관 컬럼(OTC)에 대해 설명하라.
Q 5. 휘발성유기화학물질 및 포름알데히드의 분석방법에 대해 설명하라.
Q 6. IAQ 측정항목 중 GC/MS로 분석하는 VOCs 대상별 차이점을 설명하라.
Q 7. GC/MS에서 mass spectrometer의 system components에 대해 설명하라.
Q 8. 질량 분석기의 두 가지 종류에 대해 설명하라.
Q 9. Headspace와 purge-and-trap을 비교 설명하라.
Q 10. GC검출기 중 Surface Acoustic Wave Sensors (SAWS)에 대해 설명하라.
Q 11. GC에서 시료전처리 방법에 대해 기술하라.
Q 12. 흡착(Adsorption), 흡수(Absorption), 수착(Sorption) 및 탈착(Desorption)에 대해 설명하라.
Q 13. 활성탄(Active carbon) 및 실리카 겔(Silica gel)에 대해 설명하라.
Q 14. GC 주입 시 1/10 rule에 대해 설명하라.
Q 15. Carrier gas에 대해 설명하라.
Q 16. GC Sampling에 대해 서술하라.
Q 17. Kovat retention index system에 대해 설명하라.
Q 18. McReynolds constant에 대해 설명하라.
Q 19. Sample injection profile에 대해 설명하라.
Q 20. GLC의 정지상에 대해 설명하라.
Q 21. GC의 다음 3가지 컬럼을 비교하라.
Q 22. Temperature programming효과를 크로마토그램으로 설명하라.
Q 23. Injection types와 각 특징을 설명하라.
Q 24. 컬럼 인자(Length, diameter, s.p. thickness)에 따른 분리능을 설명하라.
Q 25. Injection 시 split(분할)와 splitless(비분할)을 설명하라.
Q 26. SPME injection 방법에 대해 설명하라.
Q 27. GC injector 원리 및 Manual injection 방법을 설명하라.
Q 28. Packed & open tubular column(OTC) 모양을 설명하라.
Q 29. GLC column내에서의 시료의 분리 메커니즘을 설명하라.
Q 30. GC의 응용을 설명하라.
Q 31. EPA 500 Series Methods를 설명하라.
Q 32. Van deemter equation을 설명하라.
Q 33. 이동상과 정지상에서의 평형과 크로마토그램 꼬리끌기를 설명하라.
Q 34. GC의 대표적 검출기를 설명하라.

Q 1. GC의 장단점을 설명하라.

장점	단점
• 빠른 분석 - Typically minutes(even sec.) - Can be automated • 적은 시료량(μl or μg needed) • 고 분리능 - Record: N ~ 1.3 x 10^6 • 신뢰성, 비교적 간단하고 저렴 (~ $20,000) • 비파괴성 - Allows on-line coupling, e.g. to MS • 예민한 검출기(easy ppm, often ppb) • 높고 정확한 정량(1-5% RSD)	• 휘발성 시료에 국한 - T of column limited to ~ 380 °C - Analytes should have b.p. below 500 °C • 열적으로 불안정한 시료에 부적합 • 어떤 시료는 강한 시료 조제를 요구 - Samples must be soluble and not react with the column • 봉우리 확인을 위해 분광학적 방법 필요(usually MS)

Q 2. GC에서 K_D, k, β, 컬럼 반지름(r) 및 정지상 필름 두께(d_f)의 관계를 설명하라.

K_D = kβ = k(r/2d_f)

주어진 온도에서 컬럼의 상비가 감소할 때 머무름은 증가하고, 상비가 증가 시 머무름은 감소한다. 주어진 온도에서 K_D는 일정하므로 필름 두께와 컬럼 구경이 분리력과 시료 용량을 결정하는 주요한 역할을 한다. 일정한 온도, 컬럼 길이 및 내경에서 필름 두께가 감소 시 k나 머무름은 감소한다.

Q 3. GC에서 컬럼 구경과 필름 두께의 실질적 고려 사항에 대해 설명하라.

1. 컬럼 구경

1) 시료 용량은 컬럼 구경 증가 시 증가한다. 같은 농도 범위의 성분들을 갖는 시료는 어떤 구경의 컬럼에서도 분석될 수 있다. 선택은 요구되는 분리능에 의존한다.

2) 복잡한 시료에서 시료 성분들의 농도 범위와 부합하는 가장 작은 구경과 시료 용량을 가지는 컬럼을 선택하라.

3) 더 넓은 농도 범위의 시료는 더 높은 농도의 용질에 의한 과부하를 피하기 위하여 내경이 0.25 mm보다 큰 컬럼에서 분석되어야 한다.

4) 컬럼 내경의 선택은 시료 입구(inlet) 시스템의 형태에 기초될 수 있다. 일반적으로, 0.25나 0.32 mm 내경 컬럼은 분할 및 비분활 주입, 비분할 및 컬럼내(on-column)주입에는 0.32 mm, 0.53 mm는 직접 주입에 사용된다.

5) 0.18과 0.25 mm 내경의 모세관 컬럼은 GC-MS 시스템에 사용되어야 한다. 이 컬럼과 함께 더 낮은 흐름 속도는 진공 시스템의 한계를 초과할 수 없기 때문이다.

2. 정지상의 필름 두께

1) 머무름과 시료 용량은 컬럼 효율의 통상적 감소와 함께 필름 두께의 증가 시 증가한다.
2) 얇은 필름 컬럼은 어떤 정해진 컬럼 온도 조건하에서 높은 끓는점 용질들에 대해 더 높은 분리능을 제공하나 더 휘발성 용질들에 대해서는 더 낮은 분리능을 준다.
3) 얇은 필름 컬럼의 시료 용량은 부적절할 수 있고 컬럼 오븐의 저온 온도 조절(cryogenic temperature control)을 요구한다.
4) 0.2 ㎛이하의 필름 두께는 복잡한 시료에 대해 더 긴 컬럼의 사용을 허용한다.
5) 용질은 필름 두께가 감소 시 더 낮은 용리 온도를 나타낸다. 즉 얇은 필름 컬럼은 높은 끓는점 석유 분분, triglycerides 등의 분리에 이상적이다.
6) 1 ㎛보다 더 두꺼운 것은 더 휘발성인 용질 분석에 사용될 수 있다. 5 ㎛이상의 매우 두꺼운 필름은 실온에서 수행되는 분석에 사용될 수 있다.
7) 필름이 더 두꺼울수록 더 높은 용리 온도를 필요로 하지만, 모든 시료 성분들의 불완전한 용리의 결과를 가져올 수 있다.
8) 시간의 연장된 기간 동안 더 높은 용리 온도는 컬럼 수명의 단축과 컬럼 출혈(column bleed)을 가져온다.
9) 정지상의 얇은 필름을 가진 30 m나 그 이상의 긴 모세관 컬럼은 용질 초점(solute-focusing) 목적을 위해 저온 오븐 온도 제어를 해야 하는 때가 있다. 특히 추방과 포집(purge and trap) 및 열 탈착 기술사용 시 매력적이다.

Q 4. 열린관 컬럼(Open tubular column ; OTC)에 대해 설명하라.

1. 특징, 종류 및 구조

- 일상적이며 효율적(Most common and efficient)
- 고 분리능($N > 100{,}000$)
- 겉면 : 용융 실리카로 만든 고체 튜브
  - Inert, flexible, strong, and easy to use
- 내부 : 열린관
  - Very low resistance to flow
  - Long lengths possible ($L > 100$ m)
- 정지상은 튜브의 내벽에 얇고 균질한 액상 필름으로 코팅됨.

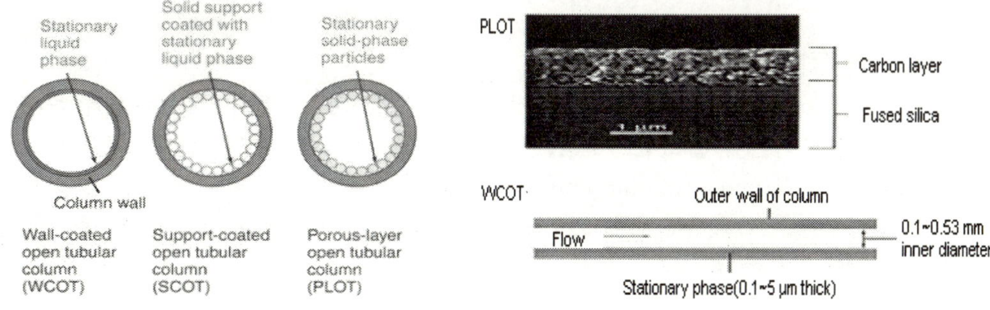

2. 용융 실리카 열린관 컬럼(Fused silica open tubular column ; FSOT)

1) 1979년에 개발된 새로운 형태의 WCOT로 광섬유를 만드는 방법과 유사하게 제조하며 외부는 중합체로 코팅되어 있고, 외경은 0.3~0.4 mm이다. 이 컬럼은 취급용이, high pressure capability, 유연하고(smooth), 상대적으로 금속이 없고(metal-free), 화학으로 비활성인 표면 및 긴 컬럼을 코일화하기 용이한 이점이 있다.

2) UV영역에서 광학적으로 투명하여 컬럼 자체가 검출기 셀처럼 작용하여 불감 부피를 최소화하는 역할을 한다.

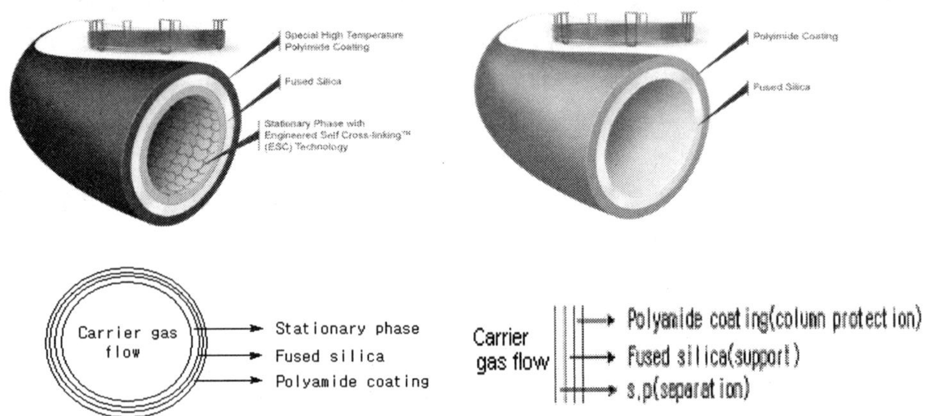

3. 구경과 필름두께에 따른 분리 효율

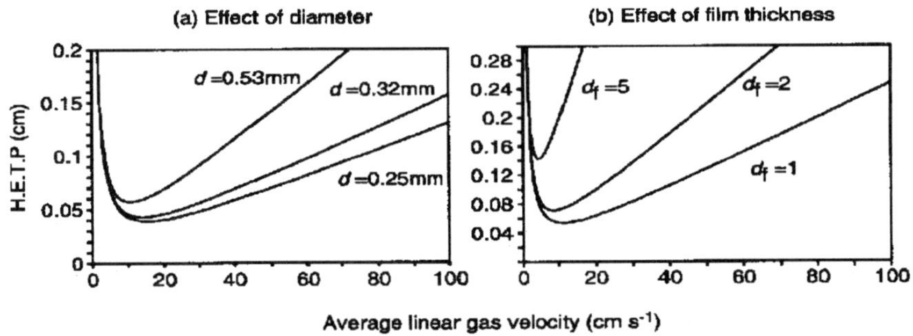

Q 5. IAQ에서 휘발성유기화학물질 및 포름알데히드의 분석방법에 대해 설명하라.

1. 휘발성유기화합물(VOC) 분석방법

고체흡착관으로 채취된 시료는 열탈착장치에 연결하여 열탈착이나 용매추출한 후 시료를 GC에 주입한다. 캐니스터로 채취된 시료는 직접 GC에 주입한다. 주입된 시료는 비극성 열린관 컬럼(open tubular column ; HP-1, OV-1 등)을 이용하여 분리한 후 MS로 동정 분석한다. 이때 MS TIC(total ion current chromatogram) scan을 이용하여 정량한다. 분석 조건은 아래와 같다.

Thermal desorber

Desorption temperature ; 300 ℃(relative with sorbent)

Desorption flow ; 30 mℓ/min, 15min

Focusing trap ; Liquid N_2 or sorbent

Desorption of focusing trap ; 325 ℃

Gas chromatograph

Injector temperature ; 300 ℃

Carrier gas ; He 1.8 mℓ/min

Column ; OV-1 open tubular column(0.32 mm x 60 m x 1 ㎛)

Temperature program ; After 5 min at 50 ℃, until 200 ℃ to 8 ℃/min(until all target compounds elute)

Mass spectrophotometer

Interface temperature ; 250 ℃

Ion source temperature ; 200 ℃

Ionization ; Electron ionization, 70 eV

Mass range ; Scan, m/z 35 to 350

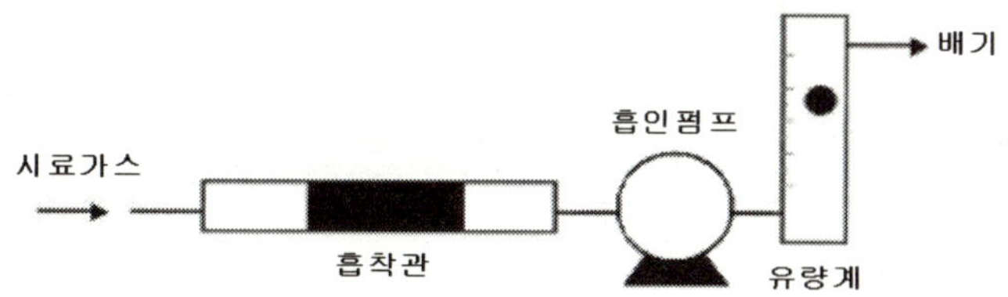

그림 1. 고체 흡착관(Tenax 튜브)을 이용한 VOCs의 채취

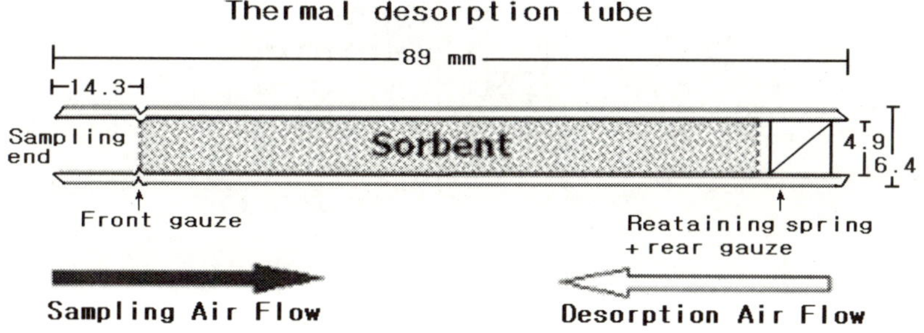

그림 2. 고체 흡착관의 시료채취 및 탈착 방향

2. 포름알데히드(HCHO) 분석방법

시료가 채취된 DNPH 카트리지를 아세토니트릴 용매 5 ㎖를 이용하여 DNPH 유도체를 추출한다. 추출한 용매 일부를 HPLC에 주입하여 360 ㎚ UV 검출기를 이용하여 검출 정량한다. 일반적인 HPLC 분석 조건은 다음과 같다.

컬럼 ; C_{18} 컬럼(ODS, 길이 250 ㎜ x 내경 4.6 ㎜)
이동상 ; 아세토니트릴/물 = 60/40(V/V) 또는 분리분석에 적당한 용매
검출기 ; 360 ㎚(자외선)
유량 ; 1.0 ㎖/min
시료 주입량 ; 20 ㎕

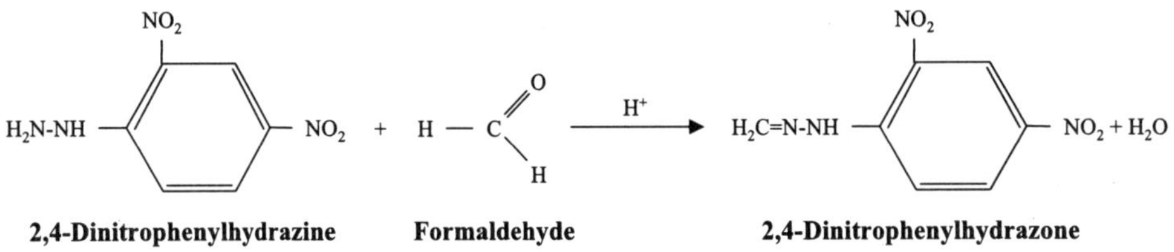

NO2
H2N-NH
NO2
+
H — C
O
H
H+
H2C=N-NH
NO2
NO2 + H2O
2,4-Dinitrophenylhydrazine
Formaldehyde
2,4-Dinitrophenylhydrazone

그림 3. HCHO의 DNPH 유도체

Air sample in
Ozone Scrubber
Al foil로 빛을 차단
DNPH Cartridge
O.D.:10 mm
Length:65 mm
Silicagel treated with DNPH
(Height:15mm)
흡인펌프 (200~1,000 ml/min)
30분, 2회

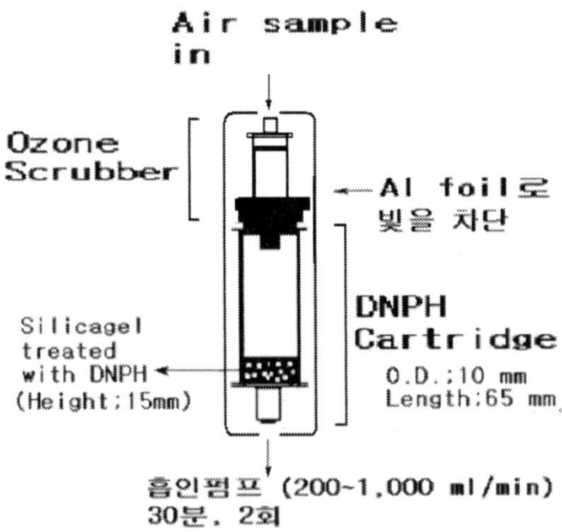

그림 4. HCHO 채취관(DNPH Cartridge ; DNPH이 코팅된 실리카겔)

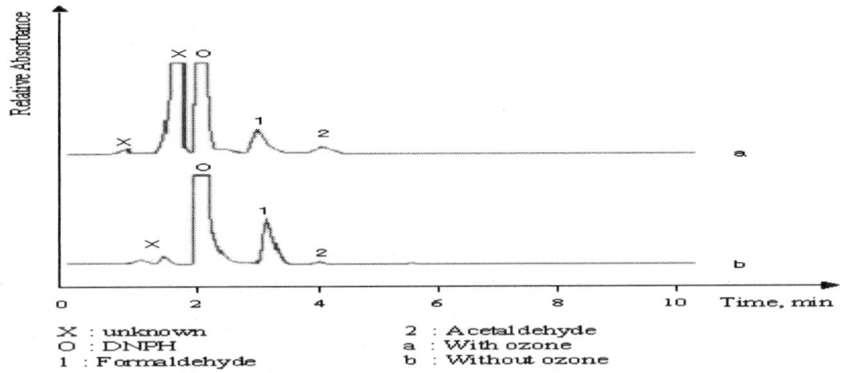

그림 5. 오존 유무에 따른 HPLC로 분석한 크로마토그램

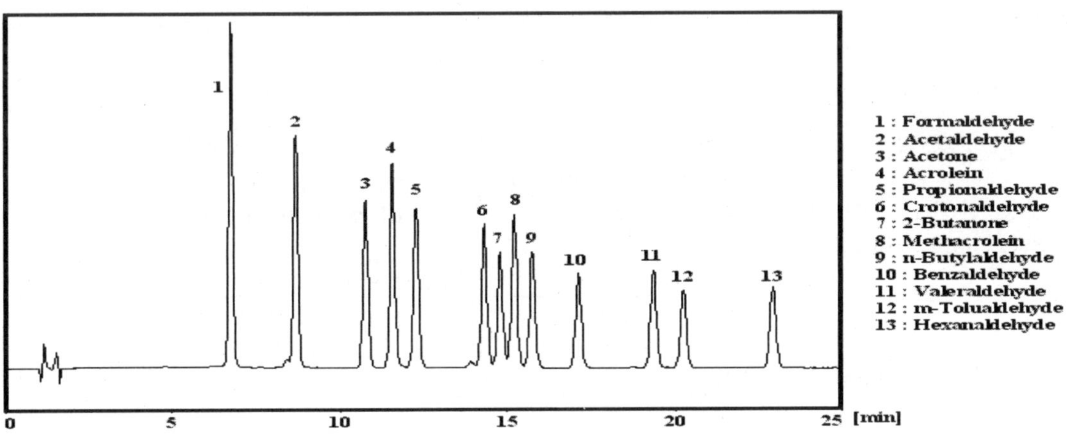

그림 6. DNPH-aldehyde 유도체 표준용액의 크로마토그램

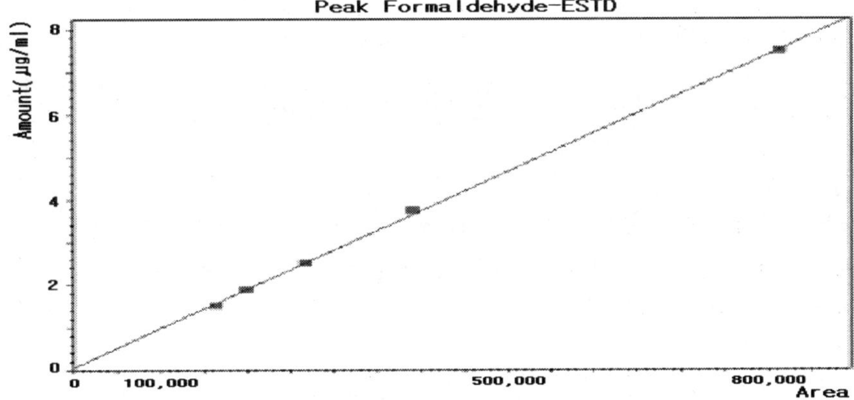

그림 7. DNPH-HCHO 유도체 표준용액의 검량선

Q 6. GC/MS에서 질량 분석계의 구성 요소에 대해 설명하라.

질량 분석계(Mass spectrometer)는 4 개의 기본적 구성 요소로 되어있다. ; 이온 원(ion sources), 시료 도입계(sample inlet systems), 질량 분석관(mass analyzers), 및 변환기(transducer).

1. 이온 원(Ion sources)

질량 분석계 분석의 시작점은 기체상의 분석물질 이온의 형성이다. 이온화 방법은 두 가지로 분류 된다 ; 기체상 원(gas phase sources)과 탈착 원(desorption sources). 기체상 이온화는 분석물질을 먼저 증발하고 그리고 그것을 이온화하는데 의존한다. 탈착 원은 고체나 액체 상태에서 분석물질을 이온화한다. 전형적으로 환경 분석에 사용되는 장(field) GC/MS 기기는 전자 충격(electron impact)같은 기체상 이온화 원을 사용한다.

표. 이온화 원의 구분

기본 형	명명	이온화 방법
기체상 원(Gas Phase source)	전자 충격(Electron Impact, EI)	Energetic electrons
	화학적 이온화(Chemical Ionization, CI)	Reagent gaseous ions
	장 이온화(Field Ionization, FI)	High-potential electrode
탈착 원 (Desorption source)	장 탈착(Field Desorption, FD)	High-potential electrode
	전기분무 이온화(Electrospray ionization, ESI)	High electrical field
	Matrix-assisted Laser beam desorption/ionization (MALDI)	
	플라스마 탈착(Plasma Desorption, PD)	Fission fragments from radioisotope
	Fast Atom Bombardment	Energetic atomic beam
	Secondary Ion Mass Energetic beams of ions	Spectrometry(SIMS)
	Thermospray Ionization	High temperature

2. 시료 도입계(Sample inlet systems)

도입계의 목적은 이온 원에 대표 시료의 소개(introduction)를 허용하는 것이다. 도입의 형태는 batch inlets, direct probe inlets 및 chromatographic inlets을 포함한다. 환경 분석을 위해 사용되는 질량 분석계가 GC를 위한 기본적 검출기이다. 모세관 크로마토그래픽 컬럼의 흐름 속도는 컬럼 유출(output)은 보통 질량 분석계의 이온화 용기로 직접 공급될 수 있을 만큼 충분히 낮다. 충전 또는 magabore 모세관 컬럼에 대해 분석물질로부터 운반 기체의 대부분을 제거하기 위하여 jet separator가 사용된다. 운반 기체의 제거는 MS가 고진공하에서 작동되기 때문에 결정적이다. 그러므로 운반 기체의 소개는 고진공을 방해한다.

3. 질량 분석관(Mass analyzers)

질량 분석관(mass analyzer)의 기능은 광학적 분광계의 grating의 것과 유사하다. 질량 분석계(mass spectrometer)에서 분산은 광자의 파장 보다는 오히려 분석물질의 m/z 비에 기초한다. 그러므로 질량 분석계는 기기의 질량 분석기의 형태에 기초하여 분류된다.

질량 분석관의 두 가지 형태가 GC/MS 분석을 위해 전형적으로 사용된다.: (1) 사중극자 질량 분석관(quadrupole mass analyzer) 및 (2) 자기 부채꼴 분석관(magnetic sector analyzer). 모세관 컬럼 GC에 연결된 사중극자 MS는 환경 실험실과 현장 분석에 가장 일반적으로 사용된다. 시료 추출물이 GC의 모세관 컬럼에 주입되고, 복합물질의 개개 화합물이 분리된다. 개별적 화합물이 다른 속도로 컬럼을 통해 유출되고 검출을 위해 MS로 들어간다. 질량 분석계에서 전형적으로 사용되는 질량 분석관의 두 번째 형태는 자기 부채꼴(magnetic sector)이다. 고 분리능 질량 분석계로 알려진 자기 부채꼴 질량 분석계는 사중극자보다 더 예민하다. 예를 들면, 자기 부채꼴 분광계는 dioxins을 흙에서 ppt(parts per trillion, $1/10^{12}$). 물에서는 ppq(parts per quadrillion($1/10^{15}$) 수준으로 검출한다. 전형적으로 고 분리능 MS는 기기의 크기와 안정성 요구 때문에 현장에 기초한(field-based) 환경 분석에는 사용되지 않는다.

4. 변환기(Transducers)

광학적 분광계처럼 질량 분석계는 이온 빔(ion beam)을 진행될 수 있고, 컴퓨터 기억장치에 저장되고, 그래픽 형태로 표현되는 전기적 신호로 바꾸는 변환기를 포함한다. 질량 분석계에서 상업적으로 이용되는 변환기는 전자 증배관(electron multipliers)과 Faraday Cup을 포함한다. 전자 증배관은 대부분의 분광계에서 선택하는 변환기이다. 덜 일반적인 검출 시스템은 사진 판(photographic plates)과 섬광 계측기(scintillation counters)가 있다.

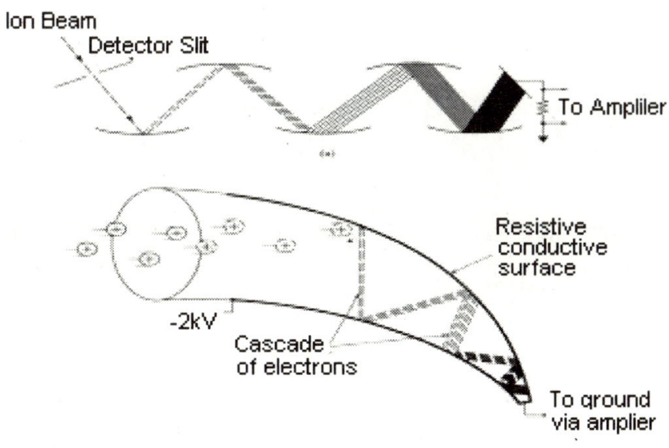

그림. 변환기의 원리

Q 7. 질량 분석관의 두 가지 종류에 대해 설명하라.

1. 사중극자 질량 분석관(Quadrapole mass analyzer)

환경 GC/MS 현장 분석에 사용되는 질량 분석계의 가장 일반적 형태는 사중극자 질량 분석관이다. 사중극자 질량 분석계는 자기 부채꼴에 비해 값이 싸고 견고하다. 그들은 일반적으로 더 탄탄하며 상업적 벤치 탑(bench top) 분광계에서 발견된다. 그들은 또한 100 millisecond보다 적은 순으로 낮은 주사 시간(scan time)의 이점을 제공한다. 이것은 크로마토그래픽 봉우리의 실시간 주사(real-time scanning)에 유용하다.

사중극자 질량 분석관의 심장은 전극처럼 작용하는 네 개의 평형한 원통형 봉(four parallel cylindrical rods)이다. 반대 봉들은 변환 직류(dc)의 + 쪽에 연결된 한 쌍과 전기적으로 연견되고 다른 쌍은 - 쪽에 연결된다. 상(phase)으로부터 180도인 변환 라디오 진동수 교류(ac) 전위가 봉들의 각 쌍에 응용된다. 이온들은 5~10 볼트의 전위에 의해 봉들 사이에서 공간으로 가속된다. 봉들 위에 ac 및 dc 전위는 일정한 비를 유지하면서 동시에 증가된다. 확실한 m/z 비를 가진 것들을 제외한 모든 이온들이 봉을 때리고 중성 분자로 바뀐다. 오직 제한된 질량 값만을 가진 이온들이 변환기에 도달한다. 사중극자 기기는 전형적으로 하나의 질량 단위에 의해 다른 이온을 분석한다.

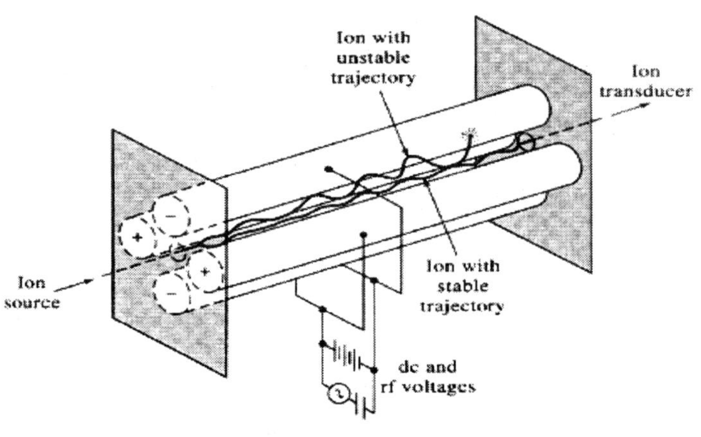

그림. 사중극자의 모형

2. 자기 부채꼴 분석관(Magnetic sector analyzer)

질량 분석관에 전형적으로 사용되는 질량 분석관의 두 번째 형태는 자기 부채꼴이다(magnetic sector.). 고 분리능 질량 분석계로 알려진 자기 부채꼴 질량 분석계는 사중극자보다 더 예민하다. 예를 들면, 자기 부채꼴 분광계는 dioxins을 흙에서 ppt(, $1/10^{12}$). 물에서는 ppq($1/10^{15}$) 수준으로 검출한다. 전형적으로 고 분리능 MS는 기기의 크기와 안정성 요구 때문에 현장에 기초한 환경 분석에는 사용되지 않는다.

자기 부채꼴 분석관은 이온 원으로부터의 빔이 보통 60도인 원형 통로로 여행하기 위하여 영구 자석(permanent magnet)이나 전자석(electromagnet)를 사용한다. 아래 그림은 전자 충격에 의해 형성된 이온들이 0.1 microtorr 의 내부 압력으로 유지되는 금속분석관(metal analyzer tube) 으로 슬릿(slit)을 통해 가속되는 자기 부채꼴 기기를 보여준다. 다른 질량의 이온들이 자석이나 가속 전위의 장강도(field strength)를 변화하는 것에 의해 출구 슬릿을 가로질러 주사될 수 있다. 출구 슬릿을 통해 지나는 이온들은 증폭되고 기록되는 이온 전류로 되는 수집 전극(collector electrode resulting in an ion current)을 때린다.

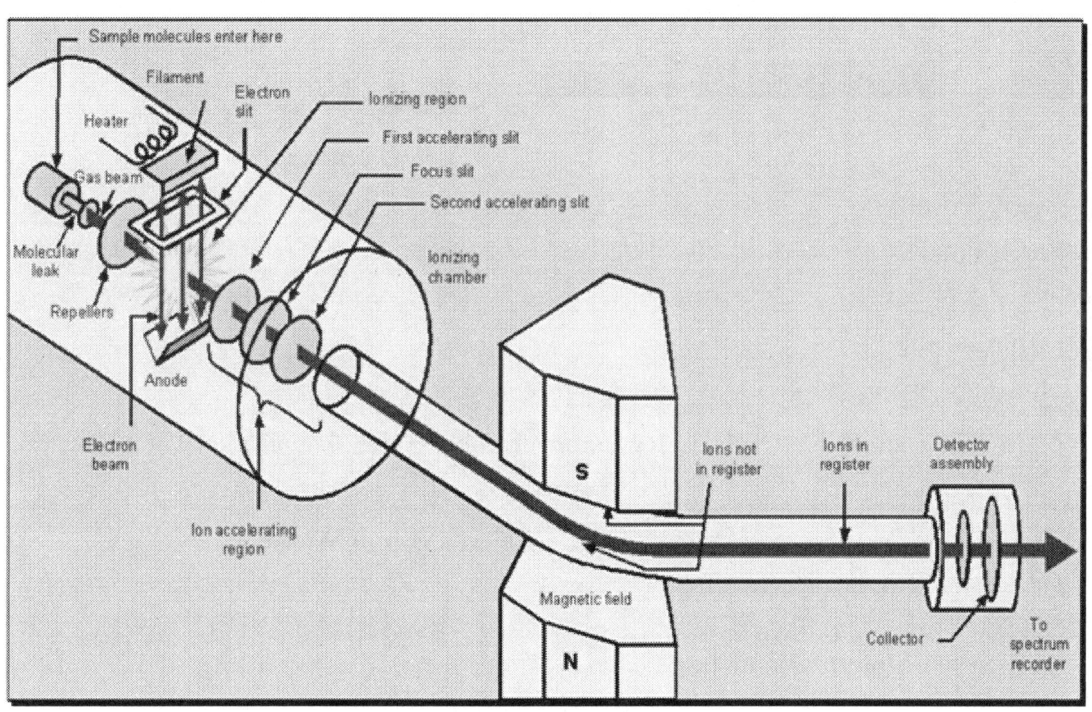

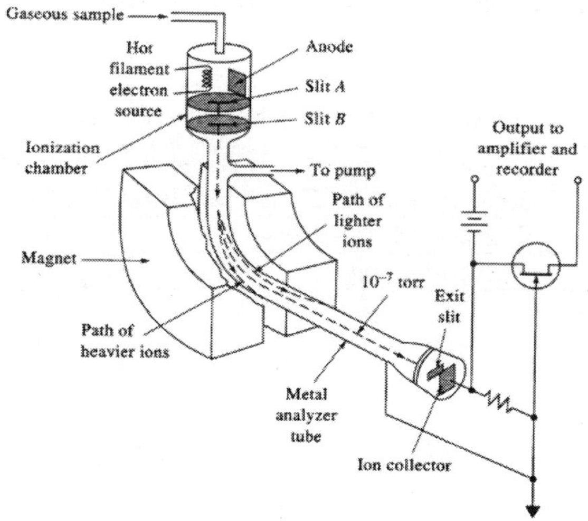

Figure. Magnetic Sector Analyzer 설명도

♣ 참고사항

1. 질량 분석계(Mass spectrometer)의 구조

1) 이온 원 및 검출기의 구조

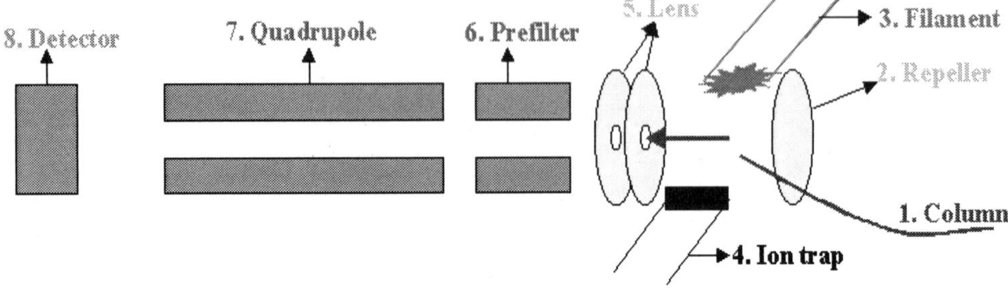

2) 질량 분석계

시료(Sample)

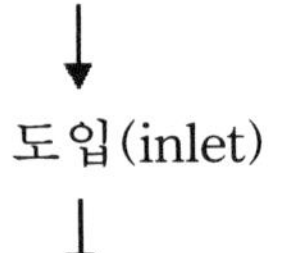

도입(inlet)

이온 원(ion source)----진공 용기(vacuum chamber)-이온화(ionization ; gas phase)

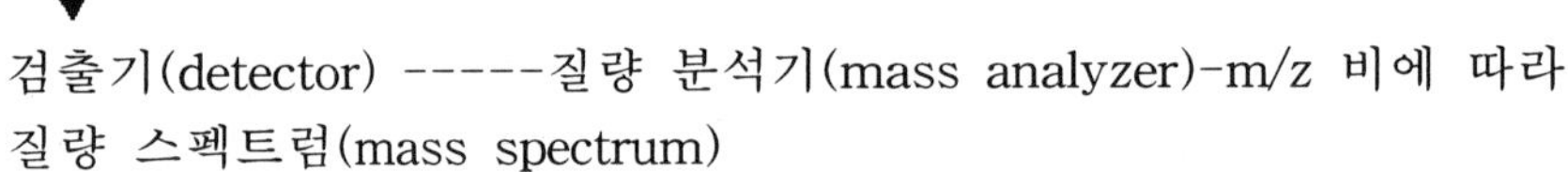

검출기(detector) -----질량 분석기(mass analyzer)-m/z 비에 따라
질량 스펙트럼(mass spectrum)

3) 이온원에서 Molecular and fragment ion 생성

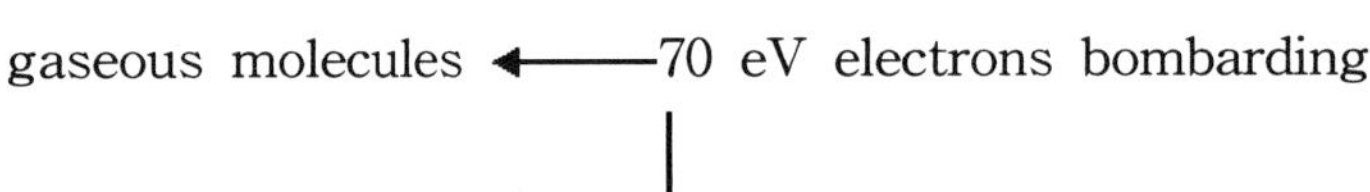

gaseous molecules ← 70 eV electrons bombarding

양, 음 및 중성족 혼합물(positive, negative ions and neutral species mixture)생성

positive ions	positive voltage를 가진 repeller에 의해 analyzer로 뿜어져 lens system에 모아져 analyzer로 보낸다
negative ions	Ion trap에 모아 진다
neutral fragment	pumped away

4) 이온화(Ionization)

(1) 전자 이온화(Electron Ionization)

- 높은 에너지의 전자를 방사하여 GC로부터 분리되어진 시료를 이온화
- Hard process (70 eV)
- 과격한 fragmentation 때문에 molecular ion이 너무 소량이거나 없을 수 있다. (분자량이나 구조해석의 어려움)

$M + e^- \rightarrow M^+ + 2e^-$

M^+ (molecular ion) → fragment ion

(2) 화학적 이온화(Chemical Ionization)

- 반응기체 (암모니아, 메탄, 이소부탄)을 흘려보내고, 시료가 아닌 반응기체를 이온화
- lower energy (soft) ionization technique

$NH_3^+ + NH_3 \rightarrow NH_4^+ + NH_2$

$M + NH_4^+ \rightarrow [M + H]^+ + NH_3$

$\rightarrow [M + NH_4]^+$

* EI 보다 분자 이온 검출이 유리 (미지 시료일 경우 분자 이온 검출이 필요)

* 대개 분자량보다 1이 터 큰 질량의 양전하 생성

2. Ion optics path(PerkinElmer)에 대해 설명하라.

1) Ion source ; EI
2) Mass analyzer ; Quadrupole
3) Detector ; Conversion dynode, phosphor plate, and photomultiplier tube로 구성

검출기는 +, - 시료 이온을 전자들을 발산하는 dynode 표면으로 가속하는 것에 의해 작동한다. 그 다음에 전자들은 phosphor를 가격하기 위해 가속되고, 광증배관에 의해 증폭되고 신호로서 모아지는 빛 광양자를 산출한다.

Quadrupole로부터 나온 이온들은 내부 표면을 때리는 컵 모양의 dynode로 가속된다. 전자들은 전장(electric field)으로 방출되며, 거기에서 conversion dynode로부터 추출되고 phosphor로 간다. Phosphor는 dynode보다 더 높은 + 전위이다. 빛은 전자들이 phosphor을 때릴 때 발산되며, 결과적으로 광 신호가 광증배관에 의해 검출된다.

광증배관은 유리관안에 봉인된 광 감지 표면(photosensitive surface)과 전자 증배기로(electrons multiplier)로 구성된다. 빛은 첫 번째 창을 가격하고 전자가 발산되며 전자 증배기의 첫 번째 dynode로 가속되고 dynodes의 chain을 따라 사태(avalanche)가 일어난다.

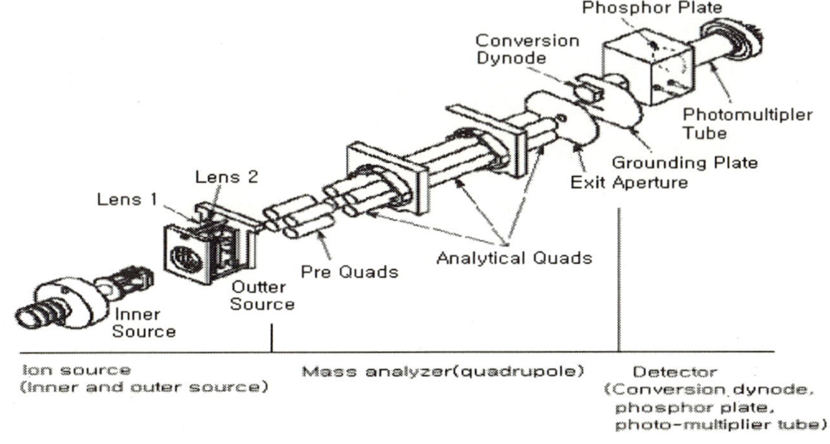

Q 8. IAQ 측정항목 중 GC/MS로 분석하는 VOCs 대상별 차이점을 설명하라.

1. 다중이용시설

C_6~C_{16}의 VOCs를 측정하며, 정량은 toluene을 표준물질로 사용하며 C_6~C_{16}에 대한 면적을 toluene으로 환산하여 계산한다.

2. 신축공동주택

6가지 휘발성유기화합물(벤젠, 톨루엔, 에틸벤젠, 자일렌, 1,4-디클로로벤젠, 스티렌)에 대해 측정하며, 정량은 6가지 물질을 각각 표준물질로 사용하여 검량선을 작성하여 계산한다.

그러나 우리나라에서는 05.12.30 다중이용시설등의실내공기질관리법시행규칙에는 1.4-디클로로벤젠이 수록되었으나, 연구결과 이물질은 검출률이 2 %에 불과하며, 농도도 실외공기와 유사하여 06.3.13부로 삭제되었음. 단지 일본과 홍콩에는 기준이(200㎍/m^3) 이 있음.

3. 건축자재

C_6~C_{16}의 VOCs를 측정하며, 정량은 toluene을 표준물질로 사용하며 C_6~C_{16}에 대한 면적을 toluene으로 환산하여 계산한다.

Q 9. 머리공간(Headspace)과 추방 및 포집(purge-and-trap)을 비교 설명하라.

Table. 머리공간(Headspace)과 추방 및 포집(purge-and-trap)의 비교

변수	머리공간	추방 및 포집
시스템 과정	정적	동적
용매 사용	최소 사용	최소 사용
시료 조제	머리공간 바이알에 시료 무게를 달음	시료 무게 달음 ; transfer to separate purge vessel
시료 오염제거	No transfer vessels to decontaminate	Reusable purge vessels must be decontaminated
동적 범위의 요구 (Upper dynamic range)	Limited because of saturation of headspace before equilibrium is reached	Not limited by headspace saturation because the compounds are purged in a dynamic system
검출 한도	No mechanism for concentration of compounds	Ability to purge for long periods of time and concentrate compounds onto trap before analysis
오염물질의 손실	If headspace vial is not properly crimped, compounds may be lost during pressurization	Less loss of compounds because purge vial is not pressurized ; outlet goes directly to trap; however, loss of compounds may occur during transfer of a sample
가격	Less than that of purge-and- trap system	More than headspace system
공간 요구	Less space than purge-and-trap system	More space than headspace system and requires more plumbing
생산성동적 범위의 요구	50 samples per day	20 samples per day

* Note ; Purge and trap is a form of head space analysis in which the volatile analyte is trapped on a sorbent and then thermally desorbed.

Q 10. GC의 표면 음파 감지기(Surface Acoustic Wave Sensors, SAWS)를 설명하라.

표면 음파 감지기(SAWS)는 개별적 화합물을 검출 및 정량하기 위한 변환기로서 압전성 결정(piezoelectric crystal)을 사용한다. 변환기는 한 계에서 다른 계로에너지를 전송하는 전기 장치로 정의된다. 이 에너지의 전송은 에너지를 다른 형태로 전환하는 것에 의해 자주 일어난다. 여러 가지 변환기 있다.

- 전위나 전류로 변화를 측정하는 전기화학적 장치
- 표면 장치(SAWS)에 묶인 질량(mass bound)에서의 변화의 결과인 진동수의 변화를 측정하는 음향 장치
- 형광, 빛 흡수 또는 반사율(reflectance)에서의 변화를 측정하는 광학 장치

SAWS는 압전기 효과(piezoelectric effect)의 원리로 작동한다. 압전기 효과는 석영 결정의 질량과 모양의 일정한 진동수 특성에서 결정의 진동으로 정의된다. 그때 적당한 전기 전위가 면을 가로질러 응용된다. 일반적으로 SAWA는 결정에 진동을 일으키는 압전성 결정 변환기를 통해서 교류 전기 전류(alternating electric current)를 응용하는 것에 의해서 작동한다. GC 컬럼 유출액으로부터 시료가 감지기(검출기)에 노출되면 시료로부터의 화학적 화합물이 결정 표면에 점착하고 결정의 질량과 진동 진동수를 변화한다. 압전성 결정 변환기는 SAWA 검출기의 결정적인 요소이다. 결정 변환기는 선택적으로 특수한 분자를 흡수하는 화합물로 코팅된 석영 결정이다. GC 유출액이 변환기를 거쳐 지날 때 코팅은 특수한 화합물을 흡수하고 결정 변환기의 질량잉 증가하고, 한편 결정의 공명 진동수는 감소한다. 극단적으로 진동수 변화는 분석물질 질량에 서로 관계된다. 분석물질을 탈착할 때 결정은 본래의 진동수로 돌아온다. 화학적으로 선택적 코팅된 SAWA는 특수한 화합물에 응답하고, 정성적인 동정을 제공한다. 다른 SAWA는 비 선택적이고 많은 화합물에 응답할 수 있다. GC는 분리 및 정성적으로 개별 화합물을 확인하기 위하여 사용된다. 결정으로부터 음향 에너지의 관측된 변화는 분석물질의 농도의 정량적인 측정을 제공한다.

SAWA는 유기 화합물보다 습도에 훨씬 덜 예민하므로 수증기는 응답 감지기를 야기할 수 있다. 물 흡입(uptake)은 코팅이 완전히 소수성이 아니기 때문에 항상 일러날 수 있다. 물이 감지기에 소개되기 전에 시료에서 물을 포집하기 위한 흡착제의 사용은 습도의 효과를 감소할 수 있다. 한편, 화학적 방해물이나 온도는 결정의 열적 팽창을 주고 화학적으로 선택적 코팅의 음향 성질에 영향을 주는 것에 의해 진동의 진동수에 직접적인 효과를 가질 수 있다. 온도에 대한 보상으로 종종 이용되는 기술은 첫 째 것과 거의 동일한 두 번째 감지기의 사용으로, 이것은 같은 온도로 유지되나 목표 화합물물에 노출되지 않는다, 목표 분석물질로는 다음과 같은 것이 포함된다.

- 휘발성 유기 화합물(volatile organic compounds, VOCs)
- 반휘발성 유기 화합물(semivolatile organic compounds, SVOCs)
- polychlorinated biphenyls (PCBs).

최소 검출한계는 VOCs에서 ppm 정도이며, preconcentrator를 사용시 ppb 까지 검출 된다.

Q 11. GC에서 시료전처리 방법에 대해 기술하라.

1. Headspace methods(머리공간 방법)
2. Distillation methods(증류법)
3. Solvent extraction(용매추출)
4. Solid-phase microextraction(SPME ; 고체상 미세추출)

1. Headspace Method

1) Direct Headspace(직접 머리공간)

In a closed container, take a sample of the air above the sample and inject it. While direct injection of gasses can be used, many volatile analytes are often in too low of a concentration to be quantified using most common detectors.

2) Dynamic Headspace(동적 머리공간)

Typically the sample is placed in a closed container and a flow of inert gas such as nitrogen is used to purge the headspace onto an adsorbent or a cryogenic trap. The trap can be eluted with solvent, the solvent can be concentrated and injected.

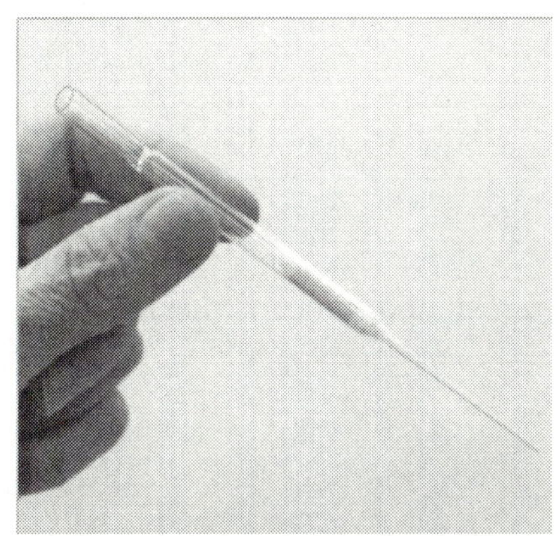

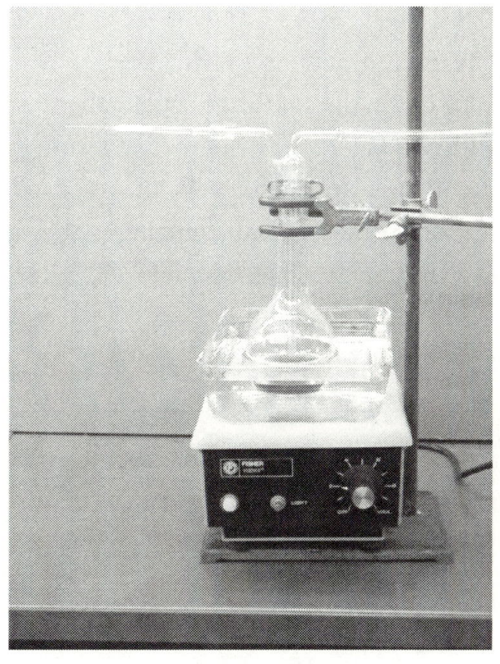

2. Distillation Method(증류법)

Produces a dilute aqueous sample which is not the best for GC. Sample can be re-extracted with solvent.

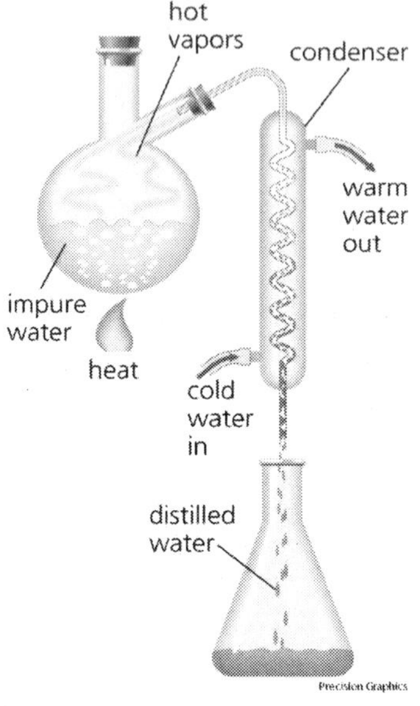

3. Solvent Extraction(용매추출)

1) Blend sample and mix with non-miscible solvent. (a solvent that doesn't mix with water).
2) Centrifuge to unmix solvent and food sample
3) Separate the solvent containing the analytes of interest and concentrate by evaporation for injection into GC.

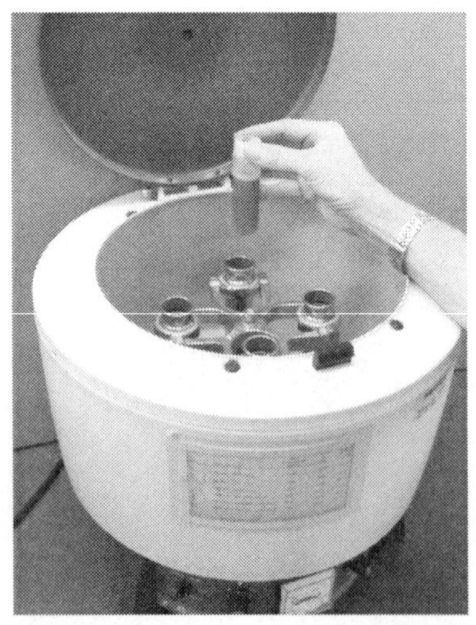

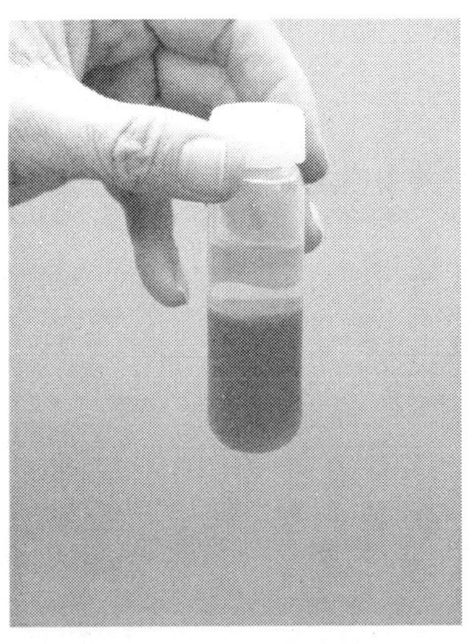

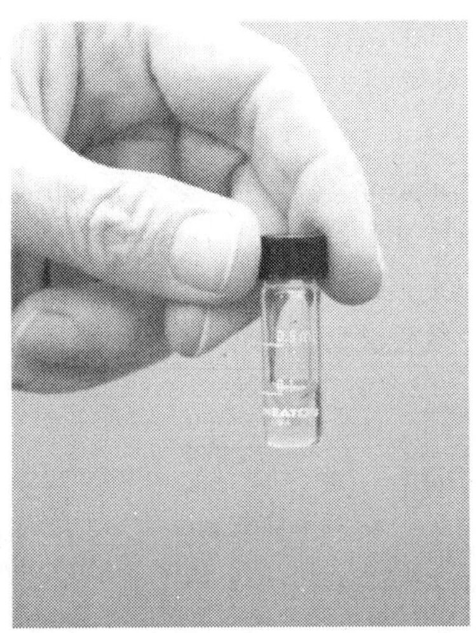

4. Solid-phase Microextraction(고체상 미세추출)

Sampling devices (manual and autosampler) consist of a coated silica fiber inside a hollow needle. The coating on the fiber adsorbs and concentrates volatiles from the headspace inside the sample container. The needle protects the fiber which can be inserted through the septa of the GC injector for direct analysis.

Probably the easiest method of sample prep.

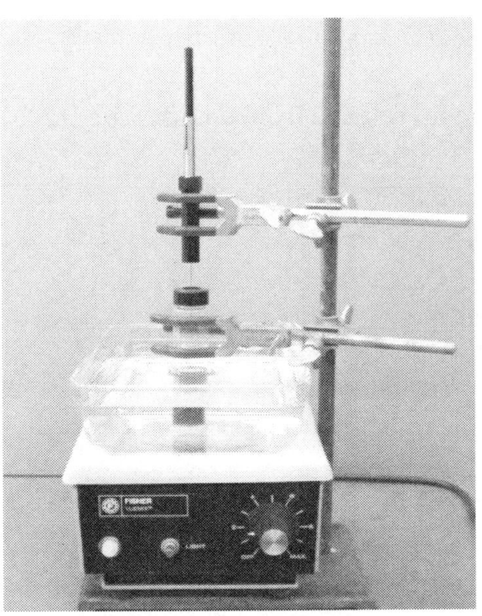

Q 12. 흡착(Adsorption), 흡수(Absorption), 수착(Sorption) 및 탈착(Desorption)에 대해 설명하라.

1. 흡착(Adsorption, 吸着) ; 용질과 고체상의 활성화 자리(active site ; 예를 들면, -OH)와의 상호작용에 의해 일어나는 현상
2. 흡수(Absorption, 吸收) ; 용질이 액체상과 이동상 사이에서 용질과 액체상의 성질에 따라 액체상으로 분배되는 현상

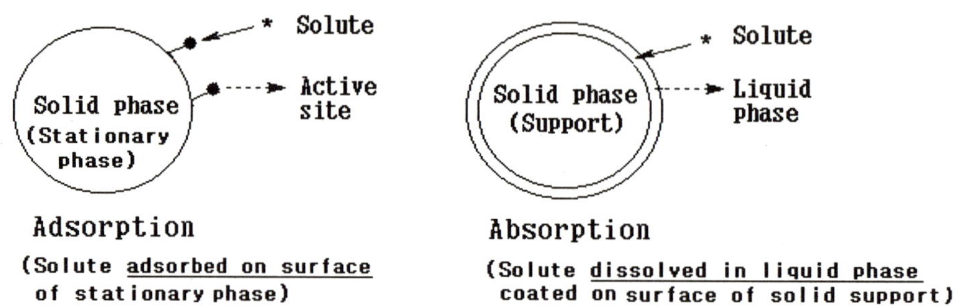

3. 수착(Sorption)과 탈착(Desorption)

Adsorption is a process that occurs when a gas or liquid solute accumulates on the surface of a solid or a liquid (adsorbent), forming a film of molecules or atoms (the adsorbate). It is different from absorption, in which a substance diffuses into a liquid or solid to form a solution. The term sorption encompasses both processes, while desorption is the reverse process.

* Sorption{물리,수학 수착(收着)};흡수(absorption),흡착(adsorption)에 의한 물질의 결합상태
* Desorption{탈착(脫着)};[chem] release from an adsorbed(see adsorb) state

Q 13. 활성탄(Active carbon)과 silica gel에 대해 설명하라.

Activated carbon, also called activated charcoal or activated coal, is a form of carbon that has been processed to make it extremely porous and thus to have a very large surface area available for adsorption or chemical reactions. The word *activated* in the name is sometimes substituted by *active*. Due to its high degree of microporosity, just one gram of activated carbon has a surface area of approximately 500 m^2 (or about 2 tennis courts), as determined typically by nitrogen gas adsorption.

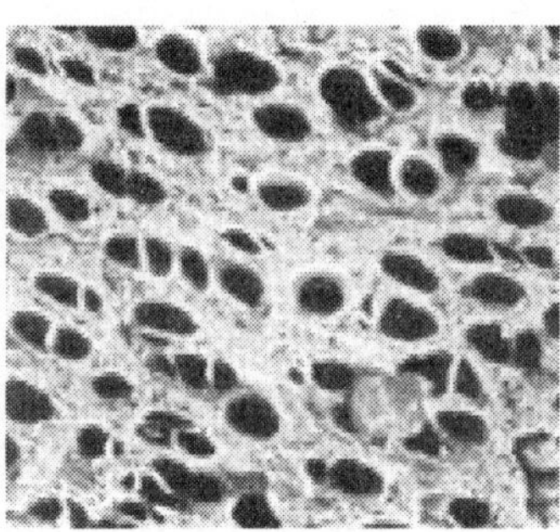

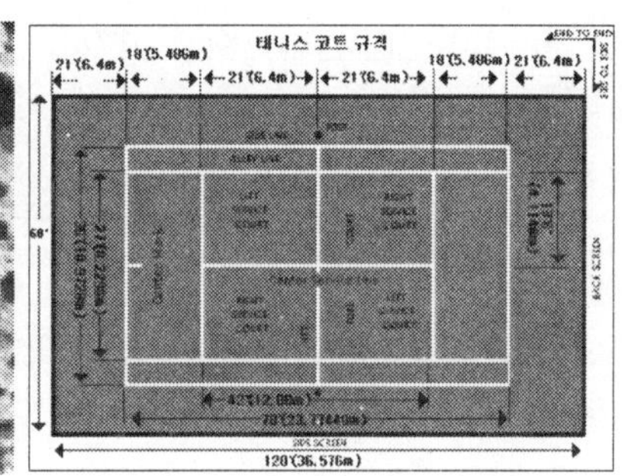

A solution of sodium silicate is acidified to produce a gel acinous precipitate that is washed, then dehydrated to produce colorless silica gel. When a visible indication of the moisture content of the silica gel is required, ammonium tetrachlorocobaltate(II) $(NH_4)_2CoCl_4$ or cobalt chloride $CoCl_2$ is added. This will cause the gel to be blue when dry and pink when hydrated.

Silica gel's high surface area (around 800 m^2/g) allows it to adsorb water readily, making it useful as a desiccant (drying agent). Once saturated with water, the gel can be regenerated by heating to 120 °C(250 °F) for two hours. Some types of silica gel will "pop" when exposed to enough water.

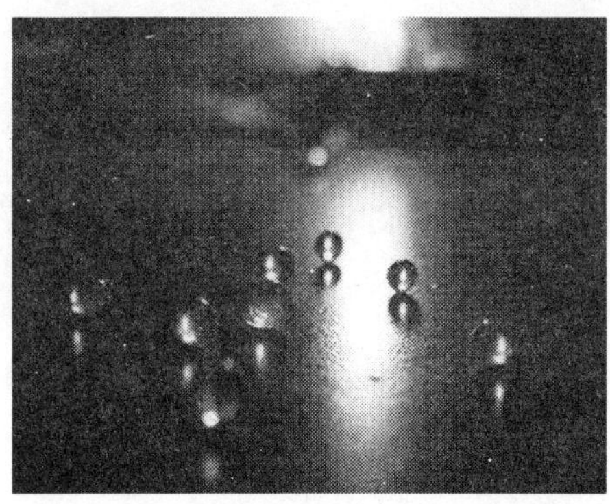

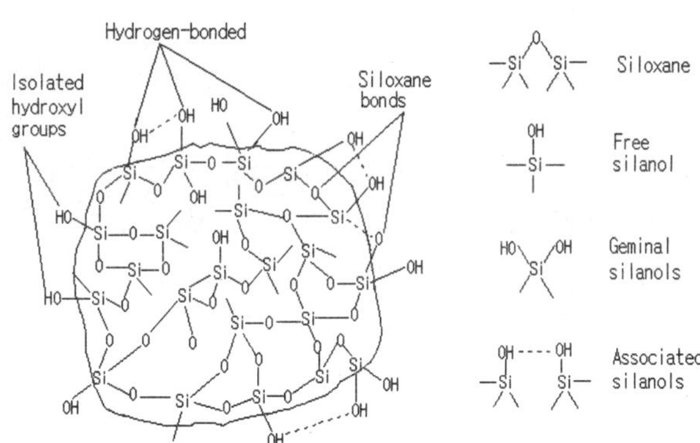

Q 14. GC 주입 시 1/10 rule에 대해 설명하라.

Sample injection

The real chromatographic analysis starts with the introduction of the sample onto the column. The development of capillary gas chromatography resulted in many practical problems with the injection technique. The technique of on-column injection, often used with packed columns, is usually not possible with capillary columns. The injection system, in the capillary gas chromatograph, should fulfil the following two requirements :

1. The amount injected should not overload the column.
2. The width of the injected plug should be small compared to the spreading due to the chromatographic process. Failure to comply with this requirement will reduce the separation capability of the column. As a general rule, the volume injected, Vinj, and the volume of the detector cell, Vdet, should be about 1/10 of the volume occupied by the portion of sample containing the molecules of interest(analytes) when they exit the column.

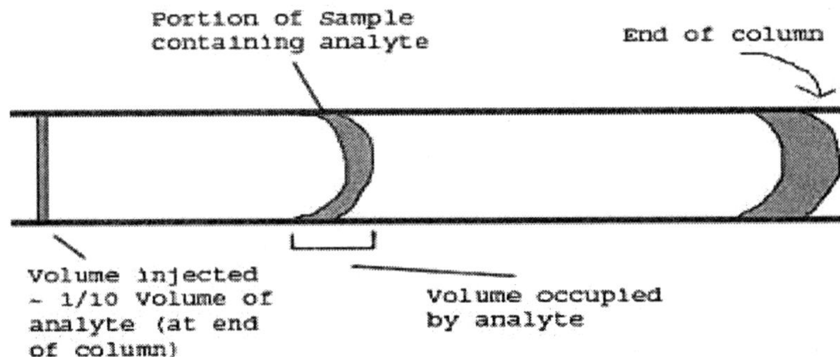

Some general requirements, which a good injection technique should fulfill, are:

1. It should be possible to obtain the column's optimum separation efficiency.
2. It should allow accurate and reproducible injections of small amounts of representative samples.
3. It should induce no change in sample composition. It should not exhibit discrimination based on differences in boiling point, polarity, concentration or thermal/catalytic stability.
4. It should be applicable for trace analysis as well as for undiluted samples.

Q 15. Carrier gas에 대해 설명하라.

1. 운반 기체-이동상(Carrier gas-Mobile phase)
   - Flows continuously throughout instrument
   - Carries the sample vapor through the column to detector
2. 필요한 성질(Necessary properties)
 1) Inert(불활성)
   - Does not chemically interact with sample
 2) Compatible with detector(검출기와의 일치성)
   - No noise or explosions
 3) Highly purified(고순도)
   - Impurities will degrade column and cause noise in detector
   - "Research grade" is very expensive, so purify a cheaper grade
3.. 운반 기체의 유속(flow rate)
 1) Flow rates must be precisely controlled
   - Reproducible retention times, minimize detector drift
 2) Flow rates of carrier gas:
   - Linear flow rate (cm/s): $u = L/t_r$
   - Volumetric flow rate (mL/min): $u\ (\pi\ r^2)$
     L is length of column, t_r is retention time, r is the internal radius of column
 3) Flow rate depends on type of column
   - Packed column: 25-100 mL/min
   - Capillary column: μL/min to 1 mL/min
 4) Flow rate will *decrease* as column T increases
   - Viscosity of carrier gas increases with T
4. 이동상의 velocity(속도)
 1) GC와 LC의 Van Deemter eqn.의 모양이 다른 것은 longitudinal diffusion effect(세로 확산 효과) 때문이다.
 2) 실제 흐름속도는 머무름을 고려하여 이론 흐름 속도의 약 2배를 사용한다.

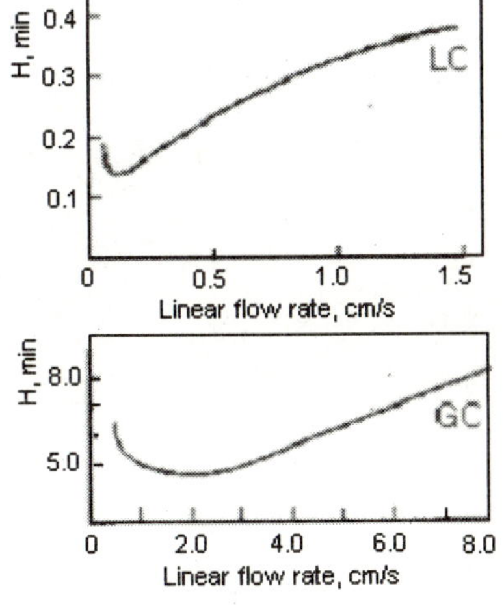

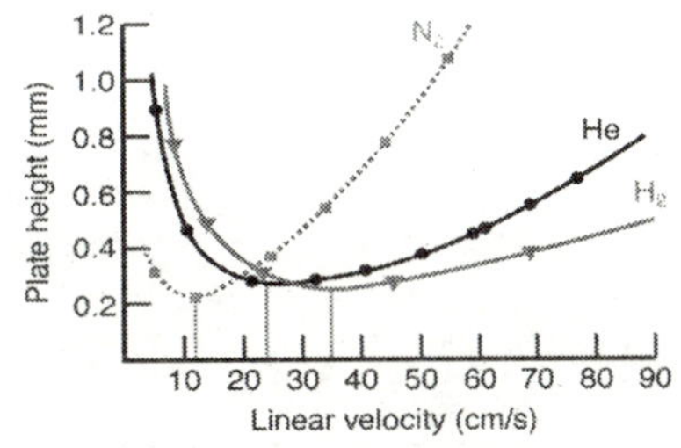

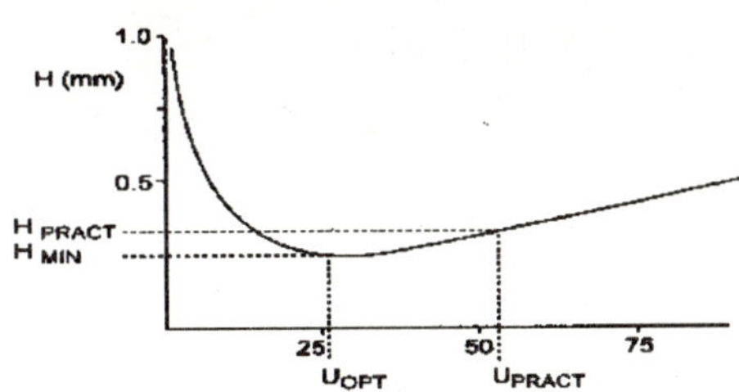

Q 16. GC Sampling에 대해 서술하라.

시료채취 세부사항(Sampling details)

- For best peak shape and max resolution, the smallest possible sample size should be used
- When there are many components in a sample, generally the sample size will need to be larger
- Sample volumes:

표. 다른 컬럼 형태에 따른 시료부피

Column Types	Sample Size(Liquid)
Regular analytical packed ; 1/4″ o.d., 10 % liquid	10~20 μℓ
High efficiency packed ; 1/8″ o.d., 3% liquid	0.01~2 μℓ*
Capillary(open tubular) ; 250 ㎛ I.d., 0.2 ㎛ film	0.01~3 μℓ*

* These sample size are often obtained by sample splitting techniques.

Q 17. Kovat 머무름 지수(retention index) system에 대해 설명하라.

- Purpose: To quantify the retention of a test compound by comparing it with a pair of n-alkane adjacent peaks
- Retention Index (*def.*): I = 100 x Paraffin CN
  - Independent of column packing, temperature, or any other chromatographic conditions!
  - Kovat''s Retention index (RI) by definition for an alkane = 100n, where n = # C atoms(RI ; CH_4 100, C_2H_6 200, C_3H_8 300).
- Homologous series of *n*-alkanes as standards
  - Chosen because of low polarity and freedom from H-bonding
  - In all stationary phases, they follow order of vapor pressure
    - * Log(t') is directly proportional to the number of carbons
    - * Logarithmic scale that relates the corrected retention time of an analyte to those of linear alkanes in a given column (s.p.). Linear alkanes (or any homologous series) elutes in the order of molecular mass.

Experimentally plot of log(t_r') vs RI is linear.

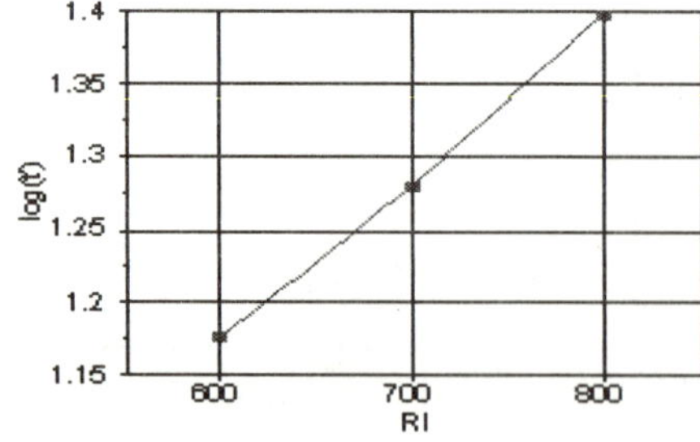

$\log(t_R') = a + b * RI$

$RI = a' + b' \log(t_R')$

* An analyte eluting from a column(injected with linear homologues) between the smaller molecule(n carbons) and N large molecule(N carbons) has an of, $RI = I = 100[n + (N-n) \{\log(t'_r) - \log(t'_{r,n})\}/\{\log(t'_{r,N}) - \log(t'_{r,n})\}$
* Other homologous series used for specific applications

- Compare retention time of unknowns to knowns in an effort to identify them

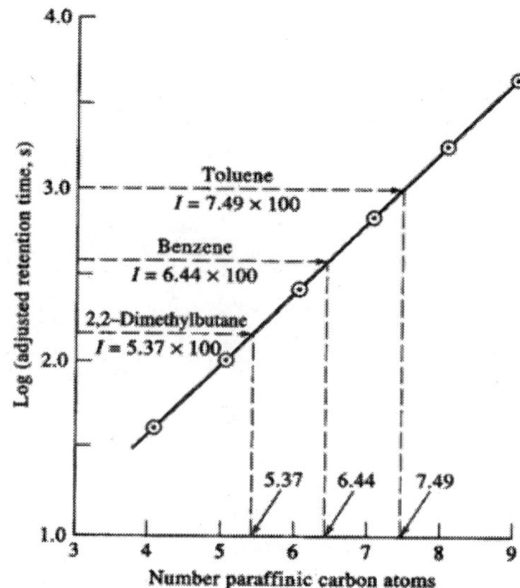

RI indicates the appearance of a given analyte in the chromatogram in relation to straight chain compounds. As a general rule : RI is larger if the s.p. retains the analyte longer.

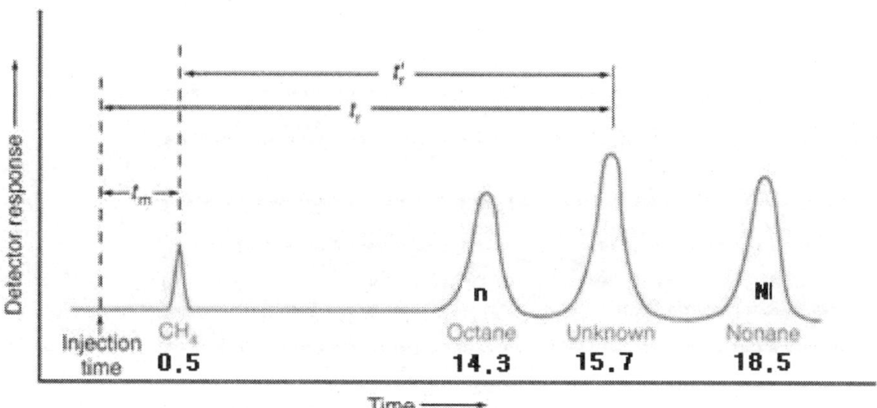

$RI = I = 100[n + (N-n) \{\log(t'_r) - \log(t'_{r,n})\}/\{\log(t'_{r,N}) - \log(t'_{r,n})\}$

$I = 100\ [8 + (9-8) \{\log(15.2) - \log(13.8)\}/\{\log(18.0) - \log(t13.8)\} = 836$

Q 18. McReynolds 상수(constant)에 대해 설명하라.

- Purpose: To quantify the polarities and selectivities of stationary phases for specific chemical groups
- McReynolds Constant (*def.*): $\Delta I = I - I_{standard}$
  - Compare the change in the Kovats retention index, I, as a function of the type of column
  - Provides a measure of the relative polarity of one column to a standard (Squalane)
- "probe"molecules
  - Traditionally: Benzene, n-butanol, 2-pentanone, nitropropanone, and pyridine
  - Each serves to measure the extent of intermolecular interaction between the probe molecules and SP
- Example:
  - Kovats index of toluene:
    * 773 on SP squalene (non-polar)
    * 860 on SP dioctylphatalate
  - Define McReynolds constant as:
    * ΔI = 860 - 773 = 87
  - Results:
    * Dioctylphatalate is a more polar stationary phase
    * The larger the McReynolds constant, the greater the retention time than compared to the non-polar column.

Q 19. Sample injection profile에 대해 설명하라.

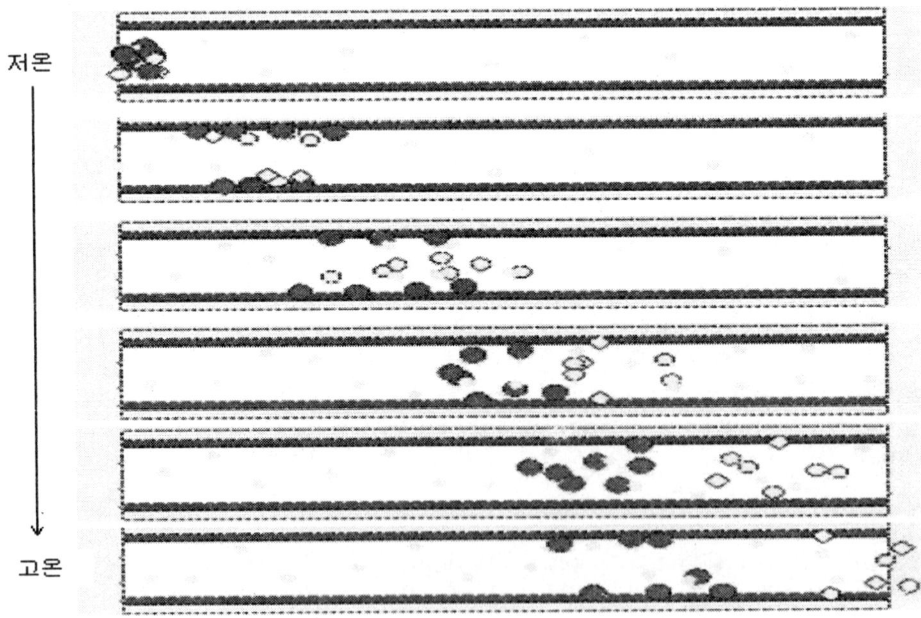

Q 20. GLC의 정지상의 특성에 대해 설명하라.

- 수백 개의 정지상이 사용된다.
  - Only requirements are:
    1) Low vapor pressure
    2) Thermal stability
    3) Low viscosity (for fast mass transfer)
    4) High selectivity for compounds of interest
- 정지상의 결정 방법(How do you decide ?)
  - Literature searches
  - Ask around, talk to manufacturers
  - Trial and error transfer)

표 1. 정지상의 종류

Compound	Polarity	Max Temp °C	Column ID	Manufacturer
Poly(methyl siloxane)	Low	300-350	HP-1 AT-1 DB-1, SE-30 OV-1 ZB-1 RTx-1 BP-1 SPB-1 CP-Sil 5 CB	Agilent Alltech J&W Ohio Valley Phenomenex Restek SGE Supelco Varian
95% Dimethyl, 5%phenyl Poly(methyl siloxane)	Low	300	HP-5 AT-5, EC-5 DB-5, SE-54 OV-5 ZB-5 RTx-5 BP-5 SPB-5, MDN-5 CP-Sil 8 CB	Agilent Alltech J&W Ohio Valley Phenomenex Restek SGE Supelco Varian
Polyethylene glycol	Medium	250	HP-20M AT-Wax DB-Wax Carbowax 20M ZB-Wax Stabilwax BP20 Supelcowax 10 CP-Wax 52 CB	Agilent Alltech J&W Ohio Valley Phenomenex Restek SGE Supelco Varian

표 2. 정지상에 따른 분리물질

Stationary Phase	Common Trade Name	Maximum Temperature, °C	Common Applications
Polydimethyl siloxane	OV-1, SE-30	350	General-purpose nonpolar phase, hydrocarbons, polynuclear aromatics, steroids, PCBs
5% Phenyl-polydimethyl siloxane	OV-3, SE-52	350	Fatty acid methyl esters, alkaloids, drugs, halogenated compounds
50% Phenyl-polydimethyl siloxane	OV-17	250	Drugs, steroids, pesticides, glycols
50% Trifluoropropyl-polydimethyl siloxane	OV-210	200	Chlorinated aromatics, nitroaromatics, alkyl substituted benzenes
Polyethylene glycol	Carbowax 20M	250	Free acids, alcohols, ethers, essential oils, glycols
50% Cyanopropyl-polydimethyl siloxane	OV-275	240	Polyunsaturated fatty acids, rosin acids, free acids, alcohols

표3. Common stationary phases in capillary gas chromatography

Structure		Polarity	Temperature range(°C)
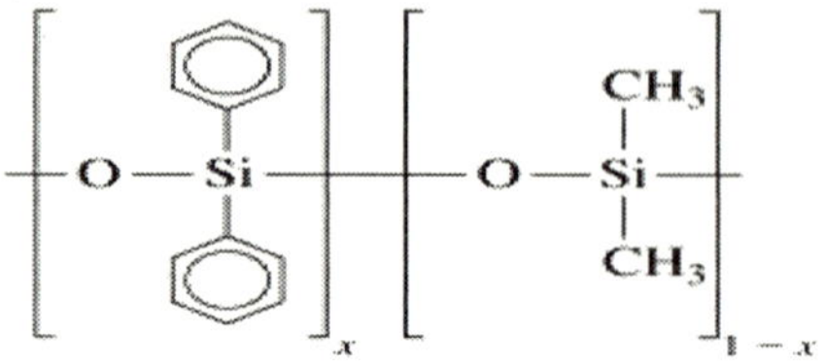 $(Diphenyl)_x(dimethyl)_{1-x}$ polysiloxane	$x = 0$	Nonpolar	$-60° - 320°$
	$x = 0.05$	Nonpolar	$-60° - 320°$
	$x = 0.35$	Intermediate polarity	$0° - 300°$
	$x = 0.65$	Intermediate polarity	$50° - 370°$
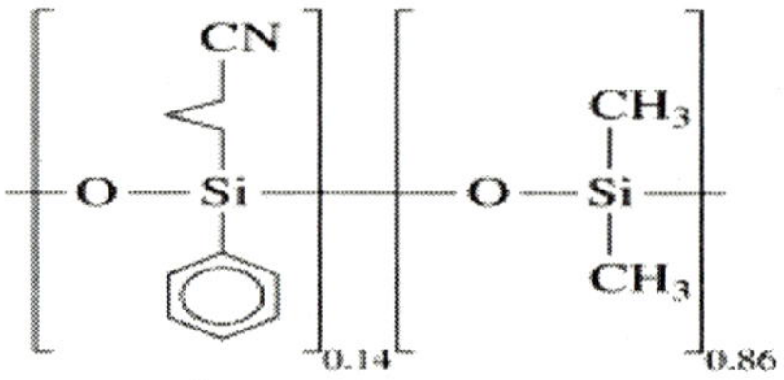 $(Cyanopropylphenyl)_{0.14}$ $(dimethyl)_{0.86}$ polysiloxane		Intermediate polarity	$-20° - 280°$
$-[CH_2CH_2-O]_n-$ Carbowax (poly(ethylene glycol))		Strongly polar	$40° - 250°$
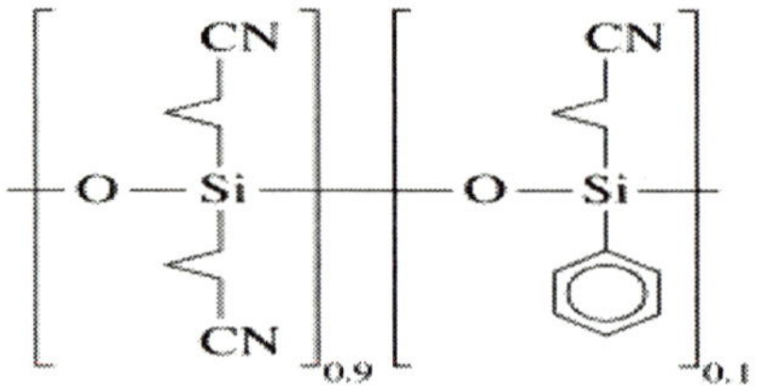 $(Biscyanopropyl)_{0.9}$		Strongly polar	0°–275°

표4. Polarity of solutes

Nonpolar	**Weak intermediate polarity**
Saturated hydrocarbons	Ethers
Olefinic hydrocarbons	Ketones
Aromatic hydrocarbons	Aldehydes
Halocarbons	Esters
Mercaptans	Tertiary amines
Sulfides	Nitro compounds (without α-H atoms)
CS_2	Nitriles (without α-atoms)
Strong intermediate polarity	**Strongly polar**
Alcohols	Polyhydroxyalcohols
Carboxylic acids	Amino alcohols
Phenols	Hydroxy acids
Primary and secondary amines	Polyprotic acids
Oximes	Polyphenols
Nitro compounds (with α-H atoms)	
Nitriles (with α-H atoms)	

SOURCE: Adapted from H. M. McNair and E. J. Bonelli, *Basic Gas Chromatography* (Palo Alto, CA: Varian Instrument Division, 1968).

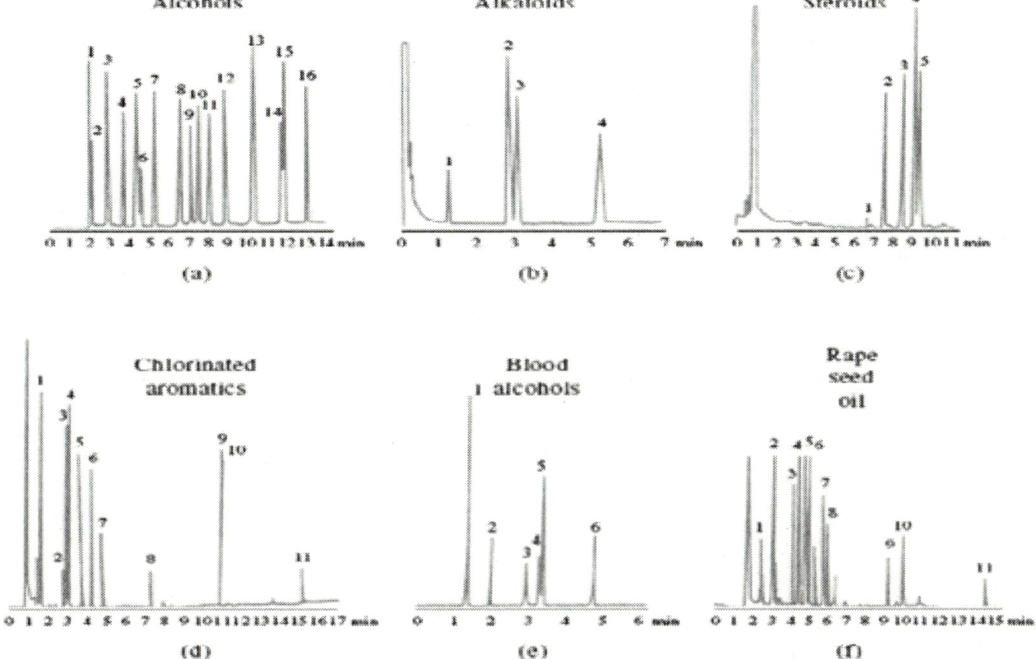

FIGURE Typical chromatograms from open tubular columns coated with (a) polydimethyl siloxane; (b) 5% (phenyl methyldimethyl) siloxane; (c) 50% (phenyl methyldimethyl) siloxane; (d) 50% poly(trifluoropropyl-dimethyl) siloxane; (e) polyethylene glycol; (f) 50% poly(cyanopropyl-dimethyl) siloxane. (Courtesy of J&W Scientific.)

Q 21. GC의 다음 3가지 컬럼을 비교하라.

Description	Thin-film narrow-bore	Thick-film narrow-bore	Thick-film wide-bore
Inner diameter	0.10–0.32 mm	0.25–0.32 mm	0.53 mm
Film thickness	~0.2 μm	~1–2 μm	~2–5 μm
Advantages	High resolution Trace analysis Fast separations Low temperatures Elute high b.p. compounds	Good capacity Good resolution (4 000 plates/m) Easy to use Retains volatile compounds Good for mass spectrometry	High capacity (100 ng/solute) Good for thermal conductivity and infrared detectors Simple injection techniques
Disadvantages	Low capacity (≤1 ng per solute) Requires high sensitivity detector (not mass spectrometry) Surface activity of exposed silica	Moderate resolution Long retention time for high b.p. compounds	Low resolution (500–2 000 plates/m) Long retention time for high b.p. compounds

Q 22. Temperature programming효과를 크로마토그램으로 설명하라.

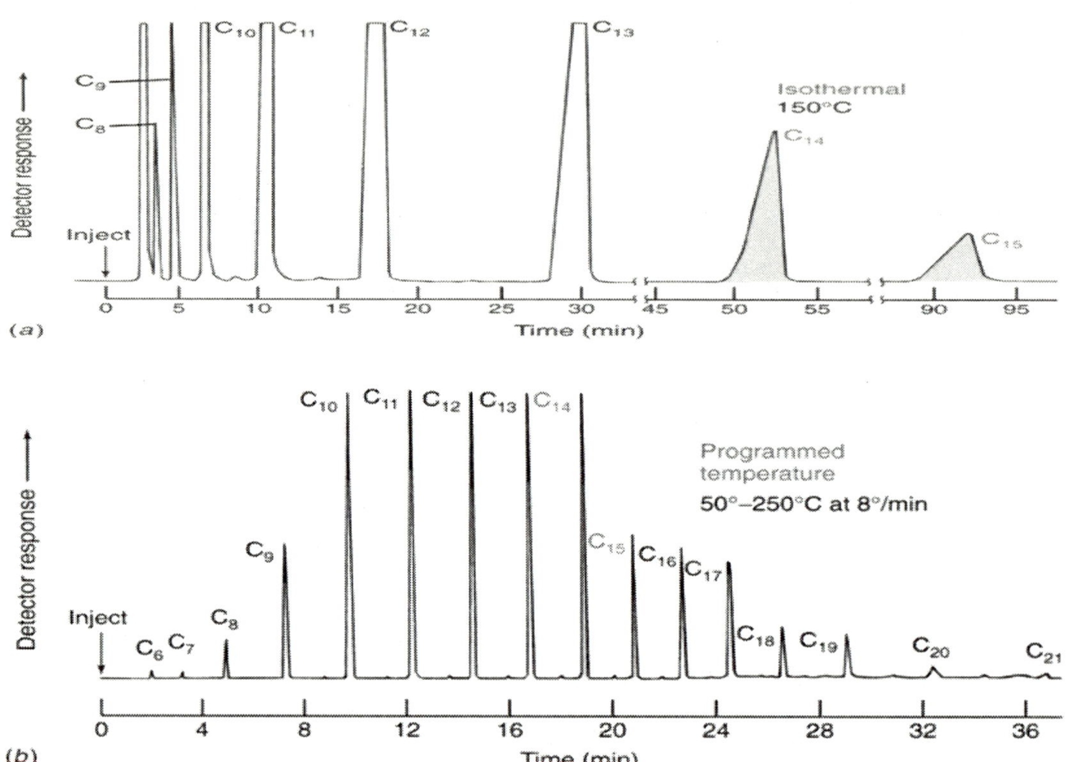

Q 23. 주입형태(Injection types)와 각 특징을 설명하라.

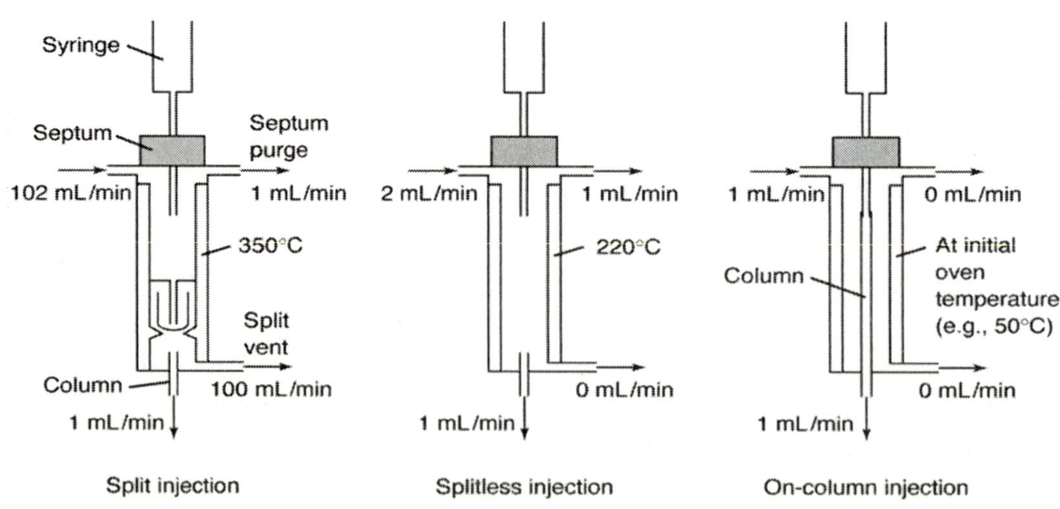

1. On-Column Injection:
   - used widely in packed-column GC, less in capillary GC
   - sample is deposited directly on the column
     * Good for thermally unstable compounds
     * Good for quantitative analysis at low concentrations all sample is available to travel to the detector
     * BUT, you can inject only a relatively small amount of sample in capillary GC anyhow.
2. Splitless Injection:
   - Sample is vaporized in the injector itself and ALL of the sample is swept onto the column by the carrier gas
   - Again, relatively small samples are injected (10 L or less in capillary GC)
   - Sample spends a large amount of time in the injector
   - Best for trace (1 -100 ppm range) concentrations of high boiling point analytes in low boiling point solvents
     * extra time in the injector helps volatilize the analytes.
3. Split Injection:
   - the injection is split, with only a portion of the sample (usually 1% - 20%) actually making it to the column
   - the most common method of injecting samples onto small diameter, open-tubular columns.
     * Even if you inject 20 L, only a fraction (adjustable) makes it on to the column
   - Not good for analytes with a wide range of boiling points
     * some may be swept out the split vent before they are volatilized Modern capillary GCs come with a Split/Splitless injectors standard you switch between modes by changing the split vent gas flow and using a different injection liner.

Q 24 컬럼 인자(Length, diameter, s.p. thickness)에 따른 분리능을 설명하라.

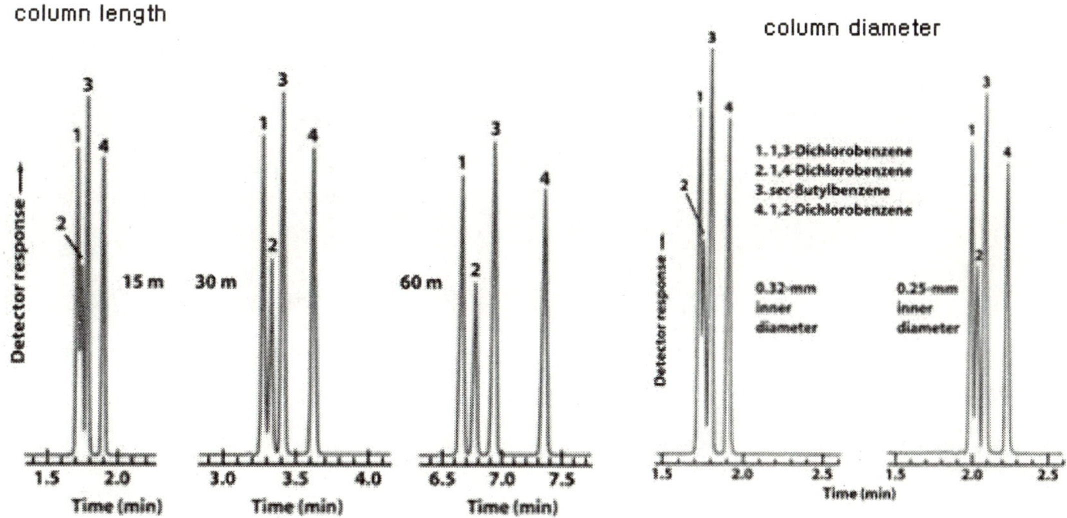

s.p. film thickness

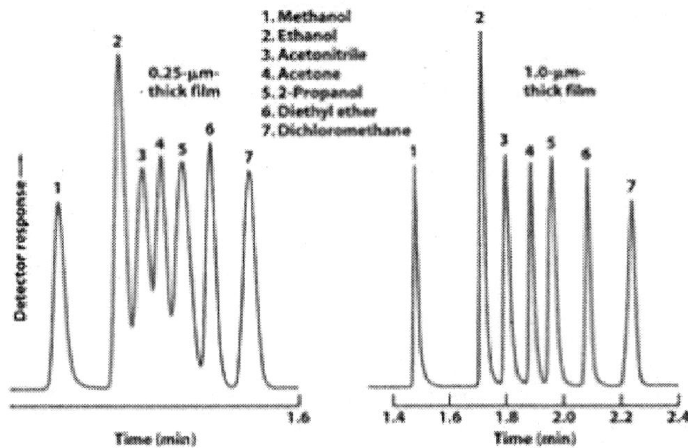

Thick films: increases column bleeding, decrease tailing.
Sample capacity v. resolution

Sample capacity: the amount of sample that can be injected onto a column without overloading. Often expressed as grams of sample per gram of packing. Overloading is defined as the point at which the sample mass injected makes the column efficiency decrease by 10% from its normal value; sometimes called sample loading.

- packed (preparative, larger capacity, low resolution)
- capillary (analytical, smaller capacity, high resolution)

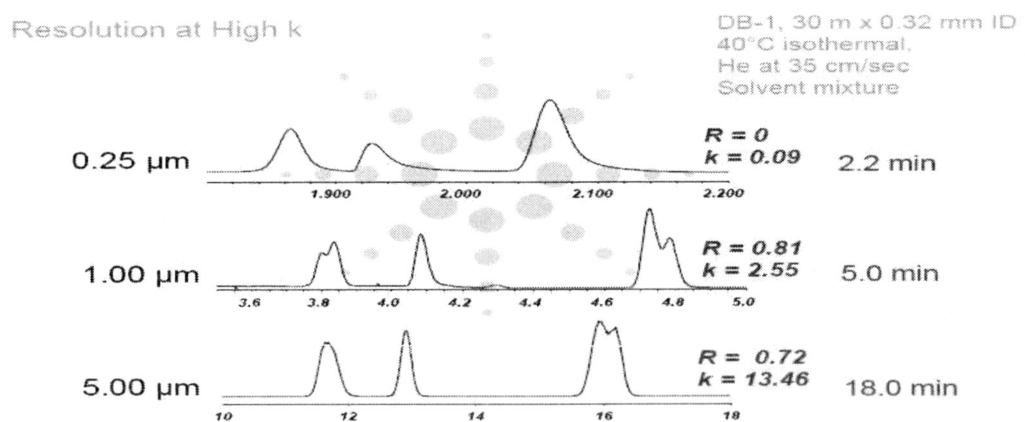

Film Thickness - Retention

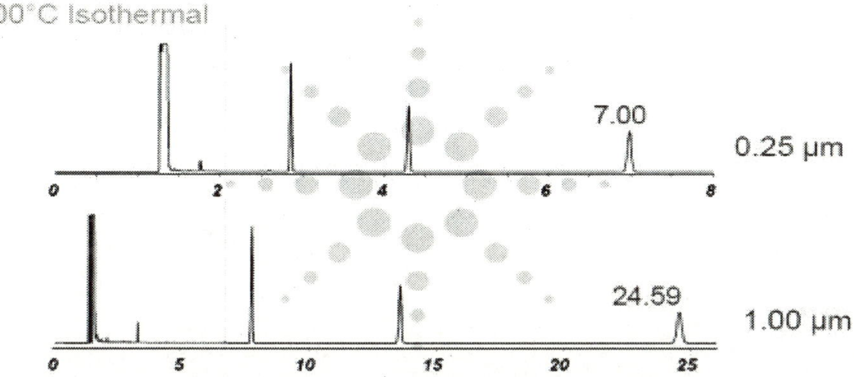

Isothermal: Retention is proportional to film thickness
Temperature program: 1/3-1/2 of isothermal values

Column Diameter - Resolution

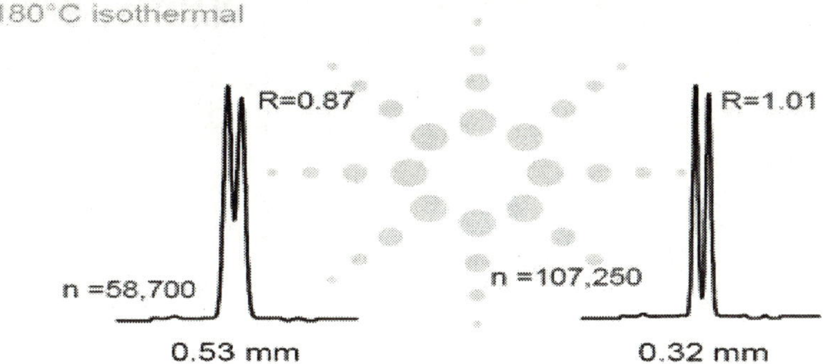

Square root of resolution is inversely proportional to column diameter

Film Thickness

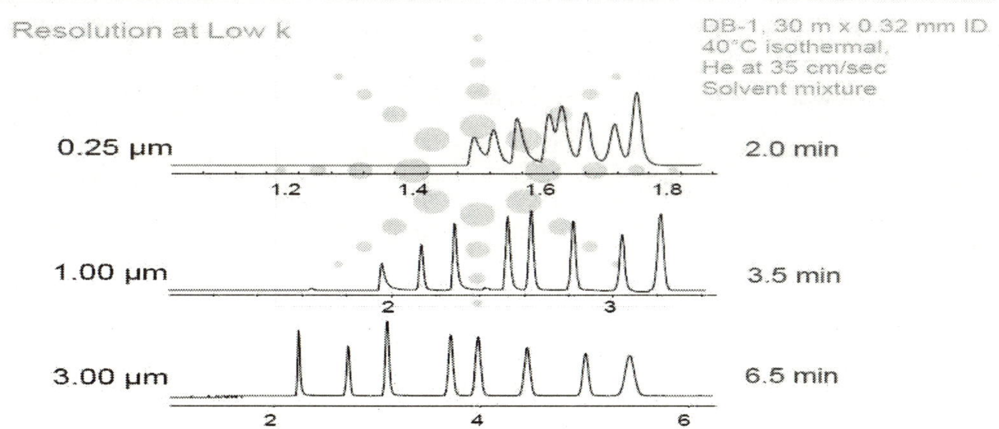

Film Thickness

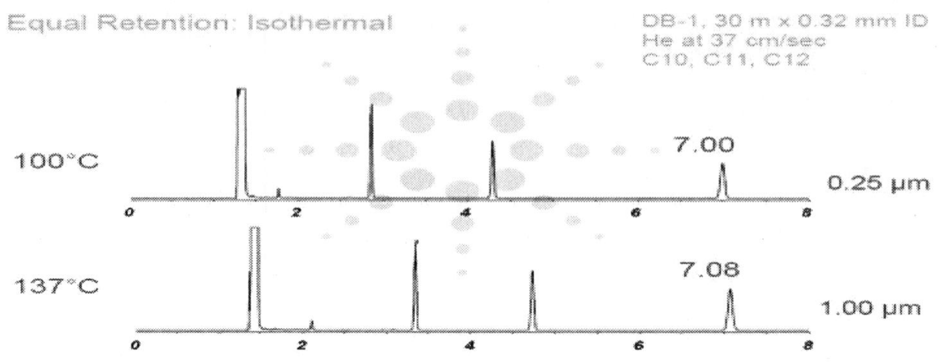

Column Length - Resolution and Retention

210°C isothermal

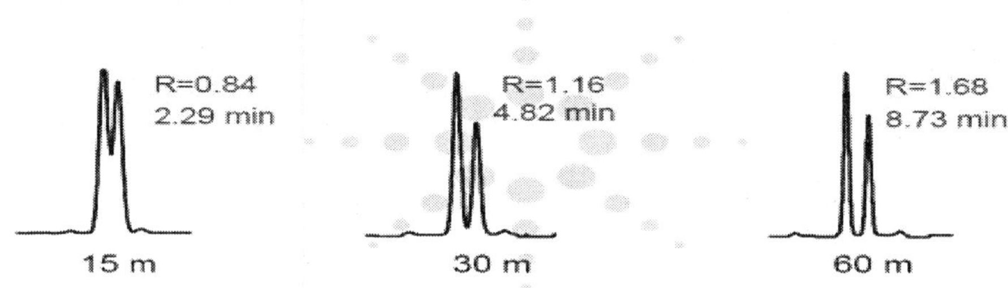

Square root of resolution is inversely proportional to length
Isothermal : Retention is proportional to length
Temperature program: 1/3-1/2 of isothermal values

Q 25. Injection 시 split(분할)와 splitless(비분할)을 설명하라.

- 비분할 시 시료가 overloading되어 분리능이 저하된다.

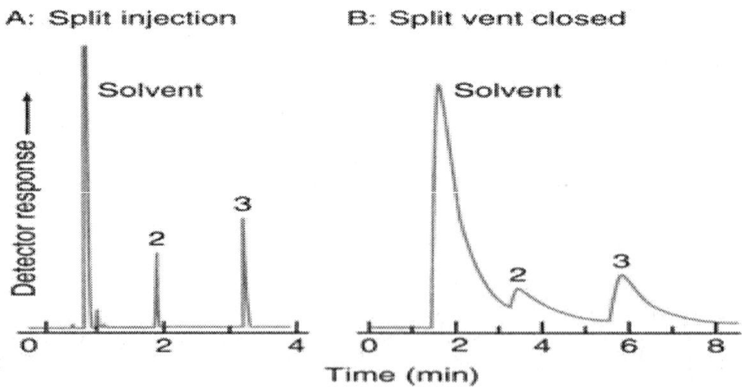

Q 26. SPME(Solid-phase microextraction) injection 방법에 대해 설명하라.

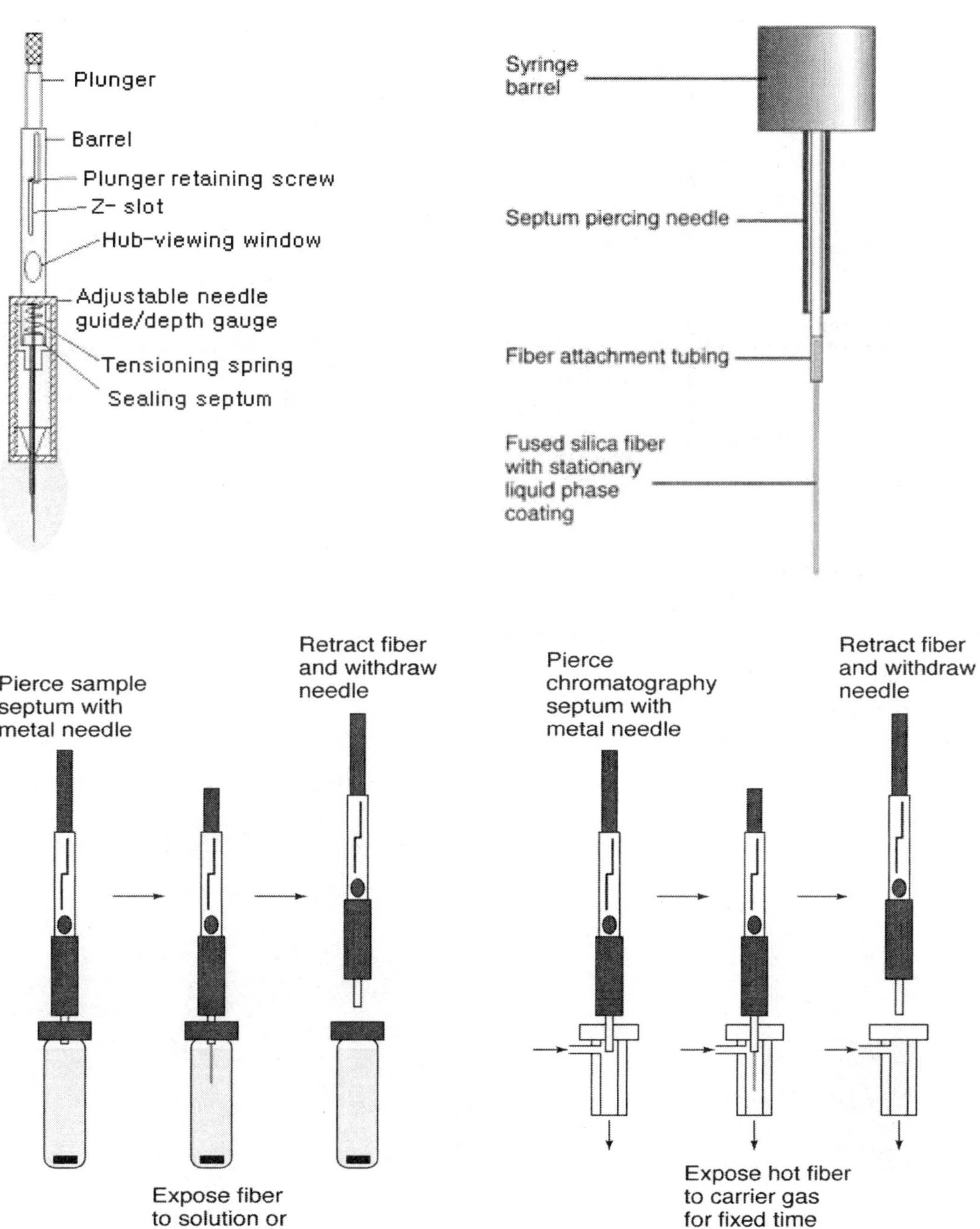

Q 27. GC injector 원리 및 Manual injection 방법을 설명하라.

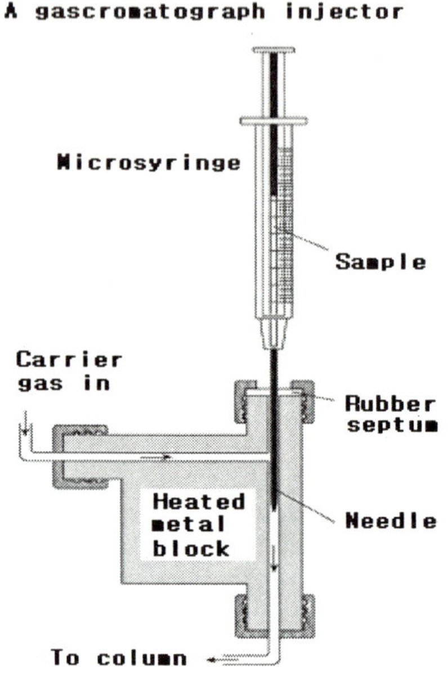

Two-hand injection technique

The appropriate sample volume ;
For packed ; about 1 μL
For capillary ; 0.1 μL

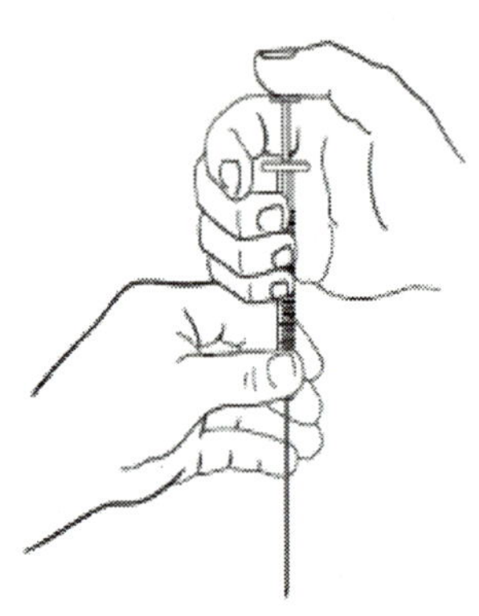

* Sample vials used in gas chromatography

The syringe is inserted through the septum in the top of the vial and sample is then extracted for use in the GC machine.

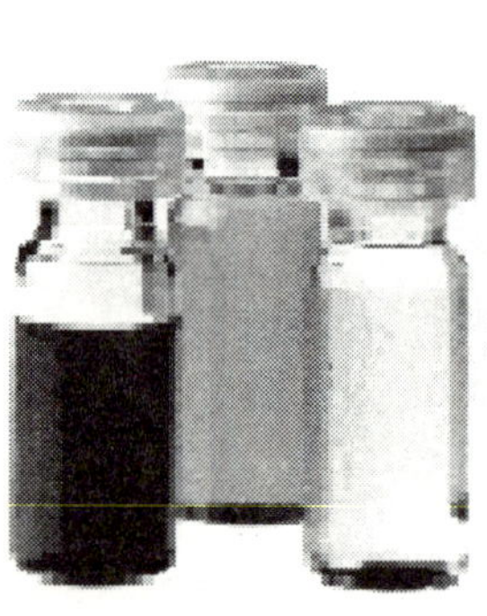

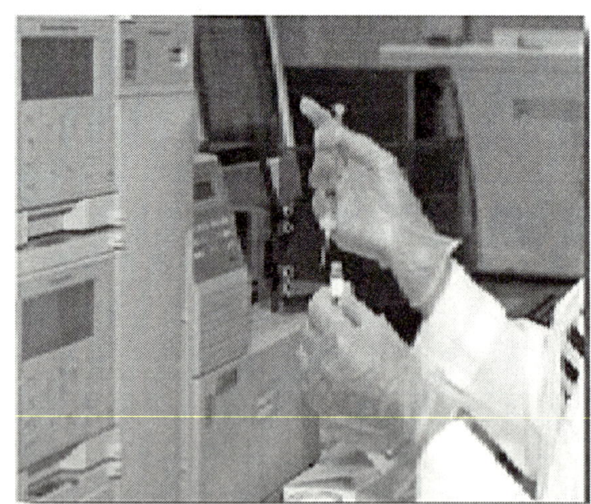

Q 28. 충전 및 열린 관(Packed & open tubular)컬럼 모양 및 특징을 비교하라.

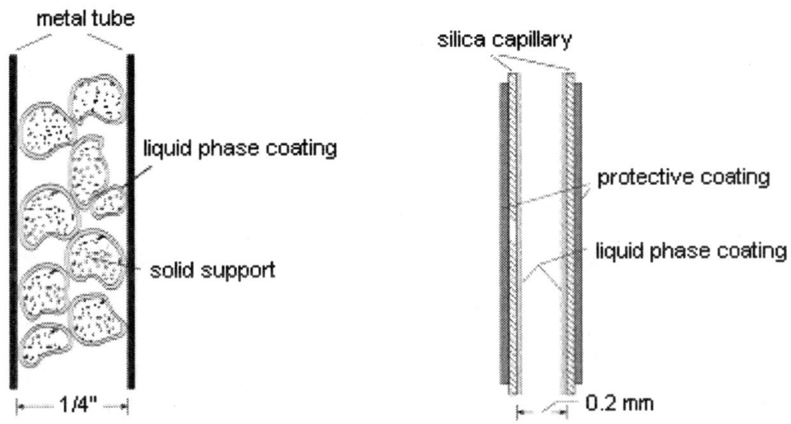

Capillary Columns(OTC)	Packed Columns
- Higher R - Smaller H; high N - fast - Greater sensitivity - analytical - Smaller sample capacity - Higher cost/column - Columns fragile	- Low R - Larger R, low N - Slow - Greater sample capacity - Lower cost - More rugged - preparative

Q 29. GLC column내에서의 시료의 분리 메커니즘을 설명하라.

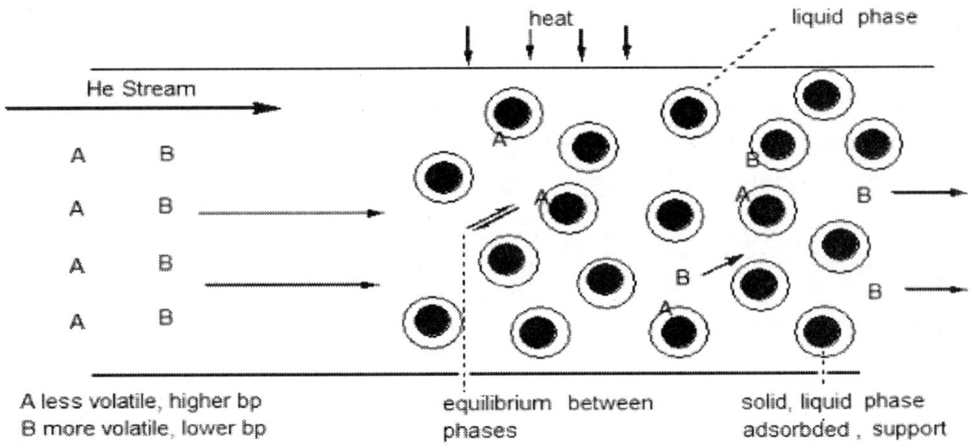

Q 30. GC의 응용을 설명하라.

Gas chromatography is a technique that has an enormous application base. Below is a tiny sample of some examples of GC separations.

1. Petroleum(석유)
Gasoline
Hydrocarbon gas analysis
Fuel and fuel oil analysis
Oxygenated additives in gasoline

2. Environmental(환경)
Determination of pesticides
Detection of disinfection by-products in drinking water
Detection of PCBs(polychlorinated biphenyls)
Underground storage tank leakage
Air pollution constituent analysis
Fast Analysis of Dioxin and Related Compounds

3. Pharmaceutical(약품)
Residual solvents in pharmaceutical formulations
Determination of drugs in race horse urine

4. Forensics(법의학)
Blood alcohol analysis
Determination of illicit drugs(禁制藥品)
Monitoring drug purity
Determination of drug impurities to track sources
Clandestine lab analysis(비밀 실험실 분석)
Analysis of commonly abused inhalants(濫用 吸入濟)

5. Food and Flavor(식품 및 향료)
Perfume analysis
Quality control of alcoholic beverages
Coffee analysis
Fatty acid analysis
Detection of 145 components in rose oil (identified 127)
Volatile compounds in food packaging

Q 31. EPA 500 Series Methods를 설명하라.

- Method 502.1: Volatile haloginated organic compounds in water by purge and trap gas chromatography
- Method 502.2: Volatile organic compounds in water by purge and trap capillary column gas chromatography with photoionization and electrolytic conductivity detectors in series
- Method 503.1: Volatile aromatic and unsaturated organic compounds in water by purge and trap gas chromatography
- Method 504: 1,2-dibromoethane (EDB) and 1,2-dibromo-3-chloropropane (DBCP) in water by microextraction and gas chromatography
- Method 505: Analysis of organohaline pesticides and aroclors in drinking water by microextraction and gas chromatography
- Method 507: Determination of nitrogen-and phosphorus-containing pesticides in water by gas chromatography with a nitrogen-phosphorus detector
- Method 508: Determination of chlorinated pesticides in water by gas chromatography with an electron capture detector
- Method 510.1: Determination of the maximum total trihalomethane potential
- Method 515: Determination of chlorinated herbicides in drinking water
- Method 524.1: Volatile organic compounds in water by purge and trap gas chromatography/ mass spectrometry
- Method 524.2: Volatile organic compounds in water by purge and trap capillary column gas chromatography/ mass spectrometry
- Method 525: Determination of organic compounds in drinking water by liquid-solid extraction and capillary column gas chromatography/ mass spectrometry

Q 32. Van Deemter equation을 설명하라.

Van Deemter equation

$$H = A + \frac{B}{u} + C \cdot u$$

Where

- A = Eddy-diffusion
- B = Longitudinal diffusion
- C = mass transfer kinetics of the analyte between mobile and stationary phase
- u = Linear Velocity.

Expanded van Deemter

The Van Deemter equation can be further expanded to:

$$H = 2\lambda d_p + 2GD_m/\mu + \omega(d_p \text{ or } d_c)^2\mu/D_m + Rd_f^2\mu/D_s$$

Where:

- H is plate height
- λ is particle shape (with regard to the packing)
- d_p is particle diameter
- G, ω, and R are constants
- D_m is the diffusion coefficient of the mobile phase
- d_c is the capillary diameter
- d_f is the film thickness
- D_s is the diffusion coefficient of the stationary phase.

'A' Term
Multiple Paths (eddy diffusion)

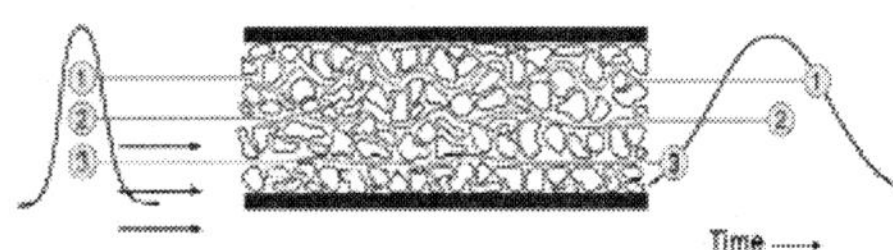

Zone of solute after short time on column

Longitudinal diffusion (B/u_x)

Zone of solute after longer time on column

Direction of travel

Mass Transport Band Spreading

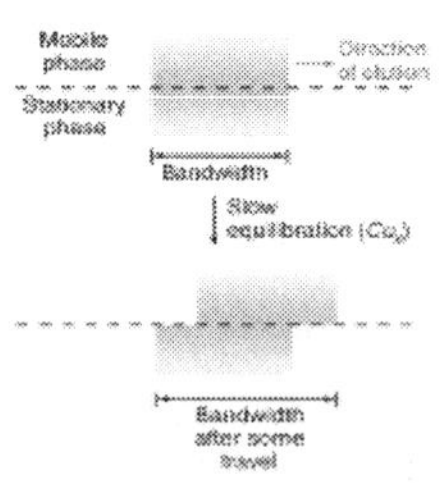

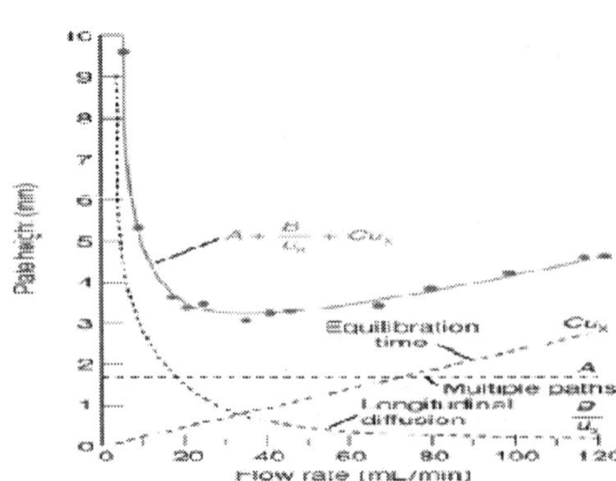

Q 33. 이동상과 정지상에서의 평형과 크로마토그램 꼬리끌기를 설명하라.

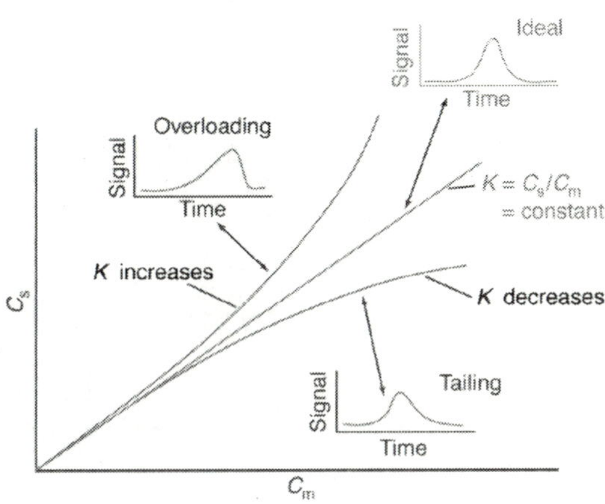

Q 34. GC의 대표적 검출기의 구조를 설명하라.

- 16 detectors

1.	CCD - Catalytic Combustion Detector
2.	TCD - Thermal Conductivity Detector
3.	FID - Flame Ionization Detector
4.	DELCD - Dry Electrolytic Conductivity Detector
5.	FID/DELCD - combination Flame Ionization Detector and Dry Electrolytic Conductivity Detector
6.	HID - Helium Ionization Detector
7.	PID - Photo Ionization Detector
8.	NPD - Nitrogen-Phosphorus Detector
9.	NPD/DELCD - combination Nitrogen-Phosphorus Detector and Dry Electrolytic Conductivity Detector (discontinued)
10.	TID - Thermal Ionization Detector
11.	FPD - Flame Photometric Detector
12.	FPD/FID - combination Flame Photometric Detector and Flame Ionization Detector
13.	Dual FPD - dual wavelength for simultaneous sulfur and phosphorus response
14.	FID dual FPD - combination dual Flame Photometric Detector and Flame Ionization Detector
15.	ECD - Electron Capture Detector
16.	RGD - Reduction Gas Detector

1. FID(Flame ionization detector)

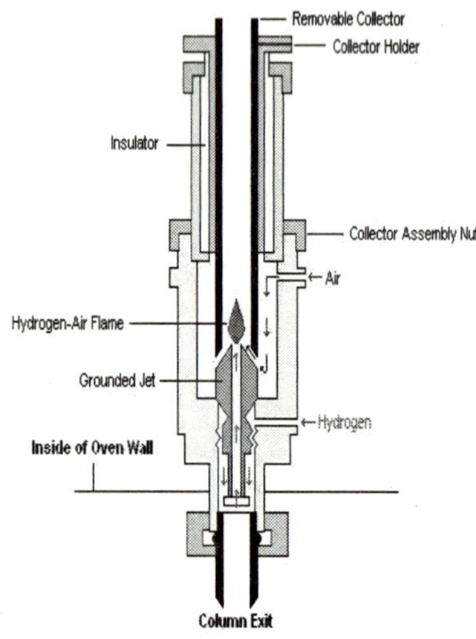

2. TCD(Thermal conductivity detector)

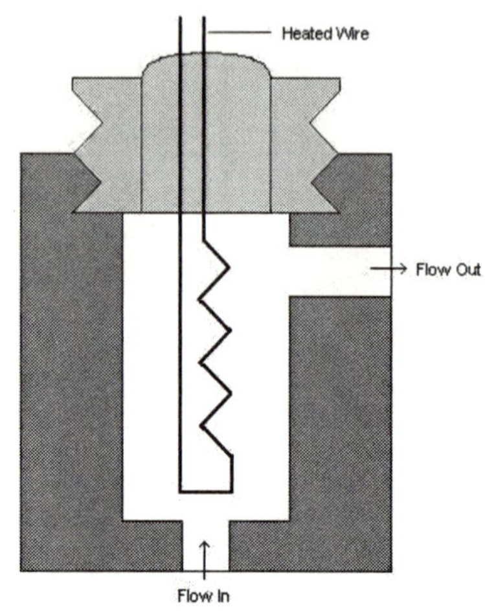

3. ECD(Electron capture detector)

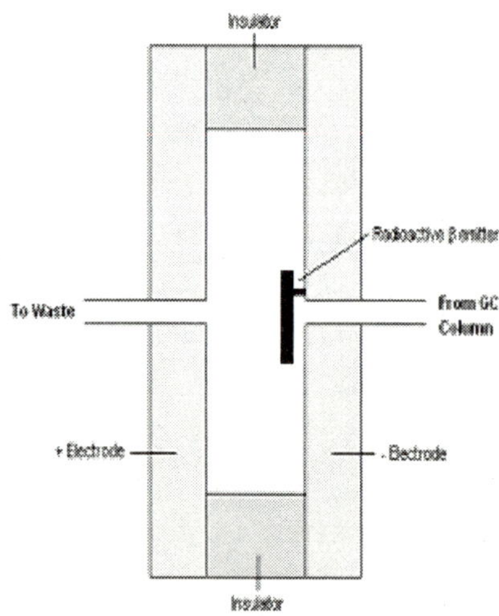

4. Chemiluminescence detector

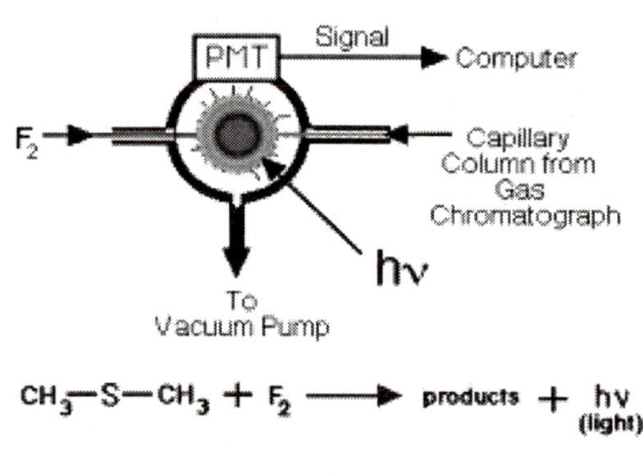

5. AED(Atomic emission detector)

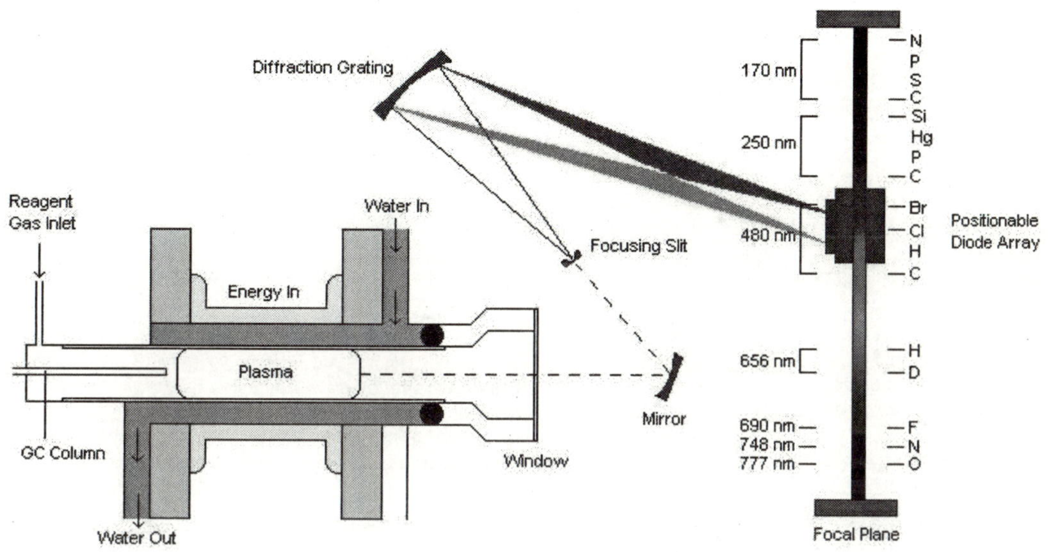

6. PID(Photoionization detector)

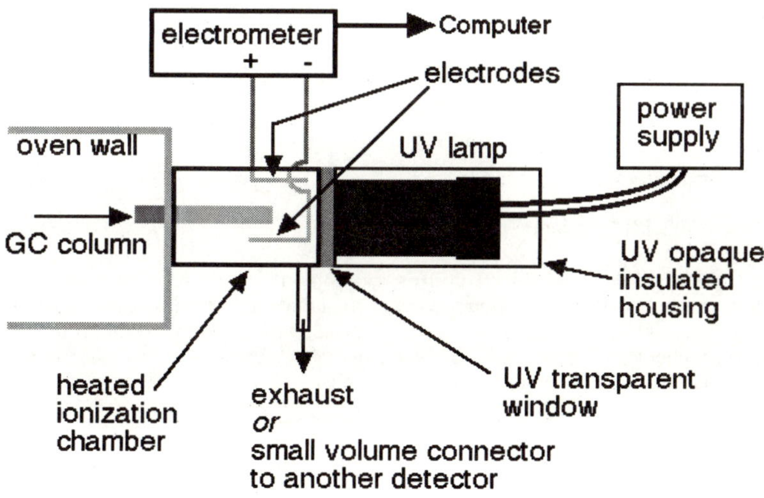

7. FPD(Flame photometric detector)

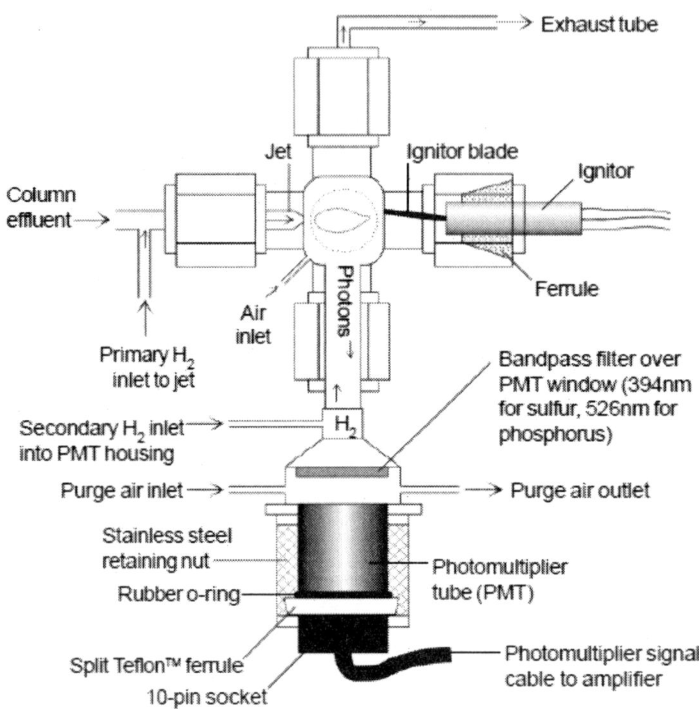

☞ 355 Sulfur Chemiluminescence Detector

Features

- Sulfur specific detection for GC or Supercritical Fluid Chromatography (SFC)
- Picogram detection limits
- No hydrocarbon quenching
- Linear, equimolar response to organic sulfur compounds
- ASTM Method approval
- Adapters for simultaneous SCD and FID operation

Prinicple of Operation

Sievers® 355 Sulfur Chemiluminescence Detector (SCD) utilizes the combustion of sulfur compounds to form sulfur monoxide (SO) and the subsequent chemiluminescence reaction of SO with ozone (O_3). The unique combustion process achieves high temperatures (>1,800°C) which are unattainable by standard pyrolysis methods. The patented technology allows the 355 SCD to make ultra-sensitive measurements of any sulfur-containing compound that can be analyzed by GC or SFC.

The reaction mechanism is:

S-compound + O --> SO + Other Products

SO + O_3 --> SO_2 + O_2 + hv

The light(hv) passes through an optical filter and is detected by a photomultiplier tube. This mechanism provides selective sulfur detection which is described in the following U.S. and foreign patents: 5,330,714; 5,227,135; 5,310,683; 5,501,981 and patents pending.

* F_2, O_3 ; strongly oxidizing reagent

제2장 LC 관련 문제

Q 1. GC 및 HPLC의 특징을 간단히 설명하라.
Q 2. HPLC의 의미 및 응용분야를 설명하라.
Q 3. HPLC의 이점을 설명하라.
Q 4. 고전적 기술과 비교 시 HPLC의 특징을 설명하라.
Q 5. 현대 LC 장비에 대한 기준을 설명하라.
Q 6. HPLC의 기술에 대한 HPLC의 명칭을 서술하라.
Q 7. HPLC의 컬럼 압력의 발달 역사에 대해 서술하라.
Q 8. 여러 회사의 HPLC의 최근 컬럼 압력을 비교하라.
Q 9. Column chromatography의 종류에 대해 서술하라.
Q 10. Lquid chromatography의 종류에 대해 서술하라.
Q 11. Chromatography의 zone migration에 따른 3가지를 설명하라.
Q 12. HPLC계에 영향을 주는 인자를 설명하라.
Q 13. RPC에서 C_{18} 정지상과 수용성 이동상에서의 column snapshot을 설명하라.
Q 14. HPLC 이동상의 조건을 설명하라.
Q 15. 이상적 검출기의 성질을 설명하라.
Q 16. Eluent의 운용방법을 설명하라.
Q 17. Pump의 종류 및 장단점을 설명하라.
Q 18. Peak Tailing (A_s) 에 대해 설명하라.
Q 19. 주사기를 이용한 filtering method를 설명하라.
Q 20. 이온 교환, 크기배재, 친화 및 입체이성체 분리 메커니즘을 설명하라.
Q 21. Biomolecules의 정제 전 분리방법을 기술하라.
Q 22. HPLC의 컬럼 구경에 따른 적정한 Flow rate를 설명하라.
Q 23. Guard column의 특징을 설명하라.
Q 24. PAHs(Polynuclear aromatic hydrocarbons)에 대해 설명하라.
Q 25. LC에서 분석 방법을 전개하는데 포함되는 단계를 설명하라.
Q 26. LC에서 띠 넓어짐(band broadening)에 대해 설명하라.
Q 27. IPC에서 정상과 역상 작동의 이점을 기술하라.
Q 28 알루미나를 충전한 LSC에서 분리 물질을 용리 시 벤젠/아세톤 기울기를 변화시키는 방법을 서술하라.
Q 29. LC에서 이동상의 섞임성에 대해 설명하라.
Q 30. 봉우리 꼬리 끌기(Peak tailing)에 대해 설명하라.
Q 31. 좋은 컬럼 성능을 보증하는 단계(Steps for ensuring good column performance)에 대해 설명하라.
Q 32. LC/MS의 원리에 대해 설명하라.
Q 33. 이동상의 성질을 나타내는 용어에 대해 설명하라.
Q 34. 용매화 발색현상(Solvatochromism)을 설명하라.
Q 35. HPLC의 검출기의 대표적 법칙을 설명하라.
Q 36. HPLC에서 정지상의 입자크기에 따른 Van Deemter equation을 설명하라.

Q 37. HPLC에서 온도의 효과에 대해 설명하라.
Q 38. HPLC에서 이동상의 탈기(Degassing)에 대해 설명하라.
Q 39. HPLC의 대표적 컬럼의 hardware를 설명하라.
Q 40. HPLC의 photodiode detector의 원리를 그림으로 설명하라.
Q 41. Stereoisomer의 분리기술에 대해 설명하라.
Q 42. HPLC의 응용에 대해 서술하라.
Q 43. Quantitative analysis 방법의 정도를 비교하라.
Q 44. HPLC 실험실의 주의사항을 설명하라.
Q 45. 정지상 입자 크기와 컬럼 효율을 설명하라.
Q 46. HPLC 검출기중 ELSD(Evaporative Light Scattering Detector와 CAD(Charged Aerosol Detector)에 대해 설명하라

Q 1. GC 및 HPLC의 특징을 간단히 설명하라.

GC	HPLC
* Based on volatility	* Based on polarity, not volatility.
- some volatility of compounds-at high temperature. - many non-volatile organics are analyzed after conversion to a volatile form - hydroxyl and acid groups converted to ether/ester - making volatile derivatives is time consuming, often inefficient - introduces error.	- Better than GC for many nonvolatile, thermally labile, and polar materials. - Water samples injected directly-no extraction, minimal preparation. - Non-destructive method - Easy to learn and use - No limit by the volatility or stability

Q 2. HPLC의 의미 및 응용분야를 설명하라.

1. 의미

High pressure liquid chromatography(고압)

High priced liquid chromatography(고가)

Hewlett-Packard liquid chromatography(휴렛-페카드)

High performance liquid chromatography(고성능)

Hocus pocus liquid chromatography

High patience liquid chromatography(고인내)

* High speed(고속), High resolution(고분해능)

* Hocus pocus ; 진실을 호도하는 말[행동], 간교한 말장난

2. 응용

Environmental(환경)

Veterinary(동물)

Agriculture & Food(농산물 및 식품)

Chemistry(화학)

Biomedical and Clinical(생약학 및 임상)

Q 3. HPLC의 이점을 설명하라.

- Speed(속도)
- High resolution(고분해능)
- Sensitivity(감도)
- Reproducibility(재현성)
- Accuracy(정확성)
- Automation(자동화)

Q 4. 고전적 기술과 비교 시 HPLC의 특징을 설명하라.

1. small diameter (2-5 mm), reusable stainless steel columns
2. column packings with very small (3, 5 and 10 μm) particles
3. relatively high inlet pressures and controlled flow of the mobile phase
4. precise sample introduction without the need for large samples
5. special continuous flow detectors capable of handling small flow rates and detecting very small amounts
6. automated standardized instruments
7. rapid analysis
8. high resolution

Q 5. 현대 LC 장비에 대한 기준을 설명하라.

표. 현대 LC장비에 대한 기준(Criteria)

성능요구	시스템 특성	Equipment needs
다양성(Versatility)	-Useful with different types of samples	-Chemically resistant materials -Variety of detector -Unique column packing
속도(Speed)	-Selective, highly efficient columns -High mobile phase velocity -High data output	-High pressure pump -Low dead volume fitting and detector -Fast recorder, automatic data handling
재현성 (Reproducibility)	-Control of operational parameters	-Precise control of column and detector temp., mobile phase composition(and gradient), flow rate, detector response
감도(Sensitivity)	-High detector response -Sharp peaks	-Careful detector design for good signal-noise ratio -Efficient columns

Q 6. HPLC의 기술에 대한 HPLC의 명칭을 서술하라.

표. Name & definition for HPLC

Description	ID	Flow rate
Nano HPLC	10~150 mm	10~1000 nl/min
Capillary HPLC	150~500 mm	1~10 ml/min
Micro HPLC	0.5~1.5 mm	10~100 ml/min
Microbore	1.5~3.2 mm	100~500 ml/min
Conventional	3.2~4.6 mm	0.5~2.0 ml/min
Preparative	> 10 mm	> 20 ml/min

Q 7. HPLC의 컬럼 압력의 발달 역사에 대해 서술하라.

표. HPLC pressure increase

시기	내용
In the beginning	500 psi(35 bar)
The early 1970's	Tremendous leap in technology ; up to 6,000psi (400 bar) of pressure, and included improved detectors and columns.
In the mid to Late 1970's.	With continued advances in performance, the name was changed to HP(high performance)LC. cf. 10,000 psi
Beginning in 2004(UPLC)	Further advances in instrumentation and column technology were made to achieve very significant increases in Resolution, Speed and Sensitivity in Liquid Chromatography. Columns with smaller particle sizes(1.7 micron) and instrumentation designed to deliver15,000psi (1,000 bar) . Routinely use 8,000~12,000 psi.
A glimpse at what may be the future	working with columns containing 1 micron particles, and instrumentation capable of performing at 100,000psi (6,800 bar).

Q 8. 여러 회사의 HPLC의 최근 컬럼 압력을 비교하라.

Brand	System	Max. system press.(psi)
Waters	Ultra performance LC (UPLC)	15000
Thermo	Accela UHPLC	15000
Jasco	Xtreme LC (XLC)	15000
Dionex	Rapid separation LC (RSLC)	11600
Shimadzu	Ultra fast LC (UFLC)	9570
Agilent	Rapid resolution LC (RRLC)	8700
Knauer	UHPLC	14500

Q 9. Column chromatography의 종류에 대해 서술하라.

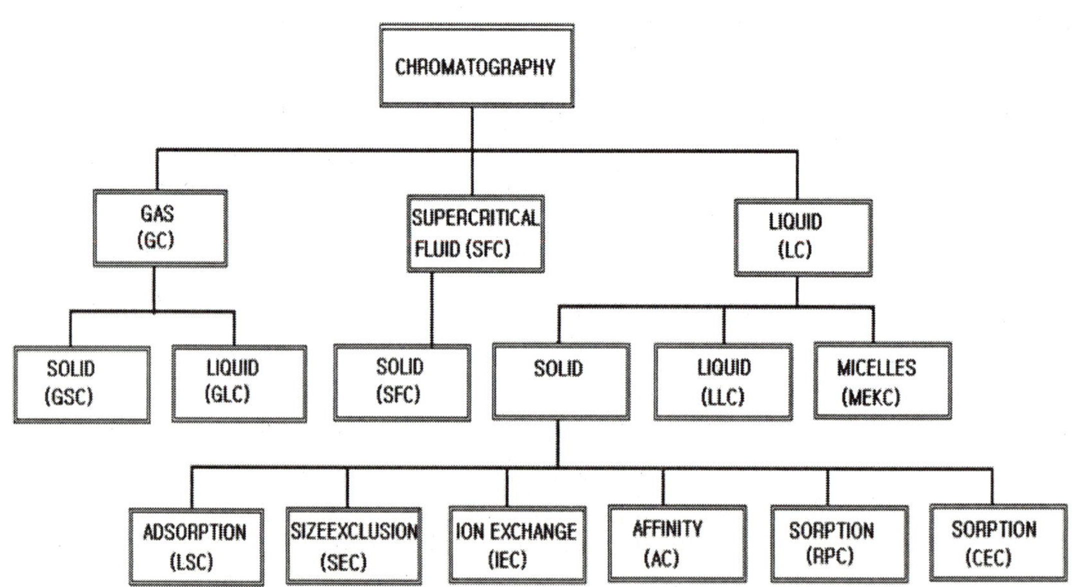

MEKC ; Micellar electrokinetic chromatography
CEC ; Capillay electrochromatography

Q 10. Liquid chromatography의 종류에 대해 서술하라.

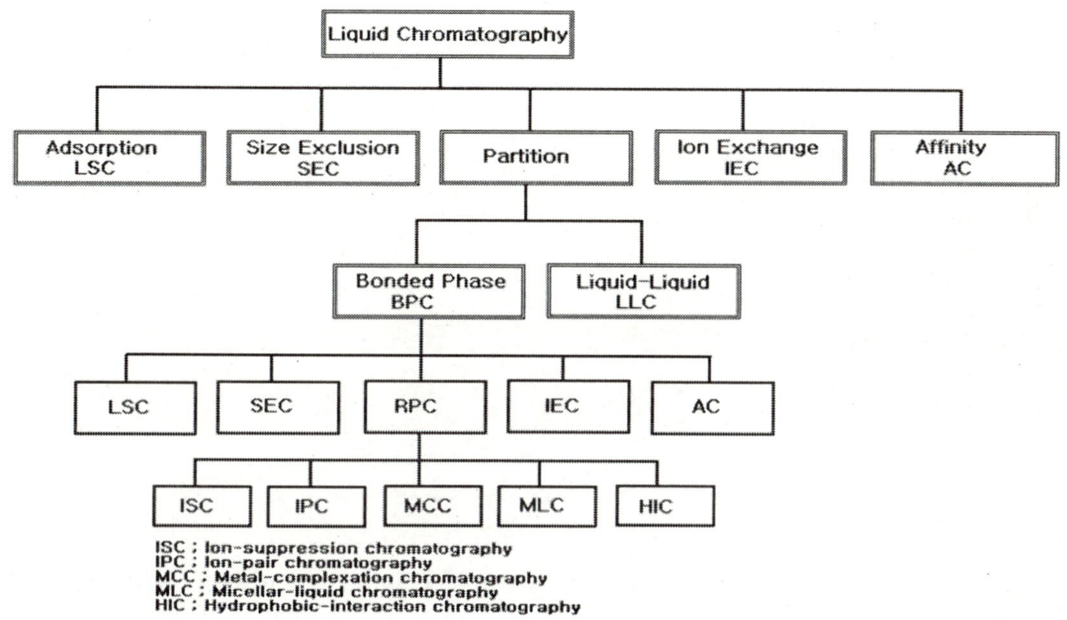

Q 11. Chromatography의 zone migration에 따른 3가지를 설명하라.

* Mode of zone displacement in column chromatography

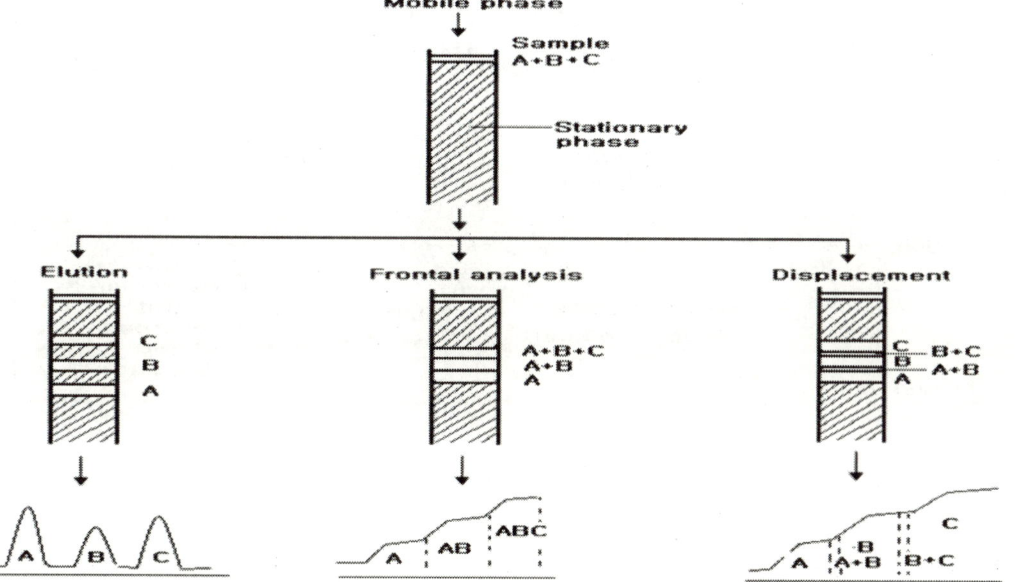

Q 12. HPLC계에 영향을 주는 인자를 설명하라.

1. Column parameters(컬럼 인자)
   A. Column material
   B. Deactivation
   C. Stationary phase
   D. Coating material
2. Instrument parameters(기기 인자)
   A. Temperature
   B. Flow
   C. Signal
   D. Sample sensitivity
   E. Detector
3. Sample parameters(시료 인자)
   A. Concentration
   B. Matrix
   C. Solvent effect
   D. Sample effect

Q 13. RPC에서 C_{18} 정지상과 수용성 이동상에서의 column snapshot을 설명하라.

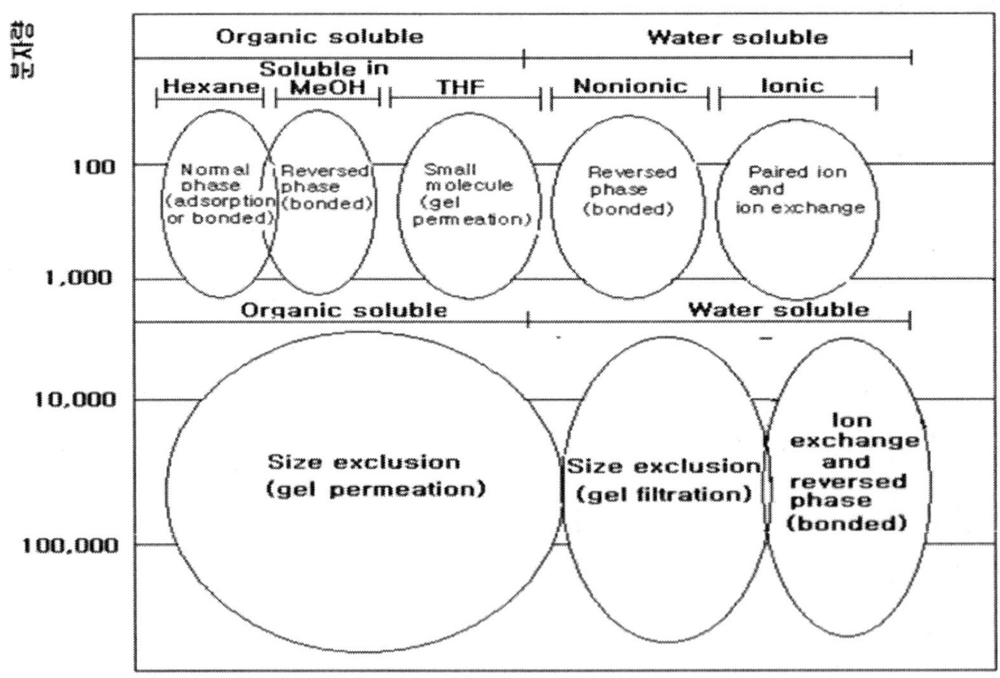

Q 14. HPLC 이동상의 조건을 설명하라.

1. Purity(순도)
2. Detector compatibility(검출기 일치성)
3. Solubility of the sample(시료 용해)
4. Low viscosity(낮은 점도)
5. Chemical inertness(화학적 불활성)
6. Reasonable price(적절한 가격)

Q 15. 이상적 검출기의 성질을 설명하라.

1. Low drift and noise level (particularly crucial in trace analysis).
2. High sensitivity.
3. Fast response.
4. Wide linear dynamic range (this simplifies quantitation).
5. Low dead volume (minimal peak broadening).
6. Cell design which eliminates remixing of the separated bands.
7. Insensitivity to changes in type of solvent, flow rate, and temperature.
8. Operational simplicity and reliability.
9. It should be tuneable so that detection can be optimized for different compounds.
10. It should be non-destructive.

Q 16. Eluent의 운용방법을 설명하라.

Isocratic elution	Gradient elution
- the eluent composition remains constant as it is pumped through the column during the whole analysis single solvent or single solvent mixture	- the eluent composition (and strength) is steadily changed during the analysis. - increase separation efficiency - decrease the retention time - Peak shape is improved (Less tailing)

Q 17. Pump의 종류 및 장단점을 설명하라.

Reciprocation pumps	Displacement pumps	Pneumatic pumps:
- advantages: small internal volume, high output pressures, ready adaptability to gradient elution and constant flow rates - disadvantages: produce a pulsed flow, cause baseline noise.	- advantages: output is pulse free - disadvantages: limited solvent capacity (<250 mL) inconvenience when change solvents	- advantages: inexpensive, output is pulse free - disadvantages: limited solvent capacity, not amenable to gradient elution and limit pressures <2000 psi

Q 18. Peak Tailing (A_s) 에 대해 설명하라.

- A properly packed HPLC column will give symmetrical or gaussian peak shapes.
- Changes in either the physical or chemical integrity of the column bed can lead to peak tailing.

Table. Peak tailing cause and care

Causes	Cure
Sample solvent stronger than the mobile phase	Dissolve sample in mobile phase or at least reduce the strength of the sample solvent as much as possible
Sample mass overload	Reduce the amount (mass) of sample injected.
Silanol interaction with amines (affects late eluting peaks most)	1. Reduce mobile phase pH to < 3.0 2. Increase mobile phase ionic strength. 25mM to 50mM recommended 3. Add a competing amine to the mobile phase. 10 mM TEA is usually sufficient. 4. Select a stationary phase with a lower silanol activity. See Figure 6 for a ranking of C_{18} phases by silanol activity
Adsorption of acids on silica	1. Increase salt concentration in the mobile phase 25 mM to 50 mM is usually sufficient 2. Reduce the pH of the mobile phase to < 3.0 3. Add a competing organic acid. 1% acetic acid or 0.1% TFA is usually sufficient
Column void (affects early eluting peaksmost)	1. Replace the HPLC column. 2. Attempts to fill-in the void are seldom worth the effort.

Q 19. 주사기를 이용한 filtering method를 설명하라.

- Membrane filter의 품질에 유의하여 용도에 적합한 필터를 선택한다.
- 사례 ; Membrane filter에 COE(cokes oven emission)을 채취 후 벤젠으로 추출 후 무게분석이나 크로마토그래프에 분석하기 전 여과하는 방법

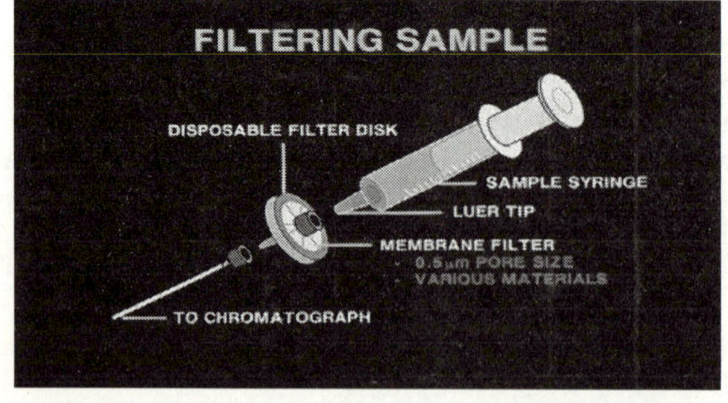

Q 20. 이온 교환, 크기배재, 친화 및 입체이성체 분리 메커니즘을 설명하라.

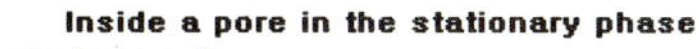

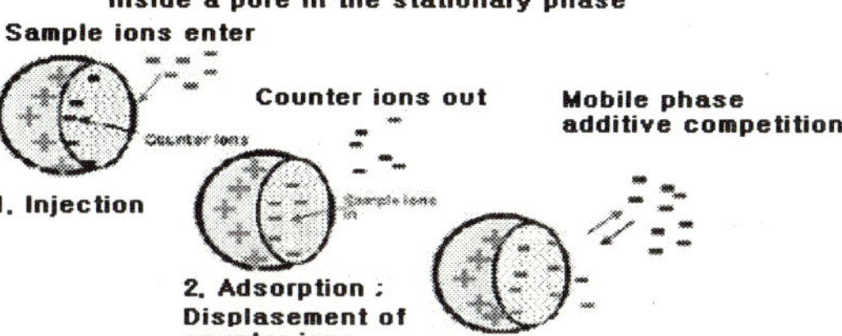

3. Affinity

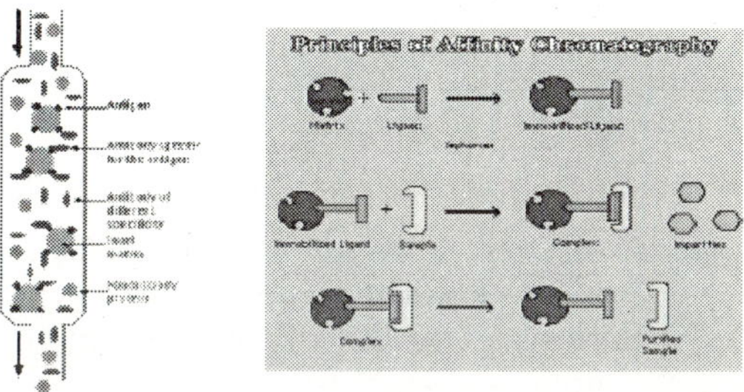

2. Size exclusion

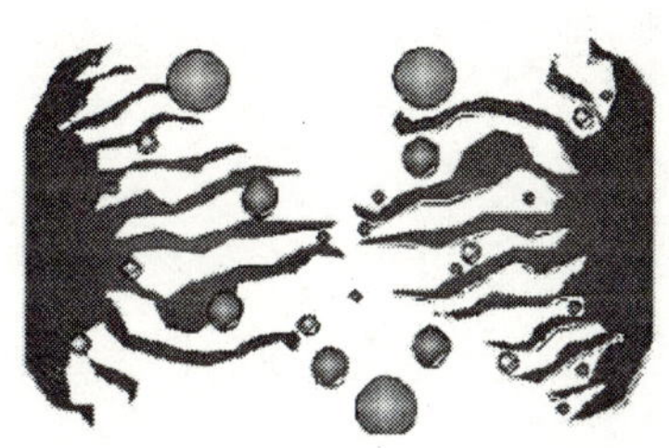

4. Stereoisomer

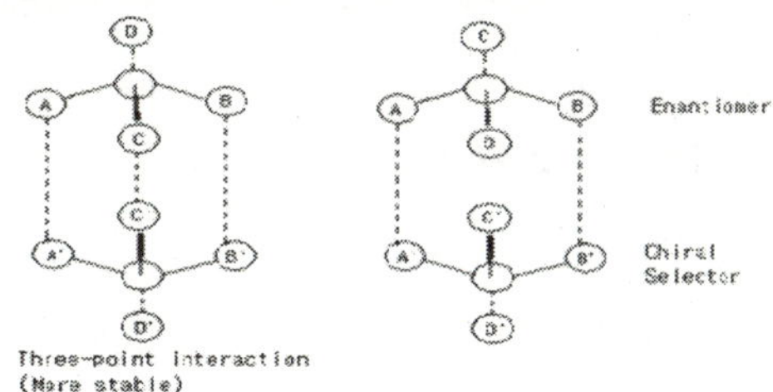

Q 21. Biomolecules의 정제 전 분리방법을 기술하라.

Property	Technique
Biorecognition(ligand specificity)	Affinity chromatography
Charge	Ion exchange chromatography
Size	Gel filtration (sometimes called size exclusion)
Hydrophobicity	Hydrophobic interaction chromatography
	Reversed phase chromatography

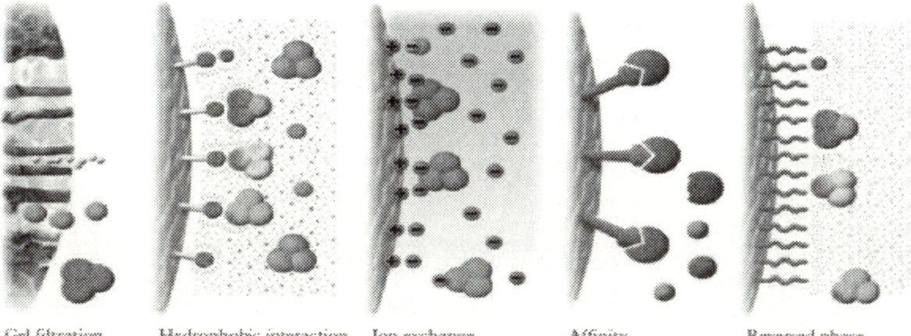

Q 22. HPLC의 컬럼 구경에 따른 적정한 Flow rate를 설명하라.

It is important to use the correct flow rate for your HPLC column.

Internal diameter, mm	Standard flow rate, ul/min
4.6	1000
2.1	200
1.0	50
0.30	4
0.15	1

Q 23. Guard column의 특징을 설명하라.

- Anterior to the separating(분석 컬럼 전에 설치)
- Filter or remove(여과 및 제거) :
  - ◇. particles
  - ◇. compounds and ions
  - ◇. compounds: precipitation upon contact with the stationary or mobile phase
  - ◇. compounds: co-elute and cause extraneous peaks and interfere with detection and/or quantification.
  - ◇. Prolongs the life of the analytical column

Q 24. PAHs(Polynuclear aromatic hydrocarbons)에 대해 설명하라.

* Sources:
  - nature: forest fire
  - human behaviors: fuel burning, excess pesticide…
* Characteristic
  - low solubility - accumulation
  - toxic, carcinogenic, mutagenic
* Research interest
  - Evaluate the maximum wood sorption capacity on PAHs.
  - Desorption behaviors
  - Competitive sorption with metal and between PAHs
  - Sorption and desorption under different pH values
  - Sorption and desorption under different temperature
* Analysis
  - GC/FID: sensitivity but background interferences
  - HPLC : necessary sensitivity and higher specificity

Q 25. LC에서 분석 방법을 전개하는데 포함되는 단계를 설명하라.

LC에서 방법의 전개 과정은 종종 어렵고 시간을 소비하게 된다. 이것은 이용하는 머무름 메커니즘의 다양성, 각 방법의 실행에 연관된 많은 내부 의존 인자, 몇몇 크로마토그래피는 분리를 위한 최적의 분리 조건을 요구하는 것에 기인한다. 따라서 이를 명료하게 체계화하기가 쉽지 않으며, 일반적으로 전개를 위한 약간의 논리적 지침은 아래와 같다.

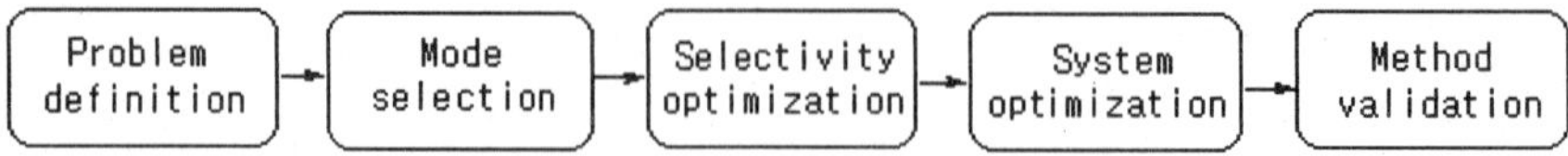

Q 26. LC에서 띠 넓어짐(band broadening)에 대해 설명하라.

1) Eddy diffusion(또는 multiple flow paths) ; 용매가 컬럼내의 다른 입자 사이를 흐를 때 다른 미세한 흐름류(microscopic flowstreams)로부터 발생한다.
2) Longitudinal diffusion ; 액체에서의 확산이 매우 작아 거의 일어나지 않는다.
3) Mass transfer
   (1) Mobile phase mass transfer ; 주위 입자들 사이에서 하나의 단순 흐름류나 길(flowstream or path)의 다른 부분들에 대한 다른 흐름 속도를 보이는 것.
   (2) Stagnant mobile phase mass transfer ; 다공성 컬럼 충전 입자에서 입자의 동공내에 포함된 이동상은 정체되거나 이동하지 않는다. 이 동공에 시료 분자가 확산에 의해 들어가거나 나오는데 따른 시간차에 의해 이동거리의 차가 발생 하는 것.
   (3) Stationary phase mass transfer ; 시료 분자가 동공 안으로 확산한 후 그들이 정지상으로 스며들거나(cross-hatched region) 어떤 형태로 그것에 부착한다. 시료 분자가 정지상에 스며든 깊이의 차에 의해 이동거리의 차가 발생한다.

Q 27. IPC에서 정상과 역상 작동의 이점을 기술하라.

1. 정상(Normal phase) 작동
   1) 비흡수 시료 화합물의 용이한 검출을 위하여 반대 이온으로 흡수나 형광 이온을 사용할 수 있다.
   2) 유기 상 성분을 변화하는 것에 의해서 선택성을 변화하기가 쉽다.
2. 역상(Reversed phase) 작동
   1) 기계적으로 유지되는(덜 안정한) 정지상을 요구하지 않는다.
   2) 수용성 시료(IPC에서 가장 일반적인 형태)는 직접적으로 주입될 수 있다.
   3) 이동상에서 반대 이온이나 결합상 컬럼과의 용매 극성을 변화하는 것에 의해 그레디언트 용리가 가능하다.
   4) 정지상으로부터 나온(bleed from stationary phase) 반대 이온이 제거된다.
   5) 생물학적 시료는 주입 전에 완전한 처리를 요구하지 않는다(less cleanup). 이는 분석물질 외의 시료 성분들이 보통 친수성이고 t_m에서 용출하기 때문이다.
   6) 용매 강도가 반대 이온의 농도 변화에 의해 쉽게 변한다.
   7) 이동상의 pH의 변화에 의해 분리 선택성이 쉽게 변한다.
   8) 결합상 컬럼이 역상 분배 LC로 빠르게 전환 될 수 있고, 반대로 두 LC 형식 사이에 빠른 상호 교환을 허용하여 한 개의 단순 컬럼의 이용성을 증가한다.

Q 28. 알루미나를 충전한 LSC에서 분리 물질을 용리 시 벤젠/아세톤 기울기를 변화시키는 방법을 서술하라.

알루미나를 충전시킨 LSC에서 용리가 진행됨에 따라 흡착제의 활성화 자리(active

site)가 감소하게 됨으로 동일한 효율을 유지하기 위하여 이동상의 극성은 일반적으로 증가시키도록 한다. 따라서 아세톤에 대한 벤젠의 비를 감소시켜 이동상의 극성을 증가하도록 한다.

Q 29. LC에서 이동상의 섞임성에 대해 설명하라.

표 1. 용매 섞임성(Solvent miscibility) 및 섞임성 수(Miscibility No.) 도표

Acetone(15)																										
	Acetonitrile(11)																									
		Benzene(210																								
			Butanol(15)																							
				Carbon tetrachloride(24)																						
					Chloroform(19)																					
	*					Cyclohexane(28)																				
							1, 2-Dichloroethane(20)																			
								Dichloromethane(20)																		
						*			Dimethyl formamide(12)																	
						*				Dimethyl sulfoxide(9)																
											Dioxane(17)															
												Ethanol(14)														
													Ethyl acetate(19)													
										*				Ethyl ether(23)												
	*								*	*					Heptane(29)											
	*								*	*						Hexane(29)										
	*								*	*							Iso-octane(29)									
																		Isopropyl alcohol(15)								
						*									*	*	*		Methanol(12)							
																				Methyl t-butyl ether(23)						
																					Methyl ethyl ketone(17)					
	*								*	*									*			Pentane				
																							Tetrahydrofuran(17)			
																								Toluene(23)		
		*	*	*	*	*	*	*					*	*	*	*	*			*	*	*		*	Water	
									*	*															*	Xylene(23)

Note 1. * Immiscible을 나타낸다.

Note 2. 일반적으로 LC에서 두 용매간의 섞임성 수의 차가 15 미만이면 섞일 수 있다.

Note 3. Two liquids are considered "miscible" or mixable if shaking them together results in a single liquid phase, with no meniscus visible between layers of liquid.

Note 4. Ref. ; Huntsman Miscibility Predictor(The basis for the miscibility predictor is the article by Norman B. Godfrey, Chemtech 1972, 359)

Q 30. 봉우리 꼬리 끌기(Peak tailing)에 대해 설명하라.

실질적 크로마토그래피에서 완전히 대칭인 봉우리는 매우 드물며, 대부분은 약간의 꼬리 끌기를 보이는 봉우리이다. 이 봉우리 꼬리 끌기 측정에 두 가지 방법이 사용된다. 하나는 봉우리 비대칭 인자(peak asymmetry factor)이고 다른 하나는 꼬리 끌기 인자(tailing factor) 이다. 두 가지의 특징은 표와 같다,

표. 봉우리 비대칭 인자와 꼬리 끌기 인자의 비교

구분	Peak asymmetry factor	Tailing factor
계산	봉우리 높이의 10 % 폭에서 계산 ; A_s = b/a	봉우리 높이의 5 % 폭에서 계산 ; T_f = (a +b)/2a≦
적합한 값	A_s ; 0.9~1.2, 실제는 ~1.5 정도까지 사용 0.9 ; slightly fronting 1.2 ; slightly tailing >1.5 ; striving value >2.0 ; wrong	T_f≦2
사용자	약 업계 종사자들 외 대부분의 분석자들이 사용	USP에서 인용하여 약업계의 분석자들이 사용
참고사항	1. 대략 2이하에서 A_s 및 T_f의 값은 비슷하다. 2. 실제 두 가지에 대해 분명하게 언급한다면 꼬리 끌기 측정에 어느 방법을 사용하여도 상관없다. 3. 꼬리 끌기의 잠정적 문제 1) Trace analysis 시 봉우리 높이는 정량의 더 낮은 한도를 결정하는데 critical factor이므로 꼬리 끌기는 분명히 좋지 않다. 2) 작은 봉우리가 주 봉우리와 같이 나오면 꼬리 끌기가 문제가 된다(안정성 실험, 대사물질이나 불순물 측정 시) 3) 봉우리 측정 연산법은 기준선 기울기의 변화를 검출하여 봉우리의 시작과 끝을 결정하므로 데이터 시스템 성능에 문제가 될 수 있다. 4. 봉우리 꼬리 끌기 원인 1) 정지상에서 C_{18} 그룹이 실리카 표면의 약 1/2에만 결합되어 있어 시료와 작용할 수 있는 실란올 그룹(Si-OH)이 남아 있기 때문이다. 2) 실란올 구조는 free silanol, geminal configuration, associated silanol group이 있다. 이중 free silanol group이 다른 것보다 더 산성이므로 염기성 용질과 더 강하게 작용한다. 3) 더욱 실리카에 미량 금속(Fe, Al)이 존재 시 이 금속들이 이온교환자리로 작용해 이웃 free silanol에서 전자를 뺌아 실란올을 더욱 산성으로 만든다.	

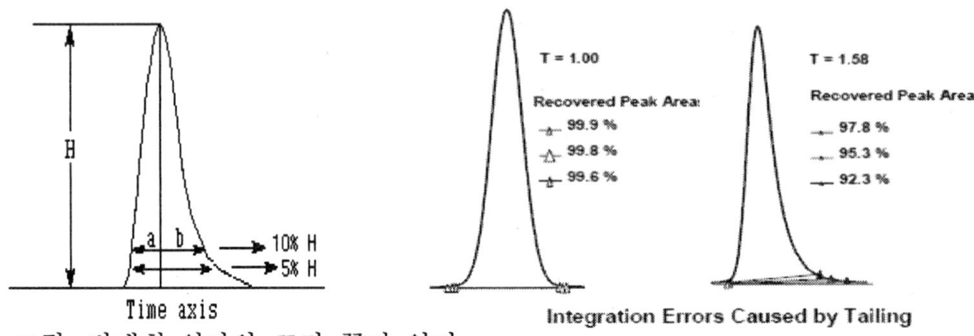

그림. 비대칭 인자와 꼬리 끌기 인자

Q 31. 좋은 컬럼 성능을 보증하는 단계(Steps for ensuring good column performance)에 대해 설명하라.

Step 1 ; 컬럼 실패의 대부분의 공통적 원인 3가지(Loss of bonded phase, column voiding, column contamination)을 막아라.

1. 결합상의 손실(Loss of bonded phase)

머무름 시간과 분리능이 변하고 꼬리 끌기가 더 일어난다. 이것이 컬럼이 닳게 되는 가장 일반적 이유이다.

1) 원인(Cause)
- 결합상이나 끝 씌우기 시약(endcapping reagents)의 실록산 결합의 가수분해. 이것은 pH 3이하의 이동상에서 가장 심각하다.

2) 예방(Prevention)
- pH 3이하(예 ; phosphate buffer 이동상, pH 1~3) 에서 작동하려면 안정화된 결합상(stabilized bonded phase)을 사용하라. 안정한 결합(stablebond) 컬럼 물질은 산 가수분해에 더 강하다. pH 3~7범위에서는 다른 컬럼을 사용하라.
- 60 ℃보다 낮은 이동상에서 작동하라. 안정한 결합 SB-C18은 낮은 pH에서 90 ℃이상까지 사용될 수 있다.

3) 점검(Monitor)

용량인자(k), 선택성과 꼬리 끌기 인자(T_f)

2. 컬럼 틈새(Column voiding)

틈새가 HPLC 컬럼 선단에서 전개될 때 효율이 떨어진다(낮은 N). 즉 봉우리간의 분리능 감소, 봉우리 넓어짐, 꼬리 끌기나 이중으로 분리가 생긴다.

1) 원인
- 사용하는 동안 설치한 나쁘게 충전된 컬럼(poorly packed column)
- 높은 pH에서 작동 시 실리카 컬럼 충전 용해(dissolving the silica column packing)
- 작동이 원활하지 않은 펌프나 시료 주입 밸브에 기인한 과도한 계의 역압력이나 압력의 요동(excessive system back pressure or pressure surges)

2) 예방

- 압력을 5,000 psi이하로 유지하고, 큰 압력 요동을 제거하라.
- 컬럼 충전을 잘하는 전문적 공급자로부터 품질이 좋은 컬럼을 구입한다.
- pH 7이상 이동상에서 실리카의 용해를 감소하기 위하여 40 ℃이하에서 컬럼을 작동한다.
- pH 7미만 이동상에서 작동하라. 만약 pH 7이상에서 작동해야 한다면 펌프와 주입기 사이에 silica saturator column을 사용하라. 이 컬럼에서 먼저 실리카가 용해하고 용해된 실리카와 함께 이동상이 포화되어 컬럼 수명이 연장된다. 용해로부터 실리카를 보호하기 위하여 밀도 있고 소수성 결합상인 컬럼 (Eclipse™ XDB-C_8 같은)을 사용하라.

3) 점검 ; 이론단 수(n), 꼬리 끌기 인자(T_f)

3. 컬럼 오염(Column contamination)

컬럼의 더럽힘(fouling)은 정지상 위에 남겨진 물질(retained materials)의 강화(buildup)로부터 온다. 강화는 봉우리 머무름의 이동과 분리능의 손실을 유도할 수 있다. 봉우리 모양 역시 컬럼 더럽힘에 의해 역으로 영향 받을 수 있다. 입자상물질이나 침전된 시료와 buffers 역시 컬럼 frits와 컬럼 충전을 막히게 하는(plugging) 것에 의해 컬럼을 더럽힐 수 있다.

1) 원인
- 사용된 이동상과 함께 컬럼으로부터 용출하지 않는 화합물을 포함한 시료. 이것은 낮은 유기 이동상을 사용할 때 보통 일어난다.
- 컬럼의 정지상에서 흡수하는 이동상 중의 불순물. 이것은 이온 쌍크로마토그래피와 낮은 유기 등용매 이동상(isocratic mobile phase)과 함께 다른 이동상 첨가물을 사용할 때 보통 일어난다.
- 컬럼 입구 frits를 막는 시료나 이동상의 입자상 물질.

2) 예방
- 주입전 시료를 clean up 한다. 이것은 입자를 제거하기 위한 시료의 여과와 높게 머무르는 시료나 매질 성분(marix components) 제거를 위한 고체상추출기법(solid phase extraction techniques)을 포함한다.
- 이동상을 위해 HPLC급 용매를 사용하고 완충액을 여과하라.
- 정지상에 머무르는 물질을 용출하기 위해 강한 용매(100 % acetonitrile)로 컬럼을 정기적으로 청소하라(flush).
- 비추출(non-eluting) 화합물을 모으고 분석 컬럼을 보호하기 위해 시료 주입 밸브와 분석 컬럼 선상에(in-line)으로 guard column을 설치하라. Guard column을 자주 교환하라.

3) 점검 ; 이론단 수 (n), 용량인자(k), 선택성(selectivity), 역압력

Step 2 ; 역상 컬럼을 잘 취급하라.

1. 압력 요동의 최소화

시료 주입동안 압력 변화를 줄이기 위해 주입을 빠르게 하라. 일정하지 않은 흐름 속도로부터 야기되는 압력의 흔들림(swings)을 최소화하도록 펌프를 유지하라.

2. 보호 컬럼(guard column)이나 선상에(in-line)5 ㎛ 필터를 사용하라.

컬럼 앞과 주입기 뒤에 이들을 각각 설치하라. 선상(in-line)의 필터는 큰 입자를 잡고 보호 컬럼은 강하게 흡착되는 물질들이 분석 컬럼에 도달하는 것을 막을 것이다.

3. 강한 용매로 컬럼을 자주 세척(flush)하라.

100 % acetonitrile로 세척하는 것이 적절하다. 더 강한 용매가 필요하다면, methylene chloride(CH_2Cl_2)를 고려하라. CH_2Cl_2처럼 덜 극성인 용매가 역상 크로마토그래피에서 강한 용매이다. 많은 강한 용매들이 이동상을 포함한 수용성과는 섞이지 않는다. CH_2Cl_2의 사용 전후에 isopropanol로 컬럼과 HPLC 계를 세척하는 것을 기억하라.

4. 강하게 머무르는 성분과 입자들의 최소화를 위해 "더러운" 시료를 전처리하라.

고체상 추출(solid phase extraction, SPE), 0.45 ㎛ 필터를 통한 시료의 여과, 고속 원심분리가 유용한 전처리 기술이다.

5. 컬럼을 60 ℃이하에서 사용하라.

컬럼 제조 기준을 점검하라.

6. Silica 기본 컬럼에 대해 이동상의 pH를 3~7사이를 유지하라.

만약 3~7범위를 벗어나 작동한다면, 낮은 pH(StableBond)와 높은 pH(Eclipse XDB)에 대해 설계된 컬럼을 선택하라.

7. 균성장(Bateria grouth)을 막기 위해 100 ppm sodium azide를 부가하라.

정체된 수용성 저장조는 극적인 기준선 방해와 컬럼 막힘(dramatic baseline disturbance and plug column)의 원인이 될 수 있는 균성장을 쉽게 일으킬 수 있다.

8. 컬럼을 저장할 때 salts와 buffers를 제거(purge out)하라. 순수한 acetonitrile에 컬럼을 보관하라.

이런 방법은 컬럼 안에 완충염(buffer salts)의 침전을 막는다. Acetonitrile은 수용성과 알코올 이동상이 정지상 가수분해 속도를(rate)증가시킬 수 있기 때문에 좋은 저장 용매이다.

Step 3 ; 보호 컬럼의 사용과 교체할 때를 알아라.

보호 컬럼의 주요 목적은 높게 머무르는 시료 성분과 입자상 물질을 포획(trap)하는 역할이다. 보호 컬럼은 주입기와 분석 컬럼 사이에 설치된다. 보호 컬럼 사용으로 분석 컬럼을 보호하는 것은 실질적으로 컬럼 수명을 증가한다. 그러나 분석 컬럼의 최선의 보호를 위해보호 컬럼을 교체할 때를 아는 것이 중요하다. 보호 컬럼은 오염물질이 분석 컬럼에 도달하는 것을 막기 충분할 때 교체하는 것이 효과적이다.

1. 크로마토그래픽 점검 인자(Monitoring chromatographic parameters)

- 보호 컬럼의 교체시기를 아는 정량적(quantitative) 방법

시료와 이동상 조건의 특별한 조작(specific set)에 대한 보호 컬럼의 올바fms 교체 시기를 결정하는 최선의 방법은 경험이다. 그러나 교체 결정을 돕기 위한 정량적 측정을 하는 것이 가치가 있다. 이론단 수(n), 압력(P), 분리능(R_s)을 측정하는 것에 의해 보호 및 분석 컬럼의 성능이 보호 컬럼 교체를 결정하도록 밀접하게 주시될 수 있다(closely watched). <u>n, P, R_s값이 10 % 이상 변할 때 보호 컬럼이 교체되어야 한다.</u>

2. 중요한 고려할 점(Important note)

n, P, R_s값 측정을 통해 보호 컬럼 교체해야할 실마리(clues) 제공한다 하더라도 보

호 컬럼이 분석 컬럼을 적합하게 보호한다면 항상 그 측정값이 확실한 것은 아니다. 분석 컬럼의 더럽힘(fouling)은 위 값들의 변화가 10%가 되기 전에도(포화된 보호 컬럼에 기인하여) 일어날 수 있다. 보호 컬럼은 너무 늦기보다는 조금 빨리 교체하는 것이 항상 더 좋다(always better to replace too soon than too late).

다른 정보가 없는 한 좋은 엄지 법칙(rule-of-thumb)은 매번 150 시료를 주입한 후나 이동상이 분석 컬럼 부피의 1,000배 될 때(어느 것이 먼저 되든지) 보호 컬럼을 교체하는 것이다.

Step 4 ; 컬럼이 나빠지는 때를 빨리 결정하라.

결국 커럼이 성능을 잃으면 교체되어야 한다. 교체 시기는 컬럼 자체와 마찬가지로 사용된 크로마토그래픽 조건에 의존한다. 컬럼 성능을 점검(monitoring)하는 것에 의해 컬럼이 낡기(wear out) 시작하는 지와 얼마나 자주 교체하여야 하는지를 말할 수 있다. 점검할 주요 컬럼 인자는 이론단 수 (n), 용량인자(k), 선택성(α), 꼬리 끌기 인자(T_f), 역압력이다. 이런 인자들의 점검이 컬럼을 언제 교체하는지를 결정하는데 도움이 된다,

$n = 16(t_r/t_w)^2$ $k = (t_r - t_o)/t_o$ $\alpha = k_2/k_1$ $T_f = W_{0.05}/2f$

Ref. ; MAC-MOD Analytical, Inc.-info@mac-mod.com-1-800-441-7508(Section 2, step 1~4)

표. 인자 및 의미

Parameter	What to look for
이론단 수, n (efficiency)	이론단 수은 컬럼의 효율 및 분리능의 척도이다. 이론단 수 손실의 가장 일반적 이유는 컬럼 틈새와 더럽힘(voiding and fouling)이다. 효율이 낮아지면 봉우리가 넓어진다.
용량인자, k	k는 흐름 소도와 컬럼 dimension에 독립적인 머무름의 척도이다. 일정 조건하에서 k의 변화는 결합상 손실이나 비용출 화합물로 인한 컬럼 fouling(더럽힘/막힘)을 나타낸다. 그러나 k의 변화는 이동상 성분 변화에 의해서도 야기될수 있다(컬럼 문제 오판 가능성).
선택성, α	α는 두 화합물의 상대적 머무름으로 으로 α의 변화는k에 따른(결합상 손실, 컬럼 fouling, 이동상 성분 변화) 부가적 지시이다.
꼬리 끌기 인자, T_f	T_f는 봉우리 대칭의 측정이다. T_f의 증가는 컬럼 틈새로 인한 문제 발생과 결합상 손실로 인한 극성 용매와 실란올 위치의 상호작용에 의한 문제를 야기한다.
컬럼 역압력, P	P가 증가하면 거의 모든 것이 컬럼 입구 frit에 모인 입자에 기인한다. 그러나 컬럼 충전의 붕괴로 인한 컬럼 틈새도 압력 큰 요동을 야기할 수 있다.

Q 32. LC/MS의 원리에 대해 설명하라.

질량 분석계(mass spectrophotometer)는 분자 이온화(ionizing)와 m/z 비에 따른 분류(sorting)와 동정(identifying)에 의해 작동한다. 이과정의 두 가지 주요 성분은 이온을 생성하는 이온 원(ion source)과 이온을 분류하는 질량 분석관(mass analyzer)이다. 이온 원과 질량 분석관에는 여러 가지 다른 형태들이 있으며, 형태에 따라 특이성과 장단점이 있다.

1. 이온 원(Ion Sources)

지난 10년에 걸쳐 LC/MS의 많은 발전은 분석 분자(analyte molecules)를 이온화하고 이동상으로부터 목적 이온을 분리하는 기술과 이온원의 개발에 있다. 이전의 LC/MS계는 분석 분자로부터 이동상 분자를 분리하지 못하거나(direct liquid inlet, thermospray) 이온화전(particle beam)에 분리하는 연결장치를 사용하였다. 분석 분자들은 진공하의 질량 분석계에서나 전통적 전자 이온화에 의해 이온화 되었다. 이런 방법은 오직 매우 제한된 화합물에만 성공적이었다.

대기압 이온화(atmospheric pressure ionization, API) 기술은 LC/MS에 의해 성공적으로 분석될 수 있는 많은 화합물에 크게 확장된다. API에서 분석 분자들은 대기압에서 먼저 이온화된다. 그리고 분석 이온들은 기계적 및 정전기적으로 중성 분자들로부터 분리된다. 일반적 대기압 이온화 기술에는 전기분무 이온화(electrospray ionization, ESI), 대기압 화학적 이온화(atmospheric pressure chemical ionization, APCI), 대기압 광이온화(atmospheric pressure photoionization, APPI) 방법이 있다.

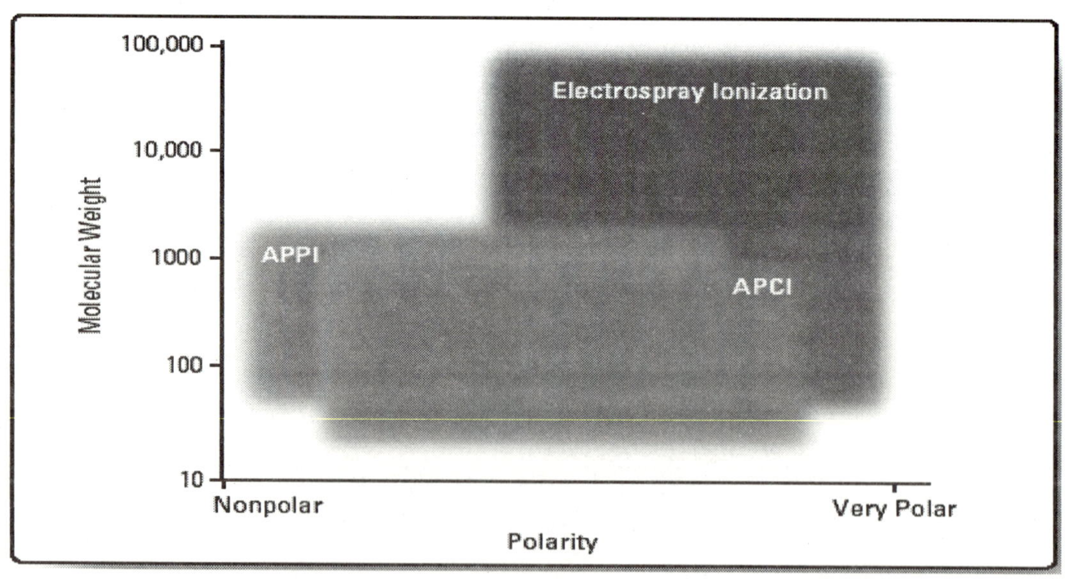

그림 1. 여러 가지 LC/MS 이온화 기술의 응용

1) 전기분무 이온화(Electrospray ionization, ESI).

전기분무는 분석물(analyte)이 질량 분석계에 도달하기 전에 용액에서 분석물 이온을 발생하는 화학에 의존한다. LC 용리액(eluent)이 강한 정전기장과 가열된 건조 기체(strong electrostatic field and heated drying gas) 존재하의 대기압 용기(chamber)로 분무된다. 정전기장은 분석 분자들의 해리를 더 일으키며, 가열된 건조 기체는 용매가 증발을 위한 방울로 되게 한다. 방울들이 수축할 때 방울에 전하 농도가 증가한다. 결과적으로 같은 전하를 가진 이온들 간의 반발력이 응집력을 초과하여 기체상으로 내 쫒는다(desorbed). 이 이온들은 끌어당겨지고 모세관 시료채취 오리피스를 통해서 질량 분석기로 지나간다. 어떤 기체상 반응은 대부분의 양자 전이와 전하 교환이 이온들이 방울로부터 내 쫒기는 시간과 이온들이 질량 분석기에 도달하는 시간 사이에서 역시 일어날 수 있다. 전기분무는 특히 proteins, peptides, oligonucleotides같은 큰 생체 분자 분석에 유용하며, benzodiazepines, sulfated conjugates와 같은 더 작은 분자도 분석할 수 있다. 다중 전하를 주므로 150,000 u까지 분석이 가능하다.

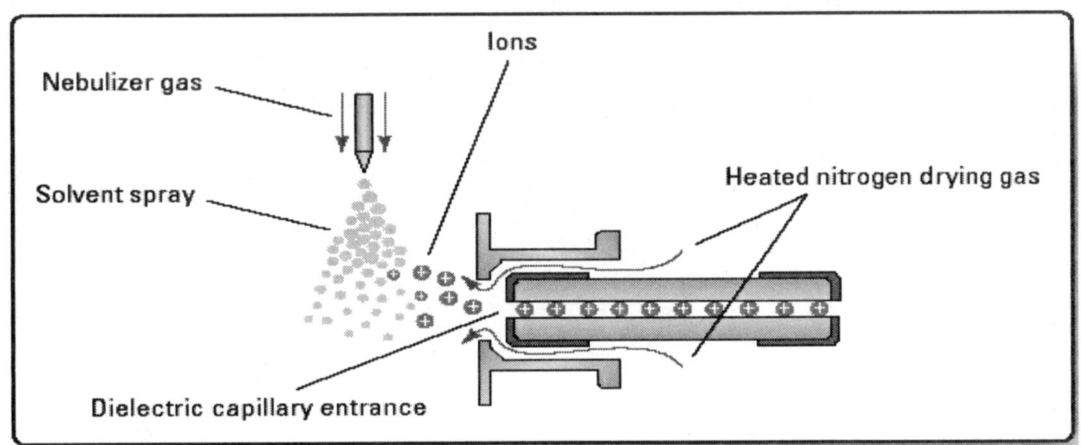

그림 2. 전자분무 이온 원(Electrospray ion source)

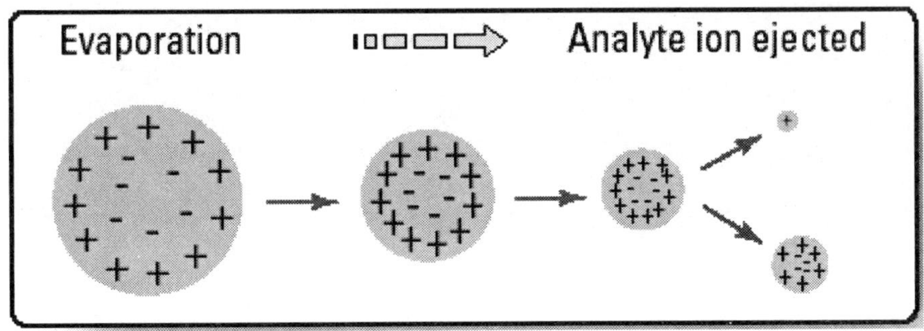

그림 3. 용액으로부터 이온의 탈착(Desorption of ions from solution)

2) 대기압 화학적 이온화(Atmospheric pressure chemical ionization, APCI)

APCI에서 LC 용리액은 전형적으로 250~400 ℃로 가열된 증발기로 분무된다. 이열은 액체를 증발한다. 이결과 기체상 용매 분자는 코로나(corona) 바늘로부터 방전된 전자에 의해서 이온화된다. 그리고 이 용매 이온은 화학 반응(화학적 이온화)을 통해 분석 분자들에 전하를 전이한다. 분석 이온은 모세관 시료채취 오리피스를 통해 질량 분석기로 통과한다. APCI는 극성 및 비극성 분자의 넓은 영역에 응용된다. 이것은 드물게 다중 전하를 주므로 전형적으로 1500 u 이하에 사용된다. 이에 기인하고 고온에 있으므로 APCI는 열적으로 불안정한 큰 생체 분자들에 덜 적합하다. APCI는 종종 전기분무보다 정상 크로마토그래피(NPC)에 사용되는 것은 분석 물질이 보통 비극성이기 때문이다.

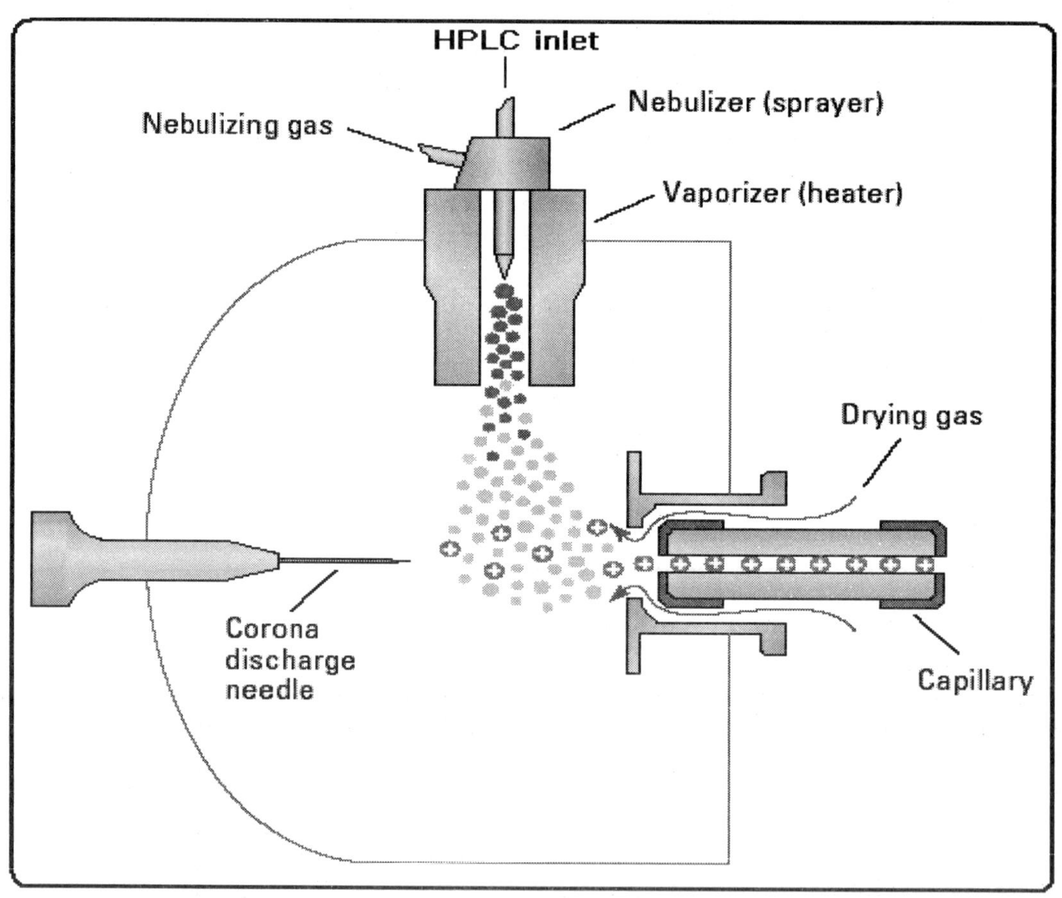

그림 4. APCI 이온 원

3) 대기압 광이온화(Atmospheric pressure photoionization, APPI)

LC/MS에서 APPI는 상대적으로 새로운 기술이다. APCI에서처럼 증발기는 LC 용리액을 기체상으로 전환한다. 방전 램프는 이온화 에너지의 좁은 범위에서 광자를 산출한다. 에너지 범위는 용매 분자의 이온화를 최소화하면서 가능한 한 많은 분석 분자를 이온화 하기위하여 주의 깊게 선정된다. 이결과 분석 이온은 모세관 시료채취 오리피스를 통해 질량 분석기로 통과한다. APPI는 APCI에서 전형적으로 분석되는 많은 같은 화합물에 응용된다. 그것은 높은 비극성 화합물과 낮은 흐름속도(<100 $\mu\ell$/min)의 두 가지 응용에서 특별한 약속을 보인다. 한편, APCI는 감도가 가끔 감소된다. 모든 경우에서 분석물질의 성질과 분리 조건은 이온화 기술에 강한 영향을 갖는다. 즉 ESI, APCI, APPI가 가장 좋은 결과를 산출할 것이다. 가장 효과적인 기술은 항상 예언한 만큼 쉽지 않다.

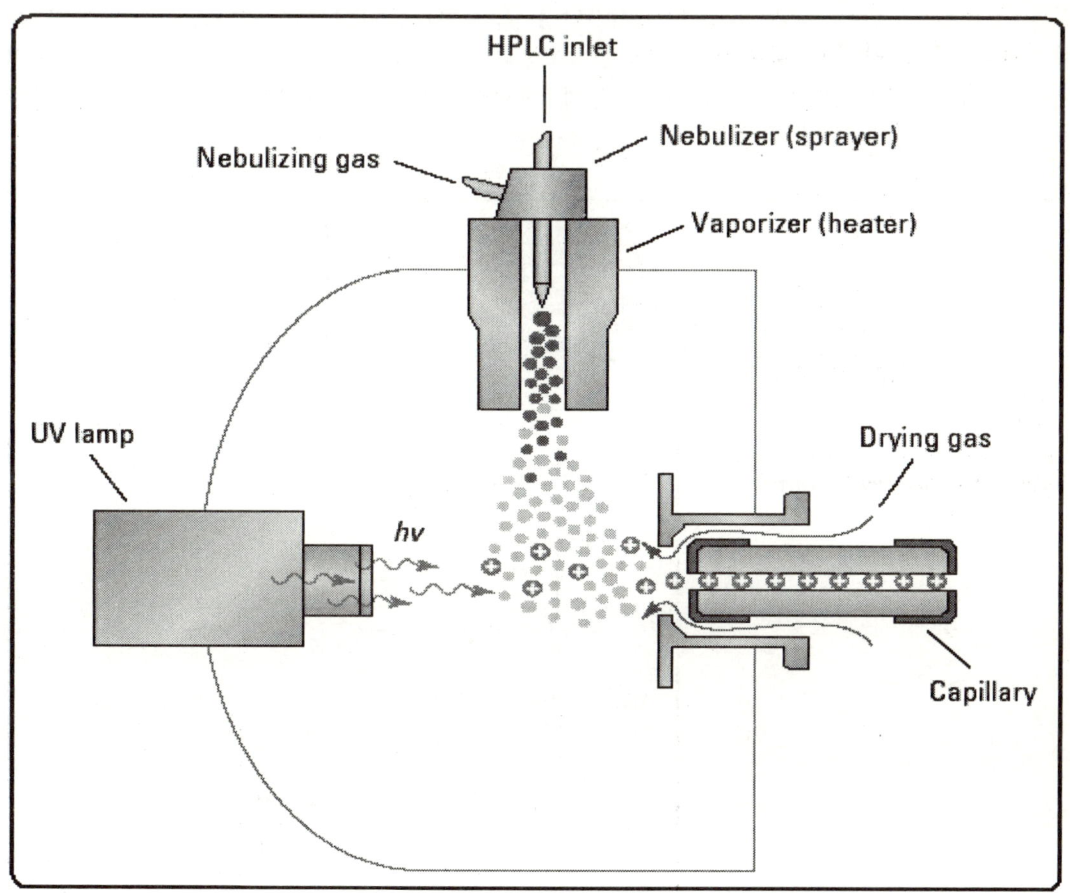

그림 5. APPI 이온 원

2. 질량 분석관(Mass analyzer)

LC/MS에 사용되는 질량 분석관에는 4 가지 형태[Quadrupole, Time-of-flight, Ion trap, Fourier transform-ion cyclotron resonance(FT-ICR or FT-MS)] 가 보통 사용되며, 각각은 특별한 분석 요구에 의존한 장단점을 가지고 있다.

1) 사중극자(Quadrupole)

사중극자 질량 분석관은 정방형(square)으로 정돈된 4 개의 평형 봉으로 구성된다. 분석 이온은 정방형의 중심으로 지향한다. 봉에 응용된 전압이 전자기장을 만들고 이 장이 이온들의 m/z가 주어진 시간에 필터를 통해 통과하는 지를 결정한다. 사중극자는 가장 간단하고 값싼 질량 분석기이다. 사중극자 질량 분석관은 두 가지 형태(modes)로 작동할 수 있다. Scan 모드에서 질량 분석기 m/z의 범위를 측정하고, SIM 모드에서는

- Scanning(scan) mode
- Selected ion monitoring(SIM) mode

질량 분석관은 오직 적은 m/z 비(ratio)만을 측정한다. SIM 모드는 scan 모드보다 더 예민하나 적은 이온에 대해서만 정보를 제공한다. Scan 모드는 전형적으로 모든 분석물질 질량이 앞서 안 알려졌을 때 정성과 정량에 사용된다. SIM 모드는 목표 화합물의 정량과 측정을 위해 사용된다.

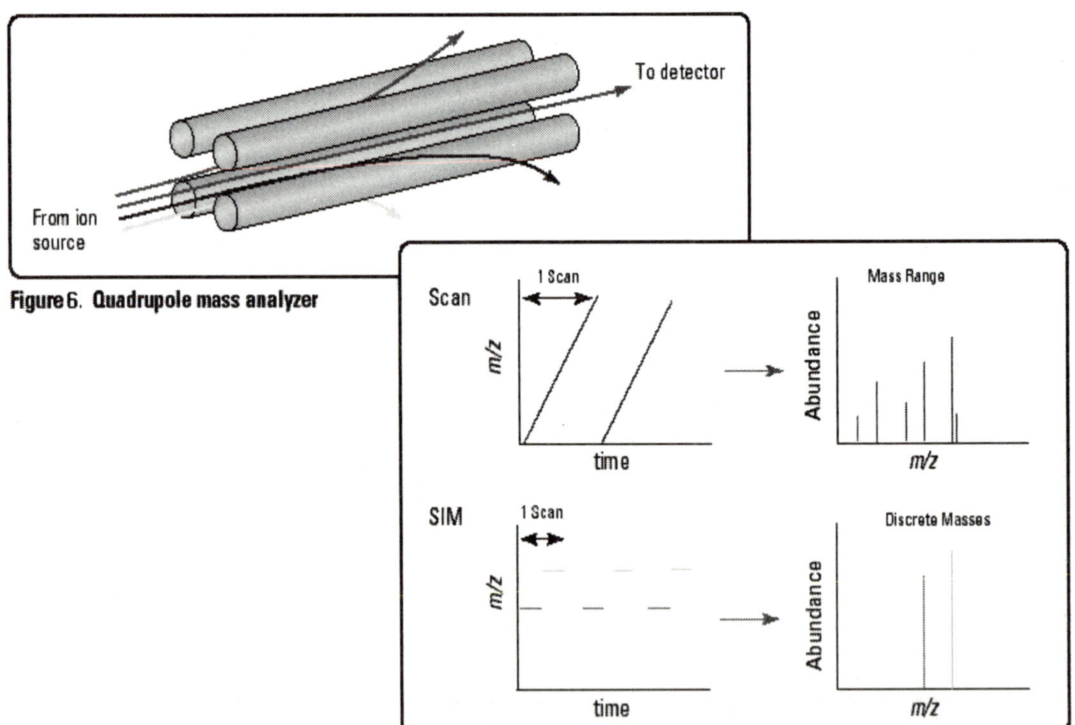

Figure 6. Quadrupole mass analyzer

Figure 7. The quadrupole mass analyzer can scan over a range of mass-to-charge ratios or alternate between just a few

2) 비행시간형(Time-of-flight, TOF)

TOF 질량 분석관에서 일정한 자기장이 같은 시간에 모든 이온에 응용된다. 거기에서 이온들이 비행관(flight tube)을 따라 가속화된다. 더 가벼운 이온들은 더 빨리 여행하고, 먼저 검지기에 도착하므로 이온들의 m/z 비가 그들의 도착 시간에 의해 결정된다. 비행시간 질량 분석관은 넓은 질량 범위를 가지며, 질량 측정에 매우 정확하다.

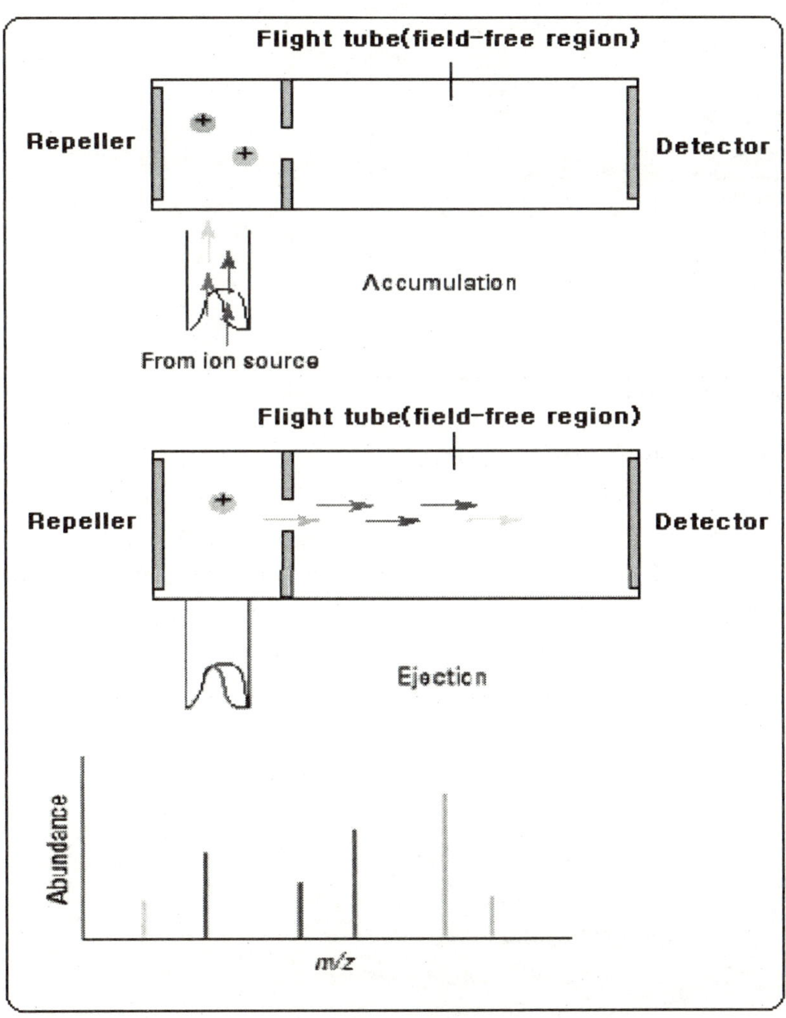

Figure 8. Time-of-flight mass analyzer

3) 이온 포집(Ion trap)

이온 포집 질량 분석관은 용기를 함께 형성하는 circular ring electrode plus end caps로 구성된다. 용기에 들어온 이온들은 전자기장에 의해 거기에 포집된다. 다른 장(field)은 포집기로부터 선택적으로 이온을 내 쫒기 위하여 응용될 수 있다. 이온 포집은 부가적 질량 분석관 없이 질량 분석계의 다단계(multiple stages)를 수행할 수 있는 이점이 있다.

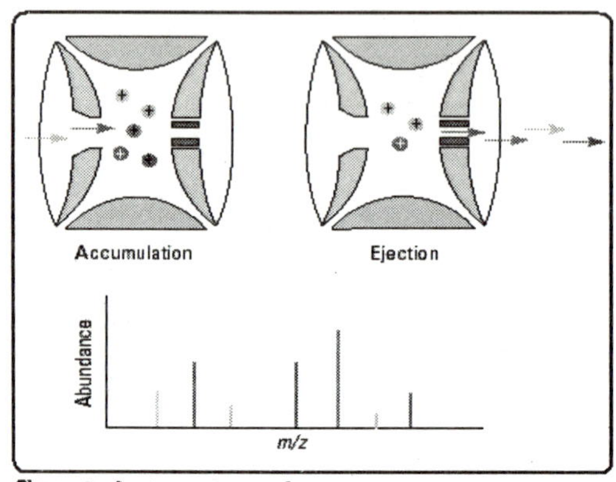

Figure 9. Ion trap mass analyzer

4) Fourier transform-ion cyclotron resonance(FT-ICR)

FT-ICR 질량 분석관은(FT-MS라고도 부름)는 포집 분석관의 또 다른 형태이다. 용기에 들어온 이온들은 자장에 의해 원형 괴도(circular orbits)에서 포집된다. 라디오 진동수(RF) 전장에 의해 여기 될 때, 이온들은 시간 의존 전류를 발생한다. 이 전류는 Fourier transform에 의해 그들의 m/z 비에 일치하는 이온의 괴도 진동수로 전환된다. 이온 포집처럼 FT-ICR 질량 분석관은 부가적 질량 분석관 없이 질량 분광계의 다단계를 수행할 수 있다. 그들은 넓은 질량 범위와 우수한 질량 분리능을 가진다. 그러나 질량 분석기중 가장 비싸다.

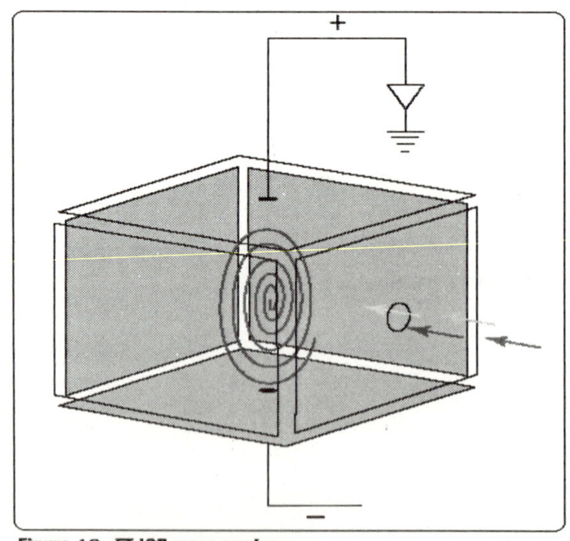

Figure 10. FT-ICR mass analyzer

♣ 참고사항 1

1. Collision-induced dissociation and multiple-stage MS

거론된 대기압 이온화 기술은 상대적으로 모두 “soft” 기술이다. 그들은 먼저 다음을 일으킨다.

- Molecular ions M^+ or M^-
- Protonated molecular$[M + H]^+$
- Simple adduct ions$[M + Na]^+$
- Ions representing simple losses such as the loss of water$[M + H - H_2O]^+$

이로 인한 분자량 정보는 매우 값지나 보충적 구조 정보가 가끔 필요하다. 구조 정보를 얻기 위하여 분석물질 이온들은 충돌 유도 해리(collision induced dissociation, CID) 또는 충돌로 활성화된 해리(collisionally activated dissociation. CAD)로 알려진 과정에서 중성 분자와 함께 그들을 충돌하는 것에 의해 깨진다. 전압은 충돌에 에너지를 더하거나 더 토막내기(more fragmentation)를 위해 분석물질 이온에 응용된다.

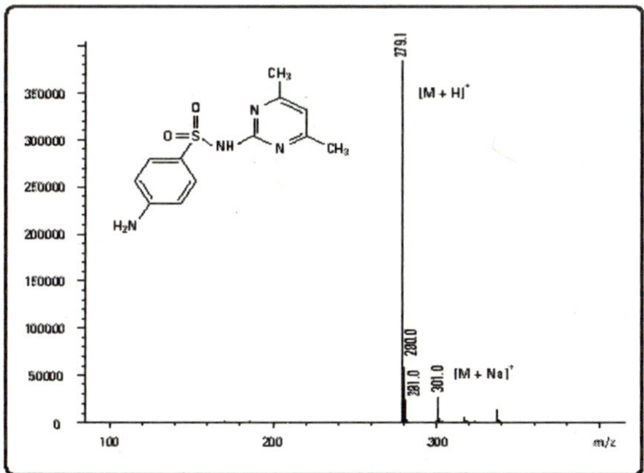

Figure 1 . Mass spectrum of sulfamethazine acquired without collision-induced dissociation exhibits

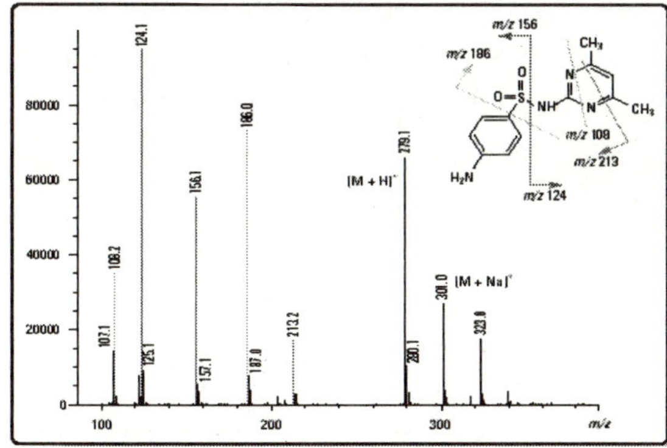

Figure 2. Mass spectrum of sulfamethazine acquired with collision-induced dissociation exhibits more fragmentation and thus more structural information

2. CID in single-stage MS

CID는 종종 MS 여과의 각 단계 사이에서 일어나는 다단계(multistage) 질량 분석계와 대부분 연관되나, CID는 단 단계(single-stage) 사중극자 또는 비행시간형 질량 분석계에서도 달성될 수 있다. 단 단계 질량 분석계에서 CID는 이온 원에서 일어나므로 가끔 source CID 또는 in-source CID라 불려진다. 분석물질(선구 물질) 이온은 가속되고 생성 이온(product ion)이라 불리는 토막을 생성하기 위하여 잔유 중성 분자들과 충돌한다. 단 단계 기기에서 CID 수행 이점은 그들의 간편성(simplicity)과 상대적으로 낮은 가격이다. 단점은 존재하는 모든 이온들의 토막내기(fragmentation)이다. 특이한 선구 이온(precursor ion)을 선택하는 방법은 없으므로 생성 이온이 어는 선구 이온으로부터 오는지를 결정하는 확실한 방법이 아니다. 최종 스페트라는 대상 분석물질로부터 뿐만 아니라 바탕 이온 또는 공용리(coeluting) 화합물로부터의 질량 피크를 포함할 수 있다. 이런 교환(trade-off)은 만약 크로마토그래픽 피크들이 잘 분리되지 않거나 바탕 수준이 매우 높다 면 상대적으로 순수한 시료를 분석할 시 좋은 결과를 주지 못할 때 수용될 수 있다.

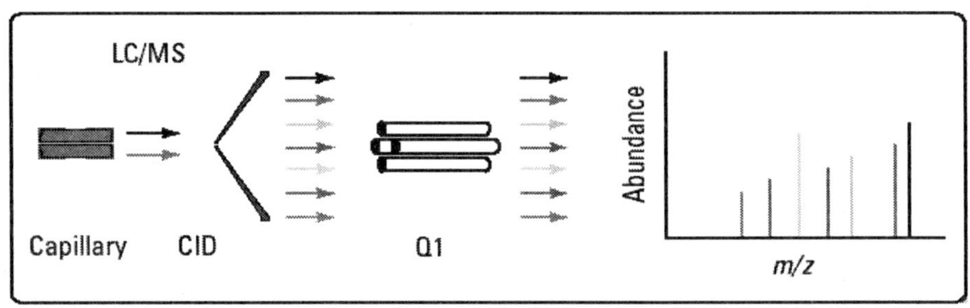

Figure 3. In-source CID with a single-quadrupole mass analyzer

3. CID and multiple-stage MS

다 단계(multiple-stage) MS[직렬식(tandum) MS, MS/MS, MS^n이라 부름]는 구조적 정보를 얻기 위한 강력한 방법이다. 삼중-사중극자(triple-quadrupole) 또는 quadrupole/quadrupole/time-of-flight 기기(그림 4)에서, 첫 번째 사중극자는 선구 이온을 선택하기 위해 사용된다. CID는 두 번째 단계(quadrupole 또는 octopole)에서 일어나며 충돌 셀이라 불린다. 세 번째 단계(quadrupole 또는 TOF)에서는 최종 생성 이온의 스펙트럼을 발생한다. 그것은 역시 목표 화합물을 정량할 때 매우 적은 생성 이온의 선택된 이온 측정을 수행할 수 있다.

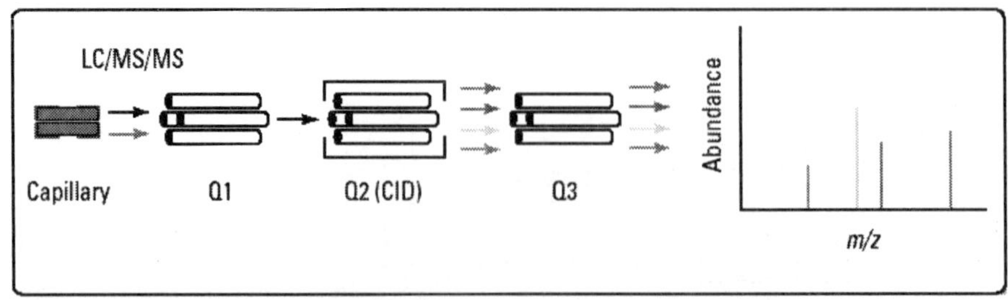

Figure 4. MS/MS in a triple-quadrupole mass spectrometer

이온 포집이나 FT-ICR 질량 분석계에서 원하는 생성 이온을 제외한 모든 이온들이 포집기로부터 방출된다. 그때 선구 이온은 에너지를 받고 생성 이온을 발생하기 위해 충돌된다. 생성 이온은 질량 스펙트럼을 주기 위해 방출될 수 있고, 또는 특별한 생성 이온은 억류될 수 있고 생성 이온의 다른 조합을 얻기 위하여 충돌된다. 이과정은 연속적으로 자동화될 수 있어 MS의 각 단계로부터 가장 풍부한 이온(들)이 억류되고 충돌된다. 이것은 분자 구조를 결정하는 강력한 기술이다, 그 것은 역시 한 peptide에서 아미노산의 연결에 관련된 peptide 질량 정보를 얻기 위한 강력한 기술이다. 다 단계 MS의 주요한 이점은 비 분석물질(nonanalyte) 이온들을 버리기 위한 MS의 첫 번째 단계를 사용하는 능력이다. 시료 청결(cleanup)과 크로마토그래픽 분리는 더욱 결정적인 것은 아니다. 상대적으로 순수 시료와 함께 모두 같이 크로마토그래픽 분리를 처리하는 것이 일반적이고, 특성이나 확인을 위해 생성물 질량 스펙트라를 얻기 위한 질량 분석계에 직접 시료를 부어넣는다.

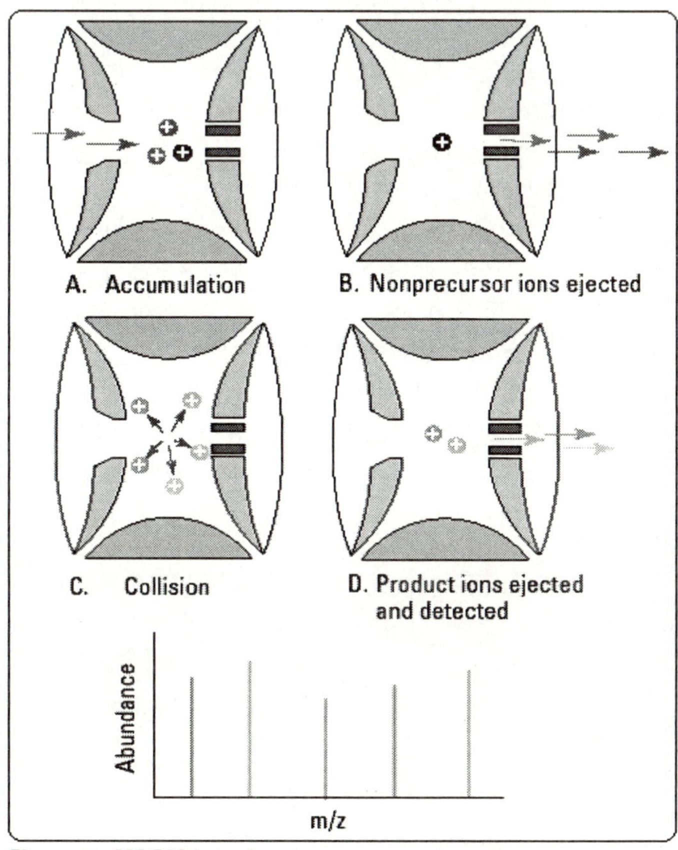

Figure 5. MS/MS in an ion trap mass spectrometer

♣ 참고사항 2

1. LC/MS에 대한 LC 방법의 적용

초기 LC/MS 시스템은 질량 분석계가 수용할 수 있는 LC 용리액의 량과 같은 기본적 문제에 국한되었다. LC 방법의 중요한 변화는 MS 검출기에 적용을 종종 요구하였다. 현대 LC/MS 시스템은 더 다양하다. 많은 질량 분석계는 2 ml/min이상의 흐름속도를 수용할 수 있다. 작은 수정과 함께 같은 기기가 ㎕나 nanoliter 흐름 속도에서 좋은 결과를 산출할 수 있다. 직교하는(off-axis) 분무기를 가진 이온 원은 비휘발성 buffer에 더 좋으며 용매 성분과 흐름 속도의 적은 조정이나 조정을 요구하지 않는다.

일반적으로 현대 LC/MS 시스템에 요구되는 LC 방법에 대한 변화는 시료 조제와 용액 화학(sample preparation and solution chemistry)에 있어서의 변화를 포함한다,

- 적당한 분석물질의 농도 확인
- 용매와 buffer의 세심한 선택을 통한 이온화의 최소화
- 이온화에 경쟁하는 화합물이나 기체상 반응을 통한 신호를 억제하는 화합물의 존재를 최소화

2. Capillary LC/MS and CE/MS

모세관 LC와 모세관 전기이동(capillary electrophoresis, CE)는 보통 HPLC와 나란히 사용된다. ㎕나 nanoliter 흐름 속도에서 모세관 LC는 종종 극단적으로 작은 시료량에 대해 재래의 흐름 속도보다 더 좋은 감도를 제공한다. 그것은 보통 protein이나 peptide 분석에 사용되며, 약품의 적은 량 분석에도 매우 유용하다. 모세관 전기이동은 높은 분리 효율의 기술이며, 매우 복잡한 매질을 취급할 수 있는 부가된 이익이 있다. 이것은 peptides, 오용 약품(drug of abuse), 자연 생성물에서의 약품, flavanoids, aromatic amines같은 다양한 시료에 유용하다. 특수화된 분무기와 방법 조정과 함께 전기분무 이온화는 모세관 LC/MS와 CE/MS에 사용될 수 있다. 선택성과 감도(selectivity and sensitivity)의 질량 분석계 이점은 이런 분리 기술의 양쪽에 이용되는 것이다.

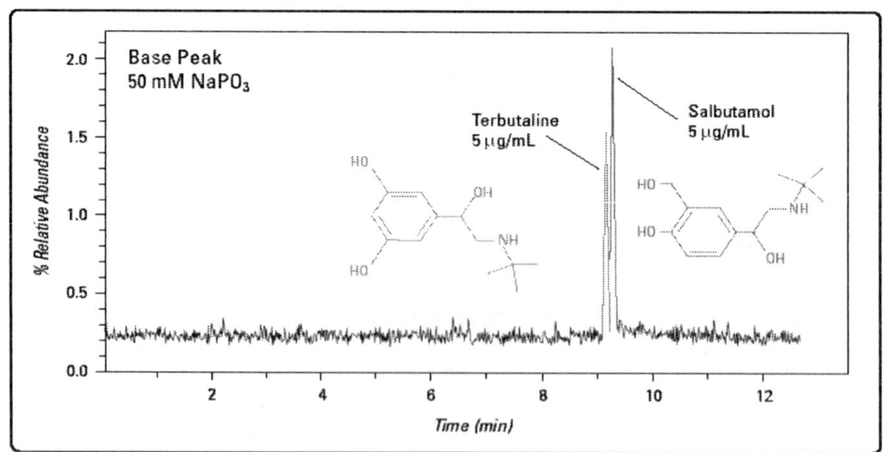

Figure . CE/MS/MS analysis of terbutaline and salbutamol shows good chromatographic separation and good signal even in the presence of a high concentration of sodium phosphate salt

Q 33. 이동상의 성질을 나타내는 용어에 대해 설명하라.

1) 용매의 세기, ε^{O} ;
실리카를 정지상으로 사용 시 용매의 용출 세기(eluotropic Strength ; 용리 세기)를 나타내며, 세기 값은 흡착제의 표면 넓이와 용질 분자와의 흡착에너지를 나타낸다. 흡착제의 흡착크기는 알루미나(Al_2O_3)가 실리카의 1.3배이다.
2) 용매의 점도
20℃에서 mPa단위로 표시하며, 물보다 점도가 큰 용매는 HPLC에 적합하지 않다(띠 넓힘과 역 압).
3) 굴절률
Na_D^{20}은 온도 20℃에서 Na의 방출광선에서 측정한 값. 굴절률 검출기에 사용(양음의 봉우리로 나타남)한다.
4) 자외선 한계 파장(UV cutoff W/L) ;
흡수 분광법에서 공기를 기준 물(1 cm cell)로 순수 용매의 흡광도가 1.0(10 % 투광도)이 되는 파장으로, 분석물의 분석 파장은 자외선 차단 파장보다 긴 파장을 선택한다.
5) 끓는점
끓는 점이 낮으면, 기포 발생으로 인해 이동상의 일정 흐름 속도에 영향을 주며, 검출기의 감응에도 영향을 주고, 이동상 혼합 용매의 탈기(degassing) 시 휘발성 용매의 손실을 가져올 수 있다.
6) 쌍극자, 산도(acidity, α)및 염기도(basicity, β);
용질과 상호작용하여 쌍극자 편극(polarization)을 유발하는 용매능력을 나타낸다. 산도는 염기성 용질(양성자 받개)에 수소 결합의 주개 역할을 하는 용매의 능력, 염기도는 산성 용질(양성자 주개)에 수소 결합의 받개 역할을 할 수 있는 용매의 능력으로, 이 세 항의 합을 solvatochromic parameter(용매화발색 인자)라 한다.

Q 34. 용매화 발색현상(Solvatochromism)을 설명하라.

Solvatochromism is the ability of a chemical substance to change color due to a change in solvent polarity. Negative solvatochromism corresponds to hypsochromic shift, positive solvatochromism corresponds to bathochromic shift with increasing solvent polarity. The sign of the solvatochromism depends on the difference in dipole moment between the ground and excited states of the chromophore.

The *Solvatochromic effect* or *solvatochromic shift* refers to a strong dependence of absorption and emission spectra with the solventpolarity. Since polarities of the ground and excited state of achromophore are different, a change in the solvent polarity will lead to differential stabilization of the ground and excited states, and thus, a change in the energy gap between these electronic states. Consequently, variations in the position, intensity, and shape of the absorption spectra can be direct measures of the specific interactions between the solute and solvent molecules.

Q 35. HPLC의 검출기의 대표적 법칙을 설명하라.

1. RI detector ; Snell's law
   $\sin\Theta_1 n_1 = \sin\Theta_2 n_2$
2. UV detector ; Lambert-Beer's law
   A = lc
3. Electrochemical detector ; Ohm's law
   V = IR
4. Fluorescence detector
   $I_f = I_o\Psi_f$ (2.3 abc)

   If 형광 방출 강도

   Io ; 들뜸살 강도

   Ψf ; 양자 수율 = 방출된 광자수/흡수된광자수

Q 36. HPLC에서 정지상의 입자크기에 따른 Van Deemter equation을 설명하라.

그림. Van Deemter curves for the columns packed with particles of different size.

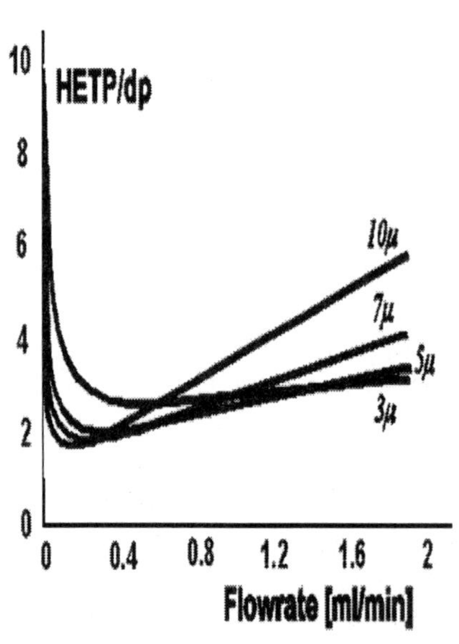

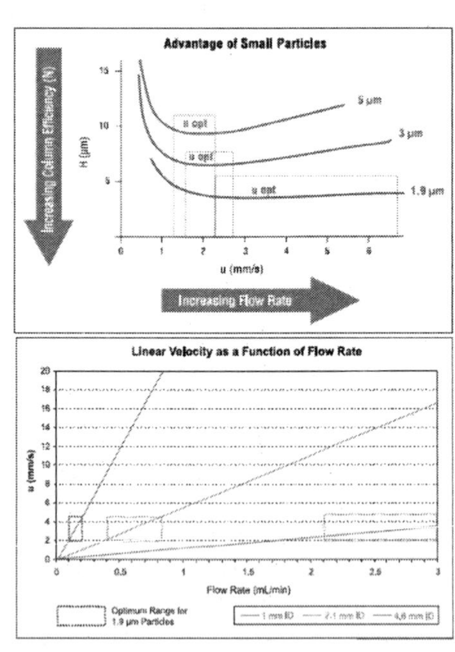

Q 37. HPLC에서 온도의 효과에 대해 설명하라.

Temperature effects in HPLC are not as significant as in gas chromatography. First, because we do not have same temperature range. Volatile solvents are not allowed to rise to higher temperatures too much, and the stability of the attached bonded ligands on the adsorbent surface may be influenced by thehigh temperature. So, the main temperature range is from ambient temperature to 60 or 70 ℃.

Picture below illustrate the influence of the column temperature on the HPLC retention.

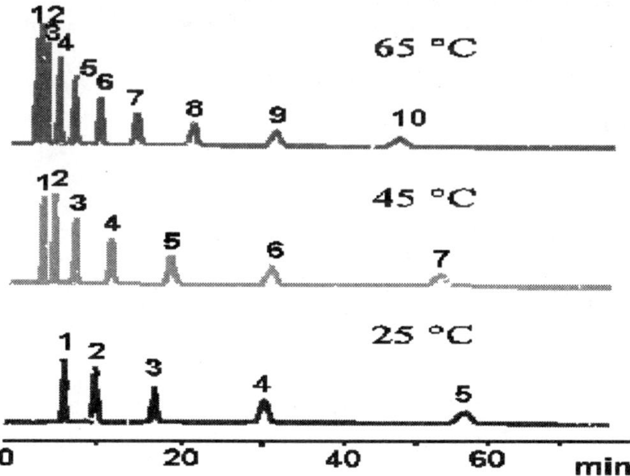

Q 38. HPLC에서 이동상의 탈기(Degassing)에 대해 설명하라.

If needed, degassing may be accomplished by one of the following methods or their combination :

1. Subjecting the liquid to vacuum
   CAUTION: even a simple aspirator can cause the collapse of an ordinary flask; use only heavy-walled flasks.
2. Heating the liquid until boiling occurs.
3. Placing the container of liquid in an ultrasonic bath, or inserting an ultrasonic probe in it.
4. Bubbling a fine stream of helium through the liquid; helium has the unique ability to sparge other gases out of solutions. The best results were found by applying vacuum to each solvent for about 5 min, with subsequent helium purging and storing under a helium atmosphere.

Q 39. HPLC의 대표적 컬럼의 hardware를 설명하라.

Today, column material is normally Type 316 stainlesssteel, once again chosen because it offers the best compromise of cost, workability, and corrosion resistance. Most commercial columns available today have internal diameters of either 2.6-3 mm or 4.6-5 mm(Fig. Standard HPLC column).

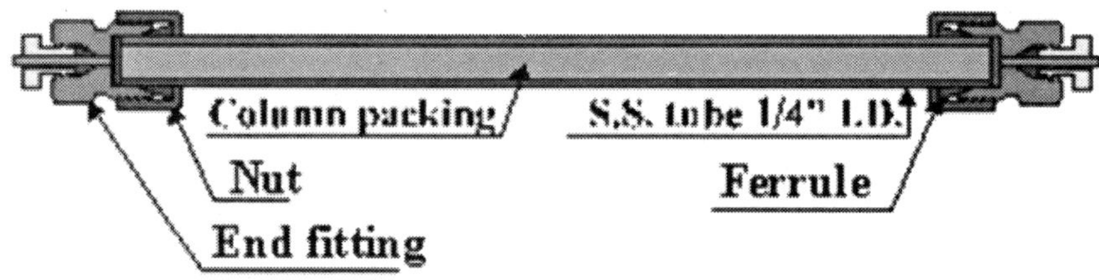

Q 40. HPLC의 photodiode detector의 원리를 그림으로 설명하라.

그림. Principle of mechanism

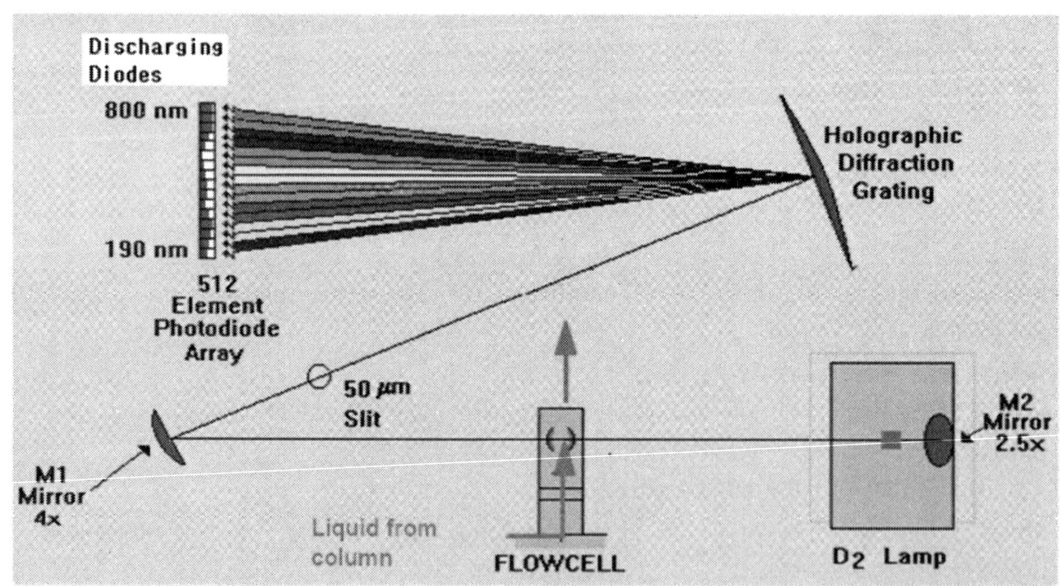

Q 41. Stereoisomer의 분리기술에 대해 설명하라.

1. Introduction ; 용어
1. Three significant level of structure
   - constitution ; 구성(構成)
   - configuration ; 배열(配列)
   - conformation ; 형태(形態)
2. Isomer ; 동일 분자식(construction), 다른 배열(configuration)
3. Stereoisomer ; Structures of the same constitution differ in respect in the spatial arrangement of certain atoms or groups. Stereoisomer can be distinguished to several different classes.
   1) Conformational isomers(conformers, 형태 이성질체) ; 작은 에너지에 의해 단일 결합의 회전에 의한 상호(chair, boat conformation) 전환이 일어나고, 전형적 크로마토그래픽 방법으로 분리하기 어렵다.
   2) Configurational isomers(배위 이성질체) ; 상호 전환이 어려울 정도의 충분한 에너지를 가져 분리할 수 있다.
      (1) Geometric isomer ; 전통적 크로마토그래픽 방법으로 분리 가능
      (2) Enantiomers(거울상 이성질체) ;
      (3) Diasteromers(부분입체 이성질체) ; 다른 물리 화학적 성질을 가져 전통적 방법으로 분리 가능
4. Enantiomer(거울상 이성질체)
   - Mirror image forms of the same compounds
   - 서로는 nonsuperimposable mirror
   - each structure는 chiral
   - 이 mixtire를 racemic
   - 평면편광을 회전하는 능력외의 물리화학적 성질이 동일하여 전통적 크로마토그래픽 방법으로 분리 불가능
   - 왜 거울상 이성질체의 분리가 관심사인가? Chiral 환경의 거울상 이성질체가 다른 화합물처럼 행동하기 때문으로, 예를 들면, racemic drugs의 한 single enantiomer가 bioavailability, distribution, metabolism 및 exeretion에서 차이를 보인다. 즉 racemic체의 한 enantiomer가 다른 것에 비해 더 활성적이다. 따라서 이 휠성인 enantiomer를 분리할 필요성이 있다.
5. Diastereoisomer(부분입체 이성질체) ; enantiomer가 아닌 입체 이성질체로 mirror image도 아님
6. Racemization ; racemic mixture에서 한 enantiomer에서 다른 enantiomer로의 전환 현상
7. Resolution ; Separation of the enantiomers in a racemic mixtures.
8. Chiral(손대칭, 키랄) ; 자체 거울상과 포개지지 않는 각 구조를 말함. sp^3 carbon에 ligand의 tetrahedral orientation에서 네 개의 nonidentical ligands가 존재 시를 말함.

- chirality와 optical activity와의 관계 역사적으로 such a close one, optical activity는 chiral molecule의 한 성질이다.

9. Achiral(비손대칭의) ; Molecule that are not chiral. A molecule with a plane of symmetry will be superimposable on its mirror image and is achiral. sp^3 carbon에 ligand의 tetrahedral orientation에서 어떤 두 개의 ligands가 동일할 때를 말함. 이 분자는 sym. plane을 갖는다.

10. Optical rotatory dispersion ; ORD curve는 파장에 대한 rotation의 plot이다.

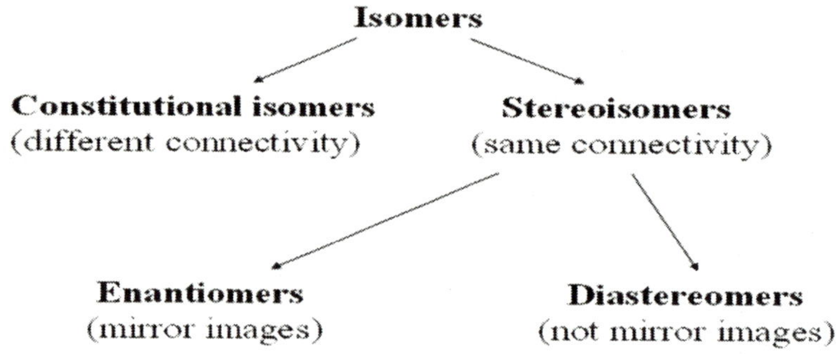

그림1. 이성질체(Isomer)의 구분

(*a*) Structures A and B are mirror-image representations of bromochlorofluoromethane (BrClFCH).
(*b*) To test for superposability, reorient B by turning it 180°.

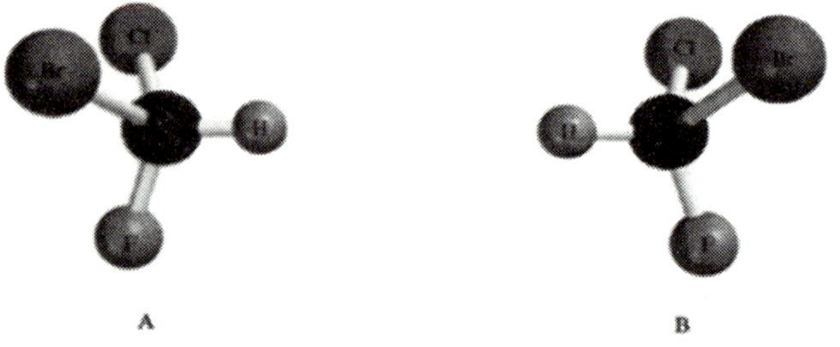

(*c*) Compare A and B. The two do not match. A and B cannot be superposed on each other. Bromochlorofluoromethane is therefore a chiral molecule. The two mirror-image forms are enantiomers of each other.

A B

그림2. Mirror image(superposable) and nonsuperposable

2. Enantioselectivity[거울상(이성질)선택성]

1. 정의; 크로마토그래픽 계의 거울상선택성은 다른 것에 대한 거울상 이성질체의 chiral selector와의 우월한 상호작용으로 정의 된다.
   - 이것은 보통 chiral 크로마토그래픽이나 전기영동 계에서 두 enantiomers의 retention factors의 비이다.
   - retention factors의 비는 크로마토그래픽 분리인자(separation factor, α)와 동일하다.
2. Mechanism ; Enantiomers는 물리화학적 성질이 같으므로, 그들의 분리는 그들의 모양(shape)의 차이를 인지하는 메커니즘을 요구한다.
   - 크로마토그래피에 대한 적합한 메커니즘은 적합한 chiral selector와의 reversible transient diastereomer association complexes의 형성이다(생성된 diastereomer association complexes의 안정성의 차에 의해 분리된다).
   - transient diastereomer association complexes 형성에 기초한 거울상 선택성은 <u>three-point interaction model</u>을 가정하는 것에 의해 합당화된다.

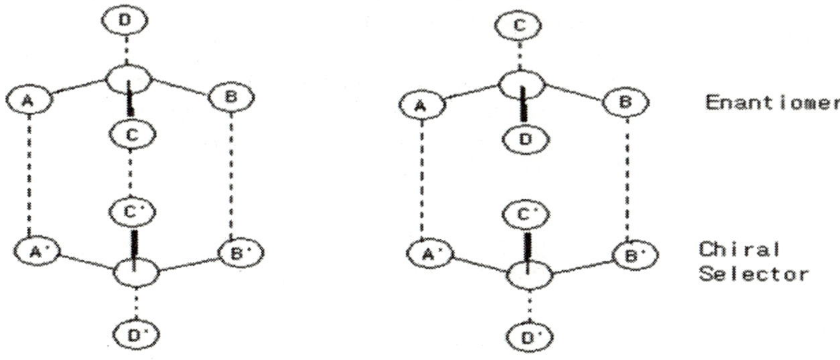

그림3. Three point interaction model

3. Separation of enantiomers

Enantiomers의 분리에는 두 가지 접근법이 있다.

1. The direct method ;
   정지상에 붙은(immobilized) chiral selector와의 transient diastereomer association complexes의 형성
   - <u>Special 정지상의 사용을 요구</u>
2. 이동상에 부가된(added) chiral selector와의 transient diastereomer association complexes의 형성
   - <u>이동상에 포함되는 special additives와 전통적 정지상이 사용된다.</u>

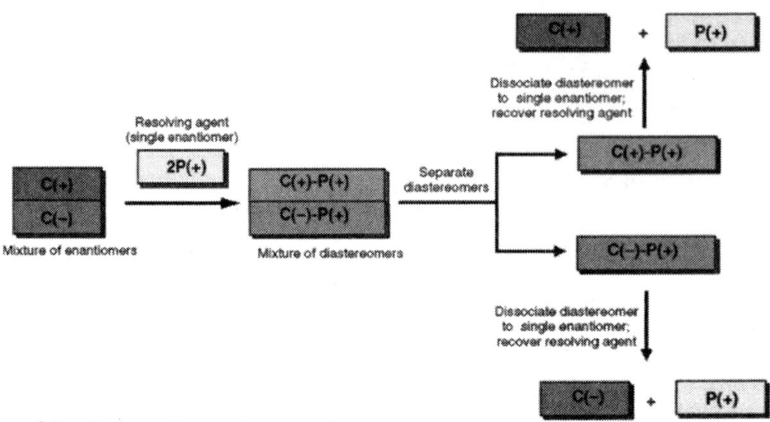

그림4. Separation of enantiomers

표. Transient diastereomer complexes형성에 의한 enantiomer 분리방법

Technique	Selector	Type
GC	s.p	Amino Acid Derivatives, Metal Chelates, Cyclodextrin Derivatives
LC	s.p	Amino Acid Derivatives, Low-Mass Synthetic Selectors, Poly(saccharide) Derivatives, Cyclodextrin Derivatives, Glycopeptides, Metal Chelates, Proteins, Helical Polymers
	m.p	Cyclodextrin Derivatives, Metal Chelates, Amino Acid Derivatives, Proteins
TLC	s.p	Metal Chelates, Poly(saccharide) Derivatives
	m.p	Cyclodextrin Derivatives, Proteins, Amino Acid Derivatives
SFC	s.p	Poly(saccharide) Derivatives, Cyclodextrin Derivatives, Glycopeptides, Low-Mass Synthetic Selectors, Metal Chelates
Capillary Electrophoresis	m.p	Cyclodextrin Derivatives,Chiral Surfactants(MEKC), Poly(saccharide), Glycopeptides, Proteins, Metal Chelates
Capillary Electro-chromatography	s.p	Poly(saccharide) Derivatives, Cyclodextrin Derivatives, Glycopeptides

4. References

1. Francis A. Carry and Richard J. Sundberg, Advanced Organic Chemistry, 2nd Ed., Part A, PLENUM PRESS, Chap.2, 1984
2. Colin F. Poole, The Essence of Chromatography, 1st Ed., ELSEVIER, Chap.10, 2003
3. Internet ; Yahoo Japan, Stereochemistry, 2009

Q 42. HPLC의 응용에 대해 서술하라.

☞ <u>일반 화학물질, 의약품 및 식품</u>

1. 알데하이드류(Aldehydes)
2. 알칼로이드류(Alkaloids)
3. 알러지 항원(Allergens)
4. 아미노산 유도체류(Amino Acids, derivatized)
5. 약(Medicines)
6. 탄수화물(Carbohydrates)
7. 카로틴류(Carotenoids)
8. DNA(Deoxyribonucleic acid)
9. 플라보노이드(Flavonoids)
10. 향료(flavors)
11. 살균제(Fungicides), 제초제(herbicides), 살충제 (insecticides, Insecticides)
12. 페놀류(Phenols)
13. 단백질(Proteins)
14. 자외선 차단제(Sunscreens)
15. 계면활성제(Surfactants)
16. 비타민류(Vitamines)
17. 다핵방향족탄화수소(PHAs, polynuclear aromatic hydrocarbons)
18. 펩타이드(Peptides), 지방질(Lipids)

☞ 환경시료 ; 살충제, 제초제

☞ Dopping test ; 근육강화제(운동선수, 경마, 경륜)

☞ 법의학 ; 독극물, 마약류

☞ Fish ; EPA/DHA(Omega-3 fatty acid ; a family of unsaturated fatty acids that have in common a carbon-carbon double bond)

Q 43. Quantitative analysis 방법의 정도를 비교하라.

Method	Time. min		Accuracy. Ref .1	Precision, 1σ %	
	Ref.1	Ref.2		Ref.1	Ref.2
Planimeter	15	15	100	4.1	3
Triangulation	10	12	96.9	2.54	3
Cut & weigh	20	20	100	1.7	2
Int. recorder	5	-	-	1.3	-
Integrator	N/A	약 0	100	0.44	0.5
Computer	N/A	약 0	100	0.44	0.25

Q 44. HPLC 실험실의 주의사항을 설명하라.

1. If water is added to its mobile phase reservoir, purge this reservoir with argon for at least 5 minutes. Use only HPLC-grade solvents in the reservoirs.
2. The capsaicin standard in higher concentrations can cause irritation. Wear appropriate eye protection and be very careful with it.
3. Liquid N_2 can cause freeze burns and must be handled with care. Always wear appropriate eye protection and avoid direct contact with anything contacting the liquid nitrogen.
4. After completion of the experiment
   a. Check the level of the mobile phase component reservoirs. If the level is low for any of the components, notify your lab instructor.
   b. Turn off the pump and detector.
   c. Recover all sample vials.
   d. Return all items borrowed from the instructor.

Q 45. 정지상 입자 크기와 컬럼 효율을 설명하라.

Characteristics of Evaluated HPLC Columns

Column	Luna® C18(2)-HST	ZORBAX Eclipse XDB – C18	Hypersil™ Gold C18	ACQUITY UPLC® BEH C18
Particle Size (μm)	2.5	1.8	1.9	1.7
Pore Diameter (Å)	100	80	175	130
Surface Area (m²/g)	400	180	220	185
ID (mm)	50 x 2.0	50 x 2.1	50 x 2.1	50 x 2.1
Expected Efficiency*	181,818	252,525	239,234	267,380
Bonded Phase	Carbon Load: 17.5 % Endcapping: Yes 3.0 μmoles/m² **	Carbon Load: 10 % Endcapping: Double	Carbon Load: 10 % Endcapping: Yes	Carbon Load: 18 % Endcapping: Yes
Pressure Limit	400 bar	600 bar	N/A	1000 bar

*The theoretical efficiency is based on $N=20L/2.2d_p$ (Plates/m) Neue, U.D. *HPLC Columns: Theory Technology, and Practice*; John Wiley and Sons, Inc., New York, 1997.
** Calculated bonded phase coverage

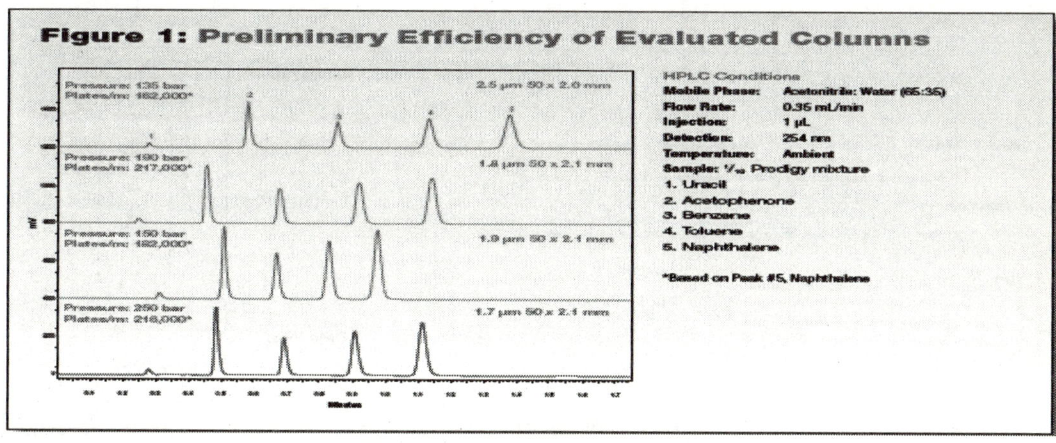

Figure 1: Preliminary Efficiency of Evaluated Columns

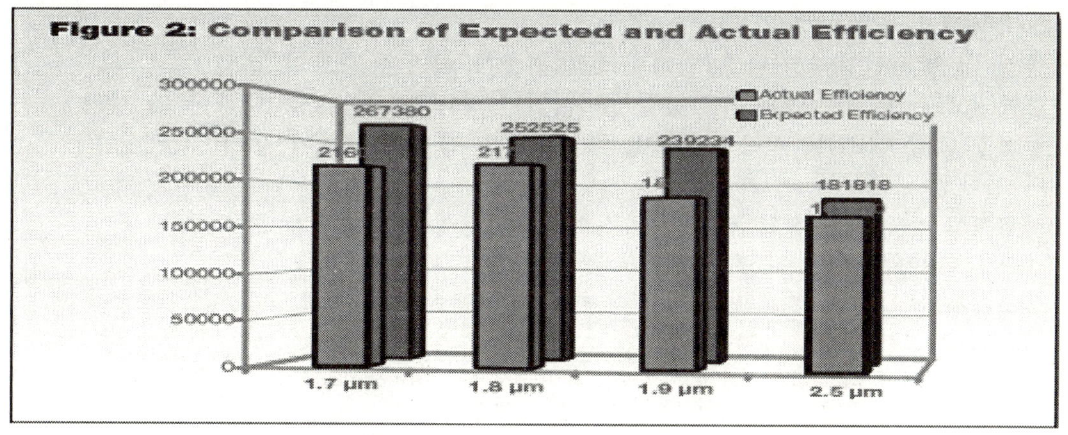

Figure 2: Comparison of Expected and Actual Efficiency

Q 46. HPLC 검출기중 ELSD(Evaporative Light Scattering Detector)와 CAD (Charged Aerosol Detector)에 대해 설명하라.

1. ELSD

1) ELSD의 원리

분석에 사용되는 이동상은 시료보다 B.P가 낮아야 하며, 다음과 같은 3단계의 과정을 통하여 시료를 효과적으로 검출할 수 있다.

Step 1. Nebulization(분무) ; column을 통과하여 분리된 각 eluent를 불활성의 가스 (N_2, Ar)을 이용하여 균질한 미세입자로 분무시키는데, 이 단계에서는 물방울들의 크기와 균일한 입자가 높은 감도와 재현성을 나타내는데 중요한 요소가 된다.

Step 2. Mobile Phase Evaporation(이동상의 증기화) ; 분무된 미세입자는 가열된 증기화 튜브를 지나게 되며, 분석물질(시료성분)만을 남기고 이동상을 증발 시킨다. 튜브의 온도는 이동상이 증발 할 수 있는 정도로 설정한다.

Step 3. Detection(검출) ; 이동상이 증기화되고 남은 분석물질은 광학 셀로 들어가게 되고, 입자에 대한 Laser 산란 량을 전기 신호로 변환하여 크로마토그램을 얻는다.

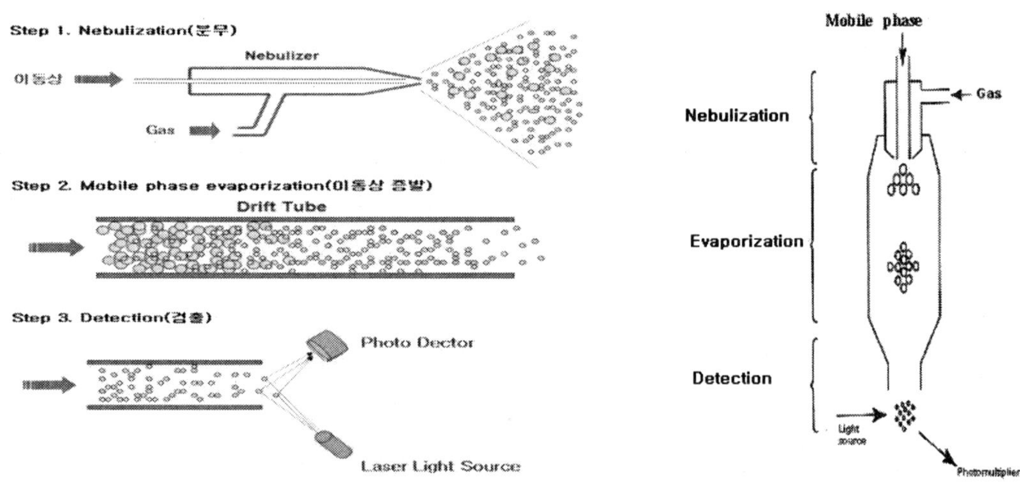

2) ELSD의 응용분야

- 물질 내 발색단이 없거나 미약하여 UV 검출이 어려운 시료의 분석
- 용매의 UV 흡수로 인하여 사용할 수 없었던 용매를 사용으로 인한 분리 향상
- 굴절률 검출기(RI)를 사용할 때 발생되는 낮은 감도와 기울기 용리(Gradient)의 제한성 극복
- 복잡하고 까다로운 시료 전처리 과정이 없이 분석을 가능하게 함

ELSD 응용분야

식품분야	Carbohydrates, Corn Syrup, Cottonseed, Fatty acids, Lipids, Phospholipids, Polysaccharides, Seed Oils, Triglycerides etc ...
제약분야	Amino Acids, Aspirin, Caffeine, Chiral Compound, Anabolic Steroids, Catechins, Dimethicone, Erythromycin, **Ginkgolides,** Ginsenosides, Muscle Relaxants, Peptides, Steroids, Vitamins, etc ...
화학분야	Nonylphenol Ethoxylate, Polystyrene, Polyethylene Glycol, Non-Ionic Detergent, Surfactant, Triton X-100 etc ...

2. CAD

HPLC를 이용하여 분석을 수행하는 분석자들의 공통적인 희망사항은 가능하다면 모든 물질을 검출하면서도 미량까지도 검출이 가능한 검출기가 아닌가 싶다. 그러나 지금까지는 HPLC 검출기에 있어서 소위 Universal 검출기라고 하는 굴절율(RI: Refractive Index) 검출기와 증발광산란 검출기(ELSD : Evaporative Light Scattering Detector)가 이용되고 있지만 모든 물질을 검출할 수 있는 반면 미량까지 검출은 숙제로 남아있었던 것이 사실이다.

특히 굴절률 검출기의 경우 온도에 민감하여 하루정도 검출기를 켜서 안정화를 시키고 감도가 낮아 고농도 분석대상물질을 대상으로 주로 사용되어 왔다. 또한 기울기 용리(Gradient Elution)를 이용하여 분리를 할 수 없다는 근본적인 한계를 가지고 있다. 반면 증발광산란 검출기는 굴절율 검출기의 기울기 용리를 해결하여 지금까지 굴절율 검출기의 대용으로 관심을 받았던 것이 사실이다. 그러나 여기에도 Method 개발의 어려움과 감도의 문제는 여전히 숙제로 남아있다. CAD는 분석대상물질을 에어로졸 상태로 만든 다음 전하를 띠게 만들어 Electrometer를 이용하여 전하를 신호로 바꾸어 검출하는 Universal 검출기의 일종 이다.

1) CAD의 작동원리 ; 3단계로 구분

1st 단계 ; CAD 과정은 분석대상물질을 입자로 전환시키는 단계이다. HPLC 컬럼에서 나오는 유출물은 질소가스를 이용하여 Nebulizer와 Impactor를 통해 분무화되고 건조되어 입자를 생성한다. 입자의 크기는 분석대상물질의 양에 따라 증가한다.

2nd 단계 ; 고전압 코로나 와이어를 통과하면서 +로 하전된 가스와 1st 단계에서 생성된 입자가 충돌하여 전하가 입자로 전환된다. 입자가 크면 클수록 전하가 커진다.

3rd 단계 ; 입자가 collector로 이동하는데 여기에서 전하가 고감도 electrometer에 의해 측정되며, 존재하는 분석대상물질의 양에 직접 비례해서 신호를 생성한다.

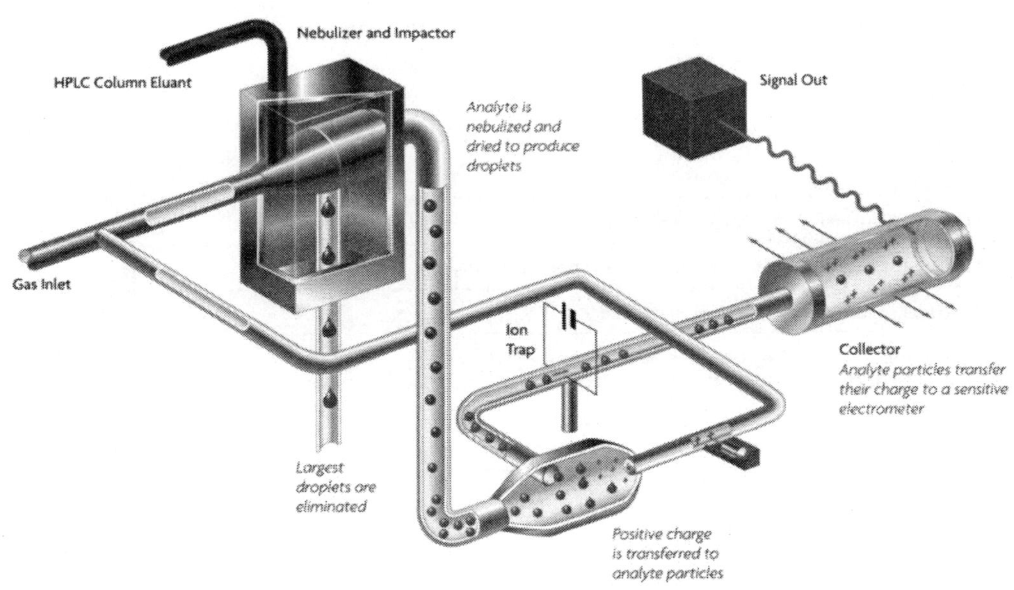

2) CAD 검출기의 장점

이 검출기의 장점은 굴절율 검출기(RI), 저파장 UV, 증발광산란 검출기(ELSD), 화학발광질소 검출기(Chemiluminescence nitrogen Detector)의 장점을 모두 가지고 있다는 점이다. CAD 검출기의 특징은 감도, 기울기용리 적합성, 넓은 직선범위, 좋은 재현성, 상호보완적인 데이터 등이다(Excellant sensitivity, wide dynamic range, superior reproducibility, more consistent response, broad applicability, and intuitive operation)

- 감도: CAD 기술은 분석대상물질의 화학적 구조와 관계없이 넓은 범위에서 높은 감도와 낮은 검출한계를 제공한다. CAD는 단 단위 nanogram 양까지 존재하는 화합물을 검출할 수 있다.
- 더 일치된 응답(response): 비휘발성 분석대상물질에 대한 CAD로 얻은 응답은 다른 검출기보다 화학적 구조에 대한 의존성이 적다. CAD response는 UV와 같은 광학적 성질이나 MS와 같은 이온화성에 의존하지 않는다.
- 넓은 적용성: CAD 검출기는 실질적으로 비휘발성이나 반휘발성 분석대상물질 단백질, DNA, 올리고당으로부터 아미노산, 의약과 이온까지도 측정이 가능하다. 양이온성, 음이온성, 중성, 발색단의 유무와 관계없이 CAD 검출기로 모두 분석가능하다.
- 기울기용리 적합성(Gradient compatibility) : CAD 검출기는 완전하게 기울기 용리로 운영이 된다. 이 기능으로 인해 기존의 굴절률 검출기의 단점을 보완한 검출기로 평가되고 있다. MS에 사용되는 휘발성 이동상은 CAD에도 매우 적합하다.

3) 주로 이용되는 응용분야 소개

- 제약
- 지질
- 올리고당, 탄수화물
- 음/양이온 동시분석
- 단백질, 펩티드
- 스테로이드
- 계면활성제
- 고분자

High MW –	Albumin, Dextrin
Neutral, nonpolar –	Estradiol, Umbelliferone, Naphthol
Neutral, polar –	Glucose, Fructose, Lactose, Sucrose
Acidic –	Salicylic Acid
Basic –	Propranolol, Nortriptyline, Amitriptyline, Caffeine
Zwitterionic –	Homocysteine, Methionine, Glutathione
Ions –	Anions, Cations

제3장 Validation 관련 문제

Q 1. GMP에 대해 설명하라.
Q 2. Validation에 대해 설명하라.
Q 3. 분석 시스템의 타당성 인증 과정에 대해 설명하라.
Q 4. System suitability test에 대해 설명하라.
Q 5. 분석 기기의 타당성 인증(validation) 단계를 설명하라.
Q 6. 분석 방법의 타당성 인증을 위한 세부 사항을 설명하라.
Q 7. Ruggedness(엄격성)와 robustness(견뢰성)의 차이점을 설명하라.
Q 8. Validation의 각국 표현을 비교 설명하라.
Q 9. Validation의 정의 및 대상을 설명하라.
Q 10. 적격성평가(Qualification)의 종류를 나열하라.
Q 11. Validation과 verification의 차이를 설명하라.

Q 1. GMP에 대해 설명하라.

☞ FDA의 GMP 제정 배경*

FDA의 물질 규제 강화에도 불구하고 1950년대에 와서 소비자보호운동의 물결과 빈번한 피해보상 문제가 일어나자 1958년 미국의 제약공업협회(PMA : Pharmaceutical Manufacturers Association)는 품질보증위원회(Q.A Committee)를 설치하여 제조와 품질관리의 검토에 착수, 1961년 PMA에서 자주적인 GMP를 제정하였다. 1962년 미연방 식품의약품 화장품법(Food, Drug and Cosmetic Act)의 키포오버-헤리스 개정법(Kefauver-Harris Amendments)에 처음으로 GMP라는 말이 등장하였는데 그 내용은 "제501조-Current Good Manufacturing Practice에 적합하지 아니한 방법으로 제조된 의약품은 불량의약품(Adulterated Drugs)으로 본다."라는 것이다.

다음해인 1963년에는 미국정부의 FDA-GMP가 제정 및 공표되고, 1978년에 개정된 바가 있다. 세계보건기구(WHO : World Health Organization)는 1963년 총회에서 GMP제도를 실시할 것을 결의하고, 1969년 제 22회 총회에서는 가맹국에 대하여 GMP제도를 채택하도록 권고하면서 국제무역에 있어서 GMP규정을 근거로 한 증명 제도를 실시할]것을 권고하였으며, 그 후 1975년 총회에서 GMP규정을 개정하고 이를 실시할 것을 회원국에 재차 권고하였다.

- Talidomide($C_{13}H_{10}N_2O_4$) ; 1960년대에 독일에서 개발된 thalidomide는 그 당시 수면제로서 선풍적인 인기를 모았다고 알려지고 있다. 하지만 이 약물이 더 유명한 이유는 시판이후 전 세계적으로 이약을 복용한 임산부에서 기형아 출생이 보고됨으로써 시판이 중지되었고 엄청난 배상소송이 잇따랐으며 결국 이 약물을 개발한 제약회사는 문을 닫고 말았다는 사실이다. 그런데, 흥미롭게도 약 40년이 지난 오늘날 이 약물이 새로운 작용기전을 가진 항암제로서 활발하게 개발되고 있다는 것이다.
- DES(diethylstilbestrol, $OHC_6H_4C(C_2H_5)C(C_2H_5)C_6H_4OH$) ; DES는 유산방지용 합성호르몬제로 1940년대에 판매가 개시된 이래 약 30년간에 걸쳐 200~300개의 제약회사에 의해 제조·판매를 계속해오고 있었다. 그러나 1971년에 DES를 복용한 모친으로부터 출생한 딸들이 성장해 사춘기가 되면 자궁암의 발생률이 높아진다는 의학연구가 발표되었다. 이에 전 미국 각지에서 DES 제조업자를 상대로 제조물책임소송이 잇달았고, 1977년경부터 구체적인 판결이 나오기 시작하였다.

☞ GMP의 필요성

의약품은 질병의 진단, 치료 또는 예방의 목적으로 사용되는 것으로서 인간의 생명과 건강에 중대한 영향을 미치는 만큼 의약품의 3대 특성인 유효성(Efficacy), 안전성(Safety) 및 안정성(Stability)이 확보되어야 한다. 의약품은 종래부터 약사법 등 각종 규정에 의하여 그 제조와 판매행위가 감시, 관리되어 왔으며 품질관리의 중요성이 강조되어 왔다. 우수한 품질의 의약품을 생산 공급하는 일은 생활수준의 향상, 과학기술의 진보, 건강에 대한 의식고양 등에 의해서 더욱 강하게 요청되고 있는 실정인 바, 복잡한 여러 단계의 공정을 거쳐 제조되는 의약품을 최종제품에 대한 한정된 검체와 시험만으로는 품질보증(Quality Assurance)이 이루어 지지 아니 한다. 의약품은 원재료에서부터 출하까지의 모든 단계를 조직적이고 체계적으로 관리함으로써 비로소 품질이 확보되는 것이며, 이것이 달성되도록 규정한 것이 GMP이다. 따라서, 의약품이 지닌 본래의 품질을 그대로 최종소비자에게 도달되도록 하는데 있어 GMP는 다음과 같은 점에서 특히 필요한 기준인 것이다.

◈ 불량의약품으로 인한 치명적인 약화를 최대한 방지한다.
◈ 소비자는 제품의 불량 여부를 사전에 가릴 수가 없으므로 제조업자가 품질을 확보하도록 한다.
◈ 제조단위의 균질성을 유지함으로써 검체가 해당 제조단위 전체를 대표할 수 있도록 한다.
◈ 의약품 취급자에 대한 교육 및 훈련을 통해서 품질을 향상시킨다.

☞ GMP의 운용

각국의 GMP는 일부의 항목과 표현방법에는 차이가 있으나, 품질보증이라는 기본정신은 동일하며, 수출 시 국가 간의 품질증명발급 문제도 있으므로 국제적인 수준이어야 할 필요가 있다. 운용 면에서 보면 미국과 일본은 행정주도형으로 법적 구속력을 가지고 있는 반면 유럽 국가들은 자율적으로 운용하고 있다. 그러나 GMP를 법률로 규정하고 있는 FDA도 기업의 자주적인 기술개발이 억제되지 않도록 하는 입장에서 상세한 지시는 피하고 있으며 공장을 실사할 때 실시상황을 보고서 행정당국과 기업이 공히 GMP에 적합하다고 이해할 수 있을 경우에는 비록 규정과 일치하지 않는다 하더라도 문제시 하지 않으며, 일본의 후생성도 이러한 미국의 방식을 따르고 있다. 다시 말하면, GMP의 운용은 Adequate(충분한), Suitable(적절한) 그리고 Alternative(대안)로 표현할 수 있듯이 탄력적이어야 한다. GMP의 규정은 “no generally applicable GMP rule (어디에나 적용할 수 있는 규정은 없다.)” 또는 “tailored to the situation (상황에 따라 맞춘다)”이라고 말할 수 있으며, 그래서 GMP를 umbrella(포괄적)라고도 하는 것은 이를 잘 대변하는 것이다. 미국도 1978년 GMP를 개정하여 그 이듬해부터 실시하면서 How to do에서 What to do로 방향전환을 하였다. 즉, 정부는 무엇을 하면 된다는 방향 만을 제시하고 그것을 하려면 어떻게 할 것인가 하는 방법은 기업이 자주적으로 선택토록 하는 것이다.

☞ GMP의 정의*

의약품제조업자가 우수 의약품의 제조 및 품질관리를 위하여 준수해야 할 사항.

미국 및 유럽의 경우, “의약품이 안전(safety), 확인(identity), 효능(strength), 품질(quality), 순도(purity)라는 특성별로 기준에 적합하게 생산되고 있음을 보증하기 위하여 생산, 공정, 포장, 및 보관 등과 같은 제조, 관리에 사용되는 방법에 대한 법적 요건을 GMP라고 정의한다.“

한국은 “원자재의 구입으로부터 제조, 포장, 출하에 이르기까지의 생산 공정 전반에 걸쳐 충분한 조직적 관리 하에 의약품을 생산하는 체제를 확립하기 위하여 필요요건을 규정한 것이 GMP라고 정의하고 있다.“

☞ B-GMP의 개요

B-GMP의 기준은 KGMP를 모태로 하고, KGMP를 향상시키기 위하여, 원료의약품의 GMP, 즉 B-GMP를 제정한 것으로, 이는 국제적인 의약품 교류를 위해서도, WHO-GMP와 같은 기준으로 설정. 운영되어야 할 것이다. 따라서 B-GMP의 3대요소와 이에 따르는 3대 관리체제는, KGMP의 것과 같으며, 원약의 품질보장을 위한 기준으로도 적용된다. B-GMP는 B-GMP의 3대요소를 지표로 하고, B-GMP의 3대 관리체제를 기준으로하여, 항시적으로 발전하는 원약생산과리를 도모해야하는 것이, B-GMP의 기본이다. B-GMP의 운영의 기본을 규정하기 위하여, 각종 기준서(4대 기준서)를 작성. 비치. 운영해야 한다.

1) B-GMP의 3대 요소 ; 인위적인 과오의 최소화, 미생물 오염과 교차오염으로 인한 품질저하의 방지, 원료 및 원약의 품질보장체계의 확립.

2) B-GMP의 3대 관리체제 ; 제조관리. 품질관리의 체제정립, 구조. 설비기준의 합리성 추구, 관리조직 및 작업관리의 표준화 도모

3) 4대 기준서 ; 제품표준서, 제조관리기준서, 제조위생관리기준서, 품질관리기준서

☞ 주요 국가의 GMP 도입 현황

표. 주요 국가의 GMP 도입 상황

국가(단체)	제정 년도	제정처	비고
미국	1963	정부	FDA 법령, 1964년 실시
WHO	1969	총회	1975년 제정
EFTA	1970	총회	
영국	1971	정부	Guide임. 77, 83년 개정
스위스	1972	정부	Guide임
일본	1974	정부	후생성 법령, 76년 실시, 80년 개정 (soft/hard 분리)
한국	1977	정부	보건사회부 예규 제373호로 공포
캐나다	1981	정부	Guide임
대만	1982	정부	법제화
PIC	1983	협의회	
독일	1985	정부	WHO-GMP 채택, 법제화
프랑스	1985	정부	
ASFAN	1988	총회	
중국	1988	정부	
EC	1989	총회	Draft(초안)임

WHO : 세계보건기구, EFTA : 유럽자유무역연합, PIC : 의약품감사협의회, ASFAN : 동남아시아 국가연합, EC : 유럽공동체

Q 2. Validation에 대해 설명하라.

1963년 FDA, 1969년 WHO, 1974년 일본 등에서 GMP 내용에 validation 규정을 정한 이후 WHO (Good Manufacturing Pratices : Guidelines od the Validation of Manufacturing Processes, 1996년)와 FDA (Guideline on General Principles of Process Validation, 1987년)에서 validation 지침을 만들어 적극적으로 수행되고 있으며, 현재 WHO, FDA, EU, ASEAN 이 GMP를 개정하여 validation을 규정하고 있다. Validation을 요약해서 정의한다면 "의약품 및 의료용구 등의 특정한 공정(제조, 시험)이 예정된 품질 특성과 규격에 맞는 제품을 시종일관 생산해 낼 것이라는 것을 고도로 보증하는 문서화된 프로그램"이라 말할 수 있다.

A. Validation Point

1. 합격수준(Acceptance Criteria)과 공정/설비에 적용될 시험 등을 규정한 Validation 계획서(Protocol)를 작성하는 일

2. Validation은 단계적, 논리적, 체계적, 비용 효율적이어야 한다.

3. Validation은 따로 분리해서 고려되어서는 안 된다. 즉, 예방정비, Monitoring, Calibration, Change Control, Qualification을 포함하는 다른 중요한 활동에 필수적이어야 한다.

B. Validation 종류

1. Process Validation

"FDA의 Guideline on General Principles of Process Validation"에 의하면 어떤 공정이 미리 설정한 규격과 품질특성 (역가, 순도, 안정성, 안전성 등)에 적합한 제품을 일관되게 생산 할 수 있다는 것을 확실하게 보증할 수 있고 그 결과를 문서화하는 것"이라 정의하고 있습니다. 아울러 Process Validation는 예측적(Prospective) Validation, 동시적 (Ongoing) Validation, RE-Validation, 회고적(Retrospective) Validation으로 구분할 수 있다.

1) 예측적(Prospective) Validation

신제품 또는 제품 특성에 영향을 줄 수 있는 제조공정의 개선 .변경에 앞서 만들어질 제품에 대해 미리 실시되는 Validation으로서 다음의 중요 요소를 포함한다.

- 설비기계와 공정
  설비 장치의 적격성 평가 (Equipment Qualification) : Installation, Operational and Performance Qualification
- 공정의 성능 적격성평가 (Process Performance Qualification)
- 제품 규격

- 적절한 Re-Validation에 의한 보증 system

2) 동시적(Ongoing) Validation

제품을 실제로 생산하면서 일어날 수 있는 여러가지 변동 요인들이 허용 범위내에 있는지를 공정 관리 등으로 확인 하 는 것으로 다음의 경우들이 있다.

- 가동개시 때의 조사로는 파악되지 않는 변화 Point : 무균실의 균상의 변화, 상수의 계절에 따른 수질 변화
- 사용 기간이 불분명한 변화 Point : HEPA 필터, HPLC의 Column의 성능
- 공정의 돌발사고 시기의 Point : 수질시험, 공기의 품질시험, 배지충전시험

3) Re-Validation

Validation을 다시 실시하는 것으로서 다음의 경우에 필요하게 된다.

- 성분, 작업방법, Batch size를 변경
- 공정에 영향을 미칠만한 제조설비의 변경
- 새로운 설비의 설치
- 기계, 설비의 대폭적인 개조
- 시험 검사방법의 변경
- 중간공정이나 최종제품의 시험결과에 이상이 인정되었을 경우

Re-Validation의 내용은 변경의 정도에 따라 달라지는데 극단적일 경우 처음부터 완전한 Validation Program을 작성하여 Re-Validation을 행하여만 하나, 통상적으로 부분적인 Process의 Validation으로도 충분하다.

4) 회고적(Retrospective) Validation

이미 시판되고 있는 제품에 대하여 모아진 생산. 시험. 관리 등의 data에 따라 실시되는 Validation으로 착수 시 유의 검토해야 하 중요사항은 아래와 같습니다.

- 공정중의 모든 중요 단계의 List-up
- 계측을 필요로 하는 Process 변수의 선택
- 최종 제품 시험의 모든 시험 항목의 특성
- 통계적 평가에 의한 모든 data의 조사

2. Analytical Validation

제품, 환경, 설비, 기기시험, 검사를 위한 시험, 검사방법이 과학적인 근거, 타당성을 가지고 정하여져 있고 이것에 대한 Validation이 확립되어 있지 않으면 안 된다. 즉, 시험, 검사방법의 Validation도 Process validation의 일환이고 그의 일부를 형성 한다..

Validation때 다음 5가지 특성의 검증이 요구된다.

1) 특이성(Specificity)

공존이 예측되는 불순물, 분해물, 배합성분들이 서로 여향을 받지 않고 특이적으로 측정할 수 있는 능력을 말한다.

2) 직선성(Linearity)

측정법은 측정범위 내에 있어서 측정하는 특성치와 측정치와의 사이에 직선관계가 있다는 것을 전제로 하고 있다. 예를 들어 흡광도 측정법에 의한 정량법의 경우 농도 증가에 따라서 흡광도가 비례하여 증가하는 것을 증명해야 한다. 기 지량을 첨가한 시료를 시험하여 증명한다.

3) 정밀성 (Precision)

- 재현성 (Repeatability) 반복해서 분석할 때 재현성이 얼마나 좋으냐를 나타내는 것으로 분석 값이 평균치에 얼마나 집중되어 있느냐를 나타내는 것이다. 실제 측정 시에는 n회 반복 시험하여 얻은 결과의 표준편차를 확인하여 2% 이내이면 적합한 것으로 본다. 표준편차가 크면 원인을 알 수 없는 오차인 우연오차가 크다는 것을 나타낸다.

- 매개정밀성 (Intermediate Precision) 매개정밀성은 동일 시료에 대해 다른 날짜, 다른 시험자, 다른 설비 등의 실험실 변동이 미치는 변화를 확인하는 것으로 표준편차 2%이내이면 적합한 것으로 본다.

4) 정확성/회수율(Accuracy / Recovery)

실제실험에 있어서의 정확성은 동일검체에 대하여 동일한 방법으로 n회 반복 시험하여 그 평균치 X를 계산할 때 X가 실제 들어있는 물질의 양에 얼마나 접근하는지를 가지고 정확성을 알 수 있다. 통계적 처리는 실제 들어있는 표준치 X와 측정평균치 X (n, s) (s ; 표준편차) 사이의 차이에 대한 유의성을 판정한다. 유의성은 Student t값을 구하여 판정 한다. 제제 중에는 목적성분을 정량할 때 공존하는 성분에 의해 방해를 받을 수 있으므로 확인방법은 정량의 목적성 분을 추가하여 정량할 때 추가된 양이 정확하게 회수되는 지로 입증한다.

5) 견고성 (Ruggedness)

다소의 조건변동이 주어지더라도 측정결과가 변동되지 않도록 설정되어 있는가를 보는 것으로 다음 사항을 검토한다.

- Column-to-Column Variability
- Stability of Analyte Solution
- Inter-laboratory Check
- Other Factory

3. Cleaning Validation

GMP에서 중요시하는 교차오염(Cross Contamination)을 방지하기 위해서 정립되고 있으며 1993년도 발표된 Cleaning Validation에 대한 Inspection Guide에서 기계장치의 설계, Cleaning Procedure 및 문서화, 분석법, 검체 채취법, 한도 치 설정, 기계장치의 선택, 재시험에 대해 언급하고 있다.

4. Utility system Validation

제조용수 시스템, 공조 시스템, 청정 환경 등이 포함되고 있으며 가장 중요한 공조 시스템은 아래와 같다.

1) 공조시스템

- Design Qualification(DQ) 설계사양의 기본설계와 상세 설계일치 각 작업실의 청정도(Class 100, 1000, 100,000) 사람/원자재의 흐름 상기제조 공정에 따른 청정도, 온도, 습도, 차압, 환기 횟수, 집진 시스템.
- Installation Qualification(IQ) HVAC 관련 확인사항 Utilities확인 : 배치, 용량접속 설비확인.

List별 기본설계와 일치 Calibration : List별 계측기기 검 교정 확인 설비가동성 설치상태, 배관접속, 단열시공, 전선 접속, Motor류 가동, Valve류 설치가동, Dumper,

Diffuser, Return gill, Duct등의 완전성, 자동 Dump의 풍량 조절 기능 확인.

- Operational Qualification(OQ) 각 설비의 운전제어 상태 Dumper ,풍량,풍속,정압,가습, 제습능력 Terminal filter leakage DOP test Filter Frame Seal 조임 완전성 환기횟수 실간 차압(1.25mmHg - 1.5mmHg) 환기율 : 20% 온도, 습도, 기류 풍량
- Performance Qualification (PQ)

공조기 : 정상운전확인

집진기 : 기류, 방향, 흡인속도

청정도 확인 : Class 100, 10,000, 100,000 부유균

5. Computer Validation

현재 제조관리, 품질관리, 재고관리 등이 컴퓨터로 이루어지고 있으며, 컴퓨터와 관련해서 일어날 수 있는 문제점으로는 프로그램 오류 및 보완관리가 있다. 이에 Program nullation을 해서 input에 대응하는 output이 정확한지를 확 인. 검증하여 문서로 작성. 보관해야 한다.

C. Validation 대상

통상적으로 Validation의 대상을 4M으로 표시한다.

1. Man (사람)
2. Machine (기계, 기구, 설비, 환경)
3. Material (원료, 재료, 제품)
4. Method (작업방법, 제조방법, 시험방법, 검사방법)

D. Validation 실시 방법

Validation의 실시방법은 미리 만들어진 Validation Time Schedule에 따라 진행하면 편리하다.

E. Validation의 문서화

문서화에 포함되어야 할 문서로는 Validation master plan, Validation Time Schedule, Validation 실시계획서, Validation 결과보고서 등이 있다.

1. Validation master plan에 포함되어야 할 사항
   1) Validation project의 구성 및 조직
   2) Validation List
   3) Validation에 필요한 SOP list
   4) Protocol의 개요
   5) 요원 교육 계획
   6) 필요한 계측기기의 배치 및 그 교정
   7) 필요한 인원 및 구성

8) Protocol 및 기록양식, 분류, 번호부여 방법
9) 제법의 개요
10)제품.원자재의 규격 시험방법의 개요
11)원자재의 조달 계획
12)Validation Time Schedule

2.Validation 실시 계획서에 포함 되어야 할 사항

1) 과제명
2) Validation의 목적
3) 기대 효과
4) Validation 방법
5) Validation의 평가 방법
6) Validation 실시 시간
7) 담당자
8) 계획서의 작성자 및 작성날자
9) 기타 사항 (개정 등)

3. Validation 결과보고서에 포함 되어야 할 사항

1) 각종 기록 내용
2) Validation 실시 결과
3) 실시항목의 평가
4) 기타 사항

Q 3. 분석 시스템의 타당성 인증 과정에 대해 설명하라.

분석 시스템에 대한 타당성 인증은 장치의 기능(hardware), 소프트웨어(software), 분석 방법(analytical method) 및 분석 시스템의 적합성(system suitability)으로 크게 나눌 수 있다. 이들 간의 관계는 그림과 같이 서로 유기적으로 밀접한 관계가 있으며, 분석 시스템의 타당성 인증의 전체적 진행은 하드웨어, 소프트웨어, 분석 방법 및 분석 시스템의 적합성 순으로 진행된다.

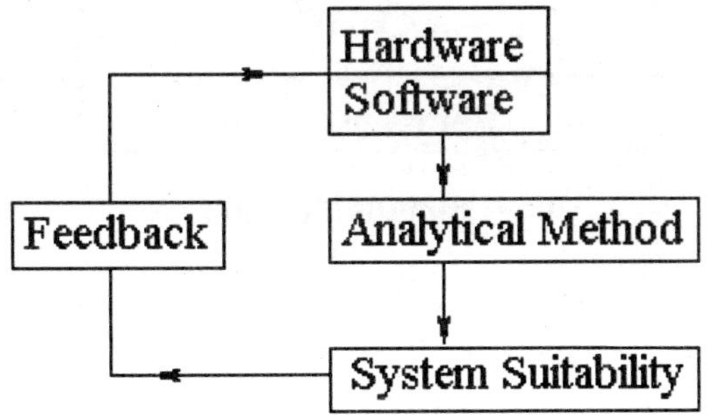

그림. 분석 시스템 타당성 인증 과정 관계

Q 4. System suitability test에 대해 설명하라.

System suitability test의 목적은 완전한 시험 계(complete testing system ; 기기, 시약, 컬럼, 분석자를 포함)가 의도된 응용에 대해 적합한지를 보증하기 위함이다. USP General chapter에서는 다음과 같이 설명한다.

"System suitability test는 가스나 액체 크로마토그래픽 방법의 총체적 부분이다. 그들은 크로마토그래픽 계의 분해능과 재현성(resolution and reproducibility)이 행하여진 분석자에 대해 적합한지를 증명하기 위해 사용된다. 시험들은 분석되어지는 장비, 전자, 분석조건 및 시료들이 그렇게 평가되어질 수 있는 총체적 계를 구성한다는 개념에 근거한다."

Q 5. 분석 기기의 타당성 인증(validation) 단계를 설명하라.

분석 기기의 타당성 인증에 대해 판매자는 시스템 사용 전의 설치 증명(IQ ; 설치, 실행, 유지 보수 관련), 작동 증명(OQ ; 기기 각각의 구성 요소 관련) 및 성능 증명(PQ ; 정상적 작동 조건하에서의 전체 시스템 증명 작업)을, 사용자는 OQ, PQ 및 유지 보수 증명(MQ)에 대한 책임이 주어진다. 이러한 일련의 과정은 판매자와 사용자간의 긴밀한 협조 하에서 이루어질 때 타당성 인증의 최대화를 이룰 수 있다.

Vendor's site	User's site			User's site
Structural and Software Validation	→ Functional Validation ←			Calibration and Maintenance System Suitability OQ , PQ
DQ	Installation Qualification IQ	Operation Qualification OQ	Performance Qualification PQ	
Before purchase	Before use			After use

The validation time line

그림. 분석 기기의 타당성 인증 단계

Q 6. 분석 방법의 타당성 인증을 위한 세부 사항을 설명하라.

표. 분석 방법의 타당성 인증을 위한 세부 사항

타당성 인증 항목	세부 내용
1. 분석 과정(Analytical procedures)	1. 필요한 단계를 상세하게 기술한다.
2. 특이성(Specificity)	1. 특정 시료를 정확하게 측정하는 능력
3. 정확성(Accuracy)	1. 표준품을 사용하여 분석 방법이 신뢰성 있는 결과를 줄 수 있는가를 결정한다.
4. 정밀도(Precision)	1. 동일한 시료를 반복 분석하여 재현성을 평가한다(상대 표준편차로 표시). 1) 반복성(Repeatability) ; 단기적 반복성(병행 정도) 2) 중간 정밀도(Intermediate precision) ; 날짜, 사람, 기기에 의한 편차(실내 재현성) 3) 재현성(Reproducibility) ; 타 기관에서의 재현성, 분석의 최대 편차(실외 재현성)
5. 견뢰성(Robustness)	1. 한 실험 과정 내에서의 인자별 측정 오차의 범위를 정해 실험의 확실성과 신뢰성을 확보하는 것, 예를 들면, 온도, pH 등.
6. 검출 한계(Limit of detection)	1. D.L = 2 N N ; noise
7. 정량 한계(Limit of quantitayion)	1. 정확성 정밀도에 기초한다.
8. 직선성(Linearity)	1. 시료와 검출기간의 상관 관계를 나타내며, 정도(精度)는 상관 계수(c.v)나 표준 오차(S.E, standard error)로 나타낸다.
9. 범위(Range)	1. 분석 방법의 정밀도, 정확성 및 직선성을 보장하는 시료 농도의 범위를 말한다.

Q 7. Ruggedness와 robustness의 차이점을 설명하라.

표. Ruggedness와 robustness의 비교

구분	Ruggedness(엄격성, 嚴格性)	Robustness(견뢰성, 堅牢性)
Definition	- USP definition 정상적 시험 조건들의 변화 하에서 같은 시료들의 분석에 의해 얻어진 시험결과의 재현성(reproducibility)의 정도를 말한다. - 정상적 시험 조건들의 변화 1) Different laboratories 2) Different instruments 3) Different analysts 4) Different reagent lots 5) Different analysis days 6) Different elapsed assay times 7) Different assay temperature	- USP & ICH tripartite guidelines 방법 인자에서의 작으나 신중한 변화에 의해 영향 받지 않고 남는 능력의 척도이며 정상적 사용동안 그의 신뢰성(reliability)의 지시를 제공한다(인자별 신뢰성 확보). -Testing varying some or all conditions, e.g., 1) Age of column, column type, column temperature 2) pH of buffer in mobile phase 3) Reagents 4) Change in the flow rate
validation requirement	USP ; Yes ICH ; No	USP ; No ICH ; No
Internal change	No	시험결과에 대한 내부 영향의 부족함을 측정
External change	시험결과에 대한 외부 영향의 부족함(lack of external influence)을 측정	No
Method variation	-	Yes
Environmental variation	Yes	-
Remarks	1. 내외부 변화는 가끔 실수로 analytical validation packages에서 잘못하여 함께 혼용될 수 있다. 내외부 분석 인자들은 분리되고 개별적으로 평가되어야 한다. 2. Ruggedness와 robustness 시험은 제약사의 연구/개발 과 품질관리 실험실에서 응용된다. 3. 간단한 실험 디자인이 Ruggedness와 robustness를 동시에 평가하기 위하여 사용된다.	

USP ; United States Pharmacopeia, 23th ed., NF 18, USP Convention, 1995

ICH ; The International Conference on Harmonization of Technical Requirements for Registration of Pharmaceuticals for Human Use (ICH)

♣ 참고사항

Y.Vander Heyden, A.Nijhuis, J.Smeyers-Verbeke, B.G.M.Vandeginste and D.S. Massart. Guidance for Robustness/Ruggedness Tests in Method Validation, 19/01/06

Definition ;

The definition for robustness/ruggedness handled here is " The robustness/ruggedness of an analytical procedure is a measure of its capacity to remain unaffected by small, but deliberate variation in method parameters and provides an indication of its reliability during normal usage".

Notes ;

Robustness can be described as the ability to reproduce the (analytical) method in different laboratories or under different circumstances without occurrences of un expected differences in the obtained result(s), and a robustness test an experimental set-up to evaluate the robustness of a method. The term ruggedness is frequently used synonym[1~4]. Several definitions for robustness or ruggedness exist which are, however, all closely related[5~10]. The one nowadays most widely applied in the pharmaceutical world is the one given the ICH[5] : " The robustness of an analytical procedure is a measure of its capacity to remain unaffected by small, but deliberate variation in method parameters and provides an indication of its reliability during normal usage". Only in Ref. [9 ; USP 23th ed., 1995] a distinction between the terms ruggedness and robustness is made and ruggedness is defined there as the degree of reproducibility of the test results obtained under variety of normal test condition, such as different laboratories, different analysts, different instruments, different lots of reagents, different elapsed assay times, differ assay temperatures, different days, etc. The latter definition will not be applied here since detailed guidelines exist for the estimation of the reproducibility and intermediate precision[11, 12]. The ICH guidelines[5] also recommend that "one consequence of the evaluation of robustness should be that a series of system suitability parameters(e.g. resolution test) is established to ensure that the validity of the analytical procedure ie maintained whenever used".

The performance of a robustness test or the assessment of the robustness of a method is at the moment not yet required by the ICH guidelines, but it can be expected that in the near future it will become obligatory.

Table. Potential factors to be examined in robustness testing of some an analytical methods(HPLC. GC, TLC, and CE etc.).

Method	Factors
1. HPLC	- pH of the mobile phase - Amount of organic modifier - Buffer concentration, salt concentration, or ionic strength - Conc., of additives(ion pairing reagents, competing amine) - Flow rate - Column temperature - For gradient elution ; initial/final mobile composition, slope of gradient - Column factors ; stationary phase batch, manufacture, age of the column - Detector factors ; W/L(UV or fluorimetric detection), voltage (electrochemical detection) - Integration factors ; sensitivity
2. GC	- Injection temperature - Column temperature - For temperature program ; initial/final temperature, slope of temperature gradient - Flow rate of gas - For flow program ; initial/final flow, slope of the flow gradient - Split-flow - Types of liner - Column factors ; stationary phase batch. manufacturer, age of the column
3. TLC	- Eluent composition - pH of the mobile phase - Temperature - Development distance - Spot shape - Spot size - Batch of the plate - Volume of sample - Drying conditions - Condition of spot visualization(spraying of reagents, UV detection, dipping into a reagent)

Method	Factors
4. CE(capillary electrophoresis) and related techniques	- Electrolyte concentration - Buffer pH - Concentration of additives(organic solvents, chiral selectors, surfactants) - Temperature - Applied voltage - Sample injection time - Sample concentration - Concentration of the rinse liquids - Rinse time - Detector factors ; W/L(UV or fluorimetric detection) - Factors related to the capillary ; batch, manufacturer - Integration factors

Q 8. Validation의 각국 표현을 비교 설명하라.

FDA로부터 GMP승인을 받으려면 validation 데이터가 필수적이며, 의약품의 품질을 확보하기 위한 GMP의목적은 validation에 의해 달성될 수 있다. 따라서 validation은 GMP의 핵심 사항이다.

- 대한민국 약사법 시행규칙 별표4의4(생물학적제제등 GMP) ; 검증(檢證)
- 일본 バリデ-ション(바리데숀)
- 중국 험증(驗證)
- 대만 확효(確效)
- BP/EP ; verification[확인(確認), 입증(立證), 검증(檢證)]

Q 9. Validation의 정의 및 대상을 설명하라.

"밸리데이션"

특정한 공정, 방법, 기계설비 또는 시스템이 미리 설정되어 있는 판정기준에 맞는 결과를 일관되게 도출한다는 것을 검증하고 이를 문서화하는 것을 말한다.

- 밸리데이션 대상

1. 공정 밸리데이션
2. 시험방법 밸리데이션
3. 세척 밸리데이션
4. 제조지원설비 밸리데이션
5. 컴퓨터 시스템 밸리데이션

Q 10. 적격성평가(Qualification)의 종류를 나열하라.

1. 설계 적격성 평가 (DQ)
2. 설치 적격성 평가 (IQ)
3. 운전 적격성 평가 (OQ)
4. 성능 적격성 평가 (PQ)

Q 11. Validation과 verification의 차이를 설명하라.

표. Validation과 verification의 차이

구분	Validation	Verification	비고
한국	검증, 밸리데이션	-	약사법, GMP 해설서
일본	- 타당성확인; 타당하냐 타당하지 않느냐 (valid/invalid)	- 검증 ; 옳으냐 옳지 않느냐 (correct/incorrect)	ジニアス英和大典や リダズ英和典を合
기타	- External quality ; "you built the right product" - User(소비자)의 요구에 맞느냐	- Internal quality ;"you built the product right." - 생산자의 내부 기준을 만족하느냐	Wikipedia

제4장 기타 문제

Q 1. 실내공기질의 중요성에 대해 설명하라.
Q 2. 실내공기질 측정항목, 허용기준 및 측정방법을 간단히 설명하라.
Q 3. 비누 거품 흐름 측정기에 대해 설명하라.
Q 4. 공기 시료채취 시 돌파점 부피(Breakthrough volume)에 대해 설명하라.
Q 5 안전 시료채취 부피(Safe sampling volume, SSV)에 대해 설명하라.
Q 6 공기 흡인 용량에 따른 공기 시료채취 펌프를 분류하라.
Q 7 가스/증기 상태나 입자상 물질(aerosol, dust, fog, fume, mist, smog, smoke)을 포집하는 방법 및 사용 기구에 대해 설명하라.
Q 8. 실내공기질측정 시 HCHO 채취기구 및 DNPH 유도체를 설명하라.

Q 1. 실내공기질의 중요성에 대해 설명하라.

생물체가 살아가는 동안 한순간도 환경의 지배를 벗어나는 순간은 없다. 특히 현대 사회와 같이 산업의 발전이 극점에 와 있는 21 세기는 "환경적 지속성(Environmental sustainability)"에서 만이 인간의 쾌적한 삶과 지속적인 경제발전을 할 수 있다는 새로운 의제가 등장하였다. 실제로 주변의 다양한 환경이 인간의 삶의 질을 결정짓고 경제발전의 원천으로 대두됨으로서 다양한 환경 문제를 적극적이고 근원적으로 필히 해결하여야만 될 시점에 와 있다. 그러나 지금까지는 환경에 대한 의제는 외부적 환경 문제인 수질, 대기, 토양, 및 폐기물에 치중하였고 실내공기질(indoor air quality, IAQ)에는 별로 관심을 기울이지 않았다.

국내외를 막론하고 최근 들어 하루의 약 90 %를 실내에서 생활하며, 하루 모든 섭취량의 약 90 %가 공기임을 감안한다면 공기를 마시는 사람들에게는 당연히 실내공기질이 문제가 될 수밖에 없다. 그러나 지금까지 위에서 언급한 바와 같이 외부적 환경 문제에만 치중하였고, 내부적 환경 문제인 실내공기질에는 크게 관심을 두지 않았기 때문에 현 시점에서 환경 문제의 한 축으로 등장을 한 것이라 볼 수 있다. 실내공기질은 1970년대 에너지 파동으로 건물 내의 에너지 절감 및 효율 증대를 위해 건물을 밀폐화 시킴으로서 실내공기질이 악화되기 시작하였으며, 최근 들어 인간 자체의 실내 활동 증가, 생활공간 내에서 발생되는 유해인자의 다양화 및 폭로 증가, 주변으로부터 유입되는 오염된 공기 등으로 인해 심화되어 건물병증후군(sick building syndrome ; SBS), 화학물질과민증(multi-chemical sensitivity ; MCS) 등의 신종 질병을 유발하기 때문에 실내공기질의 적정한 관리가 요구되고 있다.

그러나 실내공기질 관리를 위한 국내의 법규정이 정부의 여러 부서에 분산되어 있어 관리에 문제가 있고, 환경부에서 1996년 제정된 "지하생활공간공기질 관리법"은 적용대상이 지하역사 및 지하상가에 국한되어 있기 때문에 최근의 확대 및 신축된 시설들의 실내공기질 관리의 실효성 및 규제 체제를 수립하기 위하여 2003.5.29일 "지하생활공간공기질 관리법"을 "다중이용시설등의 실내공기질관리법"으로 개정하였다. 개정된 법의 목적은 크게 4가지로 1) 적용대상 다중이용시설의 확대, 2) 다중이용시설의 실내공기질 관리강화, 3) 오염물질 다량 방출 건축자재 사용제한, 4) 신축 공동주택의 실내공기질 관리강화에 두었다. 이 개정된 법에 의하면 실내공기질 대상이 다중이용시설 및 신축공동주택으로 크게 2가지로 대별된다.

실내공기질관리를 위해 측정되는 여러 가지 항목들 중에서 크로마토그래피를 이용하여 분석할 수 있는 항목은 두 가지가 있다. 하나는 TD-GC/MSD를 이용하여 분석하는 휘발성유기화학물질(volatile organic compounds, VOCs)이며, 다른 하나는 HPLC로 분석하는 포름알데히드(HCHO)이다.

Q 2. 실내공기질 측정항목, 허용기준 및 측정방법을 간단히 설명하라.

표1. 다중이용시설의 측정항목, 허용기준, 시료채취 및 분석방법

기준	항목	허용기준			시료채취	주 분석방법
		지하역사등[1]	의료기관등[2]	실내주차장[3]		
유지기준	PM10(μg/m³)	150이하	100이하	200이하	2~7 ℓ/min, 8시간	미니볼륨에어샘플러법
	CO_2(ppm)	1,000 이하			0.8~0.9 ℓ/min, 1시간	비분산적외선법
	HCHO (μg/m³)	120 이하			200~1,000 mℓ/min, 30분 2회	DNPH 카트리지-HPLC
	총부유세균 (CFU/m³)	-	800 아하	-	200~1,000 ℓ/min, 10분	충돌법
	CO(ppm)	10 이하	10 이하	25 이하	0.8~0.9 ℓ/min, 1시간	비분산적외선법
관리기준	NO_2(ppm)	0.05 이하		0.30 이하	0.8~0.9 ℓ/min, 1시간	자외성광도법
	Rn(pCi/ℓ)	4.0 이하			1 ℓ/min, 8시간	연속모니터측정기
	TVOC (μg/m³)	500 이하	400 이하	1,000 이하	50~200 mℓ/min, 30분 2회	Tenax tube-TD/GC/MS
	석면(개/cc)	0.01 이하			10 ℓ/min, 1시간	위상차현미경
	오존(ppm)	0.06 이하		0.08 이하	0.8~0.9 ℓ/min, 1시간	자외선광도법

1) 지하역사, 지하도상가, 여객자동차터미널의 대합실, 공항시설 중 여객터미널, 항만시설 중 대합실, 철도 역사의 대합실, 도서관, 박물관, 미술관, 공연장[1], 대규모 점포, 지하상점가, 혼인예식장[2], 실내체육시설[3], 장례식장[4]{ 1)~4) ; 환경부고시 제2004-80호, 2004.6.5, 에서 대상시설에서 제외됨 }

2) 의료기관, 보육시설, 노인복지시설, 학원[5]{ 5) ; 환경부고시 제2004-80호에서 대상시설에서 제외됨}

3) 실내주차장

표2. 시설별 휘발성유기화합물

시설구분	측정항목
다중이용시설	- 유지기준 5가지 ; 미세먼지, 포름알데히드, 일산화탄소, 이산화탄소, 총부유세균 - 권고기준 5가지 ; 휘발성유기화합물 (C_6~C_{16}), 석면, 오존, 이산화질소, 라돈
공동주택	휘발성유기물질(6종) ; Benzene, Toluene, Ethylbenzene, Xylene, 1,4-dichlorobenzene, Styrene), 포름알데히드
건축자재	휘발성유기화합물(C_6~C_{16}), 포름알데히드

Q 3. 비누 거품 흐름 측정기에 대해 설명하라.

Soap-bubble meter 또는 soap-film meter라고 하며 간단하고 저렴하여 실험실에서 일차적으로 기체의 흐름 속도를 측정하기 위하여 자주 사용된다. 준비 기구는 비눗물을 담기 위한 약 고무 구, 밑 부분에 기체가 들어오는 관이 연결될 수 있는 검량된 유리관, 잘 휘는 연결 호스 및 stop watch가 필요하다. 유리관의 구경에 따라 1~, 10~, 100~ ml/min 범위의 흐름 속도 측정이 가능하다. 이 측정기의 정확도는 약 ±1 % 정도이다. 일반적으로 거품관 흐름 측정기는 수동식과 전자식이 있다. 수동식은 흐름 속도를 계산하기 위하여 거품이 고정된 부피를 통과하는 시간의 측정이 요구되며, 전자식은 고정된 부피를 지나는 시간과 흐름 속도가 자동으로 측정되는 감지기가 있다. 그러나 전자식은 일정한 주기로 제조사에 의해서나 수동식 측정기에 의해 보정이 필요하다. 수동식 측정기의 작동 방법은 다음과 같다.

1) 고무 구에 비눗물을 넣고 준비된 부품을 적합하게 결합한다.
2) 유리관에 연결된 호스의 한 끝을 기체가 나오는 출구에 연결한다.
3) 고무 구를 압축하여 거품을 생성한다.
4) 거품이 유리관에 밑에 표시된 기준선을 통과 시 stop watch를 누른다.
5) 거품이 유리관의 상단에 표시된 기준선에 다다를 때 stop watch를 멈춘다.
6) 거품이 통과한 고정된 부피와 통과 시 걸린 시간으로 흐름 속도를 계산한다.
정확도를 높이기 위하여 3회 반복하여 평균 흐름 속도를 구한다.
F_c(흐름 속도, ml/min) = 고정된 부피(ml)/통과 시간(sec) x 60 sec/min

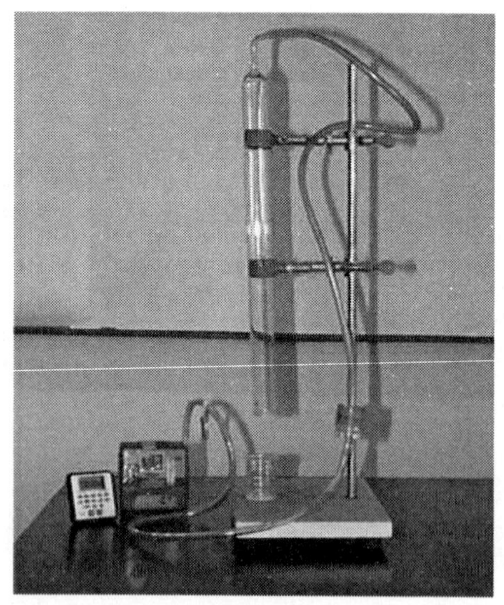
비누거품미터

전자식거품미터

Q 4. 공기 시료채취 시 돌파점 부피(Breakthrough volume)에 대해 설명하라.

특별한 분석물질에 대한 특별한 흡착제의 수집 효율(collection efficiency)을 특징지우는 인자가 돌파점 부피이다. 이 인자의 정의에 대해 명확한 일치를 보이지 않지만, 돌파점 부피는 흡착제를 통과하는 분석물질을 포함하는 기체의 부피가 출구에서 그의 농도가 입구 농도의 어느 분율에 다다르는 것이라고 보통 가정된다. 이 분율은 입구에서의 분석물질의 100, 50, 5 또는 1 %같이 여러 가지로 정의되었다.

현장에서의 시료채취 시 돌파점 부피는 흡착관을 두 부분으로 나누어 앞과 뒤의 흡착제의 분석물질 농도를 정량함으로서 쉽게 계산된다. 보통 두 번째 흡착제에 흡착된 분석물질 농도가 첫 번째의 10 %를 초과하는 것을 유효(significant) 돌파점으로 하는 것이 자주 사용된다. 돌파점 부피는 주로 흡착제에 대한 분석물질의 친화성, 분석물질 농도, 습도, 온도, 흡착제 트랩의 효율 및 기질의 공흡착(coadsorption)에 의존한다. 적합한 실험 한도 내에서 고분자 흡착제에 대한 돌파점 부피는 공기에서 분석물질(100 ppm 이하)의 농도와 습도의 정상적 변화에 의존하지 않는다. 흡착관의 앞과 뒤 부분의 흡착된 분석물질의 량은 적당한 용매로 탈착한 후 GC를 사용하여 분석한다.

Q 5. 안전 시료채취 부피(Safe sampling volume, SSV)에 대해 설명하라.

시료채취 조건의 넓은 다양성이 흡착제 트랩에 유기 휘발물질(organic volatiles)을 수집하는 데 포함되기 때문에, 안전 시료채취 부피라는 생각이 제안되었다. SSV는 유효 돌파점 발생 없이 환경의 다양성 하에서 특별한 증기 오염물을 포함하는 공기의 부피로 정의되며, 대략 다음 식으로 표시된다.

$$SSV = V_g(1 - 2/n^{1/2})$$

V_g ; 비머무름 부피 n ; 흡착제 트랩에 대한 이론 단 수

이 식은 n이 증가할 때 흡착제의 효율이 증가함을 보이고, 작은 n값에 대해서는 비정량적이다. n=2일 때 85 %보다 큰 효율로의 시료 채취가 불가능하다. 즉 시료채취 초에도 15 %의 분석물질이 흡착제를 통해 나간다. 99.9 % 수집 효율에 대해 수집되는 시료의 부피에 관계없이 최소 10.7의 흡착제 이론 단이 요구된다. 그러므로 흡착 트랩은 최소 길이와 정상 시료채취 흐름 속도에서 트랩을 가로지르는 최소 압력의 저하를 주는 적당한 크기 범위의 흡착제가 균일하게 충전되어야 한다.

Q 6. 공기 흡인 용량에 따른 공기 시료채취 펌프를 분류하라.

1) 하이볼륨 샘플러 ; 흡인 속도가 수 100 L/min~수 1,000 L/min로 교류 전원 사용
2) 미들볼륨 샘플러 ; 흡인 속도가 약 100 L/min로 교류 전원 사용
3) 로볼륨 샘플러 ; 흡인 속도가 약 30 L/min로 교류 전원 사용
4) 소형 펌프 ; 흡인 속도가 2~3 L/min로 교류 전원/건전지 사용

5) 개인 시료포집 펌프 ; 유량 수 10 ml/min~수 L/min로 배터리/건전지 사용

Q 7. 가스/증기 상태나 입자상 물질(aerosol, dust, fog, fume, mist, smog, smoke)을 포집하는 방법 및 사용 기구에 대해 설명하라.

1) 액체 포집방법 ; 임핀저, 버블러
2) 고체 포집방법 ; 흡착관
3) 직접 포집방법 ; 포집백, 포집병
4) 여과 포집방법 ; 필터(PVC, CEF, PTFE, glass fiber, silver membrane), 카세트 홀더(삼단, 이단, 열린면 이단)
5) 냉각응축 포집방법 ; 냉각관
6) 기타 ; 검지관 방법(handy pump 사용), 배지(badge) 방법

Q 8. 실내공기질측정 시 HCHO 채취기구 및 DNPH 유도체를 설명하라.

1) HCHO 채취관(DNPH Cartridge ; DNPH이 코팅된 실리카겔)

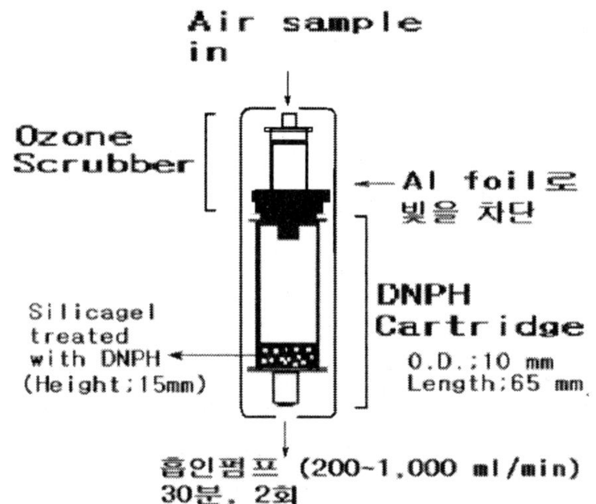

2) HCHO의 DNPH 유도체

$$H_2N\text{-}NH\text{-}C_6H_3(NO_2)_2 + H\text{-}C(=O)\text{-}H \xrightarrow{H^+} H_2C{=}N\text{-}NH\text{-}C_6H_3(NO_2)_2 + H_2O$$

2,4-Dinitrophenylhydrazine **Formaldehyde** **2,4-Dinitrophenylhydrazone**

著者 略歷

1951年	京畿 華城市 東灘面 梧山里 233番地 出生
1975年	延世大學校 化學科 卒業
1977年	ROTC 13期 豫備役 陸軍 中尉 轉役
1981年	高麗大學校 大學院 化學科(分析化學, 碩士)
1988년	(株)種根堂 品質管理室 課長
1991年	産業安全公團 産業保健硏究院 先任硏究員
1994年	高麗大學校 大學院 化學科(分析化學, 理學博士)
1993~2006年	大韓産業保健協會 産業衛生部長, 事務局長, 首席硏究員, 硏究室長
1995年~現在	光云大學校 化學科 및 大學院 兼任敎授/講師(分析化學, 器機分析 및 Chromatography)
2008년~現在	東南保健大 兼任敎授/講師(分析化學, 器機分析, 藥品分析)
2007.2	**産業衛生學會 백남원 學術賞 最優秀論文賞 受賞**
2009.11~	(주)에낙(EnAC) 代表理事(環境試料分析專門機關)

主要 飜譯書 및 著書

1. 吳道錫 外, 産業安全保健用語辭典 編纂, 韓國産業安全公團, 産業安全保健硏究院, 1991.
2. 吳道錫 譯, 北村清吉外 4人 共著, 檢査機器總論(p. 325), 作業環境測定技術協議會, 1995.
3. 吳道錫 外 3人 共譯, 原田 章外 3人 共著, 연(鉛) 건강진단의 길잡이(p. 164), 特殊健康診斷技術協議會, 1996.
4. 吳道錫 譯, 産業衛生 評價 方法(M.S. Bisesi and J.P. Kohn, Industrial Hygiene Evaluation Methods, p. 280), 作業環境測定技術協議會, 1997.
5. 吳道錫 著, The Essential and Condensed CHROMATOGRAPHY(p. 334), 도서출판 초당, 2000
6. 吳道錫 著, 作業環境測定 機裝備의 評價方法(p.270), 作業環境測定技術協議會, 2000.
7. 吳道錫 著, The Concentrated CHROMATOGRAPHY(p. 387), 圖書出版, 芝山, 2002
8. 吳道錫 著, SUPPLEMENT The Concentrated CHROMATOGRAPHY Questions and Problems(p. 188), 圖書出版, 芝山, 2002
9. 吳道錫 著, The Concentrated CHROMATOGRAPHY, 1st revised edition(p. 408), 학술편수관 2012
10. 吳道錫 著, SUPPLEMENT The Concentrated CHROMATOGRAPHY Questions and Problems, 1st revised edition(p. 295), 학술편수관 2012

1. Greek Alphabet

A, α---Alpha　B, β---Beta　Γ, γ---Gamma　Δ, δ---Delta
E, ε---Epsilon　Z, ζ---Zeta　H, η---Eta　Θ, θ---Theta
I, ι---Iota　K, κ---Kappa　Λ, λ---Lambda　M, μ---Mu
N, ν---Nu　Ξ, ξ---Xi　O, o---Omicron　Π, π---Pi
P, ρ---Rho　Σ, σ---Sigma　T, τ---Tau　Y, υ---Upsilon
Φ, ϕ---Phi　X, χ---Chi　Ψ, ψ---Psi　Ω, ω---Omega

Ξ, ξ---Xi(자이 ; zai)　Π, π---Pi(파이 ; pai)　Φ, ϕ---Phi(화이 ; fai)
X, χ---Chi(카이 ; kai)　Ψ, ψ---Psi(사이, 프시 ; sai, psi:)

2. 접두사

Prefix	Symbol	Factor	Prefix	Symbol	Factor
exa	E	10^{18}	peta	P	10^{15}
tera	T	10^{12}	giga	G	10^{9}
mega	M	10^{6}	kilo	k	10^{3}
hecto	h	10^{2}	deca	da	10^{1}
deci	d	10^{-1}	centi	c	10^{-2}
milli	m	10^{-3}	micro	μ	10^{-6}
nano	n	10^{-9}	pico	p	10^{-12}
femto	f	10^{-15}	atto	a	10^{-18}

ppm ; part per million, $1/10^{6}$　ppb ; part per billion, $1/10^{9}$
ppt ; part per trillion, $1/10^{12}$　ppq ; part per quadrillon, $1/10^{15}$

3. 압력단위 변환

bar	kg/㎠	psi	atm	mHg	inHg	mAq	ftAq	Kpa
1	1.02	14.5	0.99	0.75	29.5	10.2	33.5	100
0.98	1	14.2	0.97	0.74	29	10	32.8	98.07
1.01	1.03	14.7	1	0.76	29.9	10.3	34	101.33
1.33	1.36	19.3	1.32	1	39.4	13.6	44.6	133.32
0.03	0.03	0.49	0.03	0.025	1	0.35	1.13	3.39
0.1	0.1	1.42	0.1	0.07	2.9	1	2.28	9.81
0.03	0.03	0.43	0.03	0.02	0.88	0.3	1	2.99

4. 특별한 이름을 가진 SI유도 단위

물리량	단위명	기호	식	SI기본단위 표시
진동수	헤르츠(hertz)	Hz	-	s^{-1}
힘	뉴우톤(newton)	N	-	$mkgs^{-2}$
압력, 스트레스	파스칼(pascal)	Pa	N/m^2	$m^{-1}kgs^{-2}$
에너지, 일, 열량	주울(joule)	J	N•m	m^2kgs^{-2}
일률	와트(watt)	W	J/s	m^2kgs^{-3}
전하량	쿨롱(coulomb)	C	-	sA
전위, 전위차, 기전력	볼트(volt)	V	W/A	$m^2kgs^{-3}A^{-1}$
전기용량	파러드(farad)	F	C/V	$m^{-2}kg^{-1}s^4A^2$
전기저항	오옴(ohm)	R	V/A	$m^2kgs^{-3}A^{-2}$
전기전도도	지멘스(siemens)	S	A/V	$m^{-2}kg^{-1}s^3A^2$
자기력 선속	웨버(weber)	Wb	V•s	$m^2kgs^{-2}A^{-1}$
자기력 선속 밀도	테슬라(tesla)	T	Wb/m^2	$Kgs^{-3}A^{-1}$
인덕턴스	헨리(henry)	H	Wb/A	$m^2kgs^{-2}A^{-1}$
섭씨 온도	섭씨도(Celsius degree)	℃	-	k
광선속	루멘(lumen)	lm	-	cd•sr
조명도	룩스(lux)	lx	$1m/m^3$	m^{-3}cd•sr

5. 기본 상수 값

물리량	기호	값
진공에서 빛의 속도	c	$2.997\ 92 \times 10^8\ ms^{-1}$
Avogadro 수	NA	$6.022\ 045 \times 10^{23}\ mol^{-1}$
Faraday 상수	F	$9.648\ 546 \times 10^4\ C\ mol^{-1}$
Plank 상수	h	$6.626\ 18 \times 10^{-34}\ Js$
물의 어는점(1bar에서)	-	273.15 K
기체 상수	R	$8.314\ 41\ JK^{-1}\ mol^{-1}$
Boltzmann 상수	k	$1.380\ 66 \times 10^{-23}\ JK^{-1}$
양성자의 전하량	e	$1.602\ 19 \times 10^{-19}\ C$
전자 질량	m_e	$9.109\ 53 \times 10^{-31}\ kg$
양성자 질량	m_p	$1.672\ 65 \times 10^{-27}\ kg$
중성자 질량	m_n	$1.674\ 95 \times 10^{-27}\ kg$
Bohr 마그네톤	μ_B	$9.273\ 2 \times 10^{24}\ m^2A$
진공의 투자율	μ_o	$4\pi \times 10^{-7}\ Js^2C^{-2}m^{-1}$
진공의 유전율	ε_o	$8.854\ 185 \times 10^{-12}\ J^{-1}C^2m^{-1}$
표준 중력가속도	g	$9.806\ 65\ ms^{-2}$

Supplement : The Concentrated Chromatography

Questions and Problems

改訂版 印刷 2012年 2月 10日
改訂版 發行 2012年 2月 15日
著 者 吳 道 錫
發行處 학술편수관
(02)2618-0700
出版登錄 제388-2008-00022호 登錄日字:2008.10.6

ISBN 978-89-93039-16-0 93570 定價 20,000원